大学物理实验

（第二版）

主　编　李书光　张亚萍　朱海丰

科学出版社

北　京

内 容 简 介

本书是在结合理工科院校大学物理实验的教学特点,总结多年来实验教学改革的成果及经验基础上编写的.全书共 5 章,第 1、2 章着重介绍物理实验的基本理论知识、基本测量方法与操作技术,第 3、4、5 章分别按基础性实验、综合性实验、设计与研究性实验三个层次编写了 40 个实验以满足不同类别和层次学生的学习要求.

本书可作为普通高等院校大学物理实验课程的教材,也可作为从事物理实验教学的教师和实验工作者的参考书.

图书在版编目 (CIP) 数据

大学物理实验/李书光,张亚萍,朱海丰主编. —2 版. —北京:科学出版社,2018.1
ISBN 978-7-03-055651-6

Ⅰ. ①大… Ⅱ. ①李…②张…③朱… Ⅲ. ①物理学-实验-高等学校-教材
Ⅳ. ①O4-33

中国版本图书馆 CIP 数据核字(2017)第 289799 号

责任编辑:窦京涛 / 责任校对:李 影
责任印制:师艳茹 / 封面设计:华路天然工作室

科 学 出 版 社 出版
北京东黄城根北街 16 号
邮政编码:100717
http://www.sciencep.com

北京市密东印刷有限公司 印刷
科学出版社发行 各地新华书店经销

*

2012 年 3 月第 一 版 开本:787×1092 1/16
2018 年 1 月第 二 版 印张:23 1/2
2021 年 7 月第十一次印刷 字数:539 000
定价:59.00 元
(如有印装质量问题,我社负责调换)

第二版前言

本书是结合理工科院校大学物理实验的教学特点,汇集中国石油大学(华东)物理实验教学人员多年来的教学经验和教学改革成果,经过反复实践、不断改进、充实完善编写而成的.在编写过程中遵循和体现了以下几个原则和特点:

1. 本书充分体现了教学改革,特别是 2005 年以来多项省部级、校级重大(点)教学研究项目的研究成果."分阶段、分类、分层次、开放教学、创新培养"等物理实验教学指导思想在编写中得到贯彻,新的理念、新的方法、新的成果尽量得到反映.

2. 本书内容丰富、多样,便于实行分类教学和开放教学.全书共设 40 个实验项目,体现了"基础与提高相结合,经典与现代相结合,物理与石油相结合"的特点,每个实验项目都增加了发展背景、应用领域及著名科学家等方面的介绍,尽可能给学生提供更多的选择,拓宽实验知识领域,满足学生的学习需求,为实现分类开放式教学奠定了基础.

3. 本书内容层次化,有利于开展层次化教学、实现个性化培养.实验项目按"基础性实验、综合性实验、设计与研究性实验"设计,层层提高,而且每个实验项目中又分为必做内容和选做内容.

4. 本书加强了学生创新意识和创新能力的培养.一是增加了设计性和研究性实验内容,精选了 4 个设计或研究性实验项目,多个实验项目中安排了设计性选做实验内容;二是每个实验中都编排"预习提示"和"思考讨论",引导了学生自主学习.

全书共分 5 章.

第 1 章"误差与数据处理基础知识",讲述了测量误差、不确定度、有效数字等基本概念和数据处理的几种常用方法,这些内容是学习本课程必备的基础理论知识.

第 2 章"物理实验的基本测量方法与操作技术",介绍了实验过程中经常出现的一些基本测量方法、仪器的调整技术和操作技术.

第 3 章"基础性实验",共选入 18 个实验.主要目的是学习基本物理量的测量、基本实验仪器的使用、基本实验技能和基本测量方法等,强化基本实验知识的学习和基本实验技能的训练.

第 4 章"综合性实验",共选入 18 个实验.部分实验是多学科知识的综合应用,或者是多种实验方法的运用;部分实验引入了现代测量技术,如非电量电测技术、计算机数据采集与通讯技术等;另外,增加了一部分与现代科技紧密结合的实验,如液晶、光纤等.目的是提高学生的综合运用能力.

第 5 章"设计与研究性实验",共选入 4 个实验.主要培养学生文献查阅、独立思考、知识应用和创新等方面能力.

全书由李书光、张亚萍、朱海丰主持编写.内容编写具体分工如下:李书光编写第 1 章,第 2 章和第 3 章的实验 3.3、3.9、3.16,第 4 章的实验 4.1、4.5、4.7、4.13,第 5 章的实验 5.4.张亚萍编写第 3 章的实验 3.2、3.4、3.5、3.7、3.10、3.12、3.14、3.15、3.17、3.18,第 4 章的实验 4.4、4.14、4.17、4.18 和第 5 章的实验 5.1~5.3.朱海丰编写第 3 章的实验 3.1、3.6、3.8、3.11、3.13 和第 4 章的实验 4.2、4.3、4.6、4.8~4.12、4.15、4.16.

实验教学是集体事业,本书编写内容吸收了中国石油大学物理实验中心多年来的教改成果.不少同志对本书的编写和出版提供了帮助和宝贵的建议,同时在编写过程中,还参阅了许多兄弟院校的相关教材,吸收了许多先进经验,在此一并致以诚挚的谢意.

　　由于编者的水平有限和编写时间的仓促,书中难免存在不当之处,望读者批评指正.

编　者

2017 年 9 月

第一版前言

随着科学技术的迅猛发展和物理实验教学改革的不断深入,大学物理实验教学从教学理念、教学内容到实验技术都在不断更新变化,新的理念、新的方法、新的实验技术和科研领域中的新成果已逐步在物理实验课中得到反映.本书是根据教育部制定的《非物理类理工学科大学物理实验课程教学基本要求》,结合工科院校大学物理实验教学的特点,汇集了物理实验教师和实验技术人员多年来的教学经验和教学改革成果,经过反复实践、不断改进、充实完善编写而成的.

本书的编写遵循了由简及难、循序渐进的教学和学习原则,各实验内容丰富,既有必做内容,也有选做内容,因材施教,满足不同层次学生的学习要求.每个实验都编写了相关知识介绍,使学生可以了解历史发展和相关应用,拓宽知识面.

全书共 5 章.

第 1 章"误差与数据处理基础知识",讲述了测量误差、不确定度、有效数字等基本概念和数据处理的几种常用方法,这些内容是学习本课程必备的基础理论知识.

第 2 章"物理实验的基本测量方法与操作技术",介绍了实验过程中经常出现的一些基本测量方法、仪器的调整技术和操作技术.

第 3 章"基础性实验",共选入 20 个实验,以供选择学习.主要目的是学习基本物理量的测量、基本实验仪器的使用、基本实验技能和基本测量方法等,强化基本实验知识的学习和基本实验技能的训练.

第 4 章"综合性实验",共选入 18 个实验.其中部分实验是多学科知识的综合应用,或者是多种实验方法的运用;部分实验引入了现代测量技术,如非电量电测技术、计算机数据采集与通信技术等;另外,增加了一部分与现代科技紧密结合的实验,如液晶、光纤、等离子体等.目的是提高学生对实验方法和实验技术的综合运用能力.

第 5 章"设计与研究性实验",共选入 7 个实验.实验只给出研究对象、要求,并给予适当的原理提示,提供了部分参考文献,以培养学生查阅文献的能力、独立思考的能力、应用物理知识的能力和创新能力.

全书由李书光主持编写并统稿.内容编写具体分工如下:李书光编写第 1 章、第 2 章、第 3 章的实验 3.3、第 4 章的实验 4.1、4.4、4.5、4.7、4.13、4.14 和第 5 章的实验 5.7;张亚萍编写第 3 章的实验 3.2、3.4、3.5、3.7~3.10、3.12、3.15~3.18、3.20、第 4 章的实验 4.17、4.18 和第 5 章的实验 5.1~5.6;朱海丰编写第 3 章的实验 3.1、3.6、3.11、3.13、3.14、3.19 和第 4 章的实验 4.2、4.3、4.6、4.8~4.12、4.15、4.16.

实验教学是集体事业,本书的内容吸收了中国石油大学物理实验中心多年来的教改成果,许多同志对本书的编写和出版提供了帮助和宝贵的建议;同时在编写过程中,还参阅了兄弟院校的相关教材,吸收了许多先进经验,在此一并致以诚挚的谢意.

由于编者的水平有限,编写时间仓促,书中难免存在不当之处,望读者批评指正.

编　者

2011 年 10 月

目　　录

绪　　论

　　物理学是一门实验科学,在物理学的建立和发展中,物理实验起到了直接的推动作用.从经典物理到近代、现代物理,物理实验在发现新事物、建立新规律、检验理论、测量物理量等诸多方面发挥着巨大作用.随着现代科学技术的高度发展,物理实验的思想、方法、技术与装置已广泛地渗透到了自然学科和工程技术的各个领域,解决了一大批生产和科研问题.

　　大学物理实验是一门重要的基础课程,是学生进入大学后系统地接受科学实验方法和实验技能训练的开端.通过学习,可以提高学生用实验手段发现、分析和解决问题的能力,激发学生的创新意识和创造力,培养和增强独立开展科学研究的素质.

一、大学物理实验课的主要任务

1. 掌握物理实验的基本知识,加深对物理学原理的理解

　　通过对实验现象的观察分析和对物理量的测量,使学生掌握物理实验的基本知识、基本方法和基本技能.运用物理学原理和物理实验方法研究物理规律,加深对物理学原理的理解.

2. 培养与提高学生从事科学实验的能力

　　主要包括:

　　(1) 自学能力.能够自行阅读实验教材与参考资料,正确理解实验内容,做好实验前的准备工作.

　　(2) 动手能力.能借助教材与仪器说明书,正确调整和使用仪器,制作样品,发现和排除故障.

　　(3) 思维判断能力.运用物理学理论,对实验现象与结果进行分析和判断.

　　(4) 书面表达能力.能够正确记录和处理实验数据,绘制图表,分析实验结果,撰写规范、合格的实验报告或总结报告.

　　(5) 综合运用能力.能够将多种实验方法、实验仪器结合在一起,运用经典与现代测量技术和手段,完成某项实验任务.

　　(6) 初步的实验设计、研究能力.根据课题要求,能够确定实验方法和条件,合理选择、搭配仪器,拟定具体的实施步骤.

3. 培养和提高学生从事科学实验的素质

　　包括理论联系实际、实事求是的科学作风;严肃认真的工作态度;不怕困难、勇于探索的创新精神;遵章守纪、爱护公物的优良品德;团结协作、共同进取的作风等.

二、大学物理实验课的基本程序

1. 实验预约

大学物理实验课程采用开放式教学方式,即学生可在实验室提供的上课时间和开设的实验项目内,根据自己的专业特点、兴趣爱好及时间安排,自己选择实验项目和实验时间. 因此,做好上课前的预约工作是至关重要的. 实验预约主要通过计算机网络实现,学生在预约时应仔细阅读开放实验的有关管理规定和预约指南,合理地安排好自己的实验课表,保证实验课的顺利进行.

2. 实验前的预习

预习是训练和提高自学能力的极好途径,为了在规定时间内高质量地完成实验内容,必须做好预习工作.

预习时,通过阅读实验教材及参考资料,重点做好以下方面工作:

(1) 明确实验目的和主要任务,即明确实验要做什么.

(2) 理解实验原理和方法,这是完成实验任务的理论基础和根据.

(3) 弄清实验方案、实验条件、实验步骤和关键技术,这是实验具体实施的关键.

(4) 写好预习报告. 预习报告主要内容是:实验名称,实验目的,简单实验原理,实验内容,数据记录表格等. 预习报告是提炼内容和要点的一种基本训练,切忌盲目地去抄袭实验教材. 一份好的预习报告可以作为实验报告的一部分.

对于设计性实验,除了做好一般实验项目的预习工作以外,还应重点做好以下三方面工作:

(1) 根据实验要求,查阅有关资料,写出实验原理,设计出实验方案.

(2) 根据实验方案的要求,选择测量仪器、测量方法和测量条件.

(3) 确定实验过程,拟定出详细的实验步骤.

3. 实验中的操作

实验操作是对动手能力、思维判断能力和综合运用能力训练的一个过程,也是培养学生科学实验素质的主要环节. 在教师指导性讲解的基础上,主要做到以下几方面要求:

(1) 弄清实验内容的具体要求和注意事项.

(2) 熟悉仪器,并进行调整测试,符合要求后,进行试做和正式操作、测量.

(3) 科学地、实事求是地记录下实验中观察到的各种现象和测量数据,同时记录与实验结果有关的实验条件,如环境(温度、湿度、压力等)、主要仪器(名称、型号、规格、准确度等),记录数据要注意有效数字和单位的准确性.

(4) 实验完毕,将实验结果交任课老师审阅签字,确认无误后,方可整理仪器结束实验.

4. 实验后的报告

实验报告是实验工作的全面总结和深入理解的一个环节,也是将来撰写科技文章的基本训练. 书写实验报告时,要简明扼要,文字通顺,字迹端正,图表规范. 报告要独立完成并及时上交.

一份完整的实验报告,应包括以下内容:

(1) 实验名称.

(2) 实验者姓名、学号、实验日期.

(3) 实验目的.

(4) 实验原理:应简明扼要、文理通顺,并包括必要的计算公式和原理图等.

(5) 实验仪器:给出实验主要仪器及其附件.

(6) 实验数据:根据原始数据重新整理记录,必要时注明获得数据的环境条件.数据尽可能以表格形式给出.将原始数据附在报告中.

(7) 数据处理:包括处理方法及结果.

(8) 结论及分析:包括实验结论、实验现象解释、误差分析、对实验的体会与建议、问题讨论、应用前景等.

第1章 误差与数据处理基础知识

在科学研究和实验过程中,除了定性地观察现象外,还需要对某些量进行定量测量,并确定各量之间的关系.但由于测量设备、环境、人员、方法等方面诸多因素的影响,使得测量值与真实值并不完全一致,这种差异在数值上表现为误差.随着科学水平的提高和人们的经验、技巧、专门知识的丰富,误差虽然可以被控制得越来越小,却始终不能被消除.因此,对实验中测量获得的数据,要选择合适的方法进行处理,并对其可靠性做出评价,否则,测量结果是没有价值的.

误差与数据处理理论已发展为一门学科,它涉及的内容丰富且较为复杂.在此,将简单介绍大学物理实验中常用的一些基本知识.

1.1 测量与误差

1.1.1 测量

1. 定义

所谓测量,就是借助于专门设备,通过一定的实验方法,以确定量值为目的所进行的操作.

测量由测量过程与测量结果组成.

测量过程是执行测量所需的一系列操作.包括建立单位、设计工具、设计测量方法、研究分析测量结果、寻找减小误差的途径等方面.

测量结果表示由测量所获得的待测量的值,一般由数值、单位和精度评定三部分组成.

2. 分类

从不同的角度考虑,测量有不同的分类法,这里只介绍最常用的分类.

1) 直接测量与间接测量

这是一种按照测量结果获得方法的分类法.

用预先校对好的测量仪器或量具对被测量进行测量,直接读取被测量数值的大小,称为直接测量(direct measurement)(数学模型简化为 $Y=X$).例如,用米尺测物体的长度,用秒表测时间,用天平与砝码测物体的质量,用电压表(或电流表)测电压(或电流)等都属于直接测量;如果待测量的量值是由若干个直接测量量经过一定的函数运算获得的,这种测量称为间接测量(indirect measurement)(数学模型为 $Y=f(X_1,X_2,\cdots,X_n)$).体积、密度等物理量的测量往往采用间接测量.

直接测量的被测物理量称为直接测量量;间接测量相应的被测物理量称为间接测量量.

2) 等精度测量与非等精度测量

这是一种按照测量条件的分类法.

在相同的测量条件下(同一测量水平的观测者,同一精度的仪器,同样的实验方法和环境等)对某一待测量所做的多次重复测量,称为等精度测量,又称重复性测量;在不同的测量条件下对某一待测量所做的多次测量,称为非等精度测量,又称复现性测量.

等精度测量获得的所有数据的可信赖程度是相同的,在数据处理过程中地位相同,应一视同仁;非等精度测量获得的所有数据的可信赖程度是不同的,在数据处理过程中应按精度高低,区别对待.

尽管实际测量中,很难保证所有条件不变,但由于等精度测量数据处理方法相对简单,因此只要测量条件变化不大,一般都可近似为等精度测量. 在大学物理实验学习阶段,主要考虑等精度测量.

1.1.2 误差与偏差

1. 真值与误差

真值(true value)是指一个物理量在一定条件下所具有的客观存在、不随测量方法改变的量值.

误差是指测量值与被测量的真值之差. 用式子表示为

$$误差(\delta)=测量值(x)-真值(x_0) \tag{1-1-1}$$

误差可正可负,反映了测量值偏离真值的程度. 真值一般情况下是未知的,所以误差的概念只具有理论意义. 只是在某些特殊情况下,真值可认为是已知的,主要包括以下三种.

1) 理论真值

通过理论方法获得的真值. 例如,三角形内角之和为 $180°$;理想电容或电感构成的电路,电压与电流的相位差为 $90°$ 等.

2) 计量学的约定真值

国际计量机构内部约定而确定的真值. 例如,7 个 SI 基本单位量的确定,即长度单位米(m)、时间单位秒(s)、电流单位安培(A)、质量单位千克(kg)、热力学单位开尔文(K)、物质的量的单位摩尔(mol)、发光强度单位坎德拉(cd).

3) 标准器的相对真值

当高一级的标准器的误差小于低一级的标准器或普通计量仪器的误差一定程度后,高一级标准器的指示值可以作为级别低的仪器的相对真值.

2. 最佳值与偏差

对真值为 x_0 的某一量 X 做等精度测量,得到一测量列 $x_1,x_2,\cdots,x_n$,则该测量列的算术平均值为

$$\bar{x} = \frac{\sum\limits_{i=1}^{n} x_i}{n} \tag{1-1-2}$$

由于算术平均值比任一次测量值的可靠性都要高,在只存在随机误差的情况下,算术平均值可作为最佳值,称为近似真值.测量值与算术平均值之差称为偏差(或残差).用式子表示为

$$偏差(v_i) = 测量值(x_i) - 平均值(\bar{x}) \tag{1-1-3}$$

3. 误差的来源与分类

误差主要来源有以下几个方面:

(1) 仪器与装置误差

由于使用条件或设计制作不够完善等原因,各种标准器(如标准电池、标准量块、标准电阻等)、各种测量仪器(如天平、电桥等比较仪器,温度计、秒表、检流计等指示仪器)造成的测量误差,以及各种辅助配件(如开关、导线、电源等)引入的误差.

(2) 环境误差

由于各种环境因素,如温度、湿度、压力、振动、电磁场等,与要求的标准状态不一致而引起的测量装置和被测量本身的变化所造成的误差.

(3) 方法误差

由于测量方法或计算方法不完善、不合理等原因引起的误差. 例如,瞬时测量时取样间隔不为零;用单摆测量重力加速度时,公式 $g = 4\pi^2 L / T^2$ 的近似性;用伏安法测电阻时,忽略电表内阻的影响等.

(4) 人员误差

由于测量人员分辨力有限、感官的生理变化、反应速度及固有习惯等原因引起的误差. 例如,测量滞后与超前、读数倾斜等.

根据误差的性质,可将误差分为系统误差、随机误差和粗大误差三类.

1) 系统误差(systematic error)

在同一测量条件下,多次测量同一物理量时,大小和符号保持恒定或随条件的改变而按某一确定规律变化的误差,称为系统误差.

按对误差掌握程度,系统误差可分为已定系统误差和未定系统误差.已定系统误差的大小和符号是可以确定的,如千分尺、电表的零位误差,伏安法测电阻电表内阻引起的误差等.这类误差可以修正. 未定系统误差是大小和符号不能确定,只能估计出大小变化范围的系统误差,如仪器误差. 按误差的变化规律,系统误差又可分为不变系统误差和变化系统误差. 不变系统误差的大小和符号保持恒定不变. 变化系统误差的大小和符号按某一确定规律变化,如线性、周期性等规律.

2) 随机误差(random error)

在重复性测量条件下,多次测量同一物理量时,误差的绝对值时大时小,符号时正时负,以不可预知的方式变化,这种误差称为随机误差.

随机误差是由测量过程中一些随机的或不确定的微小变化因素引起的. 例如,人的感官

灵敏度及仪器精度有限,实验环境(温度、湿度、气流等)变化,电源电压起伏,微小振动等都会导致随机误差.由于引起随机误差的因素复杂,又往往交叉在一起,不能分开,因此,随机误差是无法控制的,无法从实验中完全消除,一般通过多次测量来达到减小的目的.

从一次测量来看,随机误差是随机的.但当测量次数足够多时,随机误差服从一定的统计规律,可按统计规律对误差进行估计.

3) 粗大误差(gross error)

粗大误差又称疏失误差.它是由于工作人员疏失、仪器失灵等原因造成的超出规定条件下预期的误差.含有粗大误差的测量值明显偏离被测量的真值,在数据处理时应首先检验,并将含有粗大误差的数据剔除.

应当指出,系统误差是测量过程中某一突出因素变化所引起的,随机误差是测量过程中多种因素微小变化综合引起的,两者不存在绝对的界限,随机误差和系统误差有时可以相互转化.

4. 误差的表示形式

1) 绝对误差(absolute error)

用绝对大小给出的误差定义为绝对误差.用式子表示为

$$绝对误差(\delta) = 测量值(x) - 真值(x_0) \tag{1-1-4}$$

绝对误差是带有单位的数,可正可负.绝对误差反映测量值偏离真值的大小与方向.

2) 相对误差(relative error)

绝对误差与被测量真值的比值称为相对误差.用式子表示为

$$相对误差(E_r) = 绝对误差 / 真值 \tag{1-1-5}$$

由于一般情况下真值未知,通常用测量最佳值代替真值.相对误差是无量纲数,通常用"%"表示.相对误差可以反映测量的精度高低.

例 1-1-1 测量两个长度量,测量值分别为 $L_1 = 100.0$ mm,$L_2 = 80.0$ mm,其测量误差分别为 $\delta_1 = 0.8$ mm,$\delta_2 = 0.7$ mm.试比较两个测量结果精度的高低.

解 $E_{r1} = \dfrac{\delta_1}{L_1} \times 100\% = \dfrac{0.8}{100.0} \times 100\% = 0.8\%$, $E_{r2} = \dfrac{\delta_2}{L_2} \times 100\% = \dfrac{0.7}{80.0} \times 100\% = 0.9\%$

从绝对误差的角度看,第一个量测量值的误差大于第二个量的误差;但从相对误差的角度来看,第一个量的测量精度却高于第二个量.

3) 引用误差(fiducial error)

引用误差定义为绝对误差与测量范围上限(或量程)的比值,即

$$引用误差 = 绝对误差 / 测量范围上限 \tag{1-1-6}$$

引用误差通常用"%"表示,主要用于仪器误差的表示,实际是一种简化和使用方便的仪器仪表的相对误差.仪表量程或测量范围内各点的引用误差一般不相同,其中最大的引用误差称为引用误差限,去掉引用误差的正负号及"%"后,称为仪器的**准确度等级(accuracy class)**.

电工仪表的准确度等级分别规定为 0.05、0.1、0.2、0.3、0.5、1.0、1.5、2.0、2.5、3.0 和 5.0，共 11 级.

例 1-1-2 检定 2.5 级，上限为 100V 的电压表，发现 50V 分度点的示值误差为 2V，并且比其他各点的误差大，试问该表的最大引用误差为多少？该表是否合格？

解 由引用误差定义可知，该表的最大引用误差为 $\frac{2V}{100V} = 2\%$. 根据准确度等级的含义，2%＜2.5%，显然该电表合格.

1.1.3 精密度、正确度、准确度

评价测量结果，有时会用到精密度、正确度和准确度这三个概念，使用时应注意区别.

（1）精密度（precision）

精密度用来描述重复性测量各测量值之间的一致程度，它反映随机误差的大小.

（2）正确度（validity）

正确度用来描述测量结果与真值的偏离程度，它反映系统误差的大小.

（3）准确度（accuracy）

准确度又称精确度，它用来反映系统误差与随机误差综合大小程度. 准确度高说明测量结果既精密又正确.

通过图 1-1-1 打靶弹着点的分布图，可以形象地说明上述三个概念. 图中（a）表示精密度高，正确度低；图（b）表示正确度高，精密度低；图（c）表示正确度与精密度都高，即准确度高，或精确度高.

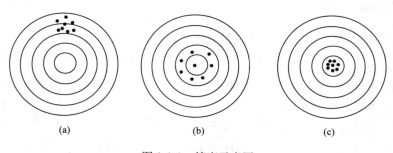

      (a)   (b)   (c)

图 1-1-1　精度示意图

1.2　误差的处理

1.2.1　随机误差的处理

1. 随机误差的分布及其特点

尽管单次测量时随机误差的大小与正负是不确定的，但对多次测量来说却服从一定的统计规律. 随机误差的统计分布规律有很多，正态分布是最常见的分布之一.

服从正态分布的随机误差的概率密度（probability density）函数为

$$f(\delta) = \frac{1}{\sigma\sqrt{2\pi}} e^{-\frac{\delta^2}{2\sigma^2}} \qquad (1\text{-}2\text{-}1)$$

或

$$f(x) = \frac{1}{\sigma\sqrt{2\pi}} e^{-\frac{(x-x_0)^2}{2\sigma^2}} \qquad (1\text{-}2\text{-}1')$$

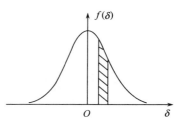

图 1-2-1　正态分布曲线

式中,x 为测量值;x_0 为真值;δ 为误差;f 表示在 δ(或 x)附近单位区间内,被测量误差(或测量值)出现的概率密度.分布曲线如图 1-2-1 所示.

根据概率密度函数的含义,数学上可以证明有

$$E(\delta) = \int_{-\infty}^{+\infty} \delta f(\delta)\,\mathrm{d}\delta = 0 \qquad (1\text{-}2\text{-}2)$$

或

$$E(x) = \int_{-\infty}^{+\infty} x f(x)\,\mathrm{d}x = x_0 \qquad (1\text{-}2\text{-}2')$$

式(1-2-2)说明,随机误差具有抵偿性(或对称性).

$$D(\delta) = \int_{-\infty}^{+\infty} \delta^2 f(\delta)\,\mathrm{d}\delta = \sigma^2 \qquad (1\text{-}2\text{-}3)$$

或

$$D(x) = \int_{-\infty}^{+\infty} (x-x_0)^2 f(x)\,\mathrm{d}x = \sigma^2$$

$$(1\text{-}2\text{-}3')$$

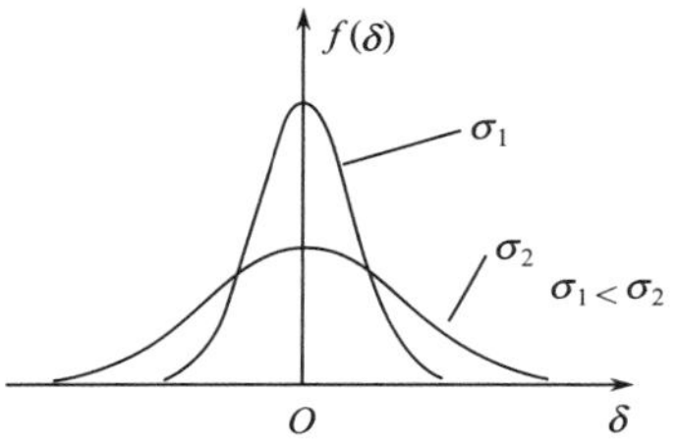

图 1-2-2　σ 对曲线的影响

式(1-2-3)说明,σ 是反映测量值与真值偏离程度的一个量,称为标准差.σ 越小,数据离散程度越小,测量的精密度高;反之,离散程度越大.如图 1-2-2 所示.

误差出现在区间 $[-\sigma,\sigma]$ 内的概率为

$$P = \int_{-\sigma}^{\sigma} f(\delta)\,\mathrm{d}\delta = 68.3\% \qquad (1\text{-}2\text{-}4)$$

式(1-2-4)表示,在一组测量数据中,有 68.3% 的数据测量误差落在区间 $[-\sigma,\sigma]$ 内.也可以认为,任一测量数据的误差落在区间 $[-\sigma,\sigma]$ 内的概率为 68.3%.把 P 称作**置信概率**(confidence probability),而 $[-\sigma,\sigma]$ 称为 68.3% 的置信概率所对应的**置信区间**(confidence interval).

如果置信区间为 $[-3\sigma,3\sigma]$,对应的置信概率为 99.7%,则测量误差超出该区间的概率很小,只有 0.3%,即进行 1000 次测量,只有 3 次测量误差可能超出 $[-3\sigma,3\sigma]$.对于有限次测量(一般测量次数少于 20 次),超出该区间的误差可以认为不会出现,因此常将 $\pm3\sigma$ 称为**极限误差**(limit error).

由此可以得到,正态分布的随机误差具有以下特点:

① 单峰性——绝对值小的误差比绝对值大的误差出现的机会多;

② 对称性(抵偿性)——大小相同、符号相反的误差出现的机会相同;

③ 有界性——实际测量中,超过一定限度(如 3σ)的绝对值更大的误差一般不会出现.

2. 算术平均值与标准偏差

对真值为 x_0 的某一量 X 做等精度测量,得到一测量列 $x_1,x_2,\cdots,x_n$,则该测量列的算

术平均值为

$$\overline{x} = \frac{\sum\limits_{i=1}^{n} x_i}{n} \tag{1-2-5}$$

若测量数据中只存在随机误差,由正态分布随机误差的对称性特点可知,在测量次数 $n \to \infty$ 时,有算术平均值

$$\overline{x} = \lim_{n \to \infty} \frac{\sum\limits_{i=1}^{n} x_i}{n} = x_0 \tag{1-2-6}$$

和测量列标准差

$$\sigma = \lim_{n \to \infty} \sqrt{\frac{\sum\limits_{i=1}^{n} (x_i - x_0)^2}{n}} \tag{1-2-7}$$

在实际测量中,真值往往是不可知的. 因此,对于等精度测量列,可以用算术平均值作为真值的最佳估计值. 而测量列标准差也需通过估计获得. 估计标准差的方法很多,最常用的是贝塞尔法,即子样标准差. 公式为

$$S = \sqrt{\frac{\sum\limits_{i=1}^{n} (x_i - \overline{x})^2}{n-1}} = \sqrt{\frac{\sum\limits_{i=1}^{n} v_i^2}{n-1}} \tag{1-2-8}$$

式中 $v_i = x_i - \overline{x}$,称为残差(residual error).

进行有限次测量时,算术平均值也是一个随机变量,进行多组等精度重复测量时得到的算术平均值具有离散性. 描述该离散性的参数是算术平均值的标准差,由误差理论可以证明,算术平均值标准差与测量列(或单次测量)标准差之间的关系为

$$S_{\overline{x}} = \frac{S_x}{\sqrt{n}} = \sqrt{\frac{\sum\limits_{i=1}^{n} (x_i - \overline{x})^2}{n(n-1)}} \tag{1-2-9}$$

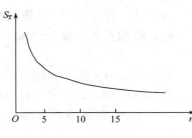

图 1-2-3　测量次数对 $S_{\overline{x}}$ 的影响

由式(1-2-9)可看出,平均值的标准差比单次测量的标准差小. 随着测量次数的增加,平均值的标准差越来越小,测量精密度越来越高. 但当测量次数 $n > 10$ 以后,增加次数对平均值标准差的降低效果很小. 如图 1-2-3 所示. 所以不能够单纯通过增加次数来提高测量精度. 在科学研究中测量次数一般取 $10 \sim 20$ 次,而在大学物理实验中一般取 $6 \sim 10$ 次.

1.2.2　系统误差的处理

任何测量误差均由随机误差和系统误差两部分组成. 因此,为了提高测量精度,在减少随机误差的同时,还应考虑系统误差的处理. 研究系统误差的重要性主要体现在以下几个方面:

① 随机误差的基本处理方法是统计方法,它的处理前提是完全排除了系统误差的影响,认为误差的出现纯粹是随机的.因此,实际测量中,必须设法最大限度地消除系统误差的影响,否则,随机误差的研究方法及由此而得出的精度评定就失去了意义.

② 系统误差与随机误差不同,尽管有确定的变化规律,但往往隐藏于测量数据中,不易被发现.又因系统误差往往各自服从自己独特的规律,在处理时,没有一种通用的处理方法,只能具体情况具体分析.处理方法是否得当,很大程度上取决于测量者的经验、知识和技巧.所以,系统误差虽然有规律,但处理起来要比随机误差困难得多,必须认真研究.

③ 对于系统误差的研究,可以发现一些新事物.例如,惰性气体是通过对不同方法获取的实验数据进行误差分析而发现的.

1. 发现系统误差的方法

系统误差往往隐藏于测量数据中,不易被发现,一般也不能通过多次测量来消除.因此,发现系统误差对后续的处理是至关重要的.发现系统误差的常用方法有以下几种.

1)理论分析法

包括分析实验所依据的理论和实验方法是否完善;仪器的工作状态是否正常,要求的使用条件是否得到满足;实验人员在实验过程中是否有产生系统误差的心理和生理因素等.

2)对比测量法

通过改变实验方法、测量方法、实验条件(如仪器、人员、参数等)等手段,对测量数据进行比较,对比研究数据之间的符合性,从而发现系统误差.

3)数据观察与分析法

在无其他误差存在的情况下,随机误差是服从统计规律的,如果测量结果不符合预想的统计规律,则可怀疑存在系统误差.对于一测量列,可采用列表或作图的方法,观察残差随测量顺序的变化规律,如有明确的变化规律(如线性、周期性等),则可判断存在系统误差,否则,无理由怀疑存在系统误差.另外,也可以采用按统计规律建立的方法进行判断,如残差校核法(又称马利科夫准则)、阿贝-赫梅特准则等,详见有关专著.

2. 系统误差的处理方法

1)从产生误差根源上消除

测量之前,先对所采用的原理和方法及仪器环境等做全面的检查和分析,确定有无明显能产生系统误差的因素,并采取相应措施,不让系统误差在实验过程中出现.例如,为了防止系统误差产生,对仪器设备的工作状态进行调节、检查测量方法和计算方法是否合理、在稳定的环境条件下进行测量等.

2)实验过程中采取相应措施消除

对难以避免的系统误差,有时测量过程中也可以采用一些专门的测量技术或方法使其减小或消除.常用的方法如下所述:

（1）替代法

在一定条件下，对某一被测量进行测量后，不改变测量条件，再以一个标准量代替被测量，并使仪器呈现与以前相同的状态，此时的标准量即等于被测量值. 这样就消除了除标准量本身的定值系统误差以外的其他系统误差. 例如，用替代法测量电阻.

（2）异号法

改变测量中的某些条件（例如改变测试部件左右移动的方向、变换接线端上的接线、改变导线中电流方向等），保证其他条件不变，使两次测量结果中的系统误差的符号相反，通过求取平均值，可以消除系统误差. 例如，灵敏电流计（光点反射式）测电流时，改变流经电流计的电流方向，使指针左右偏转，求平均可以消除起始零点不准引入的系统误差；拉伸法测量杨氏模量实验中，采用加减砝码的方法，记录不同拉力时的两组读数，最后对同一拉力的两个读数求平均，可以消除钢丝形变滞后效应引起的系统误差.

（3）交换法

交换法实质也属于异号法. 它是将测量中的某个条件（如被测对象的位置等）相互交换，使产生的系统误差相互抵消. 例如，用天平称量物体质量时，可将待测物与砝码交换位置，以消除天平不等臂所产生的系统误差. 滑线电桥测量电阻时，可以交换被测电阻和标准电阻的位置，以消除接触电阻产生的系统误差.

（4）差值法

差值法是通过改变实验参数（如自变量）进行测量，并对测量数据求差值来获取未知量的方法. 这种方法可以消除某些定值系统误差. 例如，伏安法测量电阻实验中，改变电压读取电流值，通过差值法可以消除电表零位不准带来的系统误差. 同样，在差值法基础上发展起来的逐差法，也具有消除系统误差的作用.

3）采用修正方法对结果进行修正

实验后，如果系统误差可以通过实验或计算得到其符号和大小，那么在实验结果中可以引入修正值加以消除. 例如，对仪器、标准件等事先做检定，可以得到修正曲线或修正值，然后修正实验结果；某些量具或仪表的零点误差的修正等.

上述只是给出了部分针对定值系统误差的处理方法，如果系统误差是变化的，可根据系统误差的变化规律，采用合理的方法进行处理. 例如，测量中还可用"对称测量法"消除线性变化的系统误差；用"半周期偶次测量法"可以消除周期性变化的系统误差等. 未定系统误差一般无法修正或消除，这时可估计出误差限，在结果中予以表示. 实际测量过程中，由于系统误差的复杂性，处理系统误差的方法与措施是多种多样的，这在很大程度上取决于实验人员的经验和知识水平.

1.2.3 粗大误差的处理

含有粗大误差的测量值（称为异常值或坏值）必然导致测量结果的失真，从而使测量结果失去可靠性和使用价值，数据处理时应设法从测量数据中剔除；另一方面，测量数据含有随机误差和系统误差是正常现象，通常测量值具有一定程度的分散性，因此不能随意地将少数看起来误差较大的测量值作为异常值剔除，否则，所得结果是虚假的. 因此，建立一些法则来判断实验数据的合理性是必要的，通常粗大误差的判别方法分为物理判别法和统计判别法，详见有关专著.

1.2.4 仪器误差

1. 仪器的极限误差

仪器误差属于未定系统误差,它是由多种因素引起的,规律比较复杂,一般只给出最大允许误差的估计值,这个估计值即为仪器的极限误差,用 $\Delta_{仪}$ 表示.仪器的极限误差,一般由计量部门检定,具体数值可通过仪器说明书或标牌指示计算得到.表1-2-1给出了部分常用仪器的误差或计算方法.

表 1-2-1　常用仪器误差

仪器名称		测量范围	仪器误差
钢直尺		0～300 mm	±0.1 mm
钢卷尺		0～1000 mm	±0.5 mm
游标卡尺		0～200 mm	分度值
螺旋测微器(一级)		0～50 mm	±0.004 mm
水银玻璃温度计	工业用	0～150 ℃	±0.5 ℃
	实验室用	－30～300 ℃	±0.05 ℃
	一等标准	0～100 ℃	±0.01 ℃
电气测量仪表(级别 a)		0～x_{m}(量程)	$\Delta_{仪}=x_{\mathrm{m}}\times a\%$
旋转式电阻箱(级别 a)			$\Delta_{仪}=(aR+bm)\%$ b——与级别对应的常数 m——所用旋钮个数 R——所用电阻值

对于没有任何准确度等级或仪器误差标注的仪器,如果是数字显示的,则可取末位数1个单位为极限误差,如果是通过刻度读数的仪器,可以取最小分度的一半作为极限误差.

2. 仪器误差的分布

与随机误差相同,由于影响因素的多种多样,仪器误差也存在不同的分布.但如果仪器的精度不高,一般情况下,仪器误差的分布近似服从均匀分布(uniform distribution),即在[$-\Delta_{仪}$,$\Delta_{仪}$]范围内,各种误差出现的概率相同,区间外出现的概率为零.如图1-2-4所示.

服从均匀分布误差的概率密度函数为

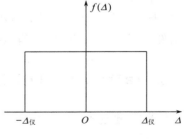

图 1-2-4　均匀分布曲线

$$f(\Delta) = \begin{cases} \dfrac{1}{2\Delta_\text{仪}}, & |\Delta| \leqslant \Delta_\text{仪} \\ 0, & |\Delta| > \Delta_\text{仪} \end{cases} \qquad (1\text{-}2\text{-}10)$$

可以推导，均匀分布的标准差为

$$\sigma = \sqrt{D(\Delta)} = \dfrac{\Delta_\text{仪}}{\sqrt{3}} \qquad (1\text{-}2\text{-}11)$$

1.3 有 效 数 字

1.3.1 有效数字的概念

有效数字(significant figure)是指能正确表达某物理量数值和精度的一个近似数，由准确数字和可疑数字组成. 如果该数值绝对误差界是最末位数据的半个单位，那么从这个近似数左边第一个非零数字起到最后一位数字止，都叫有效数字.

为了便于理解，举一例子加以说明. 如图 1-3-1 所示，用最小刻度为 1 mm 的米尺测量一物体的长度，不同的测量者测得结果不同，可能为 2.55 cm、2.56 cm、2.57 cm 等. 其中，前两位数是根据米尺的刻度准确读出的，不随观测者变化，是可靠的，称为准确数字，最后一位数是在两个刻度之间估计读出的，随观测者个人情况可能略有不同，显然是不准确的，称为可疑数字. 尽管可疑数字不准确，但它能客观、合理地反映出该物体比 2.5 cm 长、比 2.6 cm 短的事实，是有效的. 因此，测量结果的有效数字是由若干位准确数字和一位可疑数字组成的.

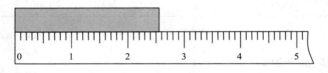

图 1-3-1　长度测量示意图

从上面测量结果可以看出，测量结果的有效数字位数由测量条件和待测量的大小共同决定. 对于大小已定的物理量，测量仪器的精度越高，有效数字位数越多. 因此，有效数字可以在某种程度上反映出测量仪器的精度. 例如，上述物体的长度，用米尺测量是 3 位有效数字，而采用 1/50 游标卡尺测量，可得 4 位有效数字，用千分尺测量，可得 5 位有效数字；当测量条件一定时，待测量越大，有效数字位数越多.

1.3.2 学习有效数字应注意的几个问题

1. 直接测量量有效数字的读取

由于有效数字与仪器的精度是联系在一起的，进行直接测量，从仪器和量具上直接读数时，必须正确读取有效数字. 总的读数原则是：应读到仪器产生误差的那一位. 即除了读取整刻度数值外，还应进行整刻度以下的估读. 特别是读取的数据数值恰好为整数时，则需在后面补"0"，一直补到可疑位为止. 例如，图 1-3-1 中物体的末端恰好与刻度 25 mm 对齐时，则测量结果应记为 2.50 cm,而不能写为 2.5 cm.

2. 数字"0"在有效数字中的作用

"0"在数据中的位置不同,可能是有效数字,也可能不是有效数字.如,0.030 20 m 这个数中共有 4 个"0",其中数字"3"左边的两个"0"只用来表示小数点位置,不是有效数字,而其余两个"0",即数字中间和末尾的"0"是有效数字.

既然数字末尾的"0"是有效数字,那么就不能在数字的末尾随意加 0 或去掉 0,否则物理意义将发生变化.要注意,一个物理量的测量值和数学上的一个数意义是不同的.数学上,0.030 2 m 与 0.030 20 m 没有区别,但在物理上,0.030 2 m≠0.030 20 m,因为 0.030 20 m 中的"2"是准确测量出来的,是可靠的,而 0.030 2 m 中的"2"则是可疑数字,是不准确的.

由于数字"3"左边的两个"0"只用来表示小数点位置,不是有效数字,那么数字 0.030 20 m、3.020 cm、30.20 mm 的有效数字都是 4 位.

3. 单位换算时有效数字的确定

在十进制单位进行换算时,有效数字的位数不应发生变化.如,3.5A 的电流值,若用 mA 单位表示,不能写成 3500 mA,而应采用科学记数法,写成 3.5×10^3 mA.

4. 常数的有效数字问题

参与计算的常数,如 $\sqrt{2}$、π、e、$\frac{1}{3}$ 等,其有效数字可以认为是无限的,它们参与计算时,取几位数可以根据需要选择,不影响结果有效数字的位数.

1.3.3 间接测量有效数字的运算

间接测量量结果的有效数字,原则上应由不确定度来确定.即首先根据间接测量量不确定度计算公式进行计算来确定(参见 1.4 节),然后间接测量量有效数字的末位与不确定度所在位对齐.例如,为得到某一长方形面积 S,直接测量其长度和宽度后,经计算得到 $S=3.850\ 25\ \text{cm}^2$,绝对不确定度 $u=0.02\ \text{cm}^2$,则面积 S 的正确结果 $S=3.85\ \text{cm}^2$.

然而,在运算过程中,如果参与运算的量比较多,有效数字的位数又不一致,为了简化运算过程,同时又不会造成过大的计算误差,这时可采用以下规则进行运算.

① 进行加减运算时,应以参与运算各数据中末位数数量级最大的数据为准,其余各数据在中间计算过程中向后可多取一位,最后结果与末位数数量级最大的那一位对齐.例如,$71.3-0.753+6.262+271=71.3-0.8+6.3+271=347.8=348$.

② 进行乘除法运算时,以参与运算各数据中有效数字位数最少的为准,其余数字在中间运算过程中可多取一位有效数字,最后结果的有效数字与有效数字位数最少的那个数相同.例如,$39.5 \times 4.084\ 37 \times 0.001\ 3=39.5 \times 4.08 \times 0.001\ 3=0.21$.

③ 乘方和开方运算,结果的有效数字与被乘方、开方数的有效数据位数相同.例如,$1.40^2=1.96$,$\sqrt{200}=14.1$.

④ 对常用的对数函数、指数函数和三角函数,结果的有效数字可按如下规则确定:对数函数运算结果的有效数字中,小数点后面的位数与真数的有效数字位数相同.例如,lg1.983=

0.2973;指数函数运算结果的有效数字中,小数点后面的位数与指数中小数点后面的位数相同. 例如,$10^{6.25}=1.79\times10^6$;三角函数运算结果的有效数字的取法,可采用试探法来决定,即将自变量可疑位上、下波动一个单位(或分度值),观察结果在哪一位上变化,结果的可疑位就取在该位上. 例如,某角度测量值为$20°6'$,如果角度测量仪的分度值为$30''$,则 $\sin 20°6'=$ 0.343 660,$\sin 20°6'30''=0.343$ 796. 比较可知,两者的差异出现在小数点后的第四位上,这一位可认为是可疑位. 所以,结果应为 $\sin 20°6'=0.343$ 7.

⑤ 间接测量计算过程中,计算公式中还会遇到自然数与常量,例如,球体的面积 S 与半径 R 有关系式 $S=4\pi R^2$. 式中"4"是自然数,π 是常量. 自然数不是测量得到的,不存在误差,故有效数字是无穷多位,而不是一位;常量在运算过程中有效数字位数,不能少于参与运算的各数据中有效数字位数最少的那个数据,一般可以多取 1 位.

上述所述有效数字的运算规则,只是一个基本原则. 实际问题中,为了防止取舍所造成的误差过大,常常在运算过程中多取几位,特别是随着计算机和计算器的普及,这种处理不会带来太多的麻烦,只是在最后结果根据不确定度所在位进行截断即可.

1.3.4　有效数字的舍入(修约)规则

当数字位数较多而需要取舍时,应按"大于五进位,小于五舍去,等于五凑偶"的原则进行,即

① 舍入部分的数值,如果大于保留部分末位的半个单位,则舍去后末位加 1.

② 舍入部分的数值,如果小于保留部分末位的半个单位,则舍去后末位不变.

③ 舍入部分的数值,如果等于保留部分末位的半个单位,则舍去后末位凑偶,即当末位为奇数时末位加 1,末位为偶数时保持不变.

例如,将下面各个数据保留四位有效数字,结果为

大于五进位:3.171 523→3.172　　4.376 501→4.377

小于五舍去:4.376 499→4.376　　2.717 295→2.717

等于五凑偶:5.101 500→5.102　　5.102 500→5.102

1.4　测量结果的不确定度评定

1.4.1　测量不确定度

真值的未知性,使得测量误差的大小与正负难以确定. 因此,在对测量结果的质量进行定量评定时,往往只是给出误差以一定的概率出现的范围. 而这个用来定量评定测量结果质量的参数,即为测量不确定度(uncertainty).

1. 测量不确定度概念

根据所用到的信息,表征赋予被测量量值分散性的非负参数.

测量不确定度可以用标准差表示,称为标准不确定度(standard uncertainty),用符号 u 表示. 有时也可以将合成标准不确定度乘以某一倍数,即置信(包含)因子(coverage factor) k,这时称为扩展不确定度(expanded uncertainty),用符号 U 表示. 如果是几个不确定度分

量的合成,称为合成标准不确定度(combined standard uncertainty),用符号 u_c 表示.

测量不确定度与测量结果相联系,完整的测量结果表达中,应包括测量不确定度.例如,某一被测量 x 最佳估计值为 $\bar{x}$,测量的标准不确定度为 u,则结果表示为 $x=\bar{x}\pm u$.

测量不确定度有绝对不确定度和相对不确定度两种表示形式.

误差与不确定度是两个不同的概念,不应混淆.误差是客观存在的测量结果与真值之差,是一个确定的值.但由于真值往往无法知道,因此误差一般不能准确得到.而测量不确定度是说明测量值分散性的参数,可由人们分析和评定得到,与人们的认识程度有关.一个测量结果可能误差很小,但由于认识不足,评定得到的不确定度可能较大;相反,可能测量结果误差较大,由于认识或分析不足,给出的不确定度却较小.

误差与测量不确定度既有区别,又有联系.误差理论是估算不确定度的基础,不确定度是误差理论的补充.

2. 测量不确定度的分类

测量不确定度的来源较多,是由许多分量组成的,评定各分量值的方法各不相同.按评定方法可分为两大类:

(1) A 类分量

用统计方法评定的不确定度称为不确定度 A 类分量,用 u_A 表示.

(2) B 类分量

用非统计方法评定的不确定度称为不确定度 B 类分量,用 u_B 表示.

不确定度的分类是按评定方法进行的.它们都基于概率分布,都用方差或标准差表征,称为标准不确定度.其中 A 类标准不确定度由观测列概率分布导出的概率密度函数得到;B 类标准不确定度由一个认定的或假定的概率分布函数得到.不确定度的分类方法与误差分类相比,避免了由于误差之间界限不绝对,在判断和计算时不易掌握的缺点.评定不确定度时,不考虑影响不确定度因素的来源与性质,只考虑评定方法,从而简化了分类,便于评定与计算.

1.4.2 测量结果的表示

在得到测量值 $\bar{x}$ 和合成标准不确定度 u_c 后,测量结果通常写为

$$x=\bar{x}\pm u_c(\text{单位})(P=68.3\%) \tag{1-4-1}$$

相对不确定度为

$$u_r=\frac{u_c}{\bar{x}}(\text{或}\times 100\%) \tag{1-4-2}$$

如果用扩展不确定度表示,则测量结果为

$$x=\bar{x}\pm U(\text{单位})(P=?) \tag{1-4-3}$$

书写测量结果时应注意:

(1) 合成标准不确定度或扩展不确定度有效数字的取位

一般情况有效数字取 1～2 位,大学物理实验阶段,要求测量结果的绝对不确定度有效数字取 1 位,为减小计算误差,中间过程的不确定度各分量有效数字可以多保留 1 位.相对不确定度的有效数字取 2 位.

按照这些约定对不确定度进行修约时,修约规则执行"1/3"原则,即如果要取舍的数字大于保留部分末位的 1/3 单位时,进位;否则,舍去. 例如,不确定度计算数据为 0.0234,有效数字取 1 位时,应为 0.03;若为 0.0232,则应为 0.02.

（2）测量结果有效数字的取位

测量结果有效数字的最后一位应与不确定度的末位对齐. 测量结果有效数字取位时,应遵循"1/2"的修约规则,详见 1.3 节内容. 例如,对某长度量测量算术平均值为 2.543 1 cm,不确定度为 0.032 4 cm,结果表示为

$$L = (2.54 \pm 0.03)\text{cm}$$

1.4.3　直接测量的结果及评定

对某一量 x 做等精度直接测量,得到一测量列 $x_1, x_2, \cdots, x_n$,经判断无已定系统误差和粗大误差后,对该直接测量列的处理主要包括以下几方面内容.

1. 最佳估计值

根据前面的讨论,算术平均值

$$\bar{x} = \frac{\sum_{i=1}^{n} x_i}{n} \tag{1-4-4}$$

可以作为直接测量量的最佳估计值.

2. 不确定度评定

1）A 类评定（type A evaluation）

直接测量量的标准不确定度 A 类分量用算术平均值的标准差估计公式计算,即

$$u_A = S_{\bar{x}} = \sqrt{\frac{\sum_{i=1}^{n} (x_i - \bar{x})^2}{n(n-1)}} = \sqrt{\frac{\sum_{i=1}^{n} v_i^2}{n(n-1)}} \tag{1-4-5}$$

2）B 类评定（type B evaluation）

本课程只考虑仪器误差的影响,标准不确定度 B 类分量为

$$u_B = \sigma_{仪} = \frac{\Delta_{仪}}{\sqrt{3}} \tag{1-4-6}$$

3）合成不确定度（combined uncertainty）

假设不确定度各分量之间相互独立,则合成标准不确定度为

$$u_c = \sqrt{u_A^2 + u_B^2} \tag{1-4-7}$$

根据需要,有时将合成标准不确定度乘以某一倍数,得到扩展不确定度为

$$U = ku_c \tag{1-4-8}$$

式中,k 为包含因子,它在确定的分布下与某个置信概率相对应,因此,在结果表示时应注明置信概率.

3. 直接测量数据处理步骤及举例

1) 数据处理步骤

根据 1.2 节及本节的主要内容,对直接测量列 $x_1, x_2, \cdots, x_n$ 进行处理的步骤可归纳如下:

① 判断测量数据中有无已定系统误差,并消除或尽量减小其影响;

② 检验数据的合理性,发现含有粗大误差的测量数据后,将该数据剔除,再将剩余数据进行判别,直到没有粗大误差为止(大学物理实验阶段主要在实验过程中进行判断,用统计方法对数据的判断不做要求);

③ 对经过检验无已定系统误差和粗大误差的数据,由式(1-4-4)求算术平均值作为测量结果的最佳值;

④ 求残差 $v_i = x_i - \bar{x}(i=1,2,\cdots,n)$,并由式(1-4-5)计算出算术平均值的标准差 $S_{\bar{x}}$ 作为不确定度 A 类分量 u_A;

⑤ 根据仪器误差 $\Delta_{仪}$,由式(1-4-6)计算不确定度 B 类分量 u_B;

⑥ 由式(1-4-7)、式(1-4-2)求合成标准不确定度 u_c、相对不确定度 u_r,必要时可按式(1-4-8)求出扩展不确定度 U;

⑦ 结果表示为

$$x = \bar{x} \pm u_c (单位)(P = 68.3\%)$$

$$u_r = \frac{u_c}{\bar{x}}(或 \times 100\%)$$

2) 数据处理举例

例 1-4-1 用 $0 \sim 25$ mm 的一级千分尺测钢球的直径 6 次,测量数据为
$$D'(mm): 3.115, 3.122, 3.119, 3.117, 3.120, 3.118$$
若千分尺的零点读数为 -0.006 mm(即测量端对齐时,零刻度线在准线以上),测量数据中不存在粗大误差,求测量结果.

解 (1) 由于千分尺的零点不准,存在定值系统误差,按 $D = (D' + 0.006)$ mm 进行修正,得
$$D(mm): 3.121, 3.128, 3.125, 3.123, 3.126, 3.124$$

注:也可先求算术平均值,再进行修正.

(2) 修正后直径的算术平均值为 $\bar{D} = 3.124\ 5$ mm.

注:为防止计算误差过大,多取 1 位有效数字.

(3) 求不确定度 A 类分量

$$u_A = S_{\bar{D}} = \sqrt{\frac{\sum\limits_{i=1}^{6}(D_i - \bar{D})^2}{n(n-1)}} = 0.000\ 99\ (mm)$$

(4) 求不确定度 B 类分量

按国家计量标准,测量范围为 $0 \sim 25$ mm 的一级千分尺的仪器极限误差 $\Delta_{仪} = 0.004$ mm,故

$$u_B = \frac{\Delta_{仪}}{\sqrt{3}} = \frac{0.004}{\sqrt{3}} = 0.0023 \,(\text{mm})$$

（5）求合成标准不确定度

$$u_c = \sqrt{u_A^2 + u_B^2} = \sqrt{S_D^2 + \left(\frac{\Delta_{仪}}{\sqrt{3}}\right)^2} = \sqrt{0.000\,99^2 + 0.0023^2} = 0.003(\text{mm})$$

$$u_r = \frac{0.003}{3.1245} \times 100\% = 0.096\% = 0.1\%$$

（6）结果表示为

$$D = (3.124 \pm 0.003)\text{mm}(P = 68.3\%)$$
$$u_r = 0.1\%$$

1.4.4　间接测量的结果及评定

设间接测量量（又称输出量）y 与直接测量量（又称输入量）$x_1, x_2, \cdots, x_k$ 的函数关系为

$$y = f(x_1, x_2, \cdots, x_k) \tag{1-4-9}$$

各直接测量量按 1.4.3 节步骤处理后的结果为

$$x_1 = \bar{x}_1 \pm u_1$$
$$x_2 = \bar{x}_2 \pm u_2$$
$$\cdots\cdots \tag{1-4-10}$$
$$x_k = \bar{x}_k \pm u_k$$

1. 间接测量量的最佳值

间接测量量的最佳值用式

$$\bar{y} = f(\bar{x}_1, \bar{x}_2, \cdots, \bar{x}_k) \tag{1-4-11}$$

求得.

2. 间接测量量不确定度合成

由于间接测量量 y 与 k 个直接测量量有关，因此，间接测量量的不确定度由各直接测量量的不确定度决定. 如果各直接测量量之间是相互独立的，由统计理论可推出

$$u_c(y) = \sqrt{\left(\frac{\partial f}{\partial x_1} u_1\right)^2 + \left(\frac{\partial f}{\partial x_2} u_2\right)^2 + \cdots + \left(\frac{\partial f}{\partial x_k} u_k\right)^2} \tag{1-4-12}$$

$$u_r = \frac{u_c(y)}{\bar{y}} = \sqrt{\left(\frac{\partial \ln f}{\partial x_1} u_1\right)^2 + \left(\frac{\partial \ln f}{\partial x_2} u_2\right)^2 + \cdots + \left(\frac{\partial \ln f}{\partial x_k} u_k\right)^2} \tag{1-4-13}$$

式中，$\dfrac{\partial f}{\partial x_i}$ 及 $\dfrac{\partial \ln f}{\partial x_i}(i=1,2,\cdots,k)$ 称为传播系数.

注：一般情况先用式（1-4-12）求不确定度 u_c，再用 $\dfrac{u_c}{\bar{y}}$ 求相对不确定度 u_r 比较简单；而对乘除运算的函数，可先用式（1-4-13）求相对不确定度 u_r，再用 $u_r \cdot \bar{y}$ 求不确定度 $u_c(y)$ 比较简单.

3. 间接测量数据处理步骤及举例

1) 数据处理步骤

（1）按直接测量数据处理步骤,求出各直接测量量的测量结果 $\overline{x}_1,\overline{x}_2,\cdots,\overline{x}_k$ 和不确定度 $u_1,u_2,\cdots,u_k$；

（2）按式（1-4-11）求间接测量量的最佳估计值 $\overline{y}$；

（3）用不确定度计算式（1-4-12）和（1-4-13）,分别求出 y 的不确定度 u_c 和相对不确定度 u_r；

（4）结果表示为

$$y = \overline{y} \pm u_c \quad （单位）(P=?)$$

$$u_r = \frac{u_c}{\overline{y}} \quad （或 \times 100\%）$$

2) 数据处理举例

例 1-4-2　用一 0～25 mm 的一级千分尺测圆柱体的直径和高度各 6 次,测量数据如表 1-4-1.

表 1-4-1　圆柱体直径和高度的测量数据

测量次数	1	2	3	4	5	6
直径 d/mm	6.075	6.087	6.091	6.060	6.085	6.080
高度 h/mm	10.105	10.107	10.103	10.110	10.100	10.108

若测量数据无已定系统误差和粗大误差,试求该圆柱的体积.

解　显然,体积 V 为间接测量量,直径 d 与高度 h 为直接测量量,故应按间接测量数据处理方法来求测量结果.

（1）直径 d 的处理

① 最佳值 $\overline{d}$

$$\overline{d} = \frac{\sum\limits_{i=1}^{6} d_i}{6} = 6.0797（\text{mm}）$$

② 不确定度 u_d

A 类分量　　$u_A(d) = S_{\overline{d}} = \sqrt{\dfrac{\sum\limits_{i=1}^{6}(d_i - \overline{d})^2}{6(6-1)}} = 0.0045（\text{mm}）$

按技术规程,所用一级千分尺的极限误差 $\Delta_仪 = 0.004$ mm,则

B 类分量　　$u_B(d) = \dfrac{\Delta_仪}{\sqrt{3}} = \dfrac{0.004}{\sqrt{3}} = 0.0023（\text{mm}）$

d 的合成不确定度　　$u_d = \sqrt{u_A^2 + u_B^2} = \sqrt{S_{\overline{d}}^2 + \left(\dfrac{\Delta_仪}{\sqrt{3}}\right)^2} = \sqrt{0.0045^2 + 0.0023^2} = 0.0051（\text{mm}）$

注 上述各计算结果的有效数字,都比有效数字运算规则和不确定度取位规则要求的位数多一位,目的是减小后续计算误差.以下类同.

(2) 高度 h 的处理

① 最佳值 $\bar{h}$

$$\bar{h} = \frac{\sum\limits_{i=1}^{6} h_i}{6} = 10.105\ 5(\text{mm})$$

② 不确定度 u_h

A 类分量 $\quad u_A(h) = S_{\bar{h}} = \sqrt{\dfrac{\sum\limits_{i=1}^{6}(h_i - \bar{h})^2}{6(6-1)}} = 0.001\ 5(\text{mm})$

按技术规程,所用一级千分尺的极限误差 $\Delta_{仪} = 0.004$ mm,则

B 类分量 $\quad u_B(h) = \dfrac{\Delta_{仪}}{\sqrt{3}} = \dfrac{0.004}{\sqrt{3}} = 0.002\ 3(\text{mm})$

h 的合成不确定度 $u_h = \sqrt{u_A^2 + u_B^2} = \sqrt{S_{\bar{h}}^2 + \left(\dfrac{\Delta_{仪}}{\sqrt{3}}\right)^2} = \sqrt{0.001\ 5^2 + 0.002\ 3^2} = 0.002\ 7(\text{mm})$

(3) 体积 V 的处理

① 最佳值 $\bar{V} = \dfrac{1}{4}\pi \bar{d}^2 \bar{h} = 293.367(\text{mm}^3)$.

② 合成不确定度 $u_c(V)$

体积 V 与高度和直径之间的函数为简单乘除关系,所以选用式(1-4-13)先求相对不确定度 u_r

$$u_r(V) = \frac{u_c(V)}{\bar{V}} = \sqrt{\left(\frac{\partial \ln V}{\partial h} u_h\right)^2 + \left(\frac{\partial \ln V}{\partial d} u_d\right)^2} = \sqrt{\left(\frac{u_h}{h}\right)^2 + \left(2\frac{u_d}{d}\right)^2}$$

$$= \sqrt{\left(\frac{0.002\ 7}{10.105\ 5}\right)^2 + \left(\frac{2 \times 0.005\ 1}{6.079\ 7}\right)^2} = 0.001\ 7 = 0.17\%$$

体积的合成不确定度 $\quad u_c(V) = \bar{V} \cdot u_r = 293.367 \times 0.001\ 7 = 0.5(\text{mm}^3)$

(4) 最终结果为

$$V = (293.4 \pm 0.5)(\text{mm}^3) \quad (P = 68.3\%)$$

$$u_r = 0.17\%$$

1.5 数据处理的几种常用方法

数据处理是实验的重要组成部分,它贯穿于实验的自始至终,与实验操作、误差分析及评定形成一个有机整体,对实验的成败、测量结果精度的高低起着至关重要的作用.

数据处理的能力,往往代表着实验者水平的高低.高明的实验者可以利用精度不高的仪器,通过选择合适巧妙的数据处理方法,如作图法、列表法、逐差法和最小二乘法等,发现极其有价值的自然规律或自然界的新事物.因此,掌握基本的数据处理方法,提高数据处理的能力,对提高实验能力是非常有用的.

1.5.1 列表法

列表法是实验中常用的记录数据、表示物理量之间关系的一种方法. 它具有记录和表示数据简单明了,便于表示物理量之间对应关系,在测量和计算过程中随时检查数据是否合理,及早发现问题及提高处理数据效率等优点. 列表的要求如下:

① 简单明了,便于表示物理量的对应关系,处理数据方便.

② 表的上方写明表的序号和名称,表头栏中标明物理量、所用单位和量值的数量级等.

③ 表中所列数据应是正确反映结果的有效数字.

④ 测量日期、说明和必要的实验条件记录在表外.

例 1-5-1 刚体转动法测量转动惯量测量数据见表 1-5-1.

表 1-5-1 r-t 对应数值表 　　　　　　　　　　2005 年 12 月 31 日

i	t/s r/cm	1.00	1.50	2.00	2.50	3.00
	1	13.50	8.80	6.70	5.65	4.59
	2	13.45	8.88	6.80	5.60	4.50
	3	13.47	8.85	6.70	5.67	4.54
	4	13.44	8.85	6.73	5.65	4.57
	5	13.43	8.87	6.75	5.63	4.55
	平均值	13.46	8.85	6.74	5.64	4.55
	$1/t(s^{-1})$	0.074 30	0.113	0.148	0.177	0.220

注:r——绕线半径;t——下落时间.

1.5.2 作图法

1. 作图法的优点

① 能够直观地反映各物理量之间的变化规律,帮助找出合适的经验公式.

② 可从图上用外延、内插方法求得实验点以外的其他点.

③ 可以消除某些恒定系统误差.

④ 具有取平均、减小随机误差的作用.

⑤ 通过作图还可以对实验中出现的粗大误差做出判断.

2. 作图规则

① 根据各量之间的变化规律,选择相应类型的坐标纸,如毫米直角坐标纸、双对数坐标纸、单对数坐标纸等;坐标纸的大小要适中,一般应根据测量数据的有效数字来确定.

② 正确选择坐标比例及坐标原点,使图线能均匀位于坐标纸中间;两坐标轴的交点可

以不为零.

③ 写明图名及各坐标轴所代表的物理量、单位和数值的数量级.

④ 手工作图时,用削尖的铅笔把对应的数据标在图纸上,描点应采用"×"、"△"、"○"等比较明显的标识符号.

⑤ 对变化规律容易判断的曲线以平滑线连接,曲线不必通过每个实验点,各实验点应均匀分布在曲线两边;难以确定规律的曲线可以用折线连接.图 1-5-1 和图 1-5-2 给出了两种不同连线方法的例子.

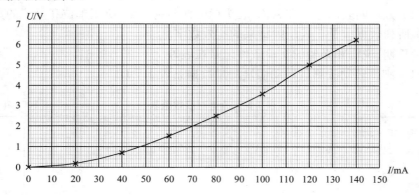

图 1-5-1 按平滑规律变化连线(小灯泡伏安特性曲线)

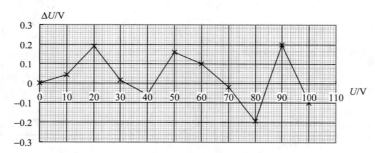

图 1-5-2 按折线规律变化连线(电压表校准曲线)

3. 作图法的应用

作图法的应用主要表现在以下两方面.

1) 判断各量的相互关系——图示法

在没有完全掌握科学实验的规律,或还没有找出合适的函数表达式时,作图法是找出函数关系式并求得经验公式的最常用的方法之一.如二极管的伏安特性曲线、电阻的温度变化曲线等,各量之间的相互关系都可从图上清楚地表示出来.

2) 图上求未知量——图解法

(1) 从直线上求物理量

线性关系的函数中未知量往往包含在斜率和截距之中.例如,匀速直线运动 $s = s_0 + vt$,若作 s-t 直线,其斜率就是速度,截距为运动物体的初始位置.因此,从直线上可以通过求斜率和截距来获取未知量.

求斜率时,从直线上接近两端取两点(x_1, y_1)和(x_2, y_2),应避免使用实验点,则斜率为

$$k = \frac{y_2 - y_1}{x_2 - x_1} \tag{1-5-1}$$

截距的求法是:把图线延长到 $x=0$ 时,y 的值即为截距. 如果 x 坐标轴的起点不为零,则利用图线上第三点的数据(x_3, y_3),代入公式 $y = a + kx$ 求出,即

$$a = y_3 - \frac{y_2 - y_1}{x_2 - x_1} x_3 \tag{1-5-2}$$

(2) 非线性函数中未知量的求法——曲线改直问题

物理实验中经常遇到的图线类型如表 1-5-2 所示. 由于直线是最能够精确绘制的图线,因而总希望通过坐标代换将非直线变成直线. 这被称为曲线改直技术.

表 1-5-2　常见图线类型

图线类型	方程式	例子	物理公式
直线	$y = ax + b$	金属棒的热膨胀	$L_t = (L_0 a)t + L_0$
抛物线	$y = ax^2$	单摆的摆动	$L = gT^2/4\pi^2$
双曲线	$xy = a$	玻意耳定律	$pV = $ 常数
指数函数曲线	$y = Ae^{-Bx}$	电容器放电	$q = Qe^{-\frac{t}{RC}}$

如表 1-5-2 单摆的摆动一例中,单摆的摆长 L 随周期 T 的变化关系,具有 $y = ax^b$ 形式(a、b 为常量). 若观测单摆的周期 T 随摆长 L 的变化,得到一系列数据(T_i, L_i) $(i=1, 2, \cdots, n)$,如果在直角坐标纸上画出 L-T 曲线,则得到一条抛物曲线;如用 L 作纵轴,T^2 作横轴,结果将得到一条通过原点的直线,其斜率等于 $g/(4\pi^2)$,从图上求出斜率后,可以计算出实验所在地的重力加速度.

对上述 $y = ax^b$ 函数形式,也可以将方程两边取对数(以 10 为底),得到

$$\lg y = b \cdot \lg x + \lg a$$

在直角坐标纸上,以 $\lg y$ 为纵坐标 $\lg x$ 为横坐标作图,可得到一条直线,从而可以求出系数 a 和 b.

再如,电容器的放电过程 $q = Qe^{-\frac{t}{RC}}$,具有 $y = Ae^{Bx}$ 形式,A、B 为常数. 对这种形式的函数,两边取对数得到

$$\ln y = Bx + \ln A$$

显然,$\ln y$ 和 x 具有线性关系,在直角坐标纸上呈现一条直线. 通过求斜率和截距可以求出常数 A 和 B. 对于其他较为复杂的关系式,也可用类似的方法处理. 读者若有兴趣,可以参考数据处理方面的专著.

3) 作图举例

例 1-5-2　为确定电阻随温度变化的关系式,测得不同温度下的电阻值如表 1-5-3,试用作图法作出 R-t 曲线,并确定关系式 $R = a + bt$.

表 1-5-3　**R-t 对应数值表**

$t/{}^\circ\!C$	19.1	25.0	30.1	36.0	40.0	45.1	50.0
R/Ω	76.30	77.80	79.75	80.80	82.35	83.90	85.10

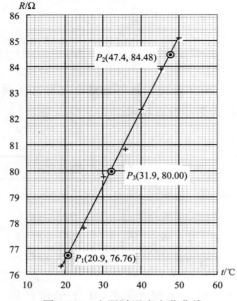

图 1-5-3　电阻随温度变化曲线

解　选用直角坐标纸作图,横坐标表示温度,最小刻度为 1.0 ℃;纵坐标表示电阻 R,最小刻度为 0.1Ω. 如图 1-5-3 所示.

在图中直线上任选两点 $P_1(20.9,76.76)$ 和 $P_2(47.4,84.48)$,由式(1-5-1)得到斜率

$$b = \frac{84.48 - 76.76}{47.4 - 20.9} = 0.291(\Omega \cdot {}^\circ\!C^{-1})$$

由于图中无 $t=0$ 点,将第三点 $P_3(31.9,80.00)$ 代入式(1-5-2)得到截距

$$a = 80.00 - 0.291 \times 31.9 = 70.72\Omega$$

因此电阻与温度的关系为

$$R = 70.72 + 0.291t$$

1.5.3　逐差法

所谓逐差法,就是把测量数据中的因变量进行逐项相减或按顺序分为两组进行对应项相减,然后将所得差值作为因变量的多次测量值进行数据处理的方法. 逐差法是实验中常用的一种数据处理方法,特别是当变量之间存在多项式关系,且自变量等间距变化时,更显现出这种方法的优点和方便.

1. 逐差法的主要应用及特点

下面以一个例子来说明.

例 1-5-3　用伏安法测电阻,所得数据如表 1-5-4 所示.

表 1-5-4　**伏安法测电阻数据表**

i	1	2	3	4	5	6
U_i/V	0	2.00	4.00	6.00	8.00	10.00
I_i/mA	0	3.85	8.15	12.05	15.80	19.90
$\Delta_1 I = (I_{i+1} - I_i)/mA$	3.85	4.30	3.90	3.75	4.10	
$\Delta_3 I = (I_{i+3} - I_i)/mA$	12.05	11.95	11.75			

表中 I_i 为电压等间距变化时的电流测量值.

解　逐项逐差 $\Delta_1 I = I_{i+1} - I_i$ 得表中第 4 行数据. 通过逐项逐差,使原来在不同电压下测得的电流值变为在相同电压改变 $\Delta U = 2V$ 下多次测量的电流值,最佳估计值即算术平均值为

$$\overline{\Delta_1 I} = \frac{\sum\limits_{i=1}^{n-1} \Delta_1 I_i}{n-1} = \frac{I_6 - I_1}{5}$$

隔 3 项逐差得表中第 5 行数据. 采用隔 3 项来处理, 电压每次改变 $\Delta U = 6\mathrm{V}$ 时电流改变值的算术平均值为

$$\overline{\Delta_3 I} = \frac{(I_4 - I_1) + (I_5 - I_2) + (I_6 - I_3)}{3}$$

可以看出, 逐项逐差值的算术平均值只与首尾两次测量值有关, 其他值在运算过程中相互抵消, 从而失去了多次测量的意义, 因此逐项逐差不宜用来求未知量. 而隔 3 项逐差则充分利用了所有数据, 可大大降低随机误差对结果的影响. 同样可以证明, 隔 2 项逐差仍不能充分利用数据. 所以, 数据处理应按隔 3 项 (即 $n/2$ 项) 逐差进行, $\overline{\Delta_3 I} \approx 11.92 \text{ mA}$.

由欧姆定律可得电阻

$$R = \frac{\Delta U}{\overline{\Delta_3 I}} = \frac{6.00}{11.92 \times 10^{-3}} \approx 503(\Omega)$$

还可以看出, 逐项逐差结果 $\Delta_1 I$ 值趋于某一常数, 这与 I, U 所遵循的线性关系有关. 可以验证, 如果变量之间为二次多项式形式, 则在一次逐项逐差的基础上进行两次逐项逐差所得值也趋于某一常数. 依次类推. 因此, 往往用逐项逐差来验证多项式的形式, 即若一次逐项逐差值趋于某一常数, 则说明变量间具有线性关系; 若经两次逐项逐差值趋于某一常数, 变量之间具有二次多项式形式; 依次类推. 实际上, 由于测量精度的限制, 三次以上逐差已很少应用.

归纳上述讨论, 逐差法主要可以用来验证多项式、通过计算线性函数的斜率求物理量. 除此之外, 还可以用逐差法来发现系统误差或实验数据的某些变化规律.

从例子中的数据处理过程可以看出, 逐差法具有下列优点:

① 充分利用了测量所得的数据, 对数据具有取平均的效果. 如例中所有数据都参与了运算.

② 可以消除一些定值系统误差, 求得所需要的实验结果. 如用电流表测量时如果存在零点误差, 进行了差值运算, 结果就不受零点误差的影响.

2. 逐差法的应用条件

在具备以下两个条件时, 可以用逐差法处理数据.

① 函数为多项式形式, 即

$$y = a_0 + a_1 x + a_2 x^2 + a_3 x^3 + \cdots \tag{1-5-3}$$

或经过变换可以写成以上形式的函数. 如弹簧振子的周期公式 $T = 2\pi\sqrt{m/K}$, 可以写成, $T^2 = \frac{4\pi^2}{K} m$, T^2 是 m 的线性函数. 再如阻尼振动的振幅衰减公式 $A = A_0 \mathrm{e}^{-\beta t}$, 可以写成 $\ln A = \ln A_0 - \beta t$, $\ln A$ 是 t 的线性函数等.

② 自变量 x 是等间距变化, 即

$$x_{i+1} - x_i = c \quad (\text{常数}) \tag{1-5-4}$$

1.5.4 最小二乘法

根据前面介绍,作图法或逐差法都可以用来确定两个物理量之间的定量函数关系.然而,两者也都存在着某些缺点和限制.不同的人用相同的实验数据作图,由于主观随意性,拟合出的直线(或曲线)往往是不一致的,因此通过斜率或截距计算的结果也是不同的;逐差法也受到函数形式和自变量变化要求的限制.且两种方法的精度都较低.相比而言,最小二乘法是更严格、精度更高的一种数据处理方法.

最小二乘法是回归分析法的重要环节,是建立在数理统计理论基础之上的一种方法,被广泛地应用在工程和实验技术等方面.一个完整的回归分析过程应包括回归方程的假设、方程系数的确定、回归方程合理性分析和检验等三个环节.限于本课程教学要求,在此只讨论如何用最小二乘法确定方程中的系数,而且只讨论一元线性函数.

1. 最小二乘原理

所谓最小二乘原理就是在满足各测量误差平方和最小的条件下得到的未知量值为最佳值.用公式表示为

$$\sum_{i=1}^{n} (x_i - x_{最佳})^2 = \min \tag{1-5-5}$$

最小二乘中的"二"指的是平方.

2. 用最小二乘法进行线性拟合

设已知函数形式为

$$y = a + bx \tag{1-5-6}$$

在等精度测量条件下得到一组测量数据为

$$x_1, x_2, \cdots, x_n$$
$$y_1, y_2, \cdots, y_n$$

由此得到 n 个观测方程

$$y_1 = a + bx_1$$
$$y_2 = a + bx_2$$
$$\cdots\cdots$$
$$y_n = a + bx_n$$

一般情况下,观测方程个数大于未知量的数目时,a、b 的解不确定.因此,如何从这 n 个观测方程中确定出 a、b 的最佳值,或者说如何从以 x_i、$y_i (i=1,2,\cdots,n)$ 为实验点画出的直线中确定出最佳直线是关键问题.使用最小二乘法可以解决这个问题.

假定最佳直线方程为

$$y = \hat{a} + \hat{b}x \tag{1-5-7}$$

式中,$\hat{a}$ 和 $\hat{b}$ 为直线方程的最佳系数.为了简化,设测量中 x 方向的误差远小于 y 方向的,可以忽略,只研究 y 方向的差异.则有

$$\delta y_i = y_i - (\hat{a} + \hat{b}x_i), \quad i = 1, 2, \cdots, n \tag{1-5-8}$$

根据最小二乘原理,系数 $\hat{a}$、$\hat{b}$ 的最佳值应满足

$$\sum_{i=1}^{n} (\delta y_i)^2 = \sum_{i=1}^{n} (y_i - \hat{a} - \hat{b} x_i)^2 = \min \qquad (1\text{-}5\text{-}9)$$

要使上式成立,显然应有

$$\frac{\partial}{\partial \hat{a}} \Big(\sum_{i=1}^{n} (\delta y_i)^2 \Big) = 0 \text{ 及 } \frac{\partial}{\partial \hat{b}} \Big(\sum_{i=1}^{n} (\delta y_i)^2 \Big) = 0$$

将 $\sum (\delta y_i)^2$ 代入,整理后得以下方程组:

$$\begin{cases} n\hat{a} + \hat{b} \sum_{i=1}^{n} x_i = \sum_{i=1}^{n} y_i \\ \hat{a} \sum_{i=1}^{n} x_i + \hat{b} \sum_{i=1}^{n} x_i^2 = \sum_{i=1}^{n} x_i y_i \end{cases} \qquad (1\text{-}5\text{-}10)$$

或

$$\begin{cases} \hat{a} + \hat{b} \, \bar{x} = \bar{y}, \\ \hat{a} \, \bar{x} + \hat{b} \, \overline{x^2} = \overline{xy} \end{cases} \qquad (1\text{-}5\text{-}11)$$

其中,$\bar{x} = \dfrac{1}{n} \sum_{i=1}^{n} x_i$ 为 x 的算术平均值;$\bar{y} = \dfrac{1}{n} \sum_{i=1}^{n} y_i$ 为 y 的算术平均值;$\overline{x^2} = \dfrac{1}{n} \sum_{i=1}^{n} x_i^2$ 为 x^2

的算术平均值;$\overline{xy} = \dfrac{1}{n} \sum_{i=1}^{n} x_i y_i$ 为 xy 的算术平均值.

求解方程组(1-5-11)得

$$\hat{a} = \frac{\bar{x} \cdot \overline{xy} - \bar{y} \cdot \overline{x^2}}{(\bar{x})^2 - \overline{x^2}} \qquad (1\text{-}5\text{-}12)$$

$$\hat{b} = \frac{\bar{x} \cdot \bar{y} - \overline{xy}}{(\bar{x})^2 - \overline{x^2}} \qquad (1\text{-}5\text{-}13)$$

由 $\hat{a}$、$\hat{b}$ 所确定的方程即是最佳直线方程.

3. 最小二乘法应用举例

例 1-5-4 根据例 1-5-2 数据,试用最小二乘法确定关系式 $R = a + bt$.

解 (1)列表(如表 1-5-5),算出 $\sum t_i$、$\sum R_i$、$\sum t_i^2$、$\sum R_i t_i$.

表 1-5-5 最小二乘法处理数据表

n	$t/℃$	R/Ω	$t^2/℃^2$	$(Rt)/(\Omega \cdot ℃)$
1	19.1	76.30	365	1457
2	25.0	77.80	625	1945
3	30.1	79.75	906	2400
4	36.0	80.80	1296	2909
5	40.0	82.35	1600	3294
6	45.1	83.90	2034	3784
7	50.0	85.10	2500	4255
$n=7$	$\sum_{i=1}^{7} t_i = 245.3$	$\sum_{i=1}^{7} R_i = 566.00$	$\sum_{i=1}^{7} t_i^2 = 9\,326$	$\sum_{i=1}^{7} R_i t_i = 20\,044$

注:表中数据为数值修约后的结果.

（2）由表 1-5-5 可得

$$\bar{t} = \frac{\sum\limits_{i=1}^{n} t_i}{n} = \frac{245.3}{7} \approx 35.04(\text{℃})$$

$$\bar{R} = \frac{\sum\limits_{i=1}^{n} R_i}{n} = \frac{566.00}{7} \approx 80.857(\Omega)$$

$$\overline{t^2} = \frac{\sum\limits_{i=1}^{n} t_i^2}{n} = \frac{9326}{7} \approx 1332.3(\text{℃}^2)$$

$$\overline{Rt} = \frac{\sum\limits_{i=1}^{n} R_i t_i}{n} = \frac{20044}{7} \approx 2863.4(\Omega \cdot \text{℃})$$

a、b 的最佳值 $\hat{a}$、$\hat{b}$ 为

$$\hat{a} = \frac{\bar{t} \cdot \overline{Rt} - \bar{R} \cdot \overline{t^2}}{(\bar{t})^2 - \overline{t^2}} = \frac{35.04 \times 2863.4 - 80.857 \times 1332.3}{35.04^2 - 1332.3} \approx 70.74(\Omega)$$

$$\hat{b} = \frac{\bar{t} \cdot \bar{R} - \overline{Rt}}{(\bar{t})^2 - \overline{t^2}} = \frac{35.04 \times 80.857 - 2863.4}{35.04^2 - 1332.3} \approx 0.2887(\Omega \cdot \text{℃}^{-1})$$

（3）待求关系式为

$$R = (70.74 + 0.2887t)\Omega$$

思考与讨论

1. 举例说明什么是直接测量，什么是间接测量。

2. 误差主要分哪几大类？举例说明.

3. 学习有效数字应注意哪些问题？

4. 简述有效数字的修约规则.

5. 正态分布的误差有什么特点？

6. 误差与不确定度有什么区别和联系？

7. 简述直接测量和间接测量数据处理的主要步骤.

8. 作图时应注意哪些问题？如何从直线上求斜率和截距？

9. 用逐差法处理数据有什么优点？其应用条件有哪些？

10. 与作图法、逐差法相比，最小二乘法处理数据有什么优点？

习　题

1. 指出下列各量有效数字的位数：

（1）$U = 1.000\text{kV}$；

（2）$L = 0.000\,123\ \text{mm}$；

（3）$m = 10.010\text{kg}$；

（4）自然数 4.

2. 判断下列写法是否正确，并加以改正：

（1）$I = 0.0350\text{A} = 35\text{mA}$；

（2）$m = (53.3 + 0.3)\text{kg}$；

（3）$x = (4.325 \pm 0.004)\text{A}$；

（4）$L = (10.8000 \pm 0.2)\ \text{cm}$；

（5）$g = (9.805 \pm 0.0002)\text{m} \cdot \text{s}^{-2}$；

（6）$t = (60.658 \pm 0.0062)\text{s}$；

（7）$M=(96500\pm500)$g.

3. 试按有效数字修约规则，将下列各数据保留三位有效数字：

　　　　3.8547，2.3429，1.5451，3.8750，5.4349，7.6850，3.6612，6.2638.

4. 按有效数字的确定规则，计算下列各式：

（1）$98.765+1.3$；

（2）$237.5\div0.10$；

（3）$\dfrac{50.00\times(18.30-16.3)}{(103-3.0)(1.00+0.001)}$；

（4）$\dfrac{100.0\times(5.6+4.412)}{(78.00-77.00)\times10.000}+110.0$.

5. 分别写出下列各式的不确定度传播公式：

（1）$Q=\dfrac{1}{2}K(A^2+B^2)$（K 为常数）；　　（2）$N=\dfrac{1}{A}(B-C)D^2-\dfrac{1}{2}F$；

（3）$f=\dfrac{A^2-B^2}{4A}$；　　（4）$V=\dfrac{\pi d^2 h}{4}$；

（5）$E=\dfrac{8FLD}{\pi d^2 b\Delta_n}$；　　（6）$\alpha=\dfrac{L-l}{L(T-t)}$.

6. 用千分尺（仪器极限误差为±0.004 mm）测量一钢球直径 6 次，测量数据为：14.256、14.278、14.262、14.263、14.258、14.272（mm）；用天平（仪器极限误差为±0.06 g）测量它的质量 1 次，测量值为：11.84 g，试求钢球密度的最佳值与不确定度.

7. 计算 $\rho=\dfrac{4M}{\pi D^2 H}$ 的结果及不确定度 u，并分析 M,D,H 三个直接测量量中哪个量的不确定度对间接测量量 ρ 的不确定度影响最大. 其中，$M=(236.124\pm0.002)$g，$D=(2.345\pm0.005)$cm，$H=(8.210\pm0.010)$cm.

8. 根据公式 $l_T=l_0(1+\alpha T)$ 测量某金属丝的线膨胀系数 α. l_0 为金属丝在 0 ℃时的长度. 实验测得温度 T 与对应的金属丝的长度 l_T 数据如下表所示：

$T/℃$	23.3	32.0	41.0	53.0	62.0	71.0	87.0	99.0
l_T/mm	71.0	73.0	75.0	78.0	80.0	82.0	86.0	89.1

试用图解法求 α 和 l_0 的值.

9. 示波管磁偏转实验中，偏转距离与电流之间关系数据如下表所示：

I/mA	6.0	10.5	15.5	21.0	26.2	31.6	36.8	42.1
L/mm	5.0	10.0	15.0	20.0	25.0	30.0	35.0	40.0

试用逐差法求出 I-L 之间的关系式.

10. 已知某两个量 u 与 L 之间具有关系 $L=ku+b$，测量数据如下表所示：

$u(\times10^3)$	8.75	19.43	30.52	41.86	52.71	63.44
$L(\times10^{-2})$	0.72	5.70	10.81	15.69	20.71	25.83

用最小二乘法写出 u 与 L 的关系式.

参 考 文 献

[1] 李书光. 大学物理实验. 北京:科学出版社,2012.

[2] 周开学,李书光. 误差与数据处理理论. 东营:石油大学出版社,2002.

[3] 李书光,王殿生. 物理实验教程——大学物理实验. 东营:中国石油大学出版社,2006.

[4] 成正维. 大学物理实验. 北京:高等教育出版社,2002.

[5] JJF1001—2011 通用计量术语及定义.

[6] JJF1059—2012 测量不确定度评定与表示.

附录 1.1 Excel 软件处理实验数据简介

计算机技术的发展,为实验数据的处理提供了极大的方便. 引入计算机处理数据,对复杂的实验数据进行处理,可以省去大量的人工计算和绘图工作,减少中间环节的计算错误,节省时间,提高效率.

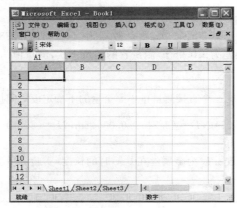

附录图 1-1-1 Excel 的窗口界面

基于 Windows 平台下工作的 Excel 是一个功能较强的电子表格软件,可帮助我们进行处理数据、分析数据、绘制图表. Excel 软件操作便捷,掌握容易,用于实验数据的处理非常方便. 下面简单介绍其在实验数据处理中的一些基本方法.

附录 1.1.1 启动 Excel

单击"开始"按钮,选择"程序". 在"程序"菜单上单击 Microsoft Excel. 启动 Excel 成功后, Excel 的应用窗口的界面便出现在屏幕上,如附录图 1-1-1 所示.

附录 1.1.2 工作表、工作簿、单元格、区域等概念

1. 工作表

启动 Excel 后,系统将打开一个空白的工作表. 工作表有 256 列,用字母 A,B,C,…命名;有 65536 行,用数字 1,2,3,…命名.

2. 工作簿

一个 Excel 文件称为一个工作簿,一个新工作簿最初有 3 个工作表,标识为 Sheet1、Sheet2、Sheet3,若标签为白色即为当前工作表,单击其他标签即可成为当前工作表.

3. 单元格

工作表中行与列交叉的小方格称为单元格,Excel 中的单元格地址来自于它所在的行和列的地址,如第 C 列和第 3 行的交叉处是单元格 C3,单元格地址称为单元格引用. 单击一个单元格就使它变为活动单元格(即当前单元格),它是输入以及编辑数据和公式的地方.

4. 表格区域

表格区域是指工作表中的若干个单元格组成的矩形块.

指定区域:用表格区域矩形块中的左上角和右下角的单元格坐标来表示,中间用":"隔开. 如 A3:E6 为相对区域,$A$3:$E$6 为绝对区域. $A3:$E6 或 A$3:E$6 为混合区域.

附录 1.1.3 工作表中内容的输入

1. 输入文本

文本可以是数字、空格和非数字字符的组合,如:"1234"、"12ab"、"中国"等,单击需输入的单元格,输入后,按←、→、↑、↓或回车键来结束.

2. 输入数字

在 Excel 中数字只可以为下列字符:

0 1 2 3 4 5 6 7 8 9 + －( ) , / ％ . E.

输入负数:在数字前冠以减号(－),或将其置于括号中.

输入分数:在分数前冠以 0,如键入 01/2.

数字长度超出单元格宽度时,以科学记数(7.89E＋08)的形式表示.

3. 输入公式

单击活动的单元格,先输入等号"＝",表示此时对单元格的输入内容是一个公式,然后在等号后面输入具体的公式内容即可. 例如:

＝55＋B5　　表示 55 和单元格 B5 的数值的和;

＝4 ＊ B5　　表示 4 乘单元格 B5 的数值的积;

＝B4＋B5　　　表示单元格 B4 和 B5 的数值的和;

＝SUM(A1:A6)　表示区域 A1 到 A6 的所有数值的求和.

4. 输入函数

Excel 包含许多预定义的或称内置的公式,它们称为函数. 在常用工具栏中点击,打开对话框,如附录图 1-1-2. 选择函数进行简单的计算,或将函数组合后进行复杂的运算;还可以在单

附录图 1-1-2 "插入函数"对话框

元格里直接输入函数进行计算.在实验中用其进行数据处理非常方便,现介绍一部分函数以供参考.

- 求和函数 SUM

功能:返回参数表中所有参数的和.

例如:＝SUM(B1,B2,B3)或＝SUM(B1：B3),求 B1、B2、B3 的和.

- 求平均函数 AVERAGE

功能:返回参数表中所有参数的平均值.

例如:＝AVERAGE(B1：B3),求 B1、B2、B3 的平均值.

- 求最大值函数 MAX

功能:返回一组参数中的最大值.

例如:＝MAX(B1：B3),求 B1、B2、B3 中的最大值.

- 求最小值函数 MIN

功能:返回一组参数中的最小值

例如:＝MIN(B1：B3),求 B1、B2、B3 中的最小值.

- 求标准偏差 STDEV

功能:估算基于给定样本的标准偏差 S.

例如:＝STDEV(B1：B5),求 B1、B2、B3、B4、B5 的标准偏差 S.

- 计数函数 COUNT

功能:计算参数表中数字参数和包含数字的单元格的个数.

- t 分布函数 TINV

功能:返回给定自由度和双尾概率的 t 分布的区间点.

- 直线方程的斜率函数 SLOPE

功能:返回经过给定数据点的线性回归拟合直线方程的斜率.

- 直线方程的截距函数 INTERCEPT

功能:返回线性回归拟合直线方程的截距.

- 直线方程的预测值函数 FORECAST

功能:通过一条线性回归拟合直线返回一个预测值.

- 取整函数 INT

功能:将数值向下取整为最接近的整数.

- 近似函数 ROUND

按指定的位数对数值四舍五入.

ROUNDDOWN　按指定的位数向下舍去数字.

ROUNDUP　按指定的位数向上舍入数字.

- 部分数学函数

SIN(正弦),COS(余弦),TAN(正切),SQRT(平方根),POWER(乘幂),LN(自然对数),LOG10(常用对数),EXP(e 的乘幂),DEGREES(弧度转角度),RASIANS(角度转弧度),PI(π 值),MINVERSE(逆矩阵 $K \rightarrow K^{-1}$),MMULT(两矩阵的乘积).

函数的输入方法:

(1) 单击将要在其中输入公式的单元格;

（2）单击工具栏中；或由菜单栏"插入"中的"fx 函数(F)…"进入；

（3）在弹出的"插入函数"对话框中选择需要的函数；

（4）单击"确定"在弹出的函数对话框中按要求输入内容；

（5）单击"确定"得到运算结果.

附录 1.1.4　图表功能

Excel 的图表功能为实验数据的作图、拟合直线、拟合曲线、拟合方程以及求相关系数等带来了极大的方便. 其操作步骤为

（1）选定数据表中包含所需数据的所有单元格.

（2）单击工具栏中的，或单击菜单栏中的"插入(I)"，选定"图表(H)…"栏，进入"图表向导-4 步骤之 1"的对话框，如附录图 1-1-3，选出希望得到的图表类型. 如：XY 散点图，再单击"下一步"按其要求完成本对话框内容的输入，最后单击"完成"，便可得到图表，如附录图 1-1-4.

（3）选中图表、单击"图表"主菜单，单击"添加趋势线"命令.

（4）单击"类型"标签，选择"线性"等类型中的一个，如附录图 1-1-5.

（5）单击"选项"标签，可选中"显示公式"、"显示 R 平方值"等复选框，再单击"确定"便可得到拟合直线或曲线、拟合方程和相关系数 R 平方的数值，如附录图 1-1-6.

附录图 1-1-3　"图表向导"对话框

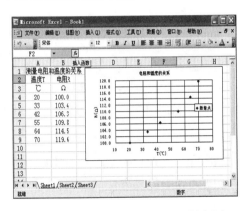

附录图 1-1-4　电阻和温度关系散点图

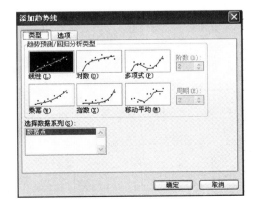

附录图 1-1-5　"添加趋势线"对话框

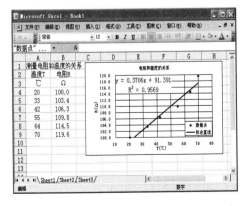

附录图 1-1-6　拟合直线图

附录 1.1.5　线性回归分析

线性回归法处理实验数据是实验数据处理中的重要方法之一,但其计算工作量较大.而在 Excel 中很容易实现线性回归分析.由 Excel 的窗口界面菜单中的"工具"栏进入"数据分析(D)…"(如果没有"数据分析(D)…",则在"工具"栏菜单中,单击"加载宏"命令,选中"分析工具库"复选框);在弹出的对话框中选中"回归",即进入"回归"的对话框,如附录图 1-1-7.在"回归"的对话框中输入 X、Y 值数据所在的单元格区域,以及输出区域的位置和其他的一些选项后单击"确定"就可完成线性回归分析的计算工作,并在一张新的工作表中自动显示出一系列直线拟合参数,主要包括:数据格 B8——数据量;数据格 B17——截距;数据格 C17——截距的 A 类不确定度;数据格 B18——斜率;数据格 C18——斜率的 A 类不确定度;数据格 B7——因变量的标准偏差等,如附录图 1-1-8.

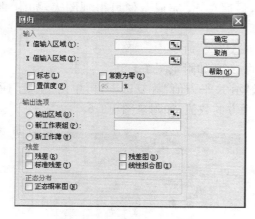

附录图 1-1-7　"回归"对话框

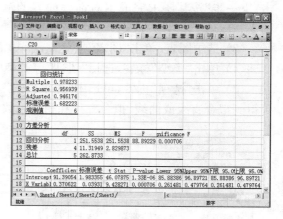

附录图 1-1-8　用"回归"工具计算完整的
直线拟合参数

Excel 的数据处理功能非常强大,以上只介绍了其中处理数据的一些基本功能,以便在实验数据处理中提供方便.还有许多如试算功能、迭代运算和编程绘图等高级功能有待在学习和实践中逐步应用和掌握.

第 2 章　物理实验的基本测量方法与操作技术

2.1　物理实验的基本测量方法

物理测量是泛指以物理理论为依据,以实验仪器、装置及实验技术为手段进行测量的过程.其内容广泛,涉及物理学领域许多物理量的测量,测量方法也不同.在此,仅介绍物理实验中遇到的几种基本测量方法,有些方法之间存在必然的联系.

2.1.1　比较测量法

比较测量法是物理实验中最普遍、最基本的测量方法,它是将待测量与标准量进行比较来确定测量值的.测量装置称为比较系统.因比较方式不同又可分为"直接比较法"和"间接比较法"两种.

1. 直接比较法

直接比较法是将待测量与同类物理量的标准量具直接比较、测量的方法,如用米尺测长度、用天平测质量、利用平衡法(如电势差计、电桥等)通过和标准电压或标准电阻的比较测电压或电阻等.直接比较法特点是标准量与待测量之间的量纲相同,且简便实用、准确,它几乎存在于一切物理量测量中.但它也有一定的局限性,即要求标准量必须与待测量有相同的量纲且大小可比,例如,用米尺可以测定桌椅的尺寸,却不能测量原子的间距.

直接比较法的测量精度取决于标准量具(或测量仪器)的准确度.因此,标准量具和测量仪器一定要定期校准,还要按照规定条件使用,否则就会产生很大的系统误差.

2. 间接比较法

很多待测量是无法直接比较的,只能通过间接比较的方法进行测量,即设法利用某些关系将它们转换成能够直接比较的物理量进行间接比较.如电流表、电压表等均采用电磁力矩与游丝力矩平衡时,电流大小与电流表指针的偏转角度之间有一一对应关系而制成.温度计采用物体体积膨胀与温度的关系制成.虽然它们能直接读出结果,但根据其测量原理应属间接比较法.间接比较法是直接比较法的延续与补充.

应当指出,间接比较法是以物理量之间的函数关系为依据的.为了使测量更加方便、准确,在可能的情况下,应当尽量将上述物理量之间的关系转换成线性关系,使读数能以均匀刻度实现.例如,磁电系电表为了使电流与偏转角之间成线性关系,设计时通过在线圈中加一铁芯,使磁场由横向变为轴向,得到线圈转角 φ(或偏转格数 n)与电流 I 成正比,即

$$I = \frac{D}{BNS}\varphi$$

这样,在表盘上刻以均匀刻线,使读数比较方便.

有时,只有标准量具不够,还需要借助其他的仪器设备或装置,即组成比较系统,使待测量与标准量具能够实现比较.例如,只有标准电池不能测量电压,还需要电势差计及其他附属配件组成比较系统来测量电压.

测量中常用的"互换法"、"置换法"是将待测量与标准量换位测量来消除系统误差,它们都可视为间接比较法,但它们的特点是异时比较.广义地看,所有的物理量测量都是待测量与标准量进行比较的过程.只不过有时比较形式不明显.

2.1.2 放大测量法

当待测量或待测信号数值过于小无法测准时,可以通过某种途径将其放大再进行测量.这种方法称为放大法.由于待测物理量的不同,放大的原理和方法也不同,常用的放大法有以下几种:

1. 累积(计)放大法

一根很细的金属丝,要直接用毫米尺测出它的直径是很困难的.这时,可以把它密绕在一个光滑且直径均匀的圆柱体上.用毫米尺测量 n 匝的长度 L,则 L/n 就是细丝的直径,n 就是放大倍数.再如,测定单摆振动周期时,测 1 次摆动时,$t=T$,测量误差为 $\Delta T=\Delta t$,即周期的测量误差等于秒表的误差;而测 100 次摆动时,$t=100T$,周期的误差则为 $\Delta T=\Delta t/100$,由于增加了摆动次数,虽然计时仪器误差 Δt 并未改变,但是周期的测量误差却大为降低,因而提高了测量准确度.另外,测量劈尖干涉条纹间距或光栅常数 l 时,可以测量 n 个条纹或光栅常数的长度 $L=nl$,从而得到干涉条纹间距或光栅常数.以上几种方法都有先决条件,即细丝的直径必须均匀;每次摆动的周期必须相同;干涉条纹间距或光栅常数均匀.这种方法称为累积(计)放大法.

2. 机械放大法

机械放大法是利用机械原理及相应的装置将待测量进行放大测量的方法.例如,螺旋测微器由主尺与鼓轮组成,测长就是将沿螺矩的移动转化为沿周长的移动.若螺距为0.5 mm,鼓轮上划分 50 格,则放大倍数为 100 倍.由于放大作用提高了测量仪器的分辨率,由1.0 mm提高到 0.01 mm,从而提高了测量准确度.游标卡尺也是利用放大原理,将主尺上的1.0 mm 放大为游标上的 n 格,n 一般为 10、20 和 50,仪器的分辨率分别提高到0.1 mm、0.5 mm和0.02 mm.

3. 电学放大法

借助于电路或电子仪器将微弱的电信号放大后进行测量,就是电学放大法.电学放大中有直流放大和交流放大,有单级放大和多级放大,放大率可以远高于其他放大方式.为了避免失真,要求电学放大的过程应尽可能是线性放大,还要求抗外界干扰(温度、湿度、振动、电磁场影响)、性能好、工作稳定、不发生漂移.

4. 光学放大法

光学中利用透镜和透镜组的放大功能构成各种光学仪器,既可"望远"、又可"显微",这已成为精密测量中必不可少的工具.光学显微镜就是光学放大仪器的典型例子,它的放大倍数最高可以达到 1000 倍左右.除了直接进行光学放大外,也可以利用光学原理进行转换放大,例如有的实验中(如拉伸法测量金属材料的杨氏模量)用到的"光杠杆法"就是一例.

2.1.3 平衡测量法

"平衡"是物理学上的一个重要概念.利用满足某种平衡条件实现对物理量的测量就称为平衡测量法.例如,天平利用力学平衡原理实现了物体质量的测量;单臂电桥利用电流、电压等电学量之间的电学平衡,可以测量电阻;同样,稳态法也是平衡法在物理测量中的具体应用,是物理实验经常采用的测量方法.当物理系统处于静态或处于动态平衡时,系统内的各项参数不随时间变化.利用这一状态进行测量就是稳态测量.例如,在"稳态法测量不良导体的导热系数"时,只有在稳定条件下,才满足导热速率等于散热速率这一关系,这是稳态法测导热系数的基本条件.

2.1.4 补偿测量法

若某测量系统受某种作用产生 A 效应,同时受另一种同类作用产生 B 效应,如果 B 效应的存在使 A 效应显示不出来,就叫 B 对 A 进行了补偿.利用这一原理进行物理量测量就称为补偿测量法.补偿方法大多用在补偿测量和补偿校正系统误差两个方面,往往与比较测量法结合使用.

完整的补偿测量系统由待测量装置、补偿装置、测量装置和指零装置组成.待测量装置产生待测效应,要求待测量尽量稳定,便于补偿.补偿装置产生补偿效应,要求补偿量值准确达到设计精度.测量装置将待测量与补偿量联系起来进行比较.指零装置是一个比较仪器,由它来显示待测量与补偿量是否达到完全补偿.例如,电势差计利用电压补偿法可以精确测定未知电势差或电压.

另外,在某些测量中,由于存在某些不合理因素而产生系统误差,且无法排除.于是人们想办法制造另一种因素去补偿不合理因素的影响,使得这种影响减弱、消失或对测量结果无影响,这个过程就是用补偿法校正系统误差.例如,箱式电势差计中温度补偿,迈克耳孙干涉仪中的光路补偿,等等.

2.1.5 模拟测量法

模拟测量法是以相似理论为基础,把不能或不易测量的物理量用与之类似的模拟量进行替代测量.一般可以分为以下两种:

1. 物理模拟法

物理模拟是在相同物理本质的前提下，对物理现象或过程的模拟. 如航空、航天飞行器研究中的风洞实验，可以模拟出一个与实际情况相同的大气环境；水洞可以从事水动力学方面的模拟实验，等等. 这种方法的特点是在较短的时间内，以较小的代价，方便可靠地取得有关数据.

2. 数学模拟法

数学模拟法又称为类比法，这种模拟的模型与原型在物理形式上和实质上可能毫无共同之处，但它们却遵循着相同的数学规律. 例如，机电（力电）类比中，力学的共振与电学的共振虽然不同，但它们却有相同的二阶常微分方程，声电类比也是如此. 在物理实验中，静电场既不易获得，又易发生畸变，很难直接测量，可以用稳恒电流场来模拟静电场.

随着计算机技术的不断发展和应用，用计算机进行的模拟实验越来越多，并且能够有效地将两种模拟方法相结合，取得更好的结果.

2.1.6 转换测量法

转换测量法是根据物理量之间的各种效应和定量函数关系，利用变换原理将不能或不易测量的物理量转换成能测或易测的物理量. 由于物理量之间的关系是多种多样的，因此有各种不同的转换法. 随着科学技术的不断发展，这种方法已经渗透到各学科领域. 科学实验能够不断地向高精度、宽领域、快速测量、遥感测量和自动化测量发展，这一切与转换测量密切相关.

转换测量法实际上是间接测量法的具体应用，一般分成参量转换法和能量换测法两大类.

1. 参量转换法

参量转换法是利用各物理量之间的函数关系进行的间接测量. 例如，伏安法测电阻，单摆测量重力加速度，以及前面讲到的间接比较法大都属于此类.

2. 能量换测法

与参量转换法不同，能量换测法是将一种形式转换为另一种形式的物理量之间的对应关系所进行的测量. 这种方式在物理实验中大量存在，其中应用最多的是非电量的电测技术，实现转换的主要部件是传感器（有时称换能器）. 例如，在"声速的测量"实验中，利用压电换能器将电信号转换为压力变化产生超声波发射，又利用其逆变化将接收的声波信号转换回电信号在示波器上显示，由此测定声音在空气中的传播速度，这种变化称为压电转换；在"金属材料线膨胀系数的测量"实验中，利用霍尔元件的霍尔效应，可以将磁感应强度转换为电流、电压或其他电学量，这种转换称为磁电转换；"稳态法测量不良导体的导热系数"实验中的热电偶和"热敏电阻温度特性研究及数字温度计的设计"实验中的热敏电阻，都可以将温度变化转化为电学量，从而实现对温度的测量，这种转换称为热电转换；"光电效应与普朗克常量测量"实验中的光电管及"气垫导轨实验"中的光电二极管等，可以将光信号转换为电信号,实现光电转换.非电量的电测技术及各种类型的传感器已经发展成多个专门学科,在科研、生产各个领域获得了广泛的应用.

以上介绍了几种基本测量方法.但是每一种测量方法都不是孤立的,有些实验中可能是多种方法的结合,大家一定要在大学物理实验学习阶段善于总结,注意它们之间的相互联系,学会灵活运用和综合使用,以便在今后的工作中有所发明创造.

2.2 物理实验的基本调整技术

使用仪器、仪表和装置测量之前,应首先对它们的工作状态进行调整,以达到最佳状态.这样才能将设备产生的系统误差减小到最低限度,保证测量结果的准确性和有效性.一般来说,实验设备的基本调整技术包括下面 5 种。

1. 零位调整

在测量之前应首先检查各仪器的零位是否正确.虽然仪器出厂时已经校准,但由于搬运、使用磨损或环境的变化等原因,其零位往往会发生变化.如果实验前未检查、校准,测量结果中将人为地引入系统误差.

零位校准时,如果测量仪器本身有零位校准器(如电表等),可直接进行调整,使仪器在测量前处于零位.如仪器零位不准,且无法调整、校准(如磨损了的米尺、游标卡尺、螺旋测微器等),则需在测量前记录初读数,以备在测量结果中加以修正.

2. 水平、铅直调整

物理实验所用的仪器或装置中,有些需进行水平或铅直调整,如平台的水平、支柱的铅直等.大部分需调整的仪器或装置自身装有水准仪或悬锤,底座有两个或三个(排成等边或等腰三角形)可调节的螺丝,只需调节螺丝,使水准仪的气泡居中或悬锤的锤尖对准底座上的座尖,即可达到调整要求.对有些没有水准仪或悬锤的仪器,需要调节水平或铅直时,可用自身装置进行调整,如焦利秤可以通过调整底座螺丝使悬镜处在玻璃的中间等.

对于既没有配置水平仪又不能用自身装置来调整水平的仪器,可选用相应的水准仪来调整,如用长方形水准仪来调整一般的平面,可在互相垂直的两个方向上调整;用圆形水准仪,可较方便的调整较小的圆形平面,例如三线摆的上下圆盘、分光计的载物平台等.

3. 消除视差的调整

使用仪器测量读取数据时,会遇到读数准线(如电表的指针、光学仪器中的叉丝等)与标尺平面不重合的情况,这时观察者的眼睛在不同方位读数时,得到的示值就会有一定的差异,这就是视差.

有无视差可根据观察者在调整仪器或读取示值,眼睛上下或左右稍稍移动时,观察标线与标尺刻线间是否有相对移动来判断.要避免视差的出现,一般仪器仪表在读数时应做到正面垂直观测.如精密的电表在刻度盘下有平面反射镜,读数时只有垂直正视,指针和其平面镜中的像重合时,读出的标尺上的示值才是无视差的正确数值.

在光学实验中,消视差是测量前必不可少的操作步骤.对于测量用光学仪器,如测微目镜、望远镜、读数显微镜等,这些仪器在其目镜焦平面内侧装有作为读数准线的十字叉丝(或是刻有读数准线的玻璃分划板).当用这些仪器观测待测物体时,有时会发现随着眼睛的移动,物体的像和叉丝或分划板间有相对位移,这说明二者之间有视差存在.调节目镜(包括叉丝)与物镜的距离,边调节边稍稍移动眼睛观察,直到叉丝与物体所成的像之间基本无相对移动,则说明被测物体经物镜成像到叉丝所在的平面上,视差消除.

4. 等高共轴调整

在由两个或两个以上的光学元件组成的实验系统中,为获得高质量的像,满足近轴成像条件,必须使各光学元件的主光轴重合,这就需要在观测前进行共轴调整.

调整可分两步进行.首先可进行目测粗调,把光学元件和光源的中心都调到同一高度,同时要求调节各光学元件相互平行.这时各光学元件的光轴已接近重合.然后,依据光学成像的基本规律来细调.调整可根据自准直法、二次成像法(共轭法)等,利用光学系统本身或借助其他光学仪器来进行.

为了读数准确,还需把光轴调整得与光具座平行,即各光学元件与光具座等高且光学元件中心截面与光具座垂直.

5. 平衡调节——逐次逼近法

仪器的调整都需经过仔细的反复调节,才能达到预期目的.依据一定的判据,由粗及细逐次缩小调整范围,快捷而有效地获得所需状态的方法,称为逐次逼近调节法.物理实验中常采用逐次逼近法进行调整,特别是运用零示法的实验或零示仪器,如天平测质量、电势差计测电压或电动势、电桥测电阻等实验.在光路共轴调节、分光计调节中也要用到.

2.3 物理实验的基本操作技术

2.3.1 先定性、后定量原则

实验前,通过预习实验内容,使用的仪器设备都已经有所了解,在进行实验时,不要急于获取实验结果,而是采取"先定性、后定量"的原则进行实验.具体做法是:仪器调整好,在进行定量测定前,先定性地观察实验变化的全过程,了解物理量的变化规律.对于有函数关系的两个或多个物理量,要注意观察一个量随其他量改变而变化的情况,得到函数曲线的大致图形,在定量测试时,可根据曲线变化趋势分配测量间隔,曲线变化平缓处,测量间隔大些,变化急剧处,测量间隔就应小些.这样,采用由不同测量间隔测得的数据作图就比较合理.

2.3.2 电学实验的基本操作技术

电学实验需要电源、电气仪表、电子仪器等,许多仪表都很精密,实验中既要完成测试任务,又要注意人身安全和仪器的安全,为此应注意以下几个方面.

1. 安全用电

实验中常用电源有 220V 交流电和 0～30V 直流电,有的实验电压高达上万伏.一般人体接触 36V 以上的电压,就会有触电的危险,因此实验中一定要注意用电安全,不要随意移动电源,接、拆线路时应先关闭电源,测试中不要触摸仪器的高压带电部位,能单手操作的,不要双手操作.

2. 合理布局

实验前对实验线路进行分析,按实验要求安排布置仪器,布局应遵循"便于连线与操作,易于观察,保证安全"的原则.需经常操作和读数的仪器放在面前,开关应放在便于使用的位置.

3. 正确接线

接线前应先将开关断开,弄清电源及直流电表的"＋"、"－"极性,然后从电源的正极开始,从高电势到低电势依次连接.如果电路比较复杂,可分成几个回路,应按电路图的逐个回路接线,一个分回路接完后再接另一个分回路.例如对于图 2-3-1 所示的电路,可以分为 6 个回路(①～⑥),连线时应从①回路开始,依次连接到⑥回路.连线时,要合理分配每个接线端上的导线,注意利用等势点,以使每个接线端的线尽量少,还要注意接头要旋紧.电路接线完成通电之前,必须进行复查,确认电路无误,经指导教师检查同意后,才可接通电源进行实验.

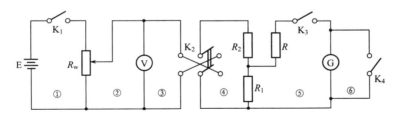

图 2-3-1　正确接线方法示意图

4. 通电试验

通电试验前,各器件同时要调节到安全位置.如不知电压或电流大小时,电表应取最大量程,分压器应调到输出电压最小的位置,限流器的阻值要调到最大等.

接通电路的顺序为:先接通电源,再接通测试仪器(如示波器等);断电时顺序相反.其目的是以防电源通或断时因含有感性元件产生瞬间高压损坏仪器.接通电源时,应关注所有仪器和元件,发现异常应立即切断电源,进行排查.实验过程中要暂停实验或改接电路时,必须断开电源.

5. 断电与拆线

实验完成后,经指导教师检查数据,合格后,先切断电源,再拆除线路,拆线要按与接线相反的顺序进行.同时要整理好仪器,并注意将仪器回复到原来状态.有零点保护的仪器(如灵敏检流计)要置于保护状态(开关扳至短路挡).

2.3.3 光学实验的基本操作技术

1. 光学仪器的使用

① 光学仪器是精密仪器,其机械部分大都经过精密加工,易损坏,有些仪器结构复杂,使用之前需进行仔细调整,操作时动作要轻缓,用力均匀平稳,以达到最佳使用状态.仪器应在通风、干燥和洁净的环境中使用和保存,以防受潮后发霉、受腐蚀.对长期搁置不用或备用的仪器,要按仪器说明妥善保管,并定期进行保养.

② 光学元件大部分都是特种玻璃经过精密加工制成,光学面经过精细抛光,表面光洁(如三棱镜),有些元件(如平面反射镜)表面有均匀镀膜,在使用时要防止磕、碰、打碎,取放时手不要接触光学面,避免擦、划、污损表面.若光学元件表面不洁,需根据元件表面的具体情况,用镜头纸或无水乙醇、乙醚等来处理,切忌哈气、手擦等违规操作.光学仪器、元件平时要注意防尘.

③ 对于光学实验所用的各种光源,实验前应了解其性能、正确使用,光源的高压电源要注意防护.高亮度的光源不要直视,特别是激光,绝对不要用眼睛正视,以防灼伤眼睛.

④ 在暗房工作,各种器皿、药品要按固定位置摆放,不能随意放置,以防用错药品,造成操作失误.

以上几条只是一般光学仪器和元件使用时应注意的问题.随着科学技术的发展,实验仪器、设备不断更新,对于特殊的光学仪器和元件,操作技术会有特殊要求,使用与保管时应具体问题具体对待.

2. 成像位置的判断

光学实验中,有时要根据成像位置完成物理量的测量,这时对成像位置的准确判断是很重要的,例如透镜焦距的测量实验中,需要测量物距、像距,才能计算出焦距.根据透镜成像规律,像与物之间是共轭的,只有在共轭像平面上才能得到理想的像.要准确地确定共轭像面位置,必须有意识地找出焦深范围(前后移动光屏,找到像开始变模糊的前后两个位置,两个位置之间的距离即为焦深).焦深的中点就是共轭像面的位置.

思考与讨论

1. 放大测量法主要有哪几种? 分别举出几例.
2. 举例说明平衡测量法的测量原理.
3. 简述补偿测量法的主要思路.
4. 物理模拟法与数学模拟法有什么不同?
5. 你见过的能量换测法中的传感器有哪些? 举出几例.
6. 如果不对仪器进行零位调整会产生什么误差?
7. 使用光学仪器,如测量显微镜、望远镜等,应如何消除视差?
8. 光学实验的等高共轴调节主要分哪两步?
9. 简述电学实验中正确接线的基本方法.

参 考 文 献

[1] 陈群宇. 大学物理实验(基础和综合分册). 北京:电子工业出版社,2003.

[2] 成正维. 大学物理实验. 北京:高等教育出版社,2002.

[3] 杜义林. 大学物理实验教程. 合肥:中国科学技术大学出版社,2002.

[4] 李书光,王殿生. 物理实验教程——大学物理实验. 东营:中国石油大学出版社,2006.

[5] 王荣. 大学物理实验. 长沙:国防科技大学出版社,2002.

[6] 张兆奎等. 大学物理实验. 北京:高等教育出版社,2001.

第 3 章　基础性实验

　　基础性实验主要目的是学习基本物理量的测量、基本实验仪器的使用、基本实验技能和基本测量方法、误差与不确定度及数据处理的理论与方法等,强化基本实验知识的学习和基本实验技能的训练,逐步培养和提高学生对基本实验知识和实验技能的运用能力,加强理论知识与实验技能相结合的综合训练,为后续综合性实验、设计与研究性实验的学习打下良好的基础.

　　本章安排了 20 个基础性实验,内容涉及力学、热学、电磁学、光学以及近代物理等各个方面.通过基础性实验的开设,使学生熟悉和明确物理实验的基本环节和要求,学会长度、质量、时间、电压、电流等基本物理量的测量;了解常用的测量工具和实验仪器,如游标卡尺、螺旋测微器、天平、电表、电桥、示波器、分光计等的基本原理,掌握它们的操作使用方法;初步掌握比较法、放大法、补偿法、转换法、模拟法和干涉法等基本实验方法;学习零位调节、水平调节、铅直调整、仪器初态和安全位置调整、消除空程误差、消除视差、逐次逼近、各半调节等基本调整操作技术;掌握列表法、作图法、逐差法、最小二乘法等常用的实验数据处理方法和估算不确定度的方法.

实验 3.1　落球法测量油品的黏滞系数

　　在稳定流动的液体中,由于平行于流动方向的各层流体的流速不同,相互接触的两层液体之间存在力的作用,流速较慢与流速较快的两相邻液层的作用力,既使流速较快的液层减速,又使较慢的液层加速,两相邻液层间的这一作用力称为黏滞力,液体的这种性质称为黏滞性.

　　黏滞力的方向平行于接触面而与流动方向相反,其大小与速度梯度及接触面积成正比,比例系数称为黏滞系数,它表征了液体黏滞性的强弱,是反映流体理化特性的一个重要参数,与流体的性质、温度和压强有关.测量液体的黏滞系数在化学、医学、水利工程、材料科学、机械工业以及国防建设等方面都有重要的意义,例如研究水、石油等流体在长距离输送过程中的能量损耗,造船工业中研究减小船只在水中的阻力,医学上通过测定血液的黏滞力可以得到有价值的诊断等.

　　测量液体黏滞系数的方法主要有毛细管法、同轴圆筒旋转法(即转筒法)、落球法等,对于黏滞系数较小的液体,如水、乙醇、四氯化碳等,常用毛细管法进行测量,即通过测定在恒定压强差作用下,流经一毛细管的液体流量来求;而对于黏滞系数大的液体,如机油、蓖麻油、甘油等透明和半透明的液体,常用落球法测量,即通过测量小球在液体中下落的运动状态来求;对于黏滞系数较大的不透明液体,可用转筒法测量黏滞系数,即在两筒轴圆筒间充以待测液体,外筒作匀速转动,通过测内筒受到的黏滞力矩来求.本实验采用落球法测量蓖麻油的黏滞系数,即小球在蓖麻油中垂直下落,由于附着于小球表面的蓖麻油与周围其他液层之间存在着相对运动,因此小球受到黏滞阻力,阻力的大小与小球下落的速度有关,测出小球下落的速度,就可以计算出蓖麻油的黏滞系数.

【预习提示】

① 测量液体的黏滞系数有什么意义?

② 是否可将计时的起点选在油品的上表面?为什么?

③ 测量蓖麻油黏滞系数时为什么要记录蓖麻油的温度?

【实验目的】

① 观察小球在液体中的运动现象,理解液体的黏滞特性.

② 学习利用落球法和斯托克斯公式测量液体的黏滞系数.

③ 学习一种数据处理方法——外推法.

【实验原理】

1. 黏滞系数

将流动的液体沿流动方向分为若干层,若每层液体的流动速度不同,则相邻两层液体之间存在力的作用,称为内摩擦力或黏滞力,记为 $f_{黏}$. 实验证明,黏滞力大小与摩擦液层的面积 S、液层间速度的梯度 $\dfrac{\mathrm{d}v}{\mathrm{d}x}$ 的乘积成正比,可表示为

$$f_{黏} = \eta \cdot \frac{\mathrm{d}v}{\mathrm{d}x} \cdot S \qquad (3\text{-}1\text{-}1)$$

式中,η 称为黏滞系数或内摩擦系数,它决定于液体的性质与温度. 对于一定的液体,如果温度升高,一般来说黏滞系数迅速减小. 黏滞系数的单位为帕斯卡·秒,记为 Pa·s,1Pa·s = 1N·s/m².

2. 斯托克斯公式及液体黏滞系数的测定

一个光滑的固体小球在静止的液体中下落运动时,附着在小球表面并随小球一起运动的液体层与邻近液体层之间存在黏滞阻力的作用,阻碍小球的运动. 如果液体在各个方向上都是无限广延的,液体的黏滞性较大,小球的半径较小,在运动中不产生漩涡,则小球受到的黏滞力为

$$f_{黏} = 6\pi r \eta v \qquad (3\text{-}1\text{-}2)$$

此式为从流体力学基本方程导出的表示黏滞力的斯托克斯公式. 式中,r 为小球半径;v 为小球运动速度.

如图 3-1-1 所示,当小球自由下落进入液体后,将受到黏滞力、浮力和重力的作用,三个力都在垂直方向,当三者达到平衡时,即三力之和为零时,小球达到最终速度 v_0(收尾速度),并以该速度匀速下落.根据力平衡条件,可得到

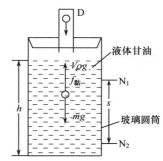

图 3-1-1　落球法测定液体黏滞系数示意图

$$\eta = \frac{(m - \rho V)g}{3\pi d v_0} \tag{3-1-3}$$

式中,m 为小球质量;V 为小球体积;d 为小球直径;ρ 为液体密度. 一般说来,ρ 是温度 T 的函数,可表示为

$$\rho = \rho_0/(1 + \beta T) \tag{3-1-4}$$

式中,ρ_0 为 0 ℃时液体的密度;T 为液体的温度;β 为修正系数. 在本实验中,$\rho_0 = 0.95 \times 10^3 \, \text{kg/m}^3$,$\beta = 5 \times 10^{-4} \, ℃^{-1}$.

3. 公式的修正

(1) 因为液体是放在容器里,并不是无限广延的. 若小球沿半径为 R 的圆筒下落,筒内液体高度为 h,考虑器壁的影响,则小球的收尾速度 v_0(液面无限广延)应修正为式(3-1-5)所示的形式

$$v_0 = v\left(1 + k_1 \frac{r}{R}\right)\left(1 + k_2 \frac{r}{h}\right) \tag{3-1-5}$$

式中,k_1、k_2 为修正系数,公认值分别为 $k_1 = 2.4$,$k_2 = 3.3$;v 为实验测得的小球的收尾速度. 在本实验中,小球的半径 r 远小于液体的高度,故式(3-1-5)可近似为

$$v_0 = v\left(1 + k_1 \frac{r}{R}\right) \tag{3-1-6}$$

式(3-1-3)变为

$$\eta = \frac{(m - \rho V)g}{3\pi d v\left(1 + k_1 \dfrac{r}{R}\right)} \tag{3-1-7}$$

式(3-1-6)两边同时除以 $v v_0$,得

$$\frac{1}{v} = \frac{1}{v_0} + \frac{k_1}{v_0}\frac{r}{R} \tag{3-1-8}$$

依据式(3-1-8),让半径为 r 的小球分别在不同内径的管子中下落,管子的内半径记为 R. 测量小球通过两标志线(如图 3-1-1 中的 N_1 和 N_2)所需的时间 t,计算各自的收尾速度 v,以 $1/v$ 为纵轴,以 r/R 为横轴,画出图 3-1-2 所示的直线. 将直线延伸与纵轴相交,交点处的值的倒数即相当于液体无限广延时的收尾速度 v_0. 这种作图求 v_0 的方法称为外推法.

得到液体无限广延的收尾速度 v_0 后,再从图中通过求斜率,可以计算出修正系数 k_1.

(2) 斯托克斯公式是根据理想状态下(无涡流)的流体普遍运动方程导出的. 在具体实验中,应引入流体运动状态的一个重要参数"雷诺数"Re,其值由式(3-1-9)给出

$$Re = \frac{d v_0 \rho}{\eta} \tag{3-1-9}$$

由此来检验是否存在涡流. 若存在涡流,因小球还受到涡流造成的阻力,总阻力为

$$f_{\text{黏}} = 6\pi r \eta v_0\left(1 + \frac{3}{16}Re - \frac{19}{1080}Re^2 + \cdots\right) \tag{3-1-10}$$

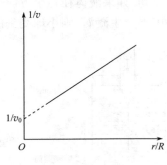

图 3-1-2　$1/v$-r/R 关系图

式(3-1-10)称为奥西恩-果尔斯公式.可以把$\frac{3}{16}Re$和$\frac{19}{1080}Re^2$看成是斯托克斯公式的一级和二级修正项.当$Re=0.1$时,零级解与一级解相差约2%,二级修正项约为2×10^{-4},可略去不计;当$Re=0.5$时,零级解与一级解相差约10%,二级修正项约为0.5×10^{-2},仍可略去不计;但当$Re=1$时,二级修正项约2×10^{-2}.显然随着Re的增大,高次项的影响变大.

（3）由对Re的讨论,我们得到以下三种情况:

① 当$Re<0.1$时,可以取零级解η,即式(3-1-7);

② 当$0.1<Re<0.5$时,可取一级近似解,则有

$$f_{黏}=6\pi r\eta_1v_0\left(1+\frac{3}{16}Re\right) \tag{3-1-11}$$

将式(3-1-7)和式(3-1-9)代入式(3-1-11),可得

$$\eta_1=\frac{(m-\rho V)g}{3\pi dv\left(1+k_1\dfrac{r}{R}\right)}-\frac{3}{16}\rho dv\left(1+k_1\frac{r}{R}\right)$$

$$=\eta-\frac{3}{16}\rho dv\left(1+k_1\frac{r}{R}\right) \tag{3-1-12}$$

η_1是对涡流阻力作一级修正的结果.

③ 如果$Re>0.5$,还必须考虑二级修正,则有

$$f_{黏}=6\pi r\eta_2v_0\left(1+\frac{3}{16}Re-\frac{19}{1080}Re^2\right) \tag{3-1-13}$$

$$\eta_2=\frac{1}{2}\eta_1\left(1+\sqrt{1+\frac{19}{270}\left(\frac{\rho dv_0}{\eta_1}\right)^2}\right) \tag{3-1-14}$$

在实验完成后,处理数据时,必须对Re进行验算,确定它的范围并进行修正.

【实验器材】

多管黏滞系数测量仪、电子天平、秒表、小球、螺旋测微器、游标卡尺、毫米尺等.

【实验内容与要求】

调整底盘水平,使水准仪内气泡居中.用电子天平、螺旋测微器和游标卡尺分别测量小球的质量、直径以及玻璃管的外径及壁厚,在玻璃管上选定一段距离并进行测量,用秒表测量小球在不同内径的玻璃管中的选定距离内匀速下落时间,计算油品的黏滞系数.

【数据记录与处理】

① 测量小球在不同内径的玻璃管中的某一段距离匀速下落时间,每个玻璃管测量5次,取时间平均值,分别计算收尾速度v.

② 用游标卡尺在玻璃管的不同部位测管的管外径及壁厚,每个玻璃管测量五次,取平均值,计算管内半径R.

③ 作出 $1/v$-r/R 图,采用外推法求得 v_0,计算修正系数 k_1 和雷诺数 Re,最后求出油品的黏滞系数 η.

【注意事项】

① 用镊子夹起小钢球,在往玻璃管中投放之前,要先将小球在蓖麻油中浸一下.
② 蓖麻油的黏滞系数与温度关系密切,实验中不要用手触摸玻璃管,并注意记录室温.
③ 要保证小球沿玻璃管中心垂直下落.

【思考与讨论】

① 落球法测量液体黏滞系数的适用条件有哪些?
② 如果筒内的蓖麻油温度升高一些,对小球收尾速度和黏滞系数各有什么影响?

【附录 3.1.1】

斯托克斯简介

斯托克斯(George Gabriel Stokes,1819～1903),英国数学家、力学家. 其在对光学和流体动力学进行研究时,推导出了在曲线积分中最有名的被后人称之为"斯托克斯公式"的定理. 直至现代,此定理在数学、物理学等方面都有着重要而深刻的影响. 斯托克斯对黏性流体运动规律的研究贡献较为突出,1845 年斯托克斯从改用连续系统的力学模型和牛顿关于黏性流体的物理规律出发,在《论运动中流体的内摩擦理论和弹性体平衡和运动的理论》中给出黏性流体运动的基本方程组,其中含有两个常数. 这组方程后称纳维-斯托克斯方程,它是流体力学中最基本的方程组. 斯托克斯还研究过不满足牛顿黏性规律的流体的运动,但这种"非牛顿"的理论直到 20 世纪 40 年代才得到重视和发展.

1851 年,斯托克斯在《流体内摩擦对摆运动的影响》的研究报告中提出球体在黏性流体中作较慢运动时受到的阻力的计算公式,指明阻力与流速和黏滞系数成比例,这就是关于阻力的斯托克斯公式.

实验 3.2　电热法测量油品的比热容

物质的比热容(specific heat capacity)是热力学中一个重要的物理量,是单位质量物质温度升高(或降低)1K(或 1 ℃)时所吸收(或放出)的热量,常用 c 来表示,在国际单位制中的单位为 J/(kg·K). 对于同种物质,特别是气体,比热容的大小与条件(比如温度的高低、压强和体积)的变化情况有关.例如气体在体积恒定时和压强恒定时的比热容有很大不同,分别称为定容比热容(specific heat capacity at constant volume)和定压比热容(specific heat capacity at constant pressure). 对固体和液体而言,这两者差别较小,但在不同温度下也会有所变化.同种物质在不同物态下的比热容也不同.

由于物体间的热交换比较复杂,往往用纯理论方法无法解决,而用实验方法测量比较容易解决.目前测量物质比热容的方法有混合法、冷却法、物态变化法、电流量热法.不管用哪种方法,都必须遵循以下两条原则:一是保持系统为孤立系统,即系统与外界没有热交换;二是只有当系统达到热平衡时,温度的测量才有意义.严格满足上述两条原则基本上是不可能的,所以如何采取恰当的装置、测量方法和操作技巧,是做好这类实验的关键.如果实验过程中系统与外界之间的热交换不可忽略,则应该作相应的修正.

温度测量和量热技术是热学实验中的最基本问题.量热技术在许多领域中应用广泛,特别在新能源开发和新材料的研制中,量热技术是必不可少的.由于散热因素多而且不易控制和测量,量热实验的精度往往较低.做量热实验,常常需要分析产生各种误差的因素,考虑减少误差的方法,通过这些锻炼有利于实验能力的提高.

【预习提示】

① 用电热法测量液体的比热容时,哪些物理量要进行直接测量? 通过的电流强度 I、电阻 R 等要不要进行测量?

② 实验中采取了哪些措施来防止(或减小)系统与外界进行热交换来提高测量精度?

③ 为了测准温度,实验中应采取哪些措施?

【实验目的】

① 掌握测量液体比热容的原理和方法.

② 学会正确使用电流量热器,了解量热实验中产生误差的因素及减少误差的措施.

③ 认识自然冷却现象,学习用修正终温法作散热修正.

④ 巩固电流做功方面的知识,熟练掌握建立热平衡方程式.

【实验原理】

1. 实验公式

当一个孤立的热学系统最初处于平衡时,它有一初温 T_1;当外界给予该系统一定热量后,它又达到新的平衡时,有一末温 T_2.如果该系统中没有发生化学变化或相的转变,那么该系统获得的热量为

$$Q = (m_1 c_1 + m_2 c_2 + \cdots + m_n c_n)(T_2 - T_1) \tag{3-2-1}$$

式中,m_1,m_2,$\cdots$ 为组成该系统的各种物质的质量;c_1,c_2,$\cdots$ 为相应物质的比热容.物质的质量 m 与其比热容 c 的乘积称为热容,用大写字母 C 表示,单位为 J/K.

测定液体的比热容,方法有多种,如混合法(将已知比热容和温度的固体与待测液体混

合的方法)、比较法(将待测液体与已知比热容的纯水在同样实验条件下比较的方法)等. 本实验利用电流的热效应,通过载流电阻丝给待测液体加热来测定液体的比热容.

在量热器内安装电阻丝,根据焦耳定律,当有电流 I 通过该电阻丝 R 时,若加在电阻丝两端的电压为 U,则在一定的通电时间 t 内电阻丝放出的热量为

$$Q = UIt \tag{3-2-2}$$

式(3-2-2)中各量均采用国际单位制.

如果该量热器中所盛放待测液体的质量为 m,比热容为 c,通电前后量热器的初温和末温分别为 T_1 和 T_2,在测量过程中所研究的系统与外界没有进行热交换的情况下,则电阻丝放出的热量全部被待测液体和量热器吸收,即有

$$Q = UIt = (cm + c_0 m_0)(T_2 - T_1)$$

由此可得

$$c = \frac{UIt - c_0 m_0 (T_2 - T_1)}{m(T_2 - T_1)} \tag{3-2-3}$$

式中,c_0 为铜的比热容,$c_0 = 387 \mathrm{J/(kg \cdot K)}$;$m_0$ 为量热器内筒、搅拌器、电阻丝等的质量;c、m 为待测液体的比热容和质量.

2. 散热的修正

在热学实验中,理想的绝热系统往往是很难实现的,就是说只要有温差存在,总会发生系统与外界热交换的现象,而不管系统与外界的热交换是放热还是吸热,都会给测量结果带来系统误差. 本实验为了减少和消除这种系统误差,可以通过两种途径:一种是通过牛顿散热定律去计算;另一种方法是尽量采用室温为中间值进行升温和降温的对称测量,即如果室温为 T,所取初温为 T_1,终了温度为 T_2,实验中尽量满足 $T - T_1 = T_2 - T$,这样可以使得系统开始从环境中所吸收热量近似等于终了时所放出的热量.

式(3-2-3)成立的条件是在量热实验过程中没有热量散逸. 实验中从 T_1 升温到 T_2 的过程中不可避免地存在散热问题. 为了减少散热,实验时使量热筒内外温差以及量热筒的初末温差不要过大(也不要过小,以致降低测量准确程度),在这种情况下,系统散热服从牛顿冷却定律,可运用牛顿冷却定律进行散热修正.

当一个系统的温度与环境温度相差不大(约不超过 $10 \sim 15\ ^\circ\mathrm{C}$)时,系统冷却速率(或散热速率)$\mathrm{d}T/\mathrm{d}t$ 与系统和环境间的温度差成正比,这个规律就是牛顿冷却定律. 用数学表达式表示为

$$\frac{\mathrm{d}T}{\mathrm{d}t} = -K(T - \theta) \tag{3-2-4}$$

式中,T 为系统温度;θ 为环境温度;K 为散热系数(取决于系统的表面状况及其热容与环境间的关系). 当 θ 保持不变,且 $|T - \theta| \leqslant 15\ ^\circ\mathrm{C}$ 的情况下,对某一定质量系统来说 K 为一常数. 由此可知,当 $T > \theta$ 时,$\dfrac{\mathrm{d}T}{\mathrm{d}t} < 0$,系统向外界散热;当 $T < \theta$ 时,$\dfrac{\mathrm{d}T}{\mathrm{d}t} > 0$,系统从外界吸热. 这正是前面所描述的使 $T - T_1$ 与 $T_2 - T$ 大致相等,确保量热器系统吸收的热量与散失的热量近似相互抵消的依据所在.

实验中选择系统已经自然冷却后的某时刻温度 T_0 开始计时,即 $t = 0$ 时,$T = T_0$,经过一段时间 t 后,系统温度降至 T,对式(3-2-4)进行积分可得

$$\ln(T-\theta)=-Kt+\ln(T_0-\theta)$$
$$\ln|T-\theta|=-Kt+b \tag{3-2-5}$$

式(3-2-5)表明,量热筒内外的温差随时间按指数规律减小,且对散热和吸热情况均适用.并且 $\ln|T-\theta|$-t 图线是一条直线,该直线的斜率为散热系数 K,截距为

$$b=\ln|T_0-\theta|$$

式中,T_0 为系统自然冷却后某时刻的温度(计时开始的初温);θ 为环境温度.

若再将式(3-2-4)变形为

$$dT=-K(T-\theta)dt \tag{3-2-6}$$

令 $dt=1\text{min}$,则 dT 的绝对值表示系统表面在不同的温度下每分钟由于散热而降低的温度,即 $|dT|=|-K(T-\theta)|$.若从系统加热到开始降温这段过程中,每隔一分钟记录一次系统的温度值 T_0,T_1,T_2,T_3,$\cdots$,而且,以每一分钟的初温与终温的平均值 $\dfrac{T_0+T_1}{2}$,$\dfrac{T_1+T_2}{2}$,$\dfrac{T_2+T_3}{2}$,$\cdots$作为第 $1,2,3,\cdots$分钟内系统温度的平均值,并将此值分别代入式(3-2-6)计算出这一分钟内系统由于散热而降低的温度 dT,则可知在开始计时到 n 分钟后系统因散热而降低的总温度 ΔT 为

$$\Delta T=dT_1+dT_2+dT_3+\cdots+dT_n=\sum dT_n \tag{3-2-7}$$

若在无散热的理想情况下,系统经加热后应该达到的终温是 T_t,但由于散热是客观存在的,故实际终温 $T'_t<T_t$(理想终温).它们之间的差值 ΔT 由式(3-2-7)决定,即有

$$T_t=T'_t+\Delta T \tag{3-2-8}$$

式中,T_t 为修正后的终温.

综上所述,对系统通电加热所达到的终温进行修正,实验时不仅要每隔 1 分钟记录系统加热升温至断电开始降温这段过程系统的温度(升温阶段),而且还要每隔 1 分钟记录断电后系统自然冷却阶段的系统温度(降温阶段),并求出每分钟内系统的平均温度 $\overline{T_i}$.降温阶段系统温度是用来作 $\ln|T-\theta|$-t 图,求出散热系数 K.然后用所求的 K 计算系统升温过程中每分钟内由于散热导致的温降 dT_i.最后求出升温全过程中总的温降 ΔT.需要注意的是,由于升温的滞后效应,断电时刻的温度并不是系统加热所达到的最高温度(终温).

【实验器材】

量热器、温度计、天平、计时秒表、数字式、直流稳压电源、待测油品、开关、冰箱等.

实验装置如图 3-2-1 所示,图中 D 为量热器外筒,B 为内筒,M 为温度计,R 为加热电阻丝,F 为搅拌器,P、H 为加热电阻丝的两个接线柱,V 为电压表,A 为电流表,K 为电源开关,N 为待测油品,E 作为工作电源.

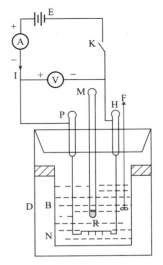

图 3-2-1　液体比热容测量装置

量热器是一种专门用来进行热交换的"绝热"容器,它是通过测定物体间传递的热量来求出物质的比热、潜热及化学反应热的仪器. 量热器是为了尽量减少实验系统与环境之间的传导、对流和辐射而设计的,主要由内筒和外筒组成,由于内外筒用绝热胶木圈和绝热盖隔开,且二者之间充有不良导体空气,因此可减小热量的传导和对流. 绝热盖上开有小孔,可放入温度计和搅拌器(带有绝热柄). 量热器的内筒外表面和外筒内、外表面筒壁均电镀得很光亮,减少了因辐射而产生的热传递. 因此,量热器可以使实验系统粗略地接近于一个与外界没有热量交换的孤立系统. 为了尽量减少系统与外界热交换,实验操作时也要注意绝热问题. 比如,尽量少用手触摸量热器的任何部分,应在远离热源(或空气流通太快)的地方做实验,使系统与外界温度差尽可能小等. 尽管如此,在不同的热学实验中,根据不同情况还应该进行散热或吸热修正.

【实验内容与要求】

① 将待测油品和内筒放入冰箱内冷却,温度降至比室温低 7~9 ℃.

② 按图 3-2-1 接好线路,安装好实验装置,经检查无误后,方可进行实验.

③ 闭合开关 K 同时启动秒表开始计时,并记下油品初始温度 T_1,加热过程中要不断轻轻搅拌系统,使油品和内筒温度均匀,并每隔 1 至 2 分钟记录一次系统温度.

④ 加热过程中,如果电压及电流示值不稳定,则每隔一段时间测量电压 U 和电流 I,填入表 3-2-1,最后取平均值,并估算其不确定度.

⑤ 当油品温度达到预期的温度时,切断电源并同时停止计时,再继续搅拌 1~2min,注意观察温度计,当升至最高温度时,记下温度 T_t'.

⑥ 系统升至最高温度后自然冷却,系统开始降温. 任取计时起点,每隔 1 分钟记录一次环境温度和系统温度,大约记录 20 分钟左右.

⑦ 由自然冷却过程的实验数据求出散热系数 K.

⑧ 由升温阶段的实验数据结合已求出的散热系数 K,求出温度修正值及升温终温值.

⑨ 将内筒和待测油品放到天平上进行称量,记录下测量结果 m',则 $m=m'-m_0'$(m_0' 为内筒质量,其值由实验室给出).

⑩ 计算出待测油品的比热容及其不确定度,并写出完整的结果表示.

【数据记录与处理】

① 室温 $T=$_____℃;

② (内筒+搅拌器+电热丝等质量)$m_0=$_____ g,$u_c(m_0)=$_____ g;

③ 待测油品质量 $m=$_____ g, $u_c(m)=$_____ g;

④ 待测油品的初始温度 $T_1=$_____℃,$u_c(T_1)=$_____℃;

⑤ 待测油品的实际终了温度 $T_t'=$_____℃,$u_c(T_t')=$_____℃;

⑥ 通电时间 $t=$_____ s,$u_c(t)=$_____ s;

表 3-2-1　电压、电流记录表

次数 测量值	1	2	3	4	5	6	7	8	9	10	……	平均值	不确定度
$U(V)$													
$I(A)$													

⑦ 电压 $\bar{U}=$＿＿＿＿＿ V，$u_c(U)=$＿＿＿＿＿ V；

⑧ 电流 $\bar{I}=$＿＿＿＿＿ A，$u_c(I)=$＿＿＿＿＿ A；

⑨ 自拟表格记录加热及自然冷却过程温度，求出温度修正值及升温终温值；

⑩ 将测量值、计算值及修正后的升温终温值代入式(3-2-3)中，求出待测油品的比热容，并估算其不确定度，写出完整的结果表示.

【注意事项】

① 温度计不宜太靠近电阻丝.

② 加热不可太快，搅拌必须充分，使系统温度分布均匀，不要让液体溅出. 在搅拌时，也应注意，勿使搅拌器与电极相碰.

③ 适当控制升温速度和测量时间，一般升温不宜超过室温 10.0 ℃，测量时间应控制在40 分钟之内.

④ 量热筒中无液体时电阻丝不得在空气中通电.

⑤ 量热器、搅拌器、电阻丝切忌短路.

【思考与讨论】

① 实验中下列因素会给测量结果造成什么影响？ 使结果偏大还是偏小？

（a）连接电阻丝的接线柱有部分露出；

（b）温度计插得太浅；

（c）液体的蒸发与溅出；

（d）环境温度的升高.

② 分析实验中所有可能的误差来源.

③ 在测量过程中，发现电压、电流总是在不断变化，这种变化给测量所带来的误差属于什么性质的误差？

④ 在测量过程中，出现故障（如秒表停止计时，电压表、电流表不显示读数），在排除故障后，能接着进行实验吗？ 应该怎样处理这种情况？

⑤ 试分析实验中各量($m, m_0, T_1, T_2, T, U, I, t$ 等)测量的不确定度对实验结果比热容的不确定度大小的影响程度. 这些分析对指导实验有什么意义？

焦 耳 简 介

J. P. 焦耳(J. P. Joule, 1818～1889),英国杰出的物理学家.一生都在从事实验研究工作,在电磁学、热学、气体分子方面均作出了卓越的贡献.他的实验研究成果主要有焦耳-楞次定律、焦耳气体自由膨胀实验、焦耳-汤姆逊效应、焦耳热功当量实验、焦耳热等.1840～1850 年间进行的热功当量实验为热力学第一定律的科学表述奠定了基础.1866 年由于他在热学、电学和热力学方面的贡献,被授予英国皇家学会柯普莱金质奖章(Copley medal).为了纪念他对科学发展的贡献,国际计量大会将能量、功、热量的实用单位命名为"焦耳".

图 3-2-2 焦耳

实验 3.3 空气比热容比的测量

气体的定压比热容和定容比热容之比为 $\gamma = c_p/c_V$,称为比热容比(ratio of specific heat capacity),又称气体的绝热指数.它是反映气体性质的一个重要热力学参量,在热力学理论和工程技术应用等方面起着重要的作用.测定比热容比对研究气体的内能、气体分子内部运动及其规律等是重要的;热机的效率、气体中声波的传播特性等都与比热容比相关;发动机的热力计算或气动计算,经常用到燃油燃烧产物的比热容比;比热容比是制冷剂的一个主要参数,在制冷设备的设计、低温的获得中有着重要意义;天然气运输过程中的安全阀计算及喷管的设计,经常需要知道气体的比热容比;在火箭技术中,表征能量效率的特征速度和推力系数都直接与比热容比的大小有关,等等.

比热容比的测量是物理学的基本测量之一.主要有振动法、共振法、声速法、绝热膨胀或压缩法等测量方法.本实验将采用气体绝热膨胀法测定空气的比热容比.学习绝热膨胀法测定气体比热容比的原理和方法,加深对绝热、定容等几个热力学过程的理解.另外,通过实验中使用扩散硅压阻式差压传感器和集成温度传感器测量压强和温度,初步了解两种传感器的工作原理和使用方法.

【预习提示】

① 熟悉气体的定压比热容、定容比热容、绝热指数等基本概念.
② 理解理想气体的热力学过程及其状态方程.
③ 了解绝热膨胀法测量空气绝热指数的基本原理和方法.
④ 了解用传感器精确测量气体压强和温度的基本原理与方法.

【实验目的】

① 学习绝热膨胀法测定空气绝热指数的原理和方法.

② 观察和分析热力学系统的状态变化及其物理规律.

③ 初步了解扩散硅压阻式差压传感器和 AD590 集成温度传感器的工作原理和使用方法.

【实验原理】

绝热过程是热力学系统与外界无热量交换时的状态变化过程. 在良好的绝热材料隔绝的系统中进行的过程,或由于过程进行的很快以至于同外界没有显著热量交换的过程都可以近似地看作绝热过程. 如图 3-3-1 所示,采用如下的实验过程.

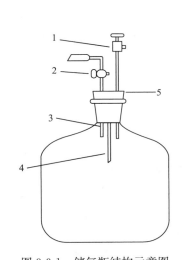

图 3-3-1　储气瓶结构示意图
1. 放气阀门;2. 进气阀门;3. 差压传感器;
4. AD590 集成温度传感器;5. 橡皮塞

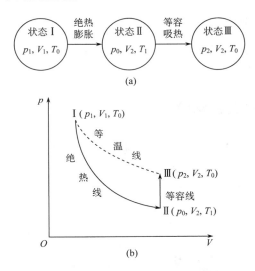

图 3-3-2　气体状态变化及 $p\text{-}V$ 图

① 首先打开放气阀门 1,储气瓶与大气相通,再关闭放气阀门. 此时瓶内气体的大气压为 p_0,温度为 T_0.

② 打开进气阀门 2,用充气球向瓶内打气,充入一定量的气体后关闭进气阀门. 此时瓶内空气被压缩,压强增大,温度升高. 由于瓶内气体温度高于室温,气体将通过容器壁向外放热,直至达到室温,瓶内气体状态稳定,瓶内气体此时处于状态 I (p_1, T_0).

③ 迅速打开放气阀门 1,使瓶内气体与大气相通,由于瓶内气体压强 p_1 高于大气压 p_0,体积为 ΔV 的气体迅速喷出储气瓶. 当瓶内压强降至 p_0 时,立刻关闭放气阀门. 由于放气过程较快,瓶内保留的气体来不及与外界进行热量交换,可以认为是一个绝热膨胀的过程. 此时瓶内保留的气体由状态 I (p_1, V_1, T_0) 转变为状态 II (p_0, V_2, T_1). V_2 为储气瓶的体积,V_1 为该部分气体膨胀前的体积.

④ 由于瓶内气体温度 T_1 低于室温 T_0，所以瓶内气体将慢慢从外界吸热，直至达到室温 T_0 为止，此时瓶内气体压强也随之增大为 p_2. 稳定后气体处于状态 III(p_2, V_2, T_0). 这一过程可以看作是一个等容吸热的过程.

所研究气体由状态 I →状态 II →状态 III 的热力学过程如图 3-3-2 所示.

由状态 I(p_1, V_1, T_0) 变为状态 II(p_0, V_2, T_1) 近似为绝热过程，满足绝热过程方程

$$p_1 V_1^{\gamma} = p_0 V_2^{\gamma} \tag{3-3-1}$$

由状态 I(p_1, V_1, T_0) 变为状态 III(p_2, V_2, T_0) 视为等温过程，满足等温过程方程

$$p_1 V_1 = p_2 V_2 \tag{3-3-2}$$

联立式(3-3-1)、式(3-3-2)，消去 V_1、V_2 并两边取对数整理后有

$$\gamma = \frac{\lg p_1 - \lg p_0}{\lg p_1 - \lg p_2} \tag{3-3-3}$$

由式(3-3-3)可以看出，只要测得 p_0、p_1、p_2 就可求得气体的绝热指数 γ.

由气体运动论可知，比热容比 γ 与气体分子的自由度数 i 有关，关系式为

$$\gamma = 1 + 2/i \tag{3-3-4}$$

对于单原子气体，只有三个平均自由度，比热容比 $\gamma = 1.67$；双原子刚性气体，除了三个平均自由度以外，还有两个转动自由度，比热容比 $\gamma = 1.40$；对于 3 个以上原子气体，γ 值将进一步减小.

【实验器材】

FD-NCD 空气比热容比测定仪，气压计，温度计等.

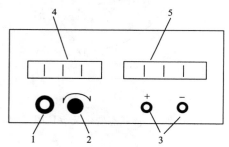

图 3-3-3　测量仪测量显示部分示意图

1. 差压传感器插孔；2. 调零旋钮；

3. AD590 集成温度传感器插孔；

4. 压力电压表；5. 温度电压表

FD-NCD 空气比热容比测定仪主要由储气瓶和测量显示两大部分组成. ①储气瓶：如图 3-3-1 所示. 包括玻璃瓶、进气阀门、放气阀门、橡皮塞、打气球、扩散硅压阻式差压传感器、AD590 集成温度传感器. ②测量显示：如图 3-3-3 所示. 扩散硅压阻式差压传感器与三位半数字电压表相接显示气压，灵敏度为 20 mV/kPa，测量精度为 5Pa，测量范围大于环境气压 0～10 kPa；电流型集成温度传感器 AD590 与四位半数字电压表相接显示温度，灵敏度为 1 μA/℃，测量精度为 0.02 ℃.（详见附录 3-3-1，3-3-2）

【实验内容与要求】

1. 测量空气的比热容比

① 接好测量电路，接通电源，使仪器预热 20 分钟.

② 打开进气阀门和放气阀门足够长时间，使储气瓶与大气相通，调节调零电位器，使 $p = p_0$ 时测量压强的三位半数字电压表显示为 0 mV.

③ 检查系统是否漏气. 关闭储气瓶放气阀门，打开进气阀门，用充气球向瓶内打气，使

瓶内压强升高 6 kPa 左右(测量压强数字电压表显示约为 120 mV),然后关闭进气阀门,观察气压显示值.如果显示值下降一段时间后稳定下来,说明系统良好,可以进行实验.否则,应检查瓶塞和各阀门的密封性.

④ 关闭放气阀门,打开进气阀门,用充气球把空气徐徐地压入储气瓶中,观测温度和压强的变化.当压强电压表显示在 $100\sim150$ mV 之间时,关闭进气阀门.待瓶中空气温度降到室温 T_0,即压强稳定后,此时瓶内所研究的气体为状态 I(p_1, V_1, T_0),记录瓶中压强的显示值 U_{p_1} 和室温 T_0.

⑤ 迅速打开放气阀门,使瓶内气体与大气相通,当瓶内压强降至 p_0 时("嘘"声刚结束),迅速关闭放气阀门,此时瓶内气体为状态 II(p_0, V_2, T_1).注意:放气要迅速,关闭时间要恰到好处,放气哨音一消失,应立即关闭,否则将影响实验结果.

⑥ 观察此过程中瓶内气体压强和温度的变化,当瓶内气体温度 T_1 升至室温 T_0,即压强稳定后,此时瓶内气体为状态 III(p_2, V_2, T_0),记录瓶中压强的显示值 U_{p_2} 和室温 T_0.

⑦ 重复步骤④~⑥测量 10 次.

2. 设计性实验内容(选做)

参考附录 3-3-2,选择本实验使用的 AD590 集成温度传感器,测量其在室温下的伏安特性曲线,并从中求得该传感器在温度不变时电流不随电压改变的最小工作电压 U_{min}(即满足传感器输出电流 I 和温度 t_c 成线性关系的最小电压).

【数据记录与处理】

将测量空气比热容比的每组数据填入表 3-3-1.

表 3-3-1 测量空气比热容比数据记录与处理

测量次数	测量值				计算值		
	状态 I (U_{p_1} / mV)	状态 III (U_{p_2} / mV)	p_0/kPa	T_0/℃	p_1/kPa	p_2/kPa	γ
1							
2							
3							
4							
5							
6							
7							
8							
9							
10							
$\bar{\gamma}=$							

按式(3-3-6)计算出相应的压强值 p_1、p_2,用式(3-3-3)求出 γ,并计算 γ 的平均值,与理论值进行比较.取一组数据进行不确定度计算.

【注意事项】

① 由于不同扩散硅压阻式差压传感器的灵敏度各不相同,务必保证传感器与测量显示仪器的匹配,不可各仪器间混用.

② 实验中所用的储气瓶、进气阀、放气阀及其连接管等均由玻璃材料制成,为防止破损,打开或关闭进气阀门、放气阀门时,一定要双手操作,一手扶住阀门,另一只手转动活塞.

③ 完成实验后,必须将放气阀、进气阀全部打开,保证压力传感器空载.

④ 测量时应留意环境温度的变化,只要做到瓶内气体放气前的温度和放气后回升的最终温度一致即可,不一定要等于充气前的室温.

【思考与讨论】

① 本实验研究的热力学系统,是指哪部分气体?

② 为了使实验测量 γ 的公式(3-3-3)成立,必须保证哪些实验条件?

③ 若空气中混有二氧化碳,试分析如何影响 γ 值.

【附录3.3.1】

扩散硅压阻式差压传感器测量原理简介

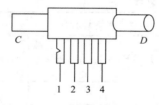

图 3-3-4　差压传感器外形图
1. 电源输入(＋);2. 信号输出(＋)
3. 电源输入(－);4. 信号输出(－)

扩散硅压阻式差压传感器是利用半导体材料硅的压阻效应制成的,外形如图3-3-4所示.测量压强时将差压传感器 C 端与瓶内被测气体相通,D 端与大气相通.差压传感器1、3端输入一恒定电压,当瓶内被测气体压强发生变化时,传感器2、4端的输出电压值相应产生变化.传感器输出电压和压强的变化成线性关系,可表示为

$$U_{p_i} = U_{p_0} + K_p(p_i - p_0) \qquad (3\text{-}3\text{-}5)$$

式中 p_i 为被测气体压强,p_0 为大气压强,U_{p_i} 为 C、D 两端压差为 $p_i - p_0$ 时传感器的输出电压值,U_{p_0} 为 C、D 两端压差为零时传感器的输出电压值,K_p 为传感器的灵敏度(传感器系数).根据式(3-3-5),被测气体的压强为

$$p_i = p_0 + \frac{U_{p_i} - U_{p_0}}{K_p} \qquad (3\text{-}3\text{-}6)$$

由此可知,若已知 U_{p_i}、U_{p_0} 和 K_p,可求出气体的压强 p_i.

实验中所用差压传感器,仪器给定参数 $K_p = 2.000 \times 10^{-2}\,\mathrm{mV \cdot Pa^{-1}}$,通过测量前的校正,使 $U_{p_0} = 0\,\mathrm{mV}$,由式(3-3-6)可得

$$p_i = p_0 + \frac{U_{p_i}}{2.000} \times 10^2 \tag{3-3-7}$$

式中电压的单位为 mV,压强的单位为 Pa. 根据式(3-3-7),测出 U_{p_i},即可求出被测气体的压强 p_i.

【附录 3.3.2】

AD590 集成温度传感器测量原理简介

AD590 集成温度传感器(以下简称 AD590)是一种新型的电流输出型半导体集成温度传感器,利用 PN 结的正向压降随温度变化的特性制成.测温范围为 $-55 \sim 150℃$.当施加 $+4V \sim +30V$ 的激励电压时,这种传感器起恒流源的作用,其输出电流与传感器所处的热力学温度 T(单位为 K)成正比,且转换系数为 $K_c = 1\mu A/K$ 或 $1\mu A/℃$.如用摄氏度 t_c 表示温度,则输出电流为

$$I = K_c t_c + 273.2\mu A \tag{3-3-7}$$

AD590 输出的电流 I 可以在远距离处通过一个适当阻值的电阻 R,转化为一个电压 U,由 $I = \dfrac{U}{R}$ 算出 AD590 输出的电流,从而计算出温度值.

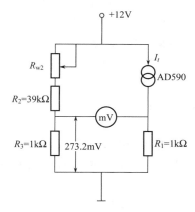

图 3-3-5　AD590 测温电路

AD590 测量温度的基本电路图如图 3-3-5 所示.图中 R_1 为取样电阻,其两端电压为 $R_1 I_t$,而 $(R_2 + R_{w2})$ 与 R_3 组成分压线路,在 0℃ 时调节 R_{w2} 使 R_3 上所分得的电压正好为 273.2 mV,此电压用来补偿 0℃ 时流过 AD590 的电流(273.2μA)在 R_1 上所形成的压降,以使 0℃ 时电压表的示值为零.不难看出此电路的转换系数为 1mV/℃,这样数字电压表上显示的数即代表以℃ 为单位的温度值.例如:若环境温度为 20℃,数字电压表的示值为 20.00 mV.

实验 3.4　刚体转动惯量的测量

刚体是在外力作用下,形状、大小皆不变的物体.通常将受外力作用形变甚微的物体视为刚体.转动惯量是表征刚体转动时惯性大小的物理量,是研究、设计、控制转动物体运动规律的重要工程技术参数,它与刚体的质量分布、形状和转轴的位置等有关.对于几何形状较规则、质量分布均匀的刚体,可以通过数学方法计算出绕给定转动轴的转动惯量,但对于形状较复杂、质量分布不均匀的刚体,用数学方法计算其转动惯量是非常困难的,通常采用实验方法来测定.

转动惯量的测定,对于机电制造、航空、航天、航海、军工等工程技术和科学研究具有十分重要的意义,如钟表摆轮、精密电表动圈的体形设计、枪炮的弹丸、电机的转子、机器零件、导弹和卫星的发射等,都不能忽视转动惯量的大小,因此测定物体的转动惯量具有重要的实际意义.

转动惯量不能直接测量,一般进行参量换测,即设计一种装置,使待测刚体以一定形式运动,通过表征这种运动特征物理量与转动惯量的关系,进行转换测量.对于不同形状的刚体,设计不同的测量方法和仪器.测量转动惯量有多种方法,如落体法(转动惯量仪)、双线摆法、复摆法、扭摆法(三线摆、金属杆扭摆、单悬丝扭摆、双悬丝扭摆、蜗簧扭摆)等.本实验采用扭摆法测量物体的转动惯量,利用蜗簧扭摆使物体作扭转摆动,通过对摆动周期及其他参数的测定计算出物体的转动惯量.

【预习提示】

① 什么是物体的转动惯量? 描述物体定轴转动的基本定律是什么?
② 扭摆法测量转动惯量的基本原理是什么?
③ 采用扭摆法测量转动惯量需要测量哪些相关物理量? 各物理量如何测量?
④ 什么是物体转动惯量的平行轴定理? 实验中采用什么方法来证明平行轴定理?

【实验目的】

① 熟悉扭摆的构造和调整使用方法.
② 掌握扭摆法测量转动惯量的基本原理,测定扭摆的扭转常数和不同形状物体的转动惯量.
③ 了解转动惯量的平行轴定理,理解"对称法"证明平行轴定理的实验思想和实验方法.
④ 掌握长度、质量、时间(周期)的基本测量方法.

【实验原理】

1. 基本原理

扭摆的基本构造如图 3-4-1 所示,在垂直轴 1 上装有一根薄片状的螺旋弹簧(蜗簧)2,用以产生恢复力矩.各种待测物体可以装在轴上作扭转摆动.垂直轴与支座间装有轴承,以降低摩擦力矩.水平仪 3 和底座上的三个螺钉用来调整系统水平.

安装在扭摆垂直轴上的物体,在水平面内转过一角度 θ 后释放,在弹簧的恢复力矩作用下,物体就开始绕垂直轴作往返扭转运动.根据胡克定律,弹簧受扭转而产生的恢复力矩 M 与所转过的角度 θ 成正比,即

$$M = -k\theta \tag{3-4-1}$$

式中,k 为弹簧的扭转常数.根据转动定律有

$$M = J\beta \tag{3-4-2}$$

式中,J 为物体绕转轴的转动惯量,β 为角加速度.由式(3-4-2)得

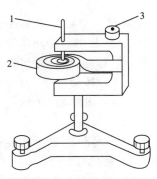

图 3-4-1 扭摆的基本构造
1. 垂直轴;2. 螺旋弹簧;3. 水平仪

$$\beta = \frac{M}{J} \tag{3-4-3}$$

令 $\omega^2 = \dfrac{k}{J}$，且忽略轴承的摩擦阻力矩，由式(3-4-1)和式(3-4-3)得

$$\beta = \frac{\mathrm{d}^2\theta}{\mathrm{d}t^2} = -\frac{k}{J}\theta = -\omega^2\theta \tag{3-4-4}$$

方程(3-4-4)表明扭摆运动具有角简谐振动的特性，角加速度与角位移成正比，且方向相反，方程(3-4-4)的解为

$$\theta = A\cos(\omega t + \varphi) \tag{3-4-5}$$

式中，A 为谐振动的角振幅；φ 为初相位角；ω 为角速度. 此谐振动的周期为

$$T = \frac{2\pi}{\omega} = 2\pi\sqrt{\frac{J}{k}} \Rightarrow J = \frac{T^2 k}{4\pi^2} \tag{3-4-6}$$

实验测得物体扭摆的摆动周期 T 后，利用式(3-4-6)，在转动惯量 J 和扭转常数 k 两个量中任何一个量已知时，即可计算出另一个量.

2. 间接比较法测量转动惯量和扭转常数 k 的确定

实验中可以采用间接比较法测量物体的转动惯量和确定扭转常数. 具体方法为：

① 测量待测物体载物盘的摆动周期 T_0，设金属载物盘绕垂直轴的转动惯量为 J_0，根据式(3-4-6)可得

$$J_0 = \frac{T_0^2 k}{4\pi^2} \tag{3-4-7}$$

② 将一个几何形状规则的物体(其对质心的转动惯量可以根据它的质量和几何尺寸用理论公式直接计算出)放在被测物体载物盘上，并使其质心轴与垂直轴重合，测出两个组合体的摆动周期 T_1，已知标准物体的转动惯量为 J_1，由式(3-4-6)可得

$$J_0 + J_1 = \frac{T_1^2 k}{4\pi^2} \tag{3-4-8}$$

由式(3-4-7)和式(3-4-8)可得载物盘的转动惯量 J_0 和扭转常数 k 为

$$J_0 = J_1 \frac{T_0^2}{T_1^2 - T_0^2} \tag{3-4-9}$$

$$k = 4\pi^2 \frac{J_1}{T_1^2 - T_0^2} \tag{3-4-10}$$

确定扭摆扭转常数的过程也称为给仪器定标. 扭摆定标确定出扭转常数 k 值后，若要测定其他形状物体的转动惯量，只需将待测物体安放在仪器顶部的各种夹具上，测定其摆动周期，由式(3-4-6)即可算出物体和夹具绕转动轴的转动惯量，减去夹具的转动惯量即得物体的转动惯量.

3."对称法"证明平行轴定理

理论分析证明，若质量为 m 的刚体绕通过质心轴的转动惯量为 J_c 时，当转轴平行移动距离 x 时，则此物体对新轴的转动惯量变为 J_x，根据转动惯量的平行轴定理有

$$J_x = J_c + mx^2 \tag{3-4-11}$$

根据式(3-4-11)可知，J_x 与 x^2 成线性关系. 实验中改变不同的 x 值测量出相应的 J_x 值，在直角坐标纸上作 J_x-x^2 图，如果为直线，则证明平行轴定理是正确的.

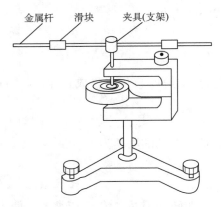

金属杆　滑块　夹具(支架)

图 3-4-2　验证平行轴定理实验装置

为了证明金属滑块转动惯量的平行轴定理，本实验中以金属细杆和夹具(支架)为辅助物体，实验装置如图 3-4-2 所示，设支架和金属杆的转动惯量为 J'，金属滑块绕通过质心轴的转动惯量为 J_c，滑块质心与转轴的距离为 x. 为了减小随 x 的增大摩擦力矩增大而产生的线性系统误差，采用对称测量法，使用两个同样的金属滑块对称放置. 这时系统的总转动惯量 J 为

$$J = J' + 2J_c + 2mx^2 \qquad (3\text{-}4\text{-}12)$$

如果测出系统的摆轴周期为 T，由式(3-4-6)有

$$J = \frac{T^2 k}{4\pi^2} \qquad (3\text{-}4\text{-}13)$$

由式(3-4-12)和式(3-4-13)可得

$$J = \frac{T^2 k}{4\pi^2} = J' + 2J_c + 2mx^2 = c + 2mx^2 \qquad (3\text{-}4\text{-}14)$$

式(3-4-14)中对于实验室仪器给定的情况下，c 为定值. 因此，实验中对称地改变滑块的位置，测出不同 x 值对应的 T_x 值，作 T_x^2-x^2 图，如果为直线，则平行轴定理得到了证明.

4. 光电转换测量周期

光电传感器(光电门)和电脑计数器组成光电计时系统，测量摆动周期. 光电门(光电传感器)由红外发射管和红外接收管构成，将光信号转换为脉冲电信号，送入电脑计数器测量周期(计数测量时间). 为了精确测量周期，实验中可采用累积放大法测量.

【实验器材】

1. 扭摆

扭摆的基本构造和工作原理参见实验原理的部分内容.

2. 转动惯量测试仪

1）组成与功能

转动惯量测试仪，面板结构如图 3-4-3 所示，由主机和光电传感器两部分组成，用于测量物体转动或摆动的周期以及旋转体的转速.

主机采用新型的单片机控制系统，能自动记录、存储多组实验数据并能够精确地计算多组实验数据的平均值. 光电传感器主要由红外发射管和红外接收管组成，将光信号转换为脉冲电信号，送入主机工作. 因人眼无法直接观察仪器工作是否正常，但可用遮光物体往返遮挡光电探头发射光束通路，检查计时器是否开始计数和到达预定周期数时是否停止计数. 为防止过强光线对光电探头的影响，光电探头不能放置在强光下，实验时可采用窗帘遮光，确保计时的准确.

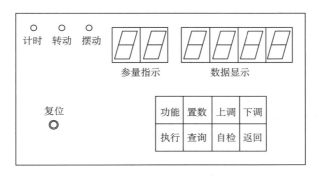

图 3-4-3 转动惯量测试仪面板结构图

2) 仪器使用方法

① 调节光电传感器在固定支架上的高度及位置,使其处于被测物体挡光杆的平衡位置处,挡光杆应位于空隙中央能遮住发射接收红外线的小孔又不与探头接触,确保被测物体上的挡光杆能自由往返地通过光电门,再将光电传感器的信号传输线插入主机输入端(位于测试仪背面).

② 开启主机电源,"摆动"指示灯亮,参量指示"P_1(第一次测量)"、数据显示为"----".

③ 默认设定扭摆的周期数为 10,如要更改,按"置数"键,显示"$n=10$",按"上调"键,周期数依次加 1,按"下调"键,周期数依次减 1,周期数只能在 1~20 范围内任意设定,再按"置数"键确认,显示"F1 end",周期数一旦预置完毕,除复位和再次置数外,其他操作均不改变预置的周期数,但更改后的周期数不具有记忆功能,一旦切断电源或按"复位"键,便恢复原来的默认周期数.

④ 按"执行"键,数据显示为"0000",表示仪器已处于等待测量状态. 此时,当被测的往复摆动物体上的挡光杆第一次通过光电门时,仪器即开始连续计时,直至周期数等于仪器所设定值时,便自动停止计时,由"数据显示"给出累计的时间,同时仪器自行计算周期 C_1 予以存贮,以供查询和作多次测量求平均值. 至此,P_1 测量完毕.

⑤ 按"执行"键,"P_1"变为"P_2",数据显示又回到"0000",仪器处于第二次待测状态,重复测量的最多次数为 5 次,即 $P_1,P_2,\cdots,P_5$. 通过"查询"键可知各次测量的周期值 $C_i(i=1,2,\cdots,5)$ 以及它们的平均值 C_A.

⑥ 按"返回"键,系统将无条件地回到最初状态,清除当前状态的所有执行数据,但预置周期数不变;按"复位"键,实验所得数据全部清除,所有参量恢复初始时的默认值.

3. 长度和质量测量工具

游标卡尺,米尺,电子天平.

4. 待测物体

①金属载物盘;②空心金属圆柱体;③实心塑料圆柱体;④木球及支架;⑤金属细杆、两个滑块及支架,用于转动惯量平行轴定理的证明. 金属细杆上刻有凹槽,凹槽间距为 5.00 cm,金属滑块可以在细杆上滑动并固定于凹槽上.

【实验内容与要求】

1. 仪器调整与使用

①熟悉扭摆的构造及使用方法.②调整仪器水平.调节扭摆基座底脚螺钉,使水平仪中气泡居中.③掌握转动惯量测试仪的使用方法.

2. 测量待测物体外形尺寸和质量

选用游标卡尺或米尺分别测出塑料圆柱体的直径、空心金属圆柱体的内外径、木球直径、金属细杆的长度、金属滑块的内外径和长度,各测量次数不少于 5 次.用电子天平测出相应各物体的质量.

3. 测定扭摆的扭转常数(仪器定标)

① 金属载物盘装在扭摆垂直轴上并固定好,调整光电探头的位置使载物盘上挡光杆处于其缺口中央且能遮住发射、接收红外光线的小孔,测定摆动周期 T_0.

② 标准物体塑料圆柱体(转动惯量理论值可计算出)垂直放入载物盘上,测定组合体摆动周期 T_1.

4. 测定金属圆筒、木球与金属细杆的转动惯量

① 取下塑料圆柱体,将空心金属圆柱体垂直放于载物盘上,测定摆动周期 T_2.

② 取下金属载物盘、装上支架和木球,测定摆动周期 T_3.

③ 取下木球,装上支架和金属细杆,金属细杆的中心位于转轴处并固定,测定摆动周期 T_4.

5. 转动惯量平行轴定理的证明

金属滑块对称放置在细杆两边的凹槽内,如图 3-4-2 所示.改变滑块在金属细长杆上的位置,使滑块质心与转轴的距离 x 分别为 5.00 cm、10.00 cm、15.00 cm、20.00 cm、25.00 cm,分别测定摆动周期 T_x.

6. 设计实验方案测量任意形状物体绕特定轴转动时的转动惯量(选做)

设计要求:①阐述基本实验原理和实验方法;②说明基本实验步骤;③进行实际实验测量;④说明数据处理方法,给出实验结果;⑤分析和讨论实验结果.

【数据记录与处理】

(1)根据实验要求,自拟数据表格,列表记录和处理数据.

(2)转动惯量理论值计算公式和参考值.

① 均匀圆柱体对其质心轴的转动惯量 $J_1 = \dfrac{1}{8}mD^2$.

② 均匀圆筒对其质心轴的转动惯量 $J_2 = \frac{1}{8}m(D_{外}^2 + D_{内}^2)$.

③ 转轴为球体直径时均匀球的转动惯量 $J_3 = \frac{1}{10}mD^2$.

④ 均匀细杆绕垂直通过质心转轴的转动惯量 $J_4 = \frac{1}{12}mL^2$.

⑤ 金属滑块（均匀空心圆柱）绕垂直通过质心转轴的转动惯量 $J_c = \frac{1}{16}m(D_{外}^2 + D_{内}^2) + \frac{1}{12}mL^2$.

上述各公式中 m 为物体质量，D 为物体直径，L 为物体长度.

⑥ 金属细杆支架（夹具）转动惯量实验参考值 $J = 0.232 \times 10^{-4}\,\mathrm{kg \cdot m^2}$.

⑦ 球支架转动惯量实验参考值 $J = 0.179 \times 10^{-4}\,\mathrm{kg \cdot m^2}$.

⑧ 两个滑块通过滑块质心转轴的转动惯量理论值参考值为 $0.809 \times 10^{-4}\,\mathrm{kg \cdot m^2}$，实验值参考值为 $0.820 \times 10^{-4}\,\mathrm{kg \cdot m^2}$.

（3）根据理论公式计算塑料圆柱体的转动惯量，由式（3-4-9）和式（3-4-10）求出仪器弹簧的扭转常数和金属载物盘的转动惯量，估算相应的不确定度，表示实验结果.

（4）计算出金属圆筒、木球与金属细杆转动惯量的实验值（计算时应扣除支架的转动惯量）和理论值，用百分数表示相对误差，并对误差进行比较分析.

（5）根据证明平行轴定理实验数据，作出 $T_x^2\text{-}x^2$ 图线，分析图线特点，得出实验结论.

【注意事项】

① 扭摆的基座应保持水平状态.

② 光电探头宜放置在挡光杆的平衡位置处，不要与挡光杆相互接触，以免增大摩擦力矩.

③ 在安装待测物体时，支架必须全部套入扭摆主轴，并将制动螺丝旋紧，否则扭摆不能正常工作.

④ 弹簧的扭转常数 k 值不是固定常数，与摆动角度有关系，在测定各种物体的摆动周期时摆动角度应始终保持在 $90°$ 左右.

⑤ 在称量金属细杆和木球的质量时，应取下支架和夹具.

⑥ 扭摆的弹簧有一定的使用寿命和强度，切勿随意弹玩.

【思考与讨论】

① 实验中为什么要测量扭转常数？采用了什么方法？

② 物体的转动惯量与哪些因素有关？

③ 平行轴定理的证明实验中，证明的是金属滑块还是金属细杆的？为什么？

④ 摆动角的大小是否会影响摆动周期？如何确定摆动角的大小？

⑤ 测量转动周期时为什么要采用测量多个周期的方法？此方法叫做什么？一般用于

什么情况下？

⑥ 实验中哪些因素影响测量的准确性？根据误差分析，要使本实验测量准确，关键应抓住哪几个量的测量，为什么？

⑦ 实验中各个长度的测量为什么要使用不同的测量仪器？

【附录 3.4.1】

惠更斯简介

图 3-4-4　惠更斯

C. 惠更斯(C. Huygens，1629～1695)，荷兰物理学家、天文学家、数学家. 是与牛顿同一时代的科学家，他是介于伽利略与牛顿之间一位重要的物理学先驱，是历史上最著名的物理学家之一. 他对力学的发展和光学的研究都有杰出的贡献，在数学和天文学方面也有卓越的成就，是近代自然科学的一位重要开拓者. 在阿基米德等人的著作及笛卡儿等人的直接影响下，致力于力学、光学、天文学及数学的研究，他善于把科学实践与理论研究结合起来，透彻地解决问题，因此在摆钟的发明、天文仪器的设计、弹性体碰撞和光的波动理论等方面都有突出成就. 1663 年他被聘为英国皇家学会第一个外国会员，1666 年刚成立的法国皇家科学院选他为院士. 他建立向心力定律，提出动量守恒原理，改进了计时器.

在力学方面的研究，惠更斯是以伽利略所创建的基础为出发点，继承了伽利略的单摆振动理论，并在此基础上进一步研究. 他把几何学带进了力学领域，用令人钦佩的方法处理力学问题，得到了人们的充分肯定. 在研究摆的重心升降问题时，惠更斯发现了物体系的重心与后来欧拉称之为转动惯量的量，还引入了反馈装置——"反馈"这一物理思想在今天更显得意义重大. 在《论摆钟》一书中还论述了关于碰撞的问题. 大约在 1669 年，惠更斯就已经提出解决了碰撞问题的一个法则——"活力"守恒原理，它成为能量守恒的先驱. 惠更斯原理是近代光学的一个重要基本理论，后来菲涅耳对惠更斯光学理论作了发展和补充，创立了"惠更斯-菲涅耳原理"，完成了光的波动说的全部理论. 惠更斯既重实验，更重推理，善于在数学理论的基础上把自然现象归于机械原理，有力地加强了物理学在 17 世纪的奠基工作.

实验 3.5　液体表面张力系数的测量

液体表面张力(surface tension)是表征液态性质的重要物性参数之一，是液体表面层内分子力作用的结果. 利用表面张力可以解释液态物质所特有的许多现象，如泡沫的形成，润湿现象和毛细现象等.

液体表面张力的测量在工业和日常生活中有很多应用价值，如工业技术中的浮选技术、液体输送技术、电镀技术、铸造成型等方面都涉及液体表面张力的研究和应用. 在石油工业中，表面张力也是研究油气渗流特性和石油加工工艺的重要参数之一. 液体的表面张力与液体的温度和浓度等有关,在液体中加入表面活性剂也可以改变液体的表面张力.

    测量液体表面张力系数有多种方法,可以分为动态法和静态法两大类.动态法如振动喷射法和立波高度法等,一般设备复杂,测量难度大,应用较少.常用的静态法有毛细管法、平板法、滴重法、最大气泡压力法、激光散射法、拉脱法等.其中,毛细管法是间接测量法,适用于所有液体,理论简单,但测量精度较低,测试流程麻烦;激光散射法测试设备虽然精度较高,但多数装置只能在实验室条件下应用,测试设备成本较高;拉脱法是直接测定法,通常采用物体的弹性形变(伸长或扭转)来量度力的大小,测量直观,概念清楚.本实验采用拉脱法通过液体界面张力仪直接量度力的大小来测量液体表面张力系数.

【预习提示】

    ① 什么是液体表面层？什么是表面张力？什么是表面张力系数？
    ② 拉脱法测量表面张力系数的基本原理是什么？
    ③ 液体界面张力仪直接测量的是什么物理量？
    ④ 什么是“三线对齐”？如何操作保证“三线对齐”？
    ⑤ 为了提高实验测量精度,测量时应注意哪些问题？
    ⑥ 实验中为什么要消除重力的影响？如何消除的？
    ⑦ 实验中为什么要测量校准曲线,给仪器定标？

【实验目的】

    ① 理解液体表面张力的基本概念,掌握拉脱法测量表面张力系数的原理和方法.
    ② 了解利用物体弹性形变来测量微小力的基本原理,学会使用液体界面张力仪测量微小力.
    ③ 测定室温下不同液体的表面张力系数.

【实验原理】

1. 液体表面张力

    液体表面是指厚度为分子作用力有效半径(约 10^{-10} m)的薄层,称为表面层.液体表面张力产生于表面分子之间的相互作用.分子的作用力是由引力与斥力两部分组成,两者均是短程力.引力作用距离约为分子直径的几倍,而斥力起作用的距离更短,仅在分子相接触时才起作用.处于液体表面层以下的分子,四周均被其他分子所包围,它受到周围分子各个方向的作用力,总体呈相互抵消的态势,因此所受合力为零.而在液体表面层内的分子,因液面上方气相层的分子较少,表面层中每一个分子受到向上的引力比向下的引力小,所受合力不为零.这个合力垂直于液面并指向液体内部,于是在液体表面层形成一个分子引力场,这就使表面层内的分子有从液体表面进入液体内部的自然收缩趋势.这种收缩直到在同一时间内脱离液面进入液体内部的分子数与因热运动到达液面的分子数处于动态平衡为止.

    从能量的观点来看,液体内部任何分子要进入表面层都要克服这个吸引力而做功,即表面层有比液体内部更大的势能,这就是表面能. 任何体系总以势能最小的状态为最稳定. 因此,液体要处于稳定状态,液面就必须缩小,致使整个液面好像一个张紧的弹性薄膜. 这种沿着液体表面使液面收缩的力叫做液体的表面张力. 作用于液面单位长度上的表面张力,称为表面张力系数.

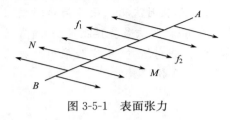

图 3-5-1　表面张力

如图 3-5-1 所示,从宏观上看,若在液面上所设想的一条分界线 AB 把液面分为 M 和 N 两部分,f_1 表示表面 N 对表面 M 的拉力,f_2 表示表面 M 对表面 N 的拉力. 这两个力大小相等,方向相反,且都与液面相切,与 AB 相垂直. 这就是液面上相接触的两部分表面相互作用的表面张力. 显然,表面张力 f 的大小与分界线 AB 的长度 l 成正比,即

$$f = \alpha l \tag{3-5-1}$$

式中 α 表示沿液面作用在液体表面单位长线段两侧液体的相互作用力,称为表面张力系数,即

$$\alpha = \frac{f}{l} \tag{3-5-2}$$

表面张力系数 α 与液体的种类、纯度、温度和液面上方气体的成分有关,单位为 $N \cdot m^{-1}$. 实验表明,不同液体的表面张力系数 α 不同;温度越高,α 越小. 在一定条件下,液体表面张力系数是常数.

2. 拉脱法测量液体表面张力系数的原理

如图 3-5-2 所示,将一洁净的金属圆环浸入待测液体中,然后缓慢地将其向上提拉,圆环逐渐暴露出液面,拉起一层液体薄膜. 被拉起的表面层有收缩的趋势,产生沿着液面切线方向向下的表面张力,角度 φ 称为湿润角(或接触角). 当继续向上提拉金属圆环时,φ 角逐渐变小而接近为零,在液体薄膜被拉破的瞬间,这时所拉出的液膜内、外两个表面的张力 f_1、f_2 均垂直向下. 设拉起液膜破裂时向上的拉力为 F,则有

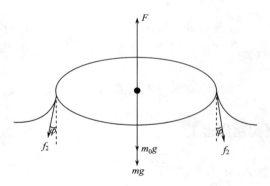

图 3-5-2　金属环受力示意图

$$F = (m + m_0)g + f_1 + f_2 \tag{3-5-3}$$

式(3-5-3)中,m 为金属圆环的质量,m_0 为粘附在金属圆环上液体的质量.

因为表面张力的大小与接触面周边界长度成正比,则有

$$f = f_1 + f_2 = \pi(D_{内} + D_{外})\alpha \tag{3-5-4}$$

由式(3-5-3)和式(3-5-4)可得

$$\alpha = \frac{F - (m + m_0)g}{\pi(D_{内} + D_{外})} \tag{3-5-5}$$

由于金属圆环很细,被拉起的液膜也很薄,m_0 很小可以忽略,于是式(3-5-5)可简化为

$$\alpha = \frac{F - mg}{\pi(D_{内} + D_{外})} \qquad (3\text{-}5\text{-}6)$$

根据(3-5-6),只要测出表面张力 $F-mg$ 和圆环的内直径 $D_{内}$ 和外直径 $D_{外}$,即可求出表面张力系数 α.

若用补偿法消除重力 mg 的影响,则有

$$\alpha = \frac{f}{\pi(D_{内} + D_{外})} \qquad (3\text{-}5\text{-}7)$$

式(3-5-7)中 f 为液体表面张力,是一个微小力,实验中采用液体界面张力仪测量,表面张力系数可根据金属环的内、外直径及液体界面张力仪上的扭力计测得液膜拉破所需的扭力计算获得.

【实验器材】

液体界面张力仪、标准砝码、环形测试件、玻璃杯、镊子、NaOH 溶液、温度计、待测液体等.

液体界面张力仪是一种测量微小力的仪器,基本结构如图 3-5-3 所示. 主体为一根拉紧

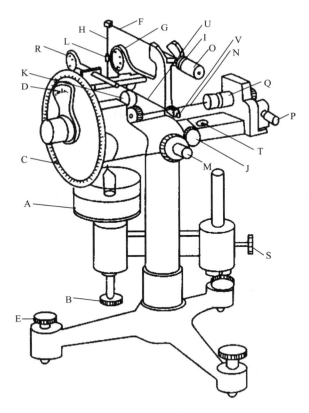

图 3-5-3 液体界面张力仪结构图

A. 样品座;B. 样品座螺丝;C. 刻度盘;D. 游标;E. 底座螺母;F. 臂 1;G. 反射镜;H. 吊杆臂;I 和 V. 臂 1 和臂 2 调节螺母;J 和 K. 臂的制动器;L. 指针;M. 蜗轮把手;N. 扭力线;O. 游码;P. 调零蜗轮把手;Q. 调整蜗轮;R. 放大镜;S. 样品座制动器;U. 臂 2;T. 水准泡

的钢丝 N,其一端固定在微调蜗轮轴上,另一端固定在与游标轴相连的蜗轮轴上.钢丝的中段紧固一根杠杆(臂 2)U 的一端.杠杆的另一端与悬挂测试件的吊杆臂相联结.吊杆臂上有一指针,指针紧靠着一个有条红线的反射镜.由指针和指针在反射镜中的像及反射镜红线可以判断液体界面张力仪是否达到平衡.

液体界面张力仪测量微小力的基本原理是,钢丝在扭转时产生扭力,在弹性限度内,扭力的大小与钢丝转过的角度 ϕ 成正比.而钢丝转过的角度 ϕ 可以从刻度盘和游标上读出,从而确定出力 f 的大小.

待测力的大小 f 与钢丝转过的角度 ϕ 成正比,即

$$f = k\phi \qquad\qquad (3\text{-}5\text{-}8)$$

使用时一般先采用标准砝码施加外力,确定出常数 k,这称为液体界面张力仪的定标.

【实验内容与要求】

1. 仪器调整

① 调整仪器到水平状态.

② 金属环挂在吊杆臂下端,放一块小纸片在吊环平面上,旋转蜗轮把手 M 使游标指向刻度盘零点位置.打开制动器 J 和 K,调好放大镜,旋转调零蜗轮把手 P 使指针、指针的像与红线三者重合,即"三线对齐".

2. 仪器定标

在小纸片上分别放上 100 mg、200 mg、300 mg、400 mg、500 mg、600 mg、700 mg、800 mg、900 mg 砝码,调节蜗轮把手 M,分别记录指针、指针的像与红线三线对齐时对应的读数值 f_i'.

3. 用具清洁

金属环放在 NaOH 溶液中浸泡 20~30 秒,用镊子夹脱脂棉蘸 NaOH 溶液擦洗玻璃杯,再用清水(最好用蒸馏水)冲洗干净金属环和玻璃杯,以彻底去掉油污.

4. 测定水的表面张力系数

① 金属环挂在吊杆臂下端,调节蜗轮把手 M 使刻度盘读数为零,调节调零蜗轮把手 P 使"三线对齐".

② 玻璃杯中倒入被测水,深约 20~30 mm,放在被测样品座的中间位置,调节样品座位置和高度,使金属环水平浸入水中.

③ 右手慢慢调节蜗轮把手 M,同时左手缓慢调节样品座螺丝 B,始终保持"三线对齐",此时刻度盘读数缓慢增大,直到水膜被拉破为止,记录读数 f',共测 6 次.

④ 测量并记录水的温度.

5. 测定其他液体的表面张力系数

按照上述"4. 测定水的表面张力系数"中的测量方法和步骤,测量实验室给定其他液体的表面张力系数.

6. 设计测量油与水界面的界面张力系数的实验方案(选做)

设计要求：①阐述基本实验原理和实验方法；②说明基本实验步骤；③进行实际实验测量；④说明数据处理方法,给出实验结果.

【数据记录与处理】

(1) 自行设计适合实验内容的数据表格,列表记录和处理数据.

测量校准曲线的参考数据记录表格如表 3-5-1 所示.

表 3-5-1 测量校准曲线数据记录

砝码质量 m_i/mg	100	200	300	400	500	600	700	800	900
测量读数 f_i'									

(2) 绘制校准曲线

① 以 f' 为纵坐标、所加砝码重力 $f = mg$ 为横坐标作出校准曲线.

② 通过作图法或最小二乘法求出定标校准关系式,即 $f = kf'$.

(3) 根据测量的 f' 和求得的 k 计算水的表面张力,利用式(3-5-7)求出表面张力系数 α,估算不确定度,完整表示测量结果.

(4) 比较水的表面张力系数的测量值 α 与标准值 $\alpha_{标}$,计算绝对误差 $\delta_\alpha = |\alpha - \alpha_{标}|$ 和相对误差 $E_r(\alpha) = \dfrac{\sigma_\alpha}{\alpha_{标}} \times 100\%$;分析测量结果.

(5) 根据测量数据,利用式(3-5-7)求出实验室给定其他液体的表面张力系数 α,估算不确定度,完整表示测量结果.

(6) 从多方面对实验结果进行分析,得出实验结论.

【注意事项】

① 保持测量用具洁净,切勿用手触摸清洁后的用具,取放时要用镊子.

② 金属环在待测液体中应尽量保持水平,否则会过早地拉破液体薄膜,影响测量结果.

③ 保持环境稳定和平静,尽量避免各种振动、空气流动和温度变化的干扰.实验操作中一定要动作轻缓,小心谨慎,并且保持环境稳定和平静.

④ 液膜必须充分地被拉伸开来,而且使其不过早地破裂,液膜被拉伸的过程中,必须时刻保持三线对齐.

⑤ 为保证钢丝在弹性范围内工作,扭转不要超过 360°.

⑥ 待测液体的温度与实验室温度应尽量相同,最好将待测液体存放在实验室较长的时间.实验时应避免阳光直接照射待测液体,否则会影响测量结果.

⑦ 保持仪器清洁,仪器使用完毕后,将金属环清洗干净.

⑧ 仪器使用完毕后,应该用偏心轴和夹板固定好杠杆臂.

【思考与讨论】

① 实验中要求金属环在水中保持水平,若不水平会给实验结果带来什么影响?

② 实验中是如何消除重力影响的? 小纸片放在金属圆环上对实验有没有影响?

③ 一般情况下测量出的水的表面张力系数要小于标准值,试分析产生这种结果的主要原因.

④ 在阳光下和在流动的空气中做实验对实验结果有没有影响? 为什么?

⑤ 在缓慢地从水中拉起金属环时为什么要时刻保证"三线对齐"?

⑥ 钢丝的扭转形变与扭转力矩的大小成正比. 为了测出扭转力的大小,必须始终保持"力臂"不变,这一点是如何判断的? 在实验操作过程中又是如何实现的?

实验 3.6　电学元件的伏安特性研究

电学元件是各种电路的基本组成部分,品种繁多,应用广泛,如各种电阻、二极管、三极管、光敏和热敏元件等.正确选用各种电学元件,确定元件在电路中的作用,常常需要了解元件的伏安特性.伏安特性给出了元件上电压与电流的函数关系,全面地描述了元件的电阻特性.

测量元件的伏安特性有很多方法,最简单最常用的方法就是用电压表和电流表来测量的伏安法;另外,利用示波器测量元件的伏安特性也是一种常用方法,可称为示波器法.本实验使用电学实验中最基本的实验方法和仪器,测量金属膜电阻、半导体二极管和小灯泡的伏安特性曲线,学习测绘伏安特性曲线、建立经验公式、研究伏安特性规律的基本方法.

【预习提示】

① 了解伏安特性曲线的含义以及线性元件和非线性元件伏安特性曲线的特点.

② 理解伏安法测量元件伏安特性的基本原理以及电流表内接法和外接法所引入的系统误差,能够正确选择合理的测量电路.

③ 了解探索物理量之间变化规律的实验方法和建立经验公式的基本步骤.

④ 熟悉分压电路和制流电路以及合理选择电表量程的原则.

【实验目的】

① 学会测绘未知物理量之间的关系曲线.

② 学会建立经验公式的基本方法.

③ 学习正确选用测量电路来减小系统误差的方法.

④ 掌握测量电学元件伏安特性的基本方法,测绘金属膜电阻、半导体二极管和小灯泡的伏安特性曲线.

【实验原理】

1. 线性元件与非线性元件

通过电学元件的电流与两端电压之间的关系称为电学元件的伏安特性. 一般以电压为横坐标、电流为纵坐标作出元件的电压-电流关系曲线, 称为伏安特性曲线, 如图 3-6-1 所示. 伏安特性曲线为直线的元件称为线性元件, 如碳膜电阻、金属膜电阻、绕线电阻等一般电阻元件; 伏安特性曲线为非直线的元件称为非线性元件, 如二极管、三极管、光敏电阻、热敏电阻等. 从伏安特性曲线遵循的规律, 可以得知元件的导电特性, 从而确定元件在电路中的作用. 这种通过测量伏安特性曲线研究元件特性的方法称为伏安法, 主要用于非线性元件特性的研究.

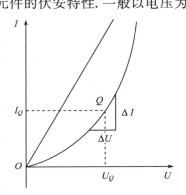

图 3-6-1 伏安特性曲线

当一个元件两端加上电压、元件内有电流通过时, 电压与电流之比称为元件电阻. 线性元件和非线性元件的电阻不同. 线性元件的伏安特性曲线是一条直线, 通过元件的电流 I 与加在元件两端的电压 U 成正比, 电阻 R 为一定值, 即 $R = \dfrac{U}{I}$. 非线性元件的伏安特性曲线不是一条直线, 通过元件的电流 I 与加在元件两端的电压 U 不成线性关系变化, 电阻随电压或电流的变化而变化. 因此, 分析非线性元件的电阻必须指出其工作状态(电压或电流). 对于非线性元件, 电阻可以用静态电阻和动态电阻两种方法表示, 静态电阻(也称直流电阻)等于工作点的电压和电流之比; 动态电阻(也称特性电阻)等于工作点附件的电压改变量和电流改变量之比, 即工作点切线的斜率. 如图 3-6-1 所示, 工作点 Q 的静态电阻为

$$R = \frac{U_Q}{I_Q} \tag{3-6-1}$$

动态电阻为

$$R' = \lim \frac{\Delta U}{\Delta I} = \frac{\mathrm{d}U}{\mathrm{d}I}\bigg|_{\substack{U=U_Q \\ I=I_Q}} \tag{3-6-2}$$

显然, 非线性元件的电阻是工作状态的函数.

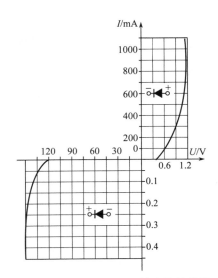

图 3-6-2 某种二极管的伏安特性曲线

2. 二极管的伏安特性

半导体二极管根据所用材料的不同可分为硅二极管和锗二极管等. 二极管最重要的导电特性就是 PN 结的单向导电性. 当外加正向电压时, 二极管呈现的电阻值很小, 能够通过很大的电流. 当外加反向电压时, 二极管所呈现的电阻则很大, 流过的电流却很小. 二极管的电流随电压变化的规律常用伏安特性曲线描述, 某种二极管的伏安特性曲线如图 3-6-2 所示. 在二极管的正端接高电位、负端接低电位(正向接法)的条件下, 两

端电压在 1V 左右时,电流就可达 400mA. 在二极管的负端接高电位、正端接低电位(反向接法)条件下,两端电压小于 120V 时,反向电流很小;但电压超过 120V 时,反向电流就会急剧增加. 根据二极管正向电流和正向电压的对应关系作图,就可以得到正向伏安特性曲线;根据二极管反向电流和反向电压的对应关系作图,就可以得到反向伏安特性曲线.

由伏安特性曲线可以看出,当二极管为正向接法时,随着电压 U 的逐渐增加,电流 I 也增加. 但是,在开始段,由于外加电压很低,PN 结的内电场对载流子的运动仍起阻挡作用,基本上没有电流流过 PN 结,这一段称为死区. 硅管的死区电压约 $0\sim0.5V$ 之间,锗管的约为 $0\sim0.2V$ 之间. 当外加电压 U 超过死区电压以后,电流随电压的上升就增加得很快,但电流和电压并不成正比.

当二极管为反向接法时,只能有少数载流子形成反向电流,电流值很小,一般硅管反向电流小于几十微安,锗管小于几百微安. 由于载流子数量少,所以电流值基本上不随反向电压变化而变化. 但是,当反向电压增加到一定数值时,外电场将把半导体内被束缚的电子强行拉出,造成反向电流突然增加,这种现象称为反向击穿. 对于普通二极管,反向击穿可导致管子发热被烧毁,这是由于普通二极管最大耗散功率不够,无法在反向击穿区工作. 稳压二极管一般能承受较大的工作电流和耗散功率,可以工作在反向击穿区. 2CW 型硅稳压二极管的伏安特性曲线如图 3-6-3 所示. 当反向电压加到 A 点时,管子开始击穿,如果进一步增加输入电压,则稳压管两端的电压几乎不再增加,只是反向电流从 A 点增到 B 点达到 C 点,因此起到了稳压作用. 稳压二极管在反向击穿区工作时,只要不超过最大工作电流 I_{max} 和最大耗散功率 P_{max},一般是不会烧毁的.

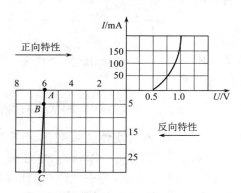

图 3-6-3　2CW 型硅稳压二极管的伏安特性曲线

3. 伏安特性的测量

用伏安法测量元件的伏安特性时,常有两种电路连接方法,分别是电流表内接法和电流表外接法,如图 3-6-4 所示. 简化处理时直接采用电压表读数 U 和电流表读数 I 之比 $\dfrac{U}{I}$ 得出被测元件电阻 R,由于电压表和电流表都有一定的内阻,所以无论采用哪种连接方法都会引进一定的系统误差.

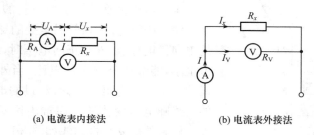

(a) 电流表内接法　　　　　(b) 电流表外接法

图 3-6-4　伏安法的两种电表接线方式

1）电流表内接法

当电流表内接时，电流表的读数 I 为通过电阻 R_x 的电流，而电压表的读数为 $U=U_x+U_A$，所以实验中测得的电阻值为

$$R = \frac{U}{I} = \frac{U_x + U_A}{I}$$
$$= R_x + R_A \qquad (3\text{-}6\text{-}3)$$
$$= R_x\left(1 + \frac{R_A}{R_x}\right)$$

式中 R_A 为电流表内阻. 因此，采用电流表内接法，测得的 R 值比实际值 R_x 偏大，只有当 $R_x \gg R_A$ 时才有 $R_x \approx R = \dfrac{U}{I}$，所以电流表内接法适合测量高值电阻.

2）电流表外接法

当电流表外接时，电压表的读数 U 为电阻 R_x 两端的电压，而电流表的读数为 $I=I_x+I_V$，所以实验中测得的电阻值为

$$R = \frac{U}{I} = \frac{U}{I_x + I_V} = \frac{U}{I_x}\left(\frac{I_x}{I_x + I_V}\right) = R_x\left(1 + \frac{R_x}{R_V}\right)^{-1} \qquad (3\text{-}6\text{-}4)$$

式中 R_V 为电压表内阻. 因此，采用电流表外接法，测得的 R 值比实际值 R_x 偏小，只有当 $R_x \ll R_V$ 时才有 $R_x \approx R = \dfrac{U}{I}$，所以电流表外接法适合测量低值电阻.

根据式（3-6-3）和式（3-6-4）可知，已知电流表和电压表的内阻 R_A 和 R_V 时，可以利用下列公式对被测元件电阻 R_x 进行修正. 电流表内接时

$$R_x = \frac{U}{I} - R_A \qquad (3\text{-}6\text{-}5)$$

电流表外接时

$$\frac{1}{R_x} = \frac{I}{U} - \frac{1}{R_V} \qquad (3\text{-}6\text{-}6)$$

因此，采用式（3-6-5）和式（3-6-6）可分别消除电流表内接法和电流表外接法因电表内阻引入的系统误差.

在简化处理的实验场合，只简单地采用 $\dfrac{U}{I}$ 作为被测元件电阻 R_x 值时，为了减小因电表内阻引入的系统误差，应合理地选择电表的连接方法. 一般被测元件的电阻值很高时，选用电流表内接法；反之，选用电流表外接法. 在具体选择时可用比较法，先粗测被测电阻 R_x 的值，比较 $\dfrac{R_V}{R_x}$ 和 $\dfrac{R_x}{R_A}$ 的大小，当 $\dfrac{R_V}{R_x} > \dfrac{R_x}{R_A}$ 时，选用电流表外接法；反之，选用电流表内接法.

因此，在设计测量电学元件伏安特性的电路时，除了了解被测元件和所需仪器的规格，所加电压和通过电流均不能超过元件和仪器的使用范围外，还要考虑根据这些条件所选用的电路连接方式（内接法或外接法），应尽可能减小测量的系统误差. 测量稳压二极管伏安特性的参考电路如图 3-6-5 所示，采用两个滑线变阻器组成二级分压电路.

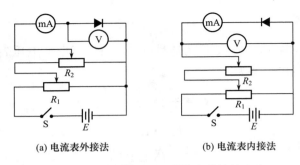

(a) 电流表外接法　　　　　　　(b) 电流表内接法

图 3-6-5　测量稳压二极管伏安特性的电路

4. 经验公式的建立

物理过程中所涉及的物理量相互之间往往按照确定的规律变化. 例如, 加在电阻元件上的电压 U 和通过的电流 I; 流体的温度 T 与黏滞系数 η 等. 当其中一个量变化时, 另一个量也发生变化. 要研究这些相关物理量的变化规律, 首先应该测绘出物理量之间的关系曲线; 要进一步揭示变化规律, 还需找出经验公式, 也就是要找出所得关系曲线的解析表达式.

通过实验方法探索物理规律, 寻找两个相关物理量之间的函数关系式即建立经验公式, 其基本方法如下:

① 测量两个相关物理量之间变化关系的实验数据.

② 用直角坐标作出物理量之间的关系曲线, 并根据曲线形状选择合适的函数形式, 建立数学模型. 常见曲线的形状与对应的函数形式可参阅有关的数学书籍.

③ 利用数据处理的有关知识, 求解函数关系式中的常数, 确定经验公式. 一般采用最小二乘法通过计算机进行曲线拟合, 也可以通过曲线改直, 用作图法、最小二乘法、逐差法等数据处理方法进行计算.

④ 用实验数据验证经验公式.

下面通过举例具体说明建立经验公式的方法和步骤. 例如, 建立 2CW104 稳压二极管正向电压 U 和电流 I 之间关系的经验公式.

(1) 实验测出二极管的正向 U、I 变化关系的数据

由小到大给二极管加正向电压, 并测出电压 U 和电流 I 的对应数据, 如表 3-6-1 所示.

表 3-6-1　二极管正向电压和电流数据记录表

U/V	0	0.10	0.50	0.60	0.65	0.70	0.71	0.72	0.73	0.74	0.75	0.76	0.77	0.78
I/mA	0	0	0	1.0	4.0	18.0	24.0	33.0	40.0	58.0	80.0	105.0	147.0	194.0

(2) 在直角坐标纸上作出 U-I 关系图, 如图 3-6-6 所示, 观察曲线符合的数学形式, 写出函数式的一般表达式.

由图 3-6-6 可知, 除去约 0～0.5V 的死区外, 正向伏安特性曲线近似为对数曲线, 故设曲线方程为

$$U = B + A\log I \tag{3-6-7}$$

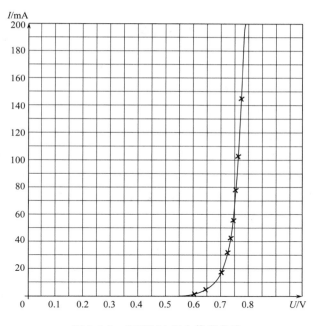

图 3-6-6 2CW104 正向伏安曲线

这是一个斜率为 A、截距为 B 的直线方程,根据表 3-6-1 中的数据,利用曲线改直的方法,把 I 取对数,在直角坐标纸上作出图,如图 3-6-7 所示.

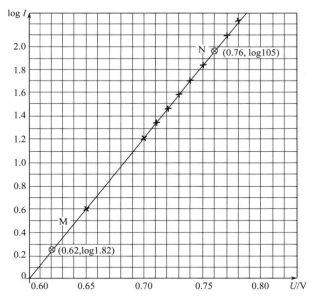

图 3-6-7 2CW104 正向对数伏安曲线

（3）求函数式中的未知常数

由图 3-6-7 可以看出,变化规律近似为一直线. 这说明对数关系成立,可按直线处理来求出式中的 B 和 A. 当 $I=1.0$mA 时,$\log I=0$,可得 $B=0.60$,A 为斜率的倒数,在直线上取

M、N 两点可得

$$A = \frac{0.76 - 0.62}{\log 105 - \log 1.82} = 0.0795$$

这样就可确定描述 2CW104 正向伏安特性的经验公式为

$$U = 0.60 + 0.0795 \log I \qquad (3\text{-}6\text{-}8)$$

（4）用实验数据验证经验公式

为了验证经验公式的正确性,可从实验数据中任取一个电流值 I,代入经验公式,看算出的电压 U 是否与原值相近.若相近,说明所建立的经验公式正确,否则要重新建立.例如,取 $I=18.0$mA,代入式(3-6-8)中,可算出 $U=0.70$V,对应实验数据 $U=0.70$V,符合得很好;再取 $I=80.0$mA,算出 $U=0.75$V,对应实验数据 $U=0.75$V.通过验证表明所建立的经验公式是符合这种二极管伏安特性的.

【实验器材】

直流稳压电源,稳压二极管,金属膜电阻,小灯泡,万用电表,滑线变阻器,电压表,电流表,导线若干等.

【实验内容与要求】

1. 测量稳压二极管的正向和反向伏安特性

① 根据二极管的正向或反向,参考图 3-6-5 所示电路接好测量线路,适当选择电流表和电压表的量程.

② 在测量范围内,从 0 开始逐步增大电压,合理选取测量间隔记录电压值和相应的电流值.

2. 测量小灯泡的伏安特性

根据小灯泡的额定电压和电流,估算静态电阻的大小,选择适用的测量电路,自己设计实验步骤进行测量.

3. 测量金属膜电阻的伏安特性（选做）

① 用万用表的欧姆档粗测被测电阻值的大小.

② 根据被测电阻值的大小,参考图 3-6-5 所示电路选择电流表内接法或外接法,适当选择电流表和电压表的量程.

③ 在测量范围内,从 0 开始逐步增大电压,合理选取测量间隔,记录电压值和相应的电流值.

④ 改变加在被测电阻上的电压方向,从 0 开始逐步增大电压,合理选取测量间隔,记录电压值和相应的电流值.

【数据记录与处理】

① 自拟数据表格,列表记录.

② 以电压为横坐标、电流为纵坐标,利用测得的电压和电流数据,分别绘制出稳压二极管、小灯泡的伏安特性曲线,分析各自伏安特性曲线的特点和规律.对于二极管,正反向伏安特性曲线作在一张图上,正反向坐标可以取不同单位长度.

③ 分别求出正反向某一电压时二极管的静态电阻,根据正反向电阻分析二极管的导电特性.

④ 根据建立经验公式的方法和步骤,建立稳压二极管正向的电压与电流变化关系的经验公式,总结和分析电压与电流变化规律.

【注意事项】

① 测量过程中不要改变电压表和电流表的量程,以免测量曲线出现跃变.

② 被测电学元件上的电流(或电压)不能超过额定最大值,避免损坏.

③ 确定测量范围时,既要保证元件安全,又要覆盖正常工作范围,以全面反映元件的伏安特性.

④ 测量非线性伏安特性曲线时,不应等间隔地取点,而是在电流变化缓慢的区间电压间隔可以大一些,测量点疏一些;在电流变化迅速的区间电压间隔要小一些,测量点密一些.

【思考与讨论】

① 什么是元件的伏安特性曲线?

② 用伏安法测量伏安特性曲线有哪两种接线方法? 分别在什么条件下使用?

③ 线性元件和非线性元件的伏安特性曲线各有什么特点?

④ 如何根据测量曲线的变化趋势合理选择测量数据点的分布?

⑤ 什么是二极管的死区电压和反向击穿区电压?

⑥ 稳压二极管工作在什么区? 为什么能够起到稳压作用?

⑦ 怎样做探索物理规律的实验?

⑧ 如何建立经验公式?

实验 3.7   稳态法测量不良导体的导热系数

导热系数(coefficient of heat conductivity)是表征物质热传导性能的物理量,也是表征材料性质的基本参数之一.根据导热系数的大小,可以将材料分为热的良导体和不良导体.

金属材料属于热的良导体,其导热机理主要是金属材料中自由电子的迁移,从这个意义上讲,电的良导体也就是热的良导体.纯金属的导热性能较好,纯金属掺入杂质形成合金后,导热系数比纯金属小.各种金属的导热系数一般在 $2.2 \sim 420$ W·m^{-1}·K^{-1} 范围内.

导热性能差的材料称为热的不良导体,一般非金属材料属于不良导体.不良导体的导热

系数一般在 $0.025 \sim 3.0 \ \mathrm{W \cdot m^{-1} \cdot K^{-1}}$ 范围内. 导热系数在 $0.025 \sim 0.2 \ \mathrm{W \cdot m^{-1} \cdot K^{-1}}$ 范围的材料, 常被用作隔热保温材料.

导热系数的大小不仅与物质本身的性质有关, 而且还取决于物质所处的状态, 如温度、湿度、压力和密度等.

在涉及热传导的新材料研制和工程设计中, 导热系数是必不可少的数据. 热传导研究在工程技术、科研、生产等领域中有着广泛的应用. 如航天器内外温度差值达到一二千度, 就需要非常好的不良导体作为隔热材料. 在工程计算中, 当温度变化范围不是很大时, 如常温范围内, 常将材料的导热系数作为常数来处理, 由此带来的误差并不大, 却大大方便了计算.

导热系数的测定方法一般分为稳态法和动态法两种. 稳态法是在加热和散热达到平衡状态、在待测样品内部形成稳定温度分布的条件下, 用热电偶或温度传感器测量其温度的方法. 而动态法在测量时, 待测样品内部的温度分布呈一定规律的变化(例如周期性变化等), 且变化规律不仅受实验条件的影响, 同时与导热系数的大小有关. 本实验采用稳态法测定不良导体的导热系数, 其设计思路清晰、简捷, 实验方法具有典型性和实用性.

【预习提示】

① 什么是导热系数? 它的物理意义是什么?
② 本实验中怎样实现稳定导热? 如何判定系统已经达到稳定导热状态?
③ 什么是热电偶? 用热电偶测温度有哪些优势?
④ 什么是传热速率、散热速率、冷却速率? 三者有何关系?

【实验目的】

① 了解热传导的物理过程, 掌握用稳态法测定不良导体导热系数的实验方法.
② 掌握热电偶的工作原理, 学会用热电偶通过热电转换测量温度的方法.
③ 观察和学习达到稳态导热最佳实验条件的方法.
④ 掌握利用物体的散热速率间接测量传热速率.

【实验原理】

1. 热传导定律

"热传导"也称"导热", 是指物体各部分或不同物体之间直接接触时由于物质分子、原子及自由电子等微观粒子热运动而产生的热量传递现象. 热传导是靠物体内部存在的温度梯度使热量从高温区域向低温区域传递的过程, 即热传导的动力是温差. 当温度不同的两个物体接触或一个物体内部各处温度不均匀时, 热量就会从温度较高处传递到温度较低处, 从而发生热传导现象, 这种规律称为热传导定律.

若热传导过程中, 物体各部分的温度不随时间而变化, 这样的导热称为"稳态导热". 在稳态导热过程中, 对于每一个物质单元, 流入和流出的热量均相等, 称为"热平衡". 与"稳态导热"相对应的是不稳定导热, 它发生在"热平衡"建立之前或"热平衡"破坏之后. 不稳定导热过程中, 对于每一个物质单元, 流入和流出的热量是不相等的, 因此, 物体各部分的温度是随时间而变化的.

1882 年法国数学家、物理学家傅里叶研究得出热传导的基本公式——傅里叶热传导方程,即

$$\frac{\Delta Q}{\Delta t} = \lambda S \frac{T_1 - T_2}{h} \tag{3-7-1}$$

如图 3-7-1 所示,在物体内部,取两个垂直于热传导方向,彼此相距为 h,温度分别为 T_1,T_2 的平行面(设 $T_1 > T_2$),若物体的平行截面面积为 S,在 Δt 时间内通过面积 S 的热量 ΔQ 满足上述方程(3-7-1).式中 ΔQ 为 Δt 时间内流经厚度为 h 物体的热量,$\frac{\Delta Q}{\Delta t}$ 为单位时间通过面积为 S 的截面所传递的热量,称为传热速

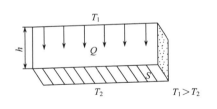

图 3-7-1　物体热传导示意图

率,比例系数 λ 即为该物质的导热系数(或热导率),它是表征材料热传导性能的一个参数,λ 越大,材料的传热性能越好.λ 的物理意义是:相距单位长度的两平行平面间温度相差一个单位时,单位时间内通过单位面积所传递的热量. 在国际单位制中,λ 的单位为瓦特/(米·开尔文),即 $W \cdot m^{-1} \cdot K^{-1}$ 或 $J \cdot s^{-1} \cdot m^{-1} \cdot ℃^{-1}$.

2. 稳态法测量传热速率

本实验用稳态平板法测定不良导体(橡胶板)的导热系数. 对固态不良导体,试样往往做成圆盘状,既有较大的截面积而且在热流方向上长度也较小. 如图 3-7-2 所示.

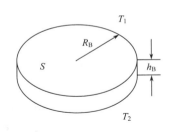

图 3-7-2　橡胶板测试试样

本实验的实验装置如图 3-7-3 所示,它主要由电加热器、铜发热盘 A、待测样品 B、支架与调节螺丝、铜散热盘 C 以及温度测量系统组成. 在底座 D 的支架上先放上铜散热盘 C,待测样品 B 和带电加热器的铜发热盘 A. 实验过程中,发热盘直接将热量通过样品 B 上表面传入样品,同时散热盘 C 通过电风扇有效稳定地散热,使传入样品的热量不断从样品的下表面散出. 待测样品 B,做成薄圆盘形,半径为 R_B,厚度为 h_B. 当传入的热量等于散出的热量样品处于稳定导热状态时,发热盘 A 与散热盘 C 的温度为一定数值. 即样品上、下表面各维持稳定的温度 T_1、T_2,其中 $T_1 > T_2$.

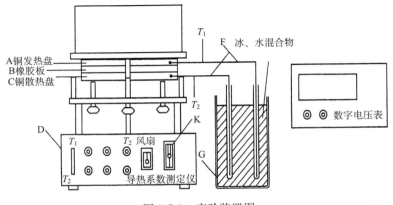

图 3-7-3　实验装置图

它们的数值分别用安插在 A、C 侧面深孔中的热电偶 F 来测量. 实验时 F 的冷端浸入盛有冰、水混合物的杜瓦瓶 G 中, 热端分别插入发热盘 A 和散热盘 C 侧面的小孔内. 底座 D 上有开关, 用以变换上、下热电偶的测量回路. 数字电压表用以测量温差电动势.

当样品上、下表面间的温度可以认为是均匀分布, 且 h_B 不是很大时, 样品侧面散热的影响可以忽略不计. 由式(3-7-1)可得, 通过样品 B 任一圆截面的传热速率为

$$\frac{\Delta Q}{\Delta t} = \lambda \frac{T_1 - T_2}{h_B} \pi R_B^2 \qquad (3\text{-}7\text{-}2)$$

当传热达到稳定状态时, T_1, T_2 的值稳定不变时, 可以认为发热盘 A 通过样品 B 上表面的传热速率与散热盘 C 向周围环境散热的速率相等. 因此, 可通过散热盘 C 在稳定温度 T_2

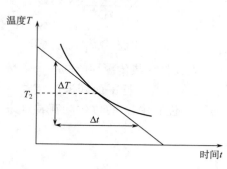

图 3-7-4 冷却曲线

时的散热速率求出传热速率 $\frac{\Delta Q}{\Delta t}$. 方法如下: 当测得传热达到稳定状态时的 T_1, T_2 后, 即可将样品 B 抽去, 使得发热盘 A 的底面与散热盘 C 直接接触. 使散热盘 P 的温度上升到高于稳定状态时的温度 T_2 若干摄氏度. 再将发热盘 A 移开, 让散热盘 C 自然冷却, 观察其温度随时间 t 的变化情况, 每隔 30s 测量一次散热盘 C 的温度 T, 直到它的温度比 T_2 低若干摄氏度. 然后根据这些测量数据绘出 $T\text{-}t$ 冷却曲线, 如图 3-7-4 所示(冷却时间较短时, 冷却曲线可近似当做线性关系处理). 在曲线上过 $T = T_2$ 点作曲线的切线, 由切线的斜率即可测出散热盘 C 在 T_2 附近的冷却速率 $\frac{\Delta T}{\Delta t}\big|_{T=T_2}$. 则 $m \cdot c_0 \cdot \frac{\Delta T}{\Delta t}\big|_{T=T_2}$ (m 为散热盘 C 的质量, c_0 为其比热容)就是散热盘 C 在温度 T_2 时的散热速率.

在此, 还应注意到传热达到稳定状态时, 散热盘 C 上表面与样品紧密接触, 并未向外界散热, 而测散热速率时移开了样品, 散热盘 C 上、下表面和侧面均向周围空气散热, 所以其散热表面积为 $2\pi R_C^2 + 2\pi R_C h_C$(其中 R_C、h_C 是散热盘 C 的半径与厚度). 而样品盘 B 导热达到稳定状态时, C 盘的散热面积不包括上表面, 散热面积仅为: $\pi R_C^2 + 2\pi R_C h_C$, 考虑到冷却速率与它的冷却面积成正比, 因此在进行热平衡计算时要对散热速率的表达式进行修正如式(3-7-3)所示:

$$\begin{aligned}
\frac{\Delta Q}{\Delta t} &= mc_0 \frac{\Delta T}{\Delta t}\Big|_{T=T_2} \frac{\pi R_C^2 + 2\pi R_C h_C}{2\pi R_C^2 + 2\pi R_C h_C} \\
&= mc_0 \frac{\Delta T}{\Delta t}\Big|_{T=T_2} \cdot \frac{R_C + 2h_C}{2R_C + 2h_C}
\end{aligned} \qquad (3\text{-}7\text{-}3)$$

将式(3-7-3)代入式(3-7-2)可得

$$\begin{aligned}
\lambda &= mc_0 \frac{\Delta T}{\Delta t}\Big|_{T=T_2} \left(\frac{R_C + 2h_C}{2R_C + 2h_C}\right) \cdot \left(\frac{h_B}{T_1 - T_2}\right) \cdot \frac{1}{\pi R_B^2} \\
&= 2mc_0 \frac{\Delta T}{\Delta t}\Big|_{T=T_2} \left(\frac{D_C + 4h_C}{D_C + 2h_C}\right) \cdot \left(\frac{h_B}{T_1 - T_2}\right) \cdot \frac{1}{\pi D_B^2}
\end{aligned} \qquad (3\text{-}7\text{-}4)$$

式(3-7-4)就是本实验导热系数的测量计算式. 可见本实验关键要测量的是系统达到稳态导热时的温度 T_1, T_2 和冷却速率 $\frac{\Delta T}{\Delta t}\big|_{T=T_2}$.

3. 热电偶的测温原理

把 A、B 两种不同成分的金属或合金两端焊接起来构成一个闭合回路,如图 3-7-5 所示. 如果两接点分别处于不同的温度 T 和 T_0,其温差为 $\Delta T = T - T_0$ 时,则回路中就会产生电动势,该电动势称为温差电动势或热电动势,同时把这种现象称作热电效应. 这种电路被称为温差电偶或热电偶. 温差电动势的大小与构成热电偶的材料、温度差 ΔT 有关,而与热电偶的长短及金属导线的直径等无关. 一般来说,温差电动势与温差的关系相当复杂,在温差 ΔT 不大的情况下,温差电动势 $\mathscr{E}_T$ 与温差 ΔT 之间近似成线性关系

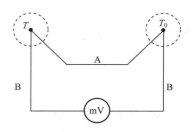

图 3-7-5　温差电动势

$$\mathscr{E}_T = \alpha \cdot (T - T_0) \tag{3-7-5}$$

式中 T 为热端温度;T_0 为冷端温度;α 为温差系数,它代表两接点温差为 1℃ 时的电动势,其大小取决于构成热电偶的材料. 实验中根据不同的测温范围来确定不同材料构成的热电偶. 热电偶温差电动势与温差之间的单值关系,使热电偶测温成为可能.

常用的热电偶如铂-铑热电偶、铜-铁热电偶等. 本实验中温度采用热电偶测量,材料选用的是铜-康铜金属丝. 把这两种材料连接点分别放在测温度区域和稳定的冰、水混合物温度区,用数字电压表测得温差电动势 $\mathscr{E}_T$,它与所测温度 T 在该实验温度范围内可看成线性关系.

【实验器材】

导热系数测量仪(电热板、传热筒、发热盘等)、热电偶(本实验选用铜-康铜热电偶测温度,温差 100.0℃时,其温差电动势约 4.2 mV)、待测样品、秒表、游标卡尺、天平等.

【实验内容与要求】

1. 测量样品和散热盘的参数

用游标卡尺测量待测样品 B 和散热盘 C 的直径及高度 D_B、h_B、D_C、h_C,再用天平称出散热盘 C 的质量 m. 除了质量 m 进行单次测量外,其余各量均进行多次测量,测量次数不少于 5 次,将测量结果记入表 3-7-1.

2. 建立热稳定状态并测定 $\mathscr{E}_1$ 和 $\mathscr{E}_2$

① 按图 3-7-3 安装好仪器,连接好线路. 注意:发热盘 A 和散热盘 C 的侧面都有安装温度传感器的测温孔,安放时,将两个测温孔皆放置在同侧的位置;样品放置在发热盘 A 与散热盘 C 之中,且发热盘 A、散热盘 C 与待测样品应同轴并紧密贴合,若有明显缝隙,可微调底部水平调节螺钉予以消除.

② 接通电热板,为缩短达到传热稳定状态的时间,先将加热电源开关拨到 220V 加热至 $\mathscr{E}_1$ 达到 4 mV 左右,再降压至 110 V 继续加热. 升温过程中,每隔 2 min 左右读取一次温度. 若在 5 min 内样品上、下表面温度 T_1,T_2 示值无明显变化或在小范围内上下波动,就可

认为系统传热达到稳定状态. 此后每隔 0.5 min 记录一组 T_1、T_2 数据,计算出它们的平均值 $\overline{T_1}$、$\overline{T_2}$ 作为稳态时样品上、下表面的温度.

3. 散热盘冷却曲线的测量

取出样品 B,使发热盘 A 与散热盘 C 直接接触,再加热. 注意散热盘 C 的温度读数. 当散热盘 C 温度比 T_2 高出 10.0℃ 左右时,关闭电热板电源,并立即将发热盘 A 移开,让散热盘 C 在空气中自然冷却,每隔 30s 读取一次散热盘的温度并列表记录数据,直至温度降至小于 $T_2$10.0℃ 左右后停止测量. 在 T_2 附近测值要特别注意.

【数据记录与处理】

① 由表 3-7-1 中数据计算出 D_B、h_B、D_C、h_C 的平均值,并估算其不确定度.

表 3-7-1 待测样品 B 和散热盘 C 测量数据记录处理表

i	1	2	3	4	5	平均值	不确定度 A 类分量 u_A	不确定度 B 类分量 u_B	合成不确定度 u_c
D_B/mm									
h_B/mm									
D_C/mm									
h_C/mm									
m/g									

② 每隔 0.5 min 记录稳态时系统的温度 T_1,T_2 数值,并计算共平均值 $\overline{T_1}$ 和 $\overline{T_2}$.

③ 作出散热盘 C 的冷却曲线. 选取邻近 T_2 前后各 5-6 组数值填入表 3-7-2,分别用作图法或逐差法求出冷却速率 $\left.\dfrac{\Delta \mathscr{E}}{\Delta t}\right|_{T=T_2}$ (按近似线性处理).

表 3-7-2 冷却曲线测量数据表

t/s	0	30	60	90	120	150	180	210	…
T/℃									

④ 将所得数据代入式(3-7-4)中求出样品的导热系数 λ,并用传播公式求出 $u_c(\lambda)$ 及相对不确定度.

【注意事项】

① 温度传感器放置和取出时要格外仔细,防止损坏.

② T_1、T_2 值一定要在系统传热达到稳定状态,当其在 5min 内无明显变化或小幅度波动时进行测量.

③ 测量冷却速率前抽出待测样品或者移开电热板和传热筒时,先关闭加热电源,并注意防止高温烫伤.

【思考与讨论】

① 什么是稳定导热状态? 如何在实验中判断系统达到了稳定导热状态?

② 本实验的系统误差是什么? 它将使测量结果偏大还是偏小?

③ 测量冷却速率时,为什么要在稳态温度 T_2 附近选值?

④ 待测圆板是厚一点好,还是薄一点好? 为什么?

【附录 3.7.1】

傅里叶简介

J. B. J. 傅里叶(J. B. J. Fourier,1768~1830),法国数学家、物理学家. 他是傅里叶级数(即三角级数)、傅里叶定律的创始人. 傅里叶变换的基本思想首先由他提出,所以以其名字命名以示纪念. 傅里叶定律可以用来计算热量的传导量. 1822 年在代表作《热的分析理论》中解决了热在非均匀加热的固体中分布传播问题,成为分析学在物理学中应用最早的案例之一,对 19 世纪理论物理学的发展产生了深远影响.

图 3-7-6　傅里叶

实验 3.8　数字存储示波器的原理与使用

示波器是用来显示被观测信号的波形和能够记录、存储、处理待研究变化过程波形参数的电子测量仪器. 示波器的种类和型号很多,分类方法也多种多样. 例如,按所能测量的频率范围(简称"带宽")可分为低频示波器、高频示波器和微波示波器;按结构原理可分为模拟示波器和数字示波器;按显示方式可分为阴极射线示波管显示示波器和液晶显示示波器;按功能可分为通用示波器、存储示波器和数字智能化示波器,等等.

数字示波器是模拟示波器、数字化测量技术、计算机技术的综合产物. 与模拟示波器相比,数字示波器有许多优点. ①数字示波器由于实现了对波形的数字化测量、采集,因而很容易实现对信号的存储;而模拟示波器却必须以很大的代价才能实现对信号的存储. ②数字示波器要改善带宽,只需要提高前端的 A/D 转换器的性能,所以,它的带宽很容易超过模拟示波器的带宽. ③数字示波器能低成本地实现各种智能化测量,使很多在模拟示波器中难以实现的测量变得十分方便. ④数字示波器的测量精度大幅度提高,测量功能和内容极大扩展,而测量难度却大大减小. ⑤数字示波器还可以对测量结果进行各种修正和补偿,测量结果可直接输入计算机.

目前,数字示波器在采样频率和带宽上又有了新的突破,再加上所具有的上述各种优点,因此,数字示波器在各方面全面超越模拟示波器已是必然的发展趋势.

本实验以数字存储示波器为对象,介绍数字存储示波器的基本原理,主要按键、旋钮的功能和操作方法,以及用示波器观察和测量信号的基本方法.

【预习提示】

① 熟悉 DDS(直接数据合成技术)函数信号发生器调节和使用的基本方法.
② 了解数字示波器的结构、原理和功能.
③ 如何使用数字示波器的自动测量功能?

【实验目的】

① 掌握用数字示波器观察和测量连续信号的振幅、频率(周期)和波形的基本方法,学会观测李萨如图形.
② 学会用光标法精确测量脉冲信号的脉冲宽度、波形的上升沿和下降沿时间等.
③ 学习用数字示波器捕捉和测量单次脉冲信号的基本方法.

【实验原理】

1. 数字示波器的基本结构和工作原理

数字存储示波器(简称数字示波器)不同于模拟示波器的结构,它以微处理器系统(CPU)为核心,再配以数据采集系统、显示系统、时基电路、面板控制电路、存储器及外设接口控制器等组成.简单的工作原理如图 3-8-1 所示.

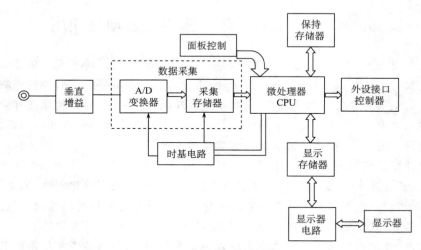

图 3-8-1　数字示波器原理结构图

波形图是某一时间间隔内信号电压的大小随时间变化的关系.输入的模拟信号首先经垂直增益电路进行放大或衰减,变成适合于数据采集的模拟信号,随后的数据采集过程是将连续的模拟信号通过取样保持电路离散化,经 A/D 变换器变成二进制数码,再将其存入存储器.采集是在时基电路的控制下进行的,采集到的是一串数据流(二进制编码信息),在CPU 的控制下依次写入采集存储器中,这些数据就是数字化的波形数据,CPU 再不断将这些数据以定速依次读出,通过显示电路将其还原成连续的模拟信号,使其在显示器上显示出来.屏幕在显示波形的同时,还可以通过微处理器对采集到的波形数据进行各种运算和分析,并将结果在显示器适当的位置上数显出来.数字示波器还有 RS-232,GPIB 等标准通信接口,可根据需要将波形数据送至计算机做更进一步的处理.

2. TDS1000 和 2000 系列数字存储示波器面板结构与功能简介

泰克(Tektronix)TDS1000 和 2000 系列数字示波器的前面板结构和功能区划分如图 3-8-2 所示,①总体控制功能区,②菜单选项控制功能区,③垂直控制功能区,④水平控制功能区,⑤触发控制功能区,⑥信号连接区,⑦显示区.

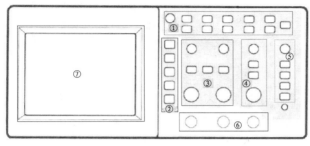

图 3-8-2　TDS1000 系列和 2000 系列数字
示波器前面板图及功能区划分

1) 信号连接区

如图 3-8-3 所示,信号连接区由三个外接信号输入连接器和一个探头补偿器组成,"CH1"和"CH2"分别是通道 1 和通道 2 的输入信号连接器;"EXT TRIG"是外部触发信号的输入连接器."探头补偿器"实际上是示波器提供的一个内部信号源,产生周期为 1ms 的 5V 方波信号.常用该信号来检验和校正探头与输入电路的匹配,以及观察和检查示波器是否处于正常工作状态.

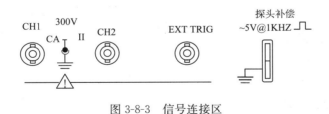

图 3-8-3　信号连接区

2) 水平控制功能区

水平功能控制区由两个控制旋钮和两个按钮组成,如图 3-8-4 所示."水平位置"旋钮用来控制触发相对于显示屏中心的位置,同时调节两个通道波形以及数学波形的水平位置.旋转"水平位置"旋钮,所有波形会左右移动,但波形的大小保持不变."秒/格"水平刻度旋钮用于改变水平时间刻度,以便放大或压缩波形.旋转"秒/格"旋钮可以设定波形的水平方向每一大格代表多少时间.若当时正处于视窗扩展状态,改变"秒/格"旋钮,同时也使视窗的宽度发生变化."设置为零(SET TO ZERO)"按钮用来设置水平位置为零.

在"水平菜单（HORIZ MENU）"按钮下,可以开启或关闭表 3-8-1 所示功能菜单.

表 3-8-1　水平菜单的功能

选项	设置	注　释
主时基		水平主时基设置用于显示波形
窗口设定		两个光标定义一个窗口区,用"水平位置"和"秒/格"控制调整窗口区
窗口扩展		改变显示,以便使在所设定的窗口区中显示的波形段扩展到显示屏的宽度
触发钮	电平释抑	选择"触发电平"旋钮是调整触发电平(伏特)还是调整释抑时间(秒)显示释抑值

3）垂直控制功能区

如图 3-8-5 所示,垂直功能控制区由 4 个控制旋钮和 3 个菜单按钮组成."垂直位置控制（POSITION）"旋钮控制对应信号的垂直显示位置.转动垂直控制旋钮时,对应通道上的信号波形会上下移动,而波形的大小和形状保持不变;显示和使用光标时,两旋钮可以控制光标线的移动.

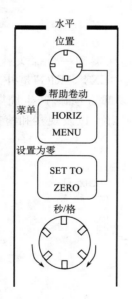

图 3-8-4　水平控制功能区

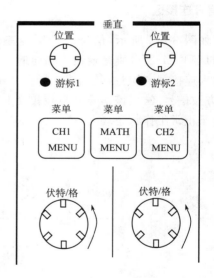

图 3-8-5　垂直控制功能区

转动"伏特/格（SCALE）"垂直控制旋钮,改变对应通道垂直标尺系数,可以看到显示屏状态栏对应通道的标尺系数发生相应的变化,或者说波形在垂直方向上每大格所代表的电压大小发生变化,这时波形在垂直方向上的形状发生变化.改变信号波形在垂直方向上的标尺系数,不会影响波形在垂直方向上的参数值的大小,但可以使波形尽可能大的显示在屏幕上,从而可以更加精确地测量.

按"CH1"、"CH2"按钮,可以显示垂直菜单选择项并打开或者关闭对应通道波形显示.

按"数学计算菜单(MATH MENU)"可以显示波形的数学运算并可用于打开和关闭数学波形.

4）触发控制功能区

触发控制功能区由1个触发电平控制旋钮和4个按钮组成,如图3-8-6所示.示波器的作用是捕捉被测信号并呈现在显示屏上.如果被测信号是一个连续的、重复变化信号,示波器则在自动测量工作模式时,每隔一段时间对被测信号采样一次,并呈现在显示屏上.示波器不断采样,因而显示屏上的波形不断更新.由于不同被测信号的频率和相位是各不相同的,如果示波器的采样时间是固定的,每次采样并呈现在显示屏上的波形一般就不会一样,显示屏上的波形就会不断变化和滚动.这不但造成视觉疲劳,而且难以对被测信号波形进行精确观察和测量.为了解决这个问题,示波器采用了所谓的"同步触发"技术.

同步触发就是使示波器的采样时间能主动的随着被测波形的频率和相位而变化,使二者同步.调节"触发电平(LEVEL)"控制旋钮的作用就是用来设定一个电压值,当被测信号一旦上升到该电压值时,示波器才开始采样(上升沿触发),经过一段时间

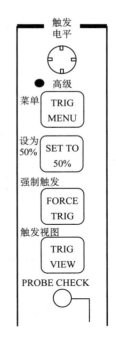

图 3-8-6　触发控制功能区

的采样后,示波器进入等待状态.当被测信号波形再次上升到该电压值时,示波器开始又一次采样,如此依次循环.这种采样方式,能保证每次采样并呈现在显示屏上的波形都是同样的.因而在显示屏上就可以看到一个不变的、稳定的波形.

"触发电平"控制旋钮具有双重作用,一个作用是作为上述的触发电平控制的调节;另一个作用是"释抑",即通过"触发电平"控制旋钮来设定接受下一个触发事件之前的时间值(类似于模拟示波器的一次扫描时间).

"触发菜单(TRIG MENU)"按钮用来打开一个触发功能菜单,用户可通过该菜单来选择触发的信号来源(来自哪一个通道),以及选择触发信号的类型,如选择上升沿或下降沿.

"设置为50%(SET TO 50%)"按钮用来设定触发电平在被测信号的幅值的50%处,而不管原来触发电平已处于何处.该按钮功能单一,但十分好用和有用.如果显示屏上出现不停滚动的波形,按"设置为50%"后能立刻稳定下来,但前提是信源要对应正确.

"强制触发(FORCE TRIG)"按钮用来强制产生一触发信号,主要用于触发方式中的"普通"和"单次"触发.

"触发监视(TRIG VIEW)"按钮用来显示触发波形而不显示通道波形,可以查看诸如耦合之类的触发设置对触发信号的影响.

善于设置合理的触发电平和触发方式,对获得稳定的被测信号波形、进行精确的测量是至关重要的.这是示波器操作中最富有技术、最困难、也是最重要的一种技能.数字示波器充分发挥了电脑的智能化优势,采用人机对话的方式,一步一步引导用户进行合理的触发选择和操作,大大减轻了在各种情况下触发同步操作的困难.

5）菜单选项控制功能区

与一般模拟示波器一样,数字示波器上也有一些专用的波段开关或旋钮,可以方便地进行一些常规的、频繁的操作.这可以使长期使用模拟示波器的老用户比较容易地操作数字示

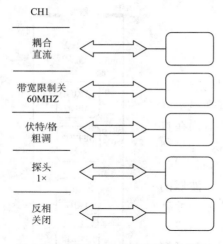

CH1

耦合
直流

带宽限制关
60MHZ

伏特/格
粗调

探头
1×

反相
关闭

图 3-8-7　菜单与对应的选项控制按钮

波器,同时使掌握数字示波器的操作者也能较熟练地操作模拟示波器. 但是,数字示波器实际上是一个配备了高速模-数转换器的电脑,具有多种模拟示波器所没有的测量和数据处理功能. 为了方便用户使用,数字示波器以电脑中常见的功能键和相应的菜单形式来帮助用户实现多种功能的操作. 菜单系统选项按钮的作用就是使用户通过菜单结构方便地访问数字示波器的特殊功能.

　　按示波器前面板上的各"菜单"按钮,进入相应的菜单操作,与之对应的菜单信息显示在屏的右方,如图 3-8-7 所示. 菜单的顶部为菜单名,下面为子菜单,子菜单有时可多达 5 项. 每一个子菜单可用各自右边对应的菜单选项按钮来改变子菜单设置或选择子菜单项目.

6) 总体控制功能区

　　如图 3-8-8 所示,总功能控制区共有 12 个按钮,决定着示波器的整体工作情况. "存储/调出(SAVE/RECALL)"按钮打开一功能菜单,用来存储或调出一些常用量的专门设置或用来反复测量的某一特殊量的专门设置.

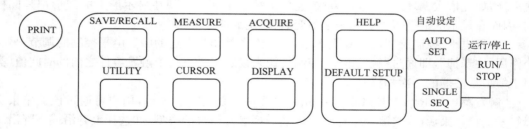

图 3-8-8　总体控制功能区

　　"测量(MEASURE)"按钮用来实现自动测量,并打开测量功能菜单. 自动测量类型共有 11 种,各测量类型的测量量及其定义见表 3-8-2,一次最多可以设置显示其中的 5 种. 按选项按钮区顶部的选项按钮显示"测量 1(MEASUE 1)"菜单,在"信源"选项中可以选择测量的通道;在"类型"选项中可以选择所采用的测量类型. 按"返回"选项按钮返回到自动测量菜单并显示选定的测量.

表 3-8-2　自动测量的类型及其定义

测量类型	定　义
频率	通过测定第一个周期,计算波形的频率
周期	计算第一个周期的时间
平均值	计算整个记录内的算术平均电压

测量类型	定　　义
峰-峰值	计算整个波形最大和最小峰值间的绝对差值
均方根值	计算波形第一个完整周期的实际均方根值
最小值	检查全部 2500 个点波形记录并显示最小值
最大值	检查全部 2500 个点波形记录并显示最大值
上升时间	测定波形第一个上升边沿的 10% 和 90% 电平之间的时间
下降时间	测定波形第一个下降边沿的 90% 和 10% 电平之间的时间
正频宽	测定波形第一个上升边沿和邻近下降边沿的 50% 电平之间的时间
负频宽	测定波形第一个下降边沿和邻近上升边沿的 50% 电平之间的时间

"获取(采集)(ACQUIRE)"按钮打开一个获取(采集)功能菜单,设置采集参数.通过各个相应菜单按钮,可以选择数字示波器采集数据的三种不同获取方式:"采样"、"峰值检测"和"平均值".

"单次序列(SINGLE SEQ)"按钮用来采集单次触发波形后停止.每次按该按钮后,示波器开始重新采集波形,当检测到某个触发后完成采集,然后停止.

"显示(DISPLAY)"按钮打开一个显示功能菜单."格式"菜单可选择波形的"YT"或"XY"显示方式."YT"方式表示通道上的被测信号加在垂直方向上(Y 方向),水平轴则代表时间.通常在测量一个未知信号的波形时,采用"YT"工作模式."XY"方式表示通道 1(CH1)信号作为水平方向(X 轴)的信号,垂直方向(Y 轴)上加的是通道 2(CH2)上的信号.在测量李萨如图形时,采用"XY"工作模式.

"光标(CURSOR)"按钮打开一个光标功能菜单.通过该菜单可用光标对被测信号波形中的任何一部分进行电压和时间两种类型的精确测量.只有在光标菜单显示时才能移动光标,使用"光标 1"和"光标 2"旋钮来移动光标 1 和光标 2 的位置.

"辅助功能(UTILITY)"按钮打开一个辅助功能菜单.用户由此可以查询示波器的工作状态,进行系统"自校正",设置显示菜单的语言等.

"自动设置(AUTO SET)"按钮用来自动设置示波器适宜于测量和观察的各种控制值."自动设置"按钮对初学者十分有用,当测量者难以获得满意或稳定的波形时,按该按钮常常能得到稳定的波形显示.

"默认设置(DEFAULT SETUP)"用来调出示波器的厂家设置.

"运行/停止(RUN/STOP)"按钮用来立即启动或停止获取被测信号波形.这意味着示波器"抓拍"变化波形的某一瞬间,并把它定格下来,供长时间观察研究.这对观察某些不稳定的波形十分有用,在观测李萨如图形的实验中就能体会到.这一功能是一般的模拟示波器所没有的.

"帮助(HELP)"按钮用来打开示波器中的帮助系统.帮助系统的主题涵盖了示波器的所有功能,可以显示多种帮助信息.帮助系统提供了三种查找所需信息的方法:上下文相关、超级连接和索引.

7) 显示区

显示区除了显示被测信号的波形外,还包括有关波形和测量的各种参数指示.例如,在某一测量状态下,显示区的图像和各种状态栏参数如图 3-8-9 所示.

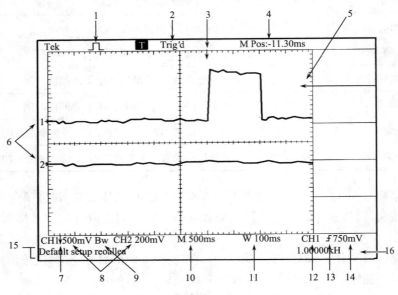

图 3-8-9　显示区和各种有关参数

1. 采集模式(获取方式).

　　取样方式,是预设方式;

　　峰值检测方式,此设置用于检测干扰毛刺和减少混淆的可能性;

　　平均值方式,用于减少信号中的随机及无关噪声,平均值次数可以选择.

2. 触发状态显示.

　　Armed　示波器正采集预触发数据,此时所有触发将被忽略;

R Ready　示波器已准备就绪,接受触发.

T Trig′d　示波器检测到一个触发,正在采集触发后信息;

R AUTO　示波器处于自动方式并正在采集无触发下的波形数据;

　　Scan　示波器以扫描方式连续的采集并显示波形数据;

❶ Stop　示波器已停止采集波形数据;

❷ Single SEQ　示波器已完成一个"单次序列"采集.

3. 使用标记显示水平触发位置.旋转"水平位置"旋钮调整标记位置.

4. 触发水平位置与屏幕中心线的时间偏差,屏幕中心处等于零.

5. 显示脉冲宽度触发电平,或选定的视频线或场.

6. 数字旁的指针表示该通道波形的接地基准点.如果没有指针,说明该通道没有被显示.

    7. 箭头图标表示波形是反相的.

    8. 通道波形垂直刻度系数.

    9. B_W 图标表示通道是带宽限制的.

    10. 主时基设定值.

    11. 视窗时基设置.

    12. 以读数显示触发使用的触发源.

    13. 触发类型,图中所示对应于上升沿触发.

    14. 用读数表示"边沿"脉冲宽度触发电平.

    15. 短暂(3秒)的信息显示.

    16. 触发频率.

3. 数字示波器对信号波形的测量

示波器能显示电压相对于时间的图形并测量显示波形,常用的测量方法有三种:刻度测量、光标测量和自动测量.

1) 刻度测量

使用刻度测量方法可以对所显示的波形进行快速直观地估测,还可以通过相关的刻度分度乘以比例系数来进行简单的定量测量. 例如,如果计算出在某一波形的最大和最小值之间有5个主垂直刻度分度,并且已知比例系数为 100 mV/分度,则可按照下列方法来计算峰-峰值电压为

$$5\text{分度} \times 100 \text{ mV/分度} = 500 \text{ mV} \tag{3-8-1}$$

2) 光标测量

使用光标测量方法可以通过移动成对出现的光标并从显示读数中读取相应的数值,从而进行精确地测量. 要使用光标测量可按"光标(CURSOR)"按钮,调节光标的位置旋钮,使两光标线与波形中的被测部分对齐. 在显示屏右方的菜单栏中精确地显示出光标所处位置的读数,两光标之间的增量(距离)就是测量结果. 使用光标测量时,要确保"信源"设置为显示屏上想要测量的波形. 一般示波器中有"电压"和"时间"两类光标. 电压光标在显示屏上以水平线出现,可以测量垂直方向上的参数. 例如,连续波形的峰-峰值、噪声的幅度等. 时间光标在显示屏上以垂直线出现,可以测量水平方向上的参数. 例如,脉冲波形的脉冲宽度、寄生振荡的周期等.

使用光标测量,方便直观,十分有用,特别适用于对波形中各种细节的测量. 例如,测量波形的上升沿和下降沿.

3) 自动测量

按"测量(MEASURE)"按钮,即可进入"自动测量"工作模式. 在自动测量方式下,示波器会按用户自己设定的测量对象和测量内容并根据采集的数据自动进行测量工作. 由于这种测量利用的是波形记录点,所以,相对于刻度测量方法和光标测量方法,自动测量方法有更高的测量准确度. 但"自动测量"只能测量连续波形的频率、周期、峰-峰值、平均值和均方

根值等 5 个参数,不能对波形的细节提供数据.

"自动测量"用显示屏右方菜单栏中的读数来显示测量结果,读数随示波器采集的新数据每隔 1 秒左右周期地更新,因而自动测量的结果一般是不稳定的.

自动测量的内容可以通过"测量"菜单进行设置.自动测量时需要对示波器的各种控制参数进行设置,如采样频率、垂直方向的标尺系数等.在一般情况下,可以通过按"自动设置",让示波器自行决定,效果也不错.最佳的结果来自手工调节,通过垂直和水平调节旋钮("伏特/格"旋钮和"秒/格"旋钮),应尽量调节波形达到满显示屏的幅度.

如果要在一段时间内重复地对某一个量使用特定的设置进行测量,可以利用"辅助"菜单,保存这些特定设置,再需要时直接调用.

4. 测量操作实例

1) 用光标测量脉冲的宽度(脉冲的持续时间)

测量 CH1 通道上的脉冲信号(采用单次触发方式使 DDS 信号源 A 路输出 15～18kHz 的正弦波或方波脉冲信号).脉冲宽度是有关时间的量,要用时间光标进行测量.测量的具体步骤如下:

① 按 CH1 通道按钮,使该通道信号波形显示在屏幕上.

② 按光标按钮,调出光标菜单.

③ 按第一个菜单选项按钮,选择时间项,这时屏幕上出现两条垂直的虚线.

④ 按"信源"菜单按钮,选择通道 CH1.

⑤ 旋转"光标 1"旋钮,这时在显示屏上可以看到有一条垂直的虚线随着旋钮的转动而左右移动,这就是"光标 1 线".移动该线到被测信号波形的上升沿的起点处.

⑥ 旋转"光标 2"旋钮,这时可以看到在显示屏上的另一条虚线随着旋钮的转动而左右移动,此即为"光标 2"线,把"光标 2"线移动到下降沿的终点位置.

这时显示屏右方菜单栏的第 4 和 5 菜单框上会分别显示出"光标 1"线和"光标 2"线相对屏幕中间的时间值,第 3 菜单框会显示出这两个光标之间的差值,即被测脉冲信号的宽度,如图 3-8-10 所示.

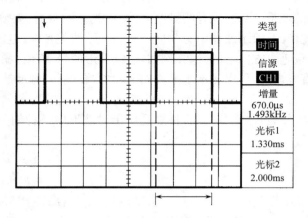

图 3-8-10　用光标测量脉冲宽度

如果要用光标法测量脉冲高度,即测量振荡的振幅,则类型选择为电压(光标线为两条水平的虚线)即可,如图 3-8-11 所示.

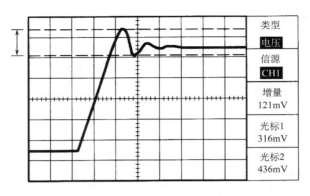

图 3-8-11　用光标测量脉冲高度

2) 自动测量单通道波形信号的频率、周期、峰–峰值、上升时间和正频宽

① 按"测量"按钮,查看测量菜单.

② 按顶部的选项按钮,显示"测量 1"菜单;再按"类型"选项按钮,选择"频率";则"值"读数框显示测量结果及更新信息;按"返回"选项按钮,返回到测量菜单.

③ 按顶部第二个选项按钮;显示"测量 2"菜单;再按"类型"选项按钮,选择"周期";则"值"读数框显示测量结果及更新信息;按"返回"选项按钮,返回到测量菜单.

④ 按顶部中间的选项按钮;显示"测量 3"菜单;再按"类型"选项按钮,选择"峰–峰值";则"值"读数框显示测量结果及更新信息;按"返回"选项按钮,返回到测量菜单.

⑤ 按底部倒数第二个选项按钮;显示"测量 4"菜单;再按"类型"选项按钮,选择"上升时间";则"值"读数框显示测量结果及更新信息;按"返回"选项按钮,返回到测量菜单.

⑥ 按底部第一个选项按钮;显示"测量 5"菜单;再按"类型"选项按钮,选择"正频宽";则"值"读数框显示测量结果及更新信息;按"返回"选项按钮,返回到测量菜单.

⑦ 最后显示出的自动测量结果如图 3-8-12 所示.

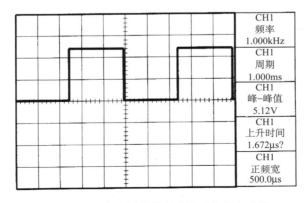

图 3-8-12　自动测量单通道波形信号各参数

3) 双通道波形信号峰-峰值的自动测量

　　① 按"自动设置"按钮,激活并显示两通道的信号波形.

　　② 按"测量"按钮,查看测量菜单.

　　③ 按顶部的选项按钮,显示"测量 1"菜单;按"信源"选项按钮,选择"CH1";再按"类型"选项按钮,选择"峰-峰值";按"返回"选项按钮,返回到测量菜单.

　　④ 按顶部第二个选项按钮,显示"测量 2"菜单;按"信源"选项按钮,选择"CH2";再按"类型"选项按钮,选择"峰-峰值";按"返回"选项按钮,返回到测量菜单.

　　⑤ 最后显示出的自动测量结果如图 3-8-13 所示.

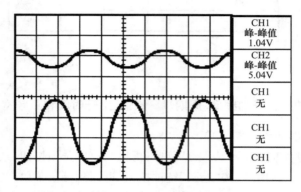

图 3-8-13　　自动测量双通道波形信号峰-峰值

4) 李萨如图形的显示

　　① 按"显示"按钮,查看显示菜单.

　　② 按"格式"选项按钮,选择"XY"格式.

　　③ 调节通道输入信号频率,使图形趋于稳定.

　　④ 旋转两个通道的"伏特/格"和"垂直位置"旋钮,优化显示图形.

【实验内容与要求】

1. 数字示波器的基本操作

1) 连接测试探头到示波器的测量输入通道

　　测试探头尾部的连接头插入示波器 CH1 通道的插座,并顺时针转动约 90 度锁住.测试探头上的鳄鱼夹夹住信号连接区"探头补偿"的下片,探针钩住其上片.

2) 开机

　　示波器的电源线连接到电源插座上,按下示波器的电源开关,示波器开始工作.与电脑一样,开机后示波器首先进行自检.五六秒后,显示屏上出现自检结果.如果自检合格,再过几秒后,示波器显示屏上会显示出 CH1 上的波形,这是一个方波.如果没有,按一下"自动设置"即可得到.

3）基本操作

　　根据显示屏右方菜单上的提示,可立即读出该波形的频率为 1.000 kHz,周期为 1.000 ms,幅值为 5V 左右.如果没有或不全,可以参考自动测量的实例,自己调试出来.示波器每隔一两秒刷新一次测量的值,上述测量值每次刷新时可能会有一点变化,这是正常的.在这种测量状态下,请同学们自己分别调节以下三组按钮,学习示波器的基本操作.

　　① 旋转垂直控制功能区的垂直控制"位置"旋钮和"伏特/格"旋钮,同时观察图形在垂直方向上的变化,并请留心随着调节"伏特/格"旋钮,显示屏中"垂直标尺系数"位置上的显示数值也发生变化.注意随着垂直方向上的标尺系数(伏特/格)的变化,波形同时发生变化,但波形的振幅(峰-峰值)读数没有变化.

　　② 再试着旋转水平控制功能区的水平控制"位置"旋钮和"秒/格"旋钮,同时观察图形在水平方向上的变化,并请注意随着"秒/格"旋钮的调节,显示屏"水平标尺系数"位置上数值的变化.注意随着水平方向上的标尺系数(秒/格)的变化,波形在水平方向上跟着变化,但波形的周期没有任何变化.

　　③ 最后试着旋转触发控制功能区的"触发电平"旋钮,注意观察显示区中的"触发电平指针"跟着上下移动.可以发现,当调节"触发电平"旋钮,使"触发电平指针"高于或低于波形的最高或最低处时,屏上的波形不再稳定.这是因为当触发电平的值高于 CH1 上信号所能达到的最高值或低于信号所能达到的最低值时,就使 CH1 上信号任何时候都无法达到该值,示波器不能工作于触发同步状态,因而所显示的波形就不能稳定下来.

2. 测量特定信号

　　用专用电缆把信号发生器的输出端 A、B 分别和示波器的通道 CH1、CH₂ 相连.

1）测特定正弦信号的周期和幅度(5.0 V、1.000 kHz 的正弦信号)

　　① 函数信号发生器输出选择 A 路,输出波形选择为正弦波.
　　② 调节输出波形频率为 1000 Hz,幅度为 5 V.
　　③ 在示波器上调节输出波形,分别用光标测量方法和自动测量方法测量波形的周期和峰-峰值.

2）用光标测量方法测量锯齿波的上升沿时间

　　① 函数信号发生器输出选择 B 路,输出一个三角波信号(幅度 3.5 V、频率 600 Hz).
　　② 观察示波器上的波形.调节"秒/格"旋钮,使锯齿波尽量展宽,以便于测量更为精确.用光标测量方法来测量锯齿波的上升沿.

3. 观测李萨如图形

　　① 设置信号发生器的 A 路和 B 路均为幅度为 5V,频率为 1.000kHz 的正弦信号,并分别与示波器的通道 CH1 和 CH2 相连.
　　② 按示波器上的"显示(DISPLAY)"按钮,调出显示菜单,选择显示格式为"XY".观察显示屏上的图形.调节垂直控制功能区的两个"伏特/格"旋钮,使所观察的图形约占显示屏的三分之二.

1）观察李萨如图形

仔细观察屏幕上信号频率比为 1：1 的李萨如图形，虽然这两个信号的频率完全相等，但这两个独立的正弦信号的位相是在不断变化的，因而屏幕上所显示的合成振动轨迹也是在不断滚动的．如果要"抓拍"某一瞬间的李萨如图形，进行仔细的观察和描绘，可以按一下"运行/停止"按钮，这时就可以获得一幅静止的、某一相位差的合成振动波形．反复按"运行/停止"按钮，就可以观察到各种位相差时的合成振动波形．

2）记录李萨如图形

选择两个喜爱的图形，画在坐标纸上，并同时记录 X 轴（CH1）和 Y 轴（CH2）上信号的频率．重复上述工作，调节信号发生器的输出频率，获得 X 轴和 Y 轴上信号的频率比为 2：1 和 2：3 的李萨如图形．同样记录在坐标纸上，同时标上 X 轴和 Y 轴，并标上相应的 CH1 和 CH2 通道上的信号频率．不同频率比和不同相位差时的李萨如图形如图 3-8-14 所示．

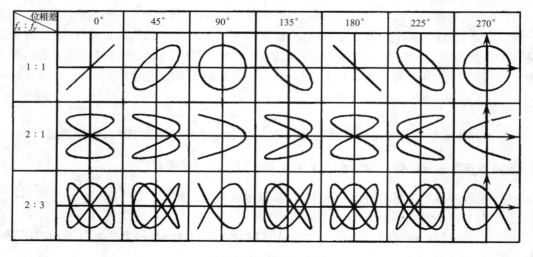

图 3-8-14　李萨如图形

4. 观察与测量单次脉冲信号

对单次、随机、高速发生的短暂脉冲的捕捉和真实记录一直以来都被认为是十分困难的任务，示波器对单次随机、短脉冲的捕捉、记录技术，常常被看成是示波器测量技术中的最高境界．但现在利用数字示波器的智能化功能，上述的测量和记录任务相对容易解决．下面通过简单的实验，来了解和掌握观测单次脉冲信号技术的基本方法和要领．

① 数字函数信号发生器的信源输出 A 接到示波器 CH1 通道上，设定输出波形为方波，振幅为 5V，频率 1kHz．

② 按数字示波器的"自动设置"按钮，调整"伏/格"和"秒/格"旋钮，使波形以适当大小显示在屏上．

③ 按示波器"触发"菜单按钮,选择"信源",调节"触发电平"旋钮使波形稳定,然后选择触发方式为"正常".

④ 信号发生器选择"功能"按钮,调至"猝发"档,再按"选项"按钮,调至"A 路单次",其中"A 路计数"设置为"1",按信号发生器面板上的"触发"按钮,使信号发生器发出单次脉冲信号,处于待机状态的示波器会及时捕捉到这个单次脉冲信号,并立即进行记录.这时示波器的屏上就会出现这个脉冲的整体波形,并维持稳定不动.

⑤ 可使用"秒/格"旋钮对捕捉到的单次脉冲信号进行调整,并用光标测量方法对其进行精确测量,或进行水平方向的压缩,以观察整体波形.测量参数包括脉冲宽度、上升时间、下降时间、峰-峰值等.

⑥ 在坐标纸上画出这个脉冲信号的波形,标出主要参数,并对观测到的参数与设定的数值进行比较.

⑦ 重复上述观测步骤,总结出对单次、随机脉冲信号进行捕捉和测量的基本技术要领.

【注意事项】

① 示波器测试探头或导线连接到电压源时请勿带电拔插.

② 测量过程中,电源接通后切勿接触外露的接头或元件,避免电击.

③ 测试探头连接到输入通道时,要先使用"探头检查向导(PROBE CHECK)"验证探头连接和补偿是否正确.

④ 如果示波器使用环境温度发生较大变化(超过 5℃)时,应当运行"自校正"程序来以最大测量精度优化示波器.

⑤ 请注意使用"自动设置(AUTO SET)"按钮.当观察不到波形或难以获得稳定波形时,使用该按钮常常能得到稳定的波形,可以在此基础上再进一步精细调整.

【思考与讨论】

① 简述光标测量方法的要点.

② 简述数字示波器测量单次脉冲信号的基本方法.

③ 为什么示波器上不易观察到完全稳定的李萨如图形?

【附录 3.8.1】

TFG2000 系列 DDS 函数信号发生器
使用说明简介

TFG2000 系列 DDS 函数信号发生器采用直接数字合成技术,具有快速完成测量工作所需要的高性能指标和众多的功能特性,简单而功能明晰的前面板及液晶汉字或荧光字符显示功能更便于操作和观察.

1. 前面板总览

TFG2000 系列 DDS 函数信号发生器的前面板如图 3-8-15 所示，图中：①菜单、数据、功能显示区，②功能键，③手轮，④输出通道 A，⑤按键区，⑥上挡键，⑦选项键，⑧触发键，⑨程控键，⑩输出通道 B.

图 3-8-15　函数信号发生器前面板图

2. 键盘的按键功能

仪器前面板共有 20 个按键，各按键的功能如下：

①【频率】、【幅度】键：频率和幅度选择键.

②【0】～【9】键：数字输入键.

③【MHz】、【kHz】、【Hz】、【mHz】键：双功能键，在数字输入后执行单位键功能，同时作为数字输入的结束键；直接按【MHz】、【kHz】、【Hz】分别执行"Shift"、"选项"、"触发"功能.

④【. /—】键：双功能键，在数字输入之后输入小数点，"偏移"功能时输入负号.

⑤【<】【>】键：光标左右移动键.

⑥【Shift】键：上挡键（屏幕上显示"S"标志），按【Shift】键后再按其他键，分别执行该键的上挡功能.

3. 常用操作

下面介绍的常用操作方法可以满足一般使用的需要，如果遇到疑难问题或复杂的使用，需要参考《用户使用指南》.

1) 通道设置选择

反复按【Shift】和【A/B】两键可循环选择 A 路和 B 路.

2) A 路信号设定

（1）通道设置选择 A 路通道

（2）A 路频率的设定

例如,设定频率值 3.5 kHz. 依次按下键:【频率】【3】【. /－】【5】【kHz】.

说明:使用数字键向显示区写入数据为自右向左移位写入,超过十位后左端的数字溢出丢失.【. /－】键,当数据区已经有数字时此键则在数据区末尾数字上加上小数点,如果数据区中已经有小数点,则按此键不再起作用. 确认输入数据完全正确后按任一单位键(【MHz】~【mHz】),这时数据开始生效,数据生效后显示出相应的数字和单位.

设定频率的另一种方法是,按【选项】键选中"A 路频率"显示出当前频率值. 可用数字键或调节旋钮输入频率值,在"输出 A"端口即有该频率的信号输出.

调节旋钮输入数值的方法是,按【＜或【＞】位移键使光标指向需要调节的数字位,顺或逆时针方向转动手轮可使数字增大或减小,并能连续进位或借位,由此可任意粗调或细调频率. 当不需要使用旋钮时,可以用位移键取消光标数字位,旋钮的转动就不再有效.

（3）A 路周期设定

例如,设定周期值 25ms. 依次按下键:【Shift】【周期】【2】【5】【ms】.

说明:【ms】是多功能键,系统会自动根据前面的设定类型来启动相应的功能单位.

设定周期的另一种方法是,按【Shift】【周期】键显示出当前周期值. 可用数字键或调节旋钮输入周期值,在"输出 A"端口即有该周期的信号输出. 频率和周期的设定,可以通过任一种方式完成.

（4）A 路幅度设定

例如,设定幅度值为 3.2 V. 依次按下键:【幅度】【3】【. /－】【2】【V】

说明:【V】是多功能键,系统会自动根据前面的设定类型来启动相应的功能单位.

设定幅度的另一种方法是,按【幅度】键选中"A 路幅度"显示出当前幅度值. 可用数字键或调节旋钮输入幅度值,在"输出 A"端口即有该幅度的信号输出.

（5）A 路波形选择

在输出通道为 A 路时,选择正弦波或方波等,依次按【Shift】【1】或【Shift】【2】等

（6）A 路方波占空比设定

在 A 路波形选定为方波时,设定方波占空比为 65％,依次按键【Shift】【占空比】【6】【5】【Hz】. 方波占空比调节范围 20％～80％,默认设定为 50％.

3) B 路信号设定

（1）通道设置选择 B 路通道

（2）B 路波形设定

在 B 路任何选项时,可以依次按【Shift】【0】选择正弦波,【Shift】【1】选择方波,【Shift】【2】选择三角波.

在项目选择为"B 路波形"时,用数字键或调节旋钮改变当前波形的序号,也可以对 B 路输出波形进行选择,0～31 对应不同的 32 种波形输出.

（3）B 路频率设定

按【选项】键选中"B 路频率"显示出当前频率值. 可用数字键或调节旋钮输入频率值,在"输出 B"端口即有该频率的信号输出. B 路不能进行频率周期转换.

（4）B 路幅度设定

按【选项】键选中"B 路频率",再按【幅度】键,选中"B 路幅度"显示出当前幅度值,可用

数字键或调节旋钮输入幅度值,在"输出 B"端口即有该幅度的信号输出.

实验 3.9　静态拉伸法测量金属材料的杨氏模量

材料受外力作用时必然发生形变,其内部应力(单位面积上受力大小)和应变(即相对形变)的比值称为弹性模量,这是衡量材料受力后形变大小的参数之一,是工程设计中材料选择的主要依据之一.材料的纵向弹性模量又称杨氏模量.

静态拉伸法是测量杨氏模量的一个传统方法.实验中涉及到较多长度量测量,应根据不同测量对象,选择不同的测量仪器.其中,材料伸长量是一个微小量,用一般长度测量工具不易测准,很难保证精度要求,通常要对其先进行放大再测量.传统的伸长量测量方法是采用光杠杆放大法,本实验将采用测量显微镜配以 CCD 成像系统来测量.

【预习提示】

1. 了解拉伸法测量杨氏模量的实验原理及基本思路.
2. 弄清实验内容及要求.

【实验目的】

1. 学会用显微镜配以 CCD 成像系统测量微小伸长量的方法.
2. 学习用逐差法、最小二乘法处理数据.

【实验原理】

设粗细均匀的金属丝长为 L,横截面积为 S,沿长度方向受外力 F 的作用后,金属丝伸长量为 ΔL.通常把单位截面积上所受到的力(F/S)叫做应力(又称协强);单位长度的伸长 $\Delta L/L$ 叫做应变(又称协变).根据虎克定律,在弹性限度内,应力和应变成正比,即

$$\frac{F}{S} = E \cdot \frac{\Delta L}{L} \tag{3-9-1}$$

E 称为金属的杨氏模量,其单位为帕(Pa 或 N/m²).杨氏模量表征材料拉伸形变能力的强弱,是材料本身的属性,与所施外力及物体的形状无关.

如果金属丝的直径为 d,则

$$E = \frac{4FL}{\pi d^2 \Delta L} \tag{3-9-2}$$

由式(3-9-2)可知,只要测出 F、L、d 和 ΔL 的值,便可得到 E 值.F、L、d 各量易用一般的测量仪器测得,而 ΔL 通常很小,用一般的测量仪器、常用的测量方法测量,很难测准.实验中采用读数显微镜配 CCD(charge coupled device,电荷耦合器)成像系统直接测量,即把原来从显微镜中看到的图像通过 CCD 呈现在显示器的屏幕上,便于观测.

【实验器材】

测量装置如图 3-9-1 所示,包括以下几部分:

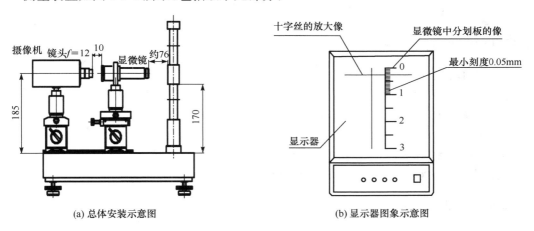

(a) 总体安装示意图

(b) 显示器图象示意图

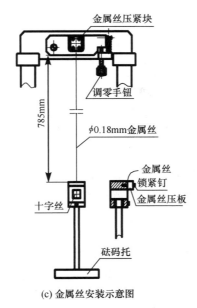

(c) 金属丝安装示意图

图 3-9-1 测量装置示意图

1. 金属丝支架

双立柱高约 100cm,待测长度约 80cm. 在两根立柱之间安装上下两个横梁. 金属丝一端被上梁侧面的一付夹板夹牢,另一端用小夹板夹在连接方框上,方框下旋进一个螺钉吊起砝码盘,框子的侧面固定一个十字叉丝板,下梁一侧有连接框的防摆动装置,只需将 2 个螺丝调到适当位置,就能够限制增减砝码引起的连接框的扭转和摆动. 立柱旁设砝码架,附 200g砝码 9 个,100g 砝码 1 个,可按需要组成不同序列进行测量.

2. 读数显微镜

由放大倍数为 1 倍的物镜、14 倍的目镜、最小分度值 0.05mm 的分划板组成. 叉丝板通过显微镜的 1 倍物镜成像在最小分度为 0.05 mm 的分划板上,再被目镜放大,能够用眼睛或 CCD 对 ΔL 做直接测量.

3. CCD 成像、显示系统

（1）CCD 黑白摄像机

传输制式:PAL;有效像素:752（H）×582（V）;水平分辨率:520 线;摄像镜头:$f=$ 12 mm;电源功耗:350mA,4.2W（Max）;专用 12V 直流电源.

（2）显示器

黑白,对角线 35cm,输入阻抗 75Ω.

测量显微镜、CCD 成像显示系统总放大倍数 54.

4. 其他长度测量工具:钢尺、千分尺.

【实验内容与要求】

1. 仪器调节

1）支架的调节（这步一般都已调好）

① 水平调节:调底脚螺丝,使底座处于水平.

② 十字叉丝水平调节:调上梁微调旋钮,使夹板水平,直到穿过夹板的细丝不靠贴小孔内壁.

③ 方框体防摆动调节:调节下梁一侧的防摆动装置,将两个螺丝分别旋进铅直细丝下连接框两侧的"V"形槽,并与框体之间形成两个很小的间隙,以便能够上下自由移动,又能避免发生扭转和摆动现象.

2）读数显微镜的调节

① 熟悉各旋钮的作用,调节显微镜高度,使物镜大致与十字叉丝等高.

② 分划板调节:眼睛对准镜筒,转动目镜,对分划板调焦,使标尺读数清楚.

③ 十字叉丝调节:沿定位板微移磁性座,在分划板上找到十字叉丝像,经磁性座升降微调,使微尺分划板的零线（或 0~1mm 之间的其他位置）对准十字叉丝的横线,并微调目镜,尽量消除视差. 最后锁住磁性底座.

3）成像系统的调节

① CCD 摄像机的定位:使 CCD 摄像机的底座紧靠定位板直边,镜头对准显微镜目镜,由远移向显微镜,当监视器上亮度较均匀、且隐约看到十字叉丝与分划板的模糊像时（此时与显微镜目镜相距约 1~2cm）,锁紧磁性底座.

② 调焦:调节显微镜的目镜旋钮,使能在显示器上同时看到清晰的分划板和十字叉丝的像.

2. 观测金属丝的伸长

仪器调整好后,记下待测细丝下的砝码盘未加砝码时显示屏上显示的毫米尺在十字叉丝横丝上的读数 l_0,以后在砝码盘上每增加一个 $M=200g$ 的砝码,从屏上读取一次数据 $l_i(i=1,2,\cdots,8)$.然后逐一减掉砝码,又从屏上读取 $l_1', l_2', \cdots, l_8'$ 一组数据.

3. 其他长度量测量

1) L 的测量:用钢(卷)尺对待测细丝的长度作单次测量.

2) d 的测量:考虑到细丝直径 d 在各处可能存在的不均匀性,用螺旋测微器在金属丝的上、中、下三个部位测量它的直径 d,每一部位都要在相互垂直的方向上各测一次,即共测量六次.

4. 更换金属丝,重复上述 1～3 步骤,测量新材料的杨氏模量.(选做)

【数据记录与处理】

① 记录实验装置各部分的调节方法与标准,进行总结.

② 按表 3-9-1 记录金属丝长度随荷载变化的读数、金属丝长度及直径.按逐差法或最小二乘法计算出杨氏模量及不确定度.

表 3-9-1　测量数据记录表

$l_0=$　　　　　$M=200g$　　　　　$g=9.79m/s^2$

序 ＼ 项目	负荷量	增荷 l_i(mm)	减荷 l_i'(mm)	$\overline{l_i}=(l_i+l_i')/2$(mm)
1	1M			
2	2M			
3	3M			
4	4M			
5	5M			
6	6M			
7	7M			
8	8M			
L/cm		d/mm		

【注意事项】

① 使用 CCD 摄像机,CCD 器件不可正对太阳、激光或其他强光源.随机所附 12V 电源是专用的,不要换用其他电源.要谨防视频输出短路,或机身跌落.避免 CCD 过热,使用间隙应关闭电源.注意保护镜头,防潮、防尘、防污染.非特别需要,请勿随意卸下.

② 显示器屏幕无自动保护功能,应避免长时间高亮度工作.屏幕也应避免各种污染.

③ 金属丝必须保持直线形态. 测直径时要特别谨慎, 避免由于扭转、拉扯、牵挂导致细丝折弯变形.

【思考与讨论】

① 实验中为何要采用加减砝码的方法进行测量? 加减法吗时应注意哪些问题?
② 如果测量中金属丝出现弯曲对测量结果会产生什么影响? 应如何处理?

实验 3.10　液体的旋光特性研究

1811 年法国物理学家阿拉果(D. F. J. Arago)首先发现, 当偏振光沿光轴方向在石英中传播时, 偏振光的振动平面会发生旋转, 这种现象叫做旋光性. 大约同时, 毕奥(Biot)在各种自然物质的蒸汽和液态形态下也看到了同样的现象, 他还发现有左旋和右旋两种情况. 1822 年赫谢尔(Herschel)发现石英中的左旋光(left-handed rotation)和右旋光(right-handed rotation)是源于石英的左旋和右旋两种不同的结构. 具有旋光性的物质叫做旋光物质(optically active substance).

研究物质的旋光性质不仅在光学上有特殊意义, 在化学和生物学上也有深远的影响. 在研究分子的内旋转、分子的相互作用以及微细立体结构方面, 旋光法有着其他方法不可替代的作用. 例如, 用其他方法得到了有机化合物的几种可能的结构时, 利用旋光法可以从中确定出该有机化合物的实际结构.

旋光仪是利用光的偏振特性来测量旋光物质对振动面转过角度的仪器, 它在制药、制糖、石油、食品等领域具有广泛的应用, 另外还可用于临床医学化验. 因为旋光仪经常被用来测量糖溶液的浓度, 故有时也称之为糖量计(saccharimeter).

【预习提示】

① 对照图 3-10-3 了解旋光仪的光路.
② 如何用旋光仪测量旋光性溶液的旋光率和浓度?

【实验目的】

① 观察线偏振光通过旋光物质的旋光现象, 理解旋光现象的物理本质.
② 通过实验研究旋光性物质的旋光性质及规律.
③ 了解旋光仪的结构原理.
④ 利用旋光仪测定旋光性溶液的旋光率和浓度, 研究旋光性物质的旋光特性.

【实验原理】

1. 旋光现象和旋光物质

偏振光在通过某些物质后, 其振动面会以光的传播方向为轴旋转过一定的角度, 如

图 3-10-1 所示. 这种现象称为旋光现象(optically active phenomenon). 具有旋光性质的物质称为旋光物质(optically active substance),例如石英、岩盐、朱砂、石油、糖溶液、酒石酸溶液等. 旋光物质就是能使偏振光振动面旋转一定角度的物质.

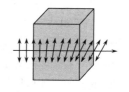

图 3-10-1　线偏振光通过旋光物质示意图

旋光现象很容易通过实验进行观察. 如图 3-10-2 所示,起偏器和检偏器的偏振化方向相互垂直,在正交的两偏振器之间放置一个玻璃样品室. 当一束单色自然光入射,经起偏器起偏后变成了线偏振光,如果样品室中没有任何旋光物质,则在检偏器的视场中出现全暗;如果在样品室中存放旋光晶体或旋光溶液,则由于偏振光通过旋光物质后振动面旋转过了一个角度,检偏器的视场就会变得明亮. 这时如果旋转检偏器,使视场再次出现全暗,则检偏器转过的角度就是偏振光振动面转过的角度.

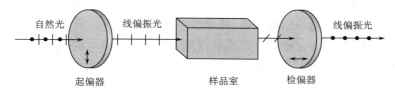

自然光　　　线偏振光　　　　　　　　　　　　　　　线偏振光

起偏器　　　　　　　　样品室　　　检偏器

图 3-10-2　检验旋光现象的实验方法

旋光物质可分为左旋和右旋两种,当观察者迎着光线射来的方向观察时,使振动面按顺时针方向旋转的物质称为右旋(或正旋)物质(right-handed substance);使振动面按逆时针方向旋转的物质称为左旋(或负旋)物质(left-handed substance).

2. 旋光度、旋光率

偏振光通过旋光物质后,其振动面旋转过的角度 ϕ 称为旋转角或旋光度(optical rotation),它决定于旋光物质的性质、厚度以及入射光的波长.

研究证明:

① 对于旋光物质,旋光度 ϕ 与偏振光透过该物质的厚度 d 成正比,在入射光波长一定的情况下,可表示为

$$\phi = \alpha d \qquad (3\text{-}10\text{-}1)$$

式中 α 称为该物质的旋光率,它在数值上等于偏振光通过旋光物质单位厚度后振动面的旋转角度.

② 对于旋光溶液,旋光度 ϕ 与偏振光通过的液柱长度 L 和溶液中旋光物质的浓度 C 成正比,即

$$\phi = \alpha C L \qquad (3\text{-}10\text{-}2)$$

式中 C 是溶液的浓度,单位为 g/cm^3. 比例系数 α 称为该旋光溶液的旋光率,它与入射光波长和旋光物质有关.

实验表明,旋光率与温度有关,但关系不大. 对大多数物质,温度每升高一度,旋光率约减少千分之几. 同一旋光物质对不同波长的光有不同的旋光率. 当温度一定时,旋光率与入射光波长的平方成反比,即 α 随着波长的增加而迅速减小,即不同波长的线偏振光通过一定长度的旋光物质振动面旋转的角度会不同,这种现象称为旋光色散. 在一般手册中所给出的

旋光物质旋光率是在 20℃时、用钠黄光的 D 线(5893Å)来测定的.

　　若已知待测旋光溶液的浓度 C 和液柱的长度 L,则测出旋光度 ϕ 就可以由式(3-10-2)计算出其旋光率 α. 由式(3-10-2)可知,若 L 不变,且溶液温度和环境温度保持不变,依次改变浓度 C,测出相应的旋光度 ϕ,做出 ϕ-C 曲线——旋光曲线,为线性关系,其斜率为 αL. 由直线的斜率可以计算出旋光率 α. 反之,通过测量旋光性溶液的旋光度 ϕ,可以确定溶液中所含旋光物质的浓度 C. 通常可根据测出的旋光度 ϕ,从该物质的旋光曲线上查出对应的浓度 C.

【实验器材】

　　WXG-4 小型旋光仪,钠光灯,待测溶液等.

　　旋光仪的工作原理是建立在偏振光的基础上,并用旋转偏振光偏振面的方法来达到测量目的. 本实验采用半荫型小型旋光仪,其光学系统如图 3-10-3 所示. 光源 1(钠光灯)位于透镜 3 的焦平面上,光线通过透镜 3 形成平行光入射到起偏器 5 上成为平面偏振光,在石英半波片 6 处产生三分视场. 石英半波片 6 用玻璃 R_1 保护(防止灰尘和损坏),在其后光线透过试样管 7,保护玻璃 R,检偏器 8,通过物镜 9 把石英半波片 6 成像,通过目镜 10 进行观察,放大镜 11 用于旋转角度读数.

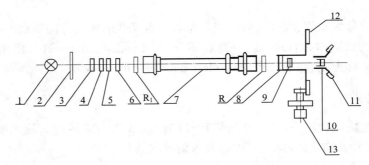

图 3-10-3　半荫型小型旋光仪光学系统简图

1. 光源；2. 毛玻璃；3. 透镜；4. 滤色镜；5. 起偏器；6. 石英半波片；7. 试管；8. 检偏器；

9. 透镜；10. 目镜；11. 读数放大镜；12. 刻度盘；13. 刻度盘转动手轮

　　从生理的角度来讲,人的眼睛对"亮"和"暗"的判断非常不敏感,即对"亮度"本身的分辨率很低,但是,人的眼睛对"亮度"的"比较"特别敏感,为此在旋光仪视场中采用了明暗对比的方式,以提高眼睛的判断能力和测量精度,这就是通常采用的半荫法,用比较视场中相邻光束的强度是否相同来确定旋光度. 在起偏器 5 后加上一特制的很窄的双折射晶片——石英半波片 6,具体装置如图 3-10-4 所示,它和起偏器 5 的一部分视场重叠,把视场分为三个区域,称为三分视场. 同时在石英半波片 6 旁装上一定厚度的玻璃片,以补偿由石英半波片产生的光强变化. 取石英半波片 6 的光轴平行于自身表面并与起偏器 5 的偏振轴成一角度 θ(仅几度). 由单色光源发出的光经起偏器 5 后变成偏振光,其中一部分光通过玻璃后到达检偏器,其振动方向不变. 另一部分光要经过石英半波片 6

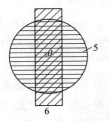

图 3-10-4　石英半波片放在中间将视场分为三部分

（其厚度恰恰使石英半波片 6 内分成的 e 光和 o 光的位相差为 π 的奇数倍，出射的合成光仍为线偏振光）后才能到达检偏器，这部分线偏振光在通过石英半波片后，振动方向相对于入射光的振动面被旋转了一个角度 2θ，故进入试样管的光是振动面间夹角为 2θ 的两束线偏振光。从检偏器后的目镜中观察，两部分视场通常有明暗区别。旋转检偏器，使其偏振化方向改变，视场中不同区域的明暗随之交替改变。有四种典型的情况，如图 3-10-5 所示，图中画出了视场中不同区域偏振光经过检偏器后其方向的分量相应变化的情况。

在图 3-10-5 中，如果以 OP 和 OA 分别表示起偏器和检偏器的偏振轴，OP' 表示透过石英半波片后偏振光的偏振方向，β 表示 OP 与 OA 的夹角，β' 表示 OP' 与 OA 的夹角；再以 A_P 和 A_P' 分别表示通过起偏器和起偏器加石英半波片的偏振光在检偏器偏振轴方向的分量；则由图 3-10-5 可知，当转动检偏器时，A_P 和 A_P' 的大小将发生变化，反映在从检偏器后的目镜中见到的视场，不同区域将出现亮暗的交替变化（见图 3-10-5 中的下部分）。图中列出了四种显著不同的情形。

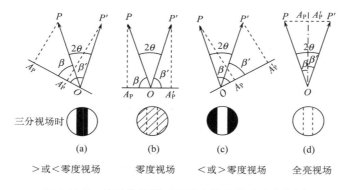

图 3-10-5　转动检偏器时目镜中视场的明暗变化图

（a）$\beta'>\beta$，$A_P>A_P'$，通过检偏器观察时，视场中石英半波片 6 所在的区域为暗区，起偏器所在的区域为亮区，视场被分为清晰的三部分。$\beta'=\pi/2$ 时，视场亮暗的反差最大。

（b）$\beta'=\beta$，$A_P=A_P'$，通过检偏器观察时，视场中三部分界限消失，亮度相同，整个视场明暗一致，并且较暗。

（c）$\beta'<\beta$，$A_P'>A_P$，通过检偏器观察时，视场又被分为三部分，石英半波片所在的区域为亮区，起偏器所在的区域为暗区。$\beta=\dfrac{\pi}{2}$ 时，视场亮暗的反差也最大。

（d）$\beta'=\beta$，$A_P'=A_P$，视场中三部分界限消失，亮度相等，整个视场明暗一致，并且较亮。

由于在亮度不太强的情况下，人眼辨别亮度微小差别的能力较大，故取图 3-10-5(b) 所示的视场亮度较暗位置作为参考视场，并将此时检偏器的偏振轴所指的位置作刻度盘的零点，即零度视场。

WXG-4 型旋光仪的外形如图 3-10-6 所示，N 为钠光灯，P 为起偏器，打开盖子 C 就看到盛放溶液的试样管，刻度盘 A 和检偏器连为一体，可在度盘转动手轮 B 的驱动下转动，转动度盘调节手轮 B 即转动检偏器，便可以看到三分视场各部分的亮度变化情况。O 是目镜，D 是读数用的放大镜。

图 3-10-6　WXG-4 型旋光仪外形

旋光仪与分光计一样,读数装置由刻度盘和游标盘组成,仪器采用双游标读数以消除偏心差.刻度盘 A 分为 360 格,每格 1°,游标分为 20 格,等于刻度盘上 19 格的角度,所以游标最小分度值为 0.05°.若左、右游标读数分别为 φ'、φ'',则"度盘"角位置为

$$\varphi = \frac{\varphi' + \varphi''}{2} \tag{3-10-3}$$

当使用旋光仪进行测量时,在没有放入旋光液体试样管前,转动旋光仪转动手轮 B,观察到图 3-10-5(b)所示状态,记下刻度盘左、右游标读数,由式(3-10-3)计算出"度盘"的角位置;放入旋光液体试样管后,透过起偏器和石英半波片的两束偏振光均通过试样管,它们的振动面转过相同的角度 ϕ,并保持两振动面之间的夹角为 2θ 不变.再调节转动手轮 B(即转动检偏器),使视场仍回到图 3-10-5(b)所示的状态,记录刻度盘左、右游标读数,计算出"度盘"的角位置.两次角位置的差,就是偏振光在旋光液体中偏振面转动的角度,即为被测试液体的旋光度 ϕ.

【实验内容与要求】

1. 仔细调节旋光仪,观察旋光现象

① 开启电源,等待 3~5min,使钠光灯发光正常.

② 调节旋光仪的目镜 O,使目镜中观察到的视场清晰.

③ 确定旋光仪的零点位置.仪器处于空载状态(未放进待测试样管),调节转动手轮 B 使 A 盘旋转,观察并熟悉视场明暗变化的规律,找到视场亮度相同时的两个位置,取其亮度相同、整体较暗的一个位置(图 3-10-5(b)所示状态),作为旋光仪的零度视场(零点位置).记录此时刻度盘上相应左、右两个游标的读数.进行多次重复测量,取其平均值,得出检偏器在刻度盘上零点位置的读数.

④ 放入蔗糖溶液或松节油试样管,调节转动手轮 B,观察旋光现象,并判断该旋光物质是右(正)旋还是左(负)旋物质.

2. 蔗糖溶液旋光曲线的测定

选用长度为 200 mm 浓度已知的几种蔗糖溶液试样管,测量其对应的旋光度 ϕ,并根据测量数据绘制蔗糖溶液的旋光曲线,由此确定出蔗糖溶液的旋光率 α.

3. 蔗糖溶液浓度的测量

选用长度为 100 mm 试样管,测量未知浓度蔗糖溶液的旋光度,并计算其浓度及不确定度.

4. 松节油旋光度与旋光率的测量

分别选用长度为 100 mm、200 mm 的松节油测试管,测量其旋光度,并由测量数据准确判断松节油是左旋还是右旋物质,计算其旋光率及不确定度.

注意:(1)各个测量项均为多次测量,测量次数 $n \geqslant 5$.

(2)放入待测试样管后,应重新调节目镜 O 使视场清晰,然后再调节转动手轮 B 找到图 3-10-5(b)所示的状态.

【数据记录与处理】

① 根据测量要求自拟表格,记录所测量数据.

② 用作图法、逐差法和最小二乘法求解蔗糖溶液的旋光率 α. 根据实验结果分析蔗糖溶液旋光率的性质.

③ 根据实验数据,确定未知蔗糖溶液的浓度,并估算其不确定度,写出完整的结果表示. 总结实验规律,得出实验结论.

④ 计算出松节油的旋光率,估算其不确定度,并写出完整的结果表示. 分析、总结松节油的旋光规律及旋光特性.

【注意事项】

① 试样管要装满溶液,不能留有较大的气泡,并且试样管有圆泡的一端应该朝上放置,使管中气体存入圆泡中,以便观察和测量.

② 注入溶液后,盖子要旋紧,以免溶液洒漏,试样管及其两端玻璃片要擦拭干净,以免影响透光性.

③ 试样管的两端经精密磨制,以保证其长度为确定值并透光性良好,使用时要轻拿轻放,以防损坏.

【思考与讨论】

① 旋光物质的旋光度与哪些因素有关?

② 如何用实验方法确定旋光物质是左旋还是右旋物质?

③ 从图 3-10-5 分析,旋转检偏器还存在一个视场亮度相同的位置(图 3-10-5(d)),为什么不选这个位置作为零度视场?

【附录 3.10.1】

阿拉果简介

阿拉果(1786～1853),法国物理学家、天文学家. 1786 年 2 月出生于埃斯塔热勒,精于光学和电磁学实验. 在光学上阿拉果捍卫光的波动学说,与坚持微粒说的 P. S. 拉普拉斯、J. B. 毕奥、S. D. 泊松等人抗争. 1811 年他发现石英有使偏振方向旋转的能力,即物质的旋光性. 他与菲涅耳共同研究了偏振光的干涉,于 1816 年发现偏振方向互相垂直的两束光线不干涉. 他还制造了一种偏振镜,用以观察天空散射光的偏振. 在电磁学上,1820 年阿拉果发现通电的铜螺线管能像磁铁一样吸引铁屑,1824 年还发现转动的铜盘能影响磁针转动. 在天文学上,阿拉果支持 U. J. J. 勒威耶对天王星运动反常的研究,这一研究导致了海王星的发现.

图 3-10-7 阿拉果

实验 3.11　模拟法测绘静电场

　　在静电研究、静电防护和静电应用中,常需要了解并测量带电体周围空间的静电场分布.静电场的分布是由电荷分布决定的,可以用电场强度 E 和电势 U 来描述.电势是标量,标量在测量和计算上比矢量简单,所以一般常用电势来描述静电场.

　　确定静电场分布常用的方法有理论解析法、数值计算法和实验测量法.对一些比较简单的情况,如球形导体、平行平面板等,可通过理论计算得到其电场分布.但是大多数情况下,带电体形状比较复杂,很难或无法得到其静电场分布的解析解.目前,可以通过计算机数值计算的手段来获得其静电场分布情况的数值解,然而计算结果的可靠性尚需验证,所以,通过实验手段来研究静电场的分布特性就成为主要方法.但是直接测量静电场的分布通常也是很困难的.首先,静电场中没有电流,不能使用简单的电学仪器来测量,要使用的仪器设备很复杂;其次,将探针一旦放入静电场中,将会产生感应电荷,使原电场发生畸变,影响测量结果的准确性.

　　在科学研究和工程设计中常常采用模拟法测量静电场分布,模拟法也常作为数值计算法的验证方法.模拟法可分为物理模拟法和数学模拟法两大类.人为制造的“模型”和实际“原型”有相似的物理过程和相似的几何形状,以此为基础的模拟方法即为物理模拟.例如,为了研究高速飞行的飞机上各部位所受的力,人们首先制造一个与原型飞机几何形状相似的模型,将模型放入风洞,创造一个与实际飞机在空中飞行完全相似的物理过程,通过对模型飞机受力情况的测试,便可以用较短的时间、方便的空间、较小的代价获得可靠的实验数据.物理模拟具有生动形象的直观性,并可使观察的现象反复出现,因此具有广泛的应用价值,尤其是对那些难以用数学方程式准确描述的对象进行研究时,常采用物理模拟法.数学模拟法是指模型和原型遵循相同的数学规律,即满足相似的数学方程和边界条件,可在物理实质上无共同之处.

　　本实验根据稳恒电流场的规律与静电场的规律在数学形式和边值条件上的相似性,采用数学模拟法,用稳恒电流场的电势分布来模拟测绘静电场的电势分布,这是研究静电场的一种方便有效的实验方法,广泛地用于电子管、示波管、电子显微镜、电缆等内部电场分布的研究.除此之外,稳恒电流场还可以模拟测量不随时间变化的温度场、流体场等.

【预习提示】

　　① 什么是模拟测量法? 测量静电场为什么要用模拟法?
　　② 用稳恒电流场模拟静电场的基本原理和模拟条件各是什么?
　　③ 测量等势点的基本方法有哪些?
　　④ 什么是描绘电场分布的等势线和电场线?

【实验目的】

　　① 了解模拟实验方法的基本概念和特点.
　　② 掌握用模拟法测绘静电场的原理和方法.

③ 加深对静电场性质的理解.

【实验原理】

1. 用稳恒电流场模拟静电场

为了克服直接测量静电场的困难,可以仿造一个与静电场分布完全一样的稳恒电流场,用容易直接测量的电流场模拟静电场.

静电场和电流场是两种不同的场,但是两者之间在一定的条件下具有相似的空间分布.因为对于静电场,电场强度 E 在无源区域内满足以下积分关系

$$\oint_S E \cdot dS = 0, \qquad \oint_L E \cdot dL = 0$$

对于恒定电流场,电流密度矢量 J 在无源区域中也满足类似的积分关系

$$\oint_S J \cdot dS = 0, \qquad \oint_L J \cdot dL = 0$$

由此可知, E 和 J 在各自的区域中满足同样的数学规律,若电流场空间均匀充满了电导率为 σ 的不良导体,不良导体内的电场强度 E' 与电流密度矢量 J 之间遵循欧姆定律

$$J = \sigma E'$$

因而, E 和 E' 在各自的区域中也满足同样的数学规律. 在一定的边界条件下,静电场的电场线和等势线与恒定电流场的电流密度矢量和等势线有相似的分布. 所以测定出恒定电流场的电势分布就可以知道与其相似的静电场的电场分布.

2. 长同轴柱面间的静电场模拟

为了便于实验结果与理论值的比较,以长同轴柱面间(同轴电缆)的静电场模拟为例,推导出同轴柱面间的静电场数学公式和相应的稳恒电流场数学公式,说明用稳恒电流场模拟静电场的有效性.

1) 静电场

如图 3-11-1(a)所示,在真空中有一半径为 r_a 的长圆柱导体 A 和一个半径为 r_b 的长圆筒导体 B,它们同轴放置,分别带等量异号电荷. 由高斯定理可知,在垂直于轴线上的任一个截面 S 内,有均匀分布辐射状电场线,其等势面为一簇同轴圆柱面,如图 3-11-1(b)所示. 因此,只需研究任一垂直横截面上的电场分布即可.

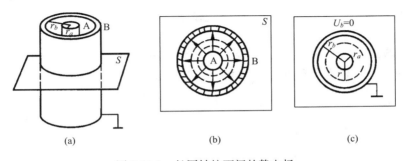

图 3-11-1　长同轴柱面间的静电场

如图 3-11-1(c)所示,距轴心半径为 r 处的各点电场强度为

$$E = \frac{\lambda}{2\pi\varepsilon_0} \cdot \frac{1}{r} \tag{3-11-1}$$

式中 λ 为 A(或 B)的线电荷密度. 其电势为

$$U_r = U_a - \int_{r_a}^{r} E\,dr = U_a - \frac{\lambda}{2\pi\varepsilon_0}\ln\frac{r}{r_a} \tag{3-11-2}$$

U_a 为导体 A 的电势,导体 B 电势零(接地),若 $r=r_b$ 时,$U_b=0$,则有

$$\frac{\lambda}{2\pi\varepsilon_0} = \frac{U_a}{\ln\dfrac{r_b}{r_a}} \tag{3-11-3}$$

代入式(3-11-2)得到距中心 r 处的电势

$$U_r = U_a \frac{\ln\dfrac{r_b}{r}}{\ln\dfrac{r_b}{r_a}} \tag{3-11-4}$$

距中心 r 处的电场强度为

$$E_r = -\frac{dU_r}{dr} = \frac{U_a}{\ln\dfrac{r_b}{r_a}} \cdot \frac{1}{r} \tag{3-11-5}$$

2) 模拟场

如图 3-11-2(a)所示,若在 A、B 间的整个空间内填满均匀的不良导体,且 A 和 B 分别与电源的正负极相连. A、B 间形成径向电流,建立起一个恒定电流场 E_r',可以证明 E_r' 与原真空中的静电场电场强度 E_r 是相同的.

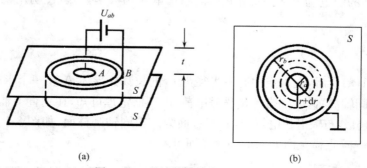

图 3-11-2　长同轴柱面间的电流场

取厚为 t 的圆柱形不良导体片,材料的电阻率为 ρ,如图 3-11-2(b)所示,则半径为 r 的圆周到半径为 $r+dr$ 的圆周之间的不良导体薄块的电阻为

$$dR = \frac{\rho}{2\pi t} \cdot \frac{dr}{r} \tag{3-11-6}$$

半径 r 到 r_b 之间的圆柱片电阻为

$$R_{r,r_b} = \frac{\rho}{2\pi t}\int_{r}^{r_b}\frac{dr}{r} = \frac{\rho}{2\pi t}\ln\left(\frac{r_b}{r}\right) \tag{3-11-7}$$

由此可知半径 r_a 到 r_b 之间圆柱片的电阻为

$$R_{r_a, r_b} = \frac{\rho}{2\pi t}\ln\frac{r_b}{r_a} \tag{3-11-8}$$

若设 $U_b = 0$，则径向电流

$$I = \frac{U_a}{R_{r_a, r_b}} = \frac{2\pi t U_a}{\rho\ln\dfrac{r_b}{r_a}} \tag{3-11-9}$$

距中心处的电势为

$$U'_r = IR_{r, r_b} = U_a\frac{\ln\dfrac{r_b}{r}}{\ln\dfrac{r_b}{r_a}} \tag{3-11-10}$$

则恒定电流场的电场强度 E'_r 为

$$E'_r = -\frac{\mathrm{d}U_r}{\mathrm{d}r} = \frac{U_a}{\ln\dfrac{r_b}{r_a}}\cdot\frac{1}{r} \tag{3-11-11}$$

因此，式(3-11-4)与式(3-11-10)以及式(3-11-5)与式(3-11-11)具有相同的形式，说明恒定电流场与静电场的分布是相同的.

实际上，并不是每种带电体的静电场及模拟场的电势分布函数都能计算出来.上述情况只是说明用恒定电流场模拟电场，然后用实验直接测定相应的恒定电流场是一种行之有效的方法.另外，实际的电极尺寸可能很小(或很大)，可以按比例放大(或缩小)模拟模型，从而得到便于测量的模拟场.

3）典型静电场模拟举例

一般情况下电场的分布是三维问题.但是，在特殊情况下适当选择电场线分布的对称面，可以使三维问题简化为二维问题.实验中通过分析电场分布的对称性，合理选择电场线平面，把选择的电场线平面上电极系的剖面模型放置在导电玻璃、导电纸、电解溶液等导电介质上，即可构成模拟场模型，测量出模拟场中该平面上的电势分布，可得空间电场的分布.在表 3-11-1 中给出了一些典型的静电场模拟模型的示例.

表 3-11-1　典型的静电场模拟模型

电极组态及模拟面 S	模拟模型	S' 面的模拟场
长平行板（电容器）		
长同轴柱面（电缆线）		
同心球		
未波管聚焦电极		

3. 模拟条件

综上所述,为了用稳恒电流场模拟静电场,应保证以下模拟条件:
① 所用电极系统与被模拟的电极系统的几何形状相似.
② 恒定电流场中的导电物质应是不良导体,且电阻率分布均匀.
③ 模拟所用电极系统与被模拟电极系统的边界条件相同.

4. 等势线的测定

1) 检流计零示法(电桥法)

如图 3-11-3 所示,若内外电极间电压为 U_0,设外电极电势 $U_b=0$,电极间装上导电介质,将若干个电阻值相同的电阻 $R_i(i=1,2,\cdots,n)$ 组成的电压分配器并联在电极两端,则每个电阻上将分得电压为 U_0/n,从第 m 个电阻上端 Q(电势 $U_m=mU_0/n$)引出导线,串接检流计 G 后接一表笔,将表笔接触导电介质并移动位置找到使检流计电流 $I_g=0$ 的点 P_1,则 P_1 与 Q 等电势,记下 P_1 点位置. 然后以此法在导电介质上找到若干个使电流 $I_g=0$ 的点 P_2,P_3,$\cdots$,各 P_i 点应为等电势. 把它们以平滑曲线联结起来,就得到了一条电势为 $U=mU_0/n$ 的等势线. 依次取 $m=1,2,\cdots,n-1$,重复上述过程,就能画出 $n-1$ 条等势线.

2) 电压表法

若电压表内阻 R_g 远大于导电介质在内外电极间的总电阻 $R(R_g\gg R)$,也可以直接用电压表找等势点. 测量方法如图 3-11-4 所示,只要在导电介质上移动表笔依次找到使电压表读数相同的各点,联结起来即为等势线.

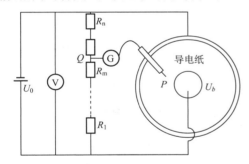

图 3-11-3 检流计零示法测等势线

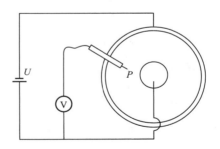

图 3-11-4 电压表法测等势线

5. 电场线描绘

根据电磁学理论,描述电场分布的电场线与等势线处处垂直,电场线的疏密和方向分别表示电场强度 **E** 的大小和方向. 实验时先测绘出电场分布的电势线,再由等势线的分布画出电场线. 描绘电场线时应注意:①电场线从正电极出发,走向处处与等势线垂直,终止于负电极,导体电极中无电场线;②电场线方向是由高电势指向低电势,电场线的疏密要反映电场强度的大小. 电场区域中某一部分的电场线和电势线如图 3-11-5 所

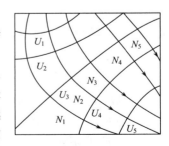

图 3-11-5 等势线与电场线

示,U_i 为等势线,且 $U_1 > U_2 > \cdots > U_5$,N_i 为电场线.

【实验器材】

静电场描绘仪,各种电极系统,专用电源与测量仪器.

实验装置如图 3-11-6 所示.上层放记录纸,下层为导电微晶.电极直接制作在导电微晶上,接出引线至电源接线柱,并且导电微晶的电导率远小于电极的电导率.电极接上一稳恒电源,在两极间形成稳恒电流场.在导电微晶和记录纸上方各有一个探针,两个探针始终保持在同一铅垂线上,运动轨迹相同.导电微晶上方的探针找到待测等势点后,按下记录纸上方的探针,在记录纸上留下一个相应的标记.移动同步探针找到一系列等势点,即可描绘出等势线.

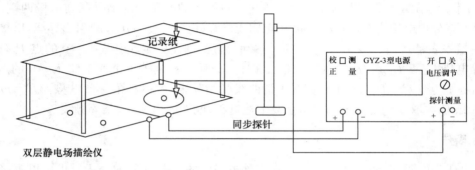

图 3-11-6　实验装置

【实验内容与要求】

正确装配实验装置和连接测量线路,调节实验装置和仪器正常工作,电源电压为 10V.

1. 测绘同轴柱面电极的电场分布

测量 7 条以上不同电势(每 1V 为一间隔)的等势线,每条等势线测点 6~10 个.

2. 测绘实验室所给其他电极的电场分布

测量 7 条以上不同电势(每 1V 为一间隔)的等势线,每条等势线测点 6~10 个,在变化明显的位置尽可能多测点,测量出变化趋势.

【数据记录与处理】

1. 描绘电势与电场分布图

① 画出电极的位置和形状.
② 用曲线板在记录纸上把各等势点连接成光滑的等势线.
③ 根据电场线与等势线正交关系,以适当的密度做出电场线分布图,在图中注明每一条等势线的电势值,标出电场线的方向.

2. 验证实验与理论是否相符

① 对于同轴柱面电极的等势点记录纸,以电势较大(如 8V)的实测等势点为基准,用几何作图法确定出圆心.

② 用直尺分别测量出各等势点到中心的距离 r_i,以各等势点平均距离 $r = \sum_{i=1}^{n} r_i/n$ 为半径画圆,得到等势线.

③ 列表记录实测的电势 U_r 和对应的平均半径 r,以电势 U_r 为纵轴、半径 r 为横轴,在坐标纸上作 U_r-$\ln r$ 关系曲线,并验证 U_r 与 $\ln r$ 的线性关系.

由式(3-11-4)和式(3-11-10)可知 U_r 与 $\ln r$ 成线性关系,当 $r=r_a$(5 mm)时,$U_r=U_a$;当 $r=r_b$(75 mm)时,$U_r=0$. 因此,在坐标纸上用直线连接(r_a,U_a)和$(r_b,0)$两点,这条直线即为理论曲线. 将实验曲线与理论曲线进行比较分析,给出验证结论.

【注意事项】

① 测绘等势线前应在记录纸上画出所用电极的实际形状、大小和位置.
② 测等势线时,在曲线急转弯处或两条曲线靠近处,应密集取点记录.
③ 注意检查电极接触是否良好,而且要保持记录纸平整,不要有皱折.
④ 扎点时用力要轻,以不戳破为宜.

【思考与讨论】

① 本实验属于物理模拟还是数学模拟?
② 本实验为什么要用稳恒电流场来模拟静电场而不直接测量?
③ 等势线和电场线有什么关系? 根据等势线描绘电场线时应注意哪些问题?
④ 测定等势线时如何合理确定实验点的分布?
⑤ 用稳恒电流场模拟静电场时,对模拟电极和模拟介质有何要求?
⑥ 实验中出现下列各种情况时,等势线和电场线如何变化? 为什么?
(a) 电源电压提高一倍.
(b) 导电介质电导率不变,但厚度不均匀.
(c) 导电介质的电导率不均匀.
(d) 电源正负极交换.

实验 3.12　霍尔效应及磁场分布的测量

磁感应强度是电磁学中描述磁场性质的物理量. 测量磁场的磁感应强度在生产和科研中均具有重要意义. 磁感应强度的测量方法有很多种,如磁力法、电磁感应法、磁通门法、霍尔效应法、磁阻效应法、磁光效应法、核磁共振法等.

霍尔效应法测量磁场是采用根据霍尔效应制成的集成霍尔传感器(霍尔元件)作为磁电转换元件,把磁信号转换为电信号,测出磁场中各点的磁感应强度. 霍尔元件测量磁场的范围可从 10T 的强磁场到 10^{-7}T 的弱磁场,测量精度可高达 0.01%;既可测大范围的均匀磁场,也可测非均匀磁场;既可测直流磁场,也可测交变磁场,还可测脉冲宽度为 ms 甚至 μs 的脉冲磁场.因此,霍尔效应法测量磁场已经成为磁场测量的最重要手段之一,广泛地用于各种磁场的测量.

随着科学技术的发展,利用霍尔效应制成的各种霍尔元件(如霍尔磁探头、霍尔磁罗盘、霍尔磁鼓存储器、霍尔隔离器、霍尔回转器等),具有频率响应宽、稳定性高、体积极小、非接触测量、使用寿命长、成本低廉等优点,已经在非电量电测技术、自动控制技术、计算机技术和信息处理技术等领域具有广泛的应用.主要用途有以下几个方面:①测量磁场(测磁技术);②测量直流或交流电路中的电流强度和功率;③转换信号,如把直流电流转换成交流电流并对之进行调制,放大直流和交流信号;④对各种物理量(可转换成电信号的物理量)进行四则运算和乘方开方运算.

电子技术和计算机的使用也使磁场测量在实现自动化、数字化等方面发生新的飞跃.磁场的建立与测量不仅是磁学测量的主要任务之一,而且在电子、材料、医学、宇航及高能物理等领域得到广泛的应用.本实验用霍尔效应法实现磁场测量.

【预习提示】

① 什么是霍尔效应? 什么是霍尔元件? 什么是霍尔元件的灵敏度?
② 简述利用霍尔元件测量磁感应强度的物理本质.
③ 了解载流圆线圈和亥姆霍兹线圈轴线上的磁场分布规律.

【实验目的】

① 了解霍尔效应的物理过程,掌握利用霍尔效应测量磁感应强度的原理和方法.
② 学习消除或减小系统误差的一种测量方法——对称测量法.
③ 用霍尔传感器测量载流圆线圈和亥姆霍兹线圈轴线上的磁感应强度,证明磁场的叠加原理.

【实验原理】

1. 霍尔效应法测量磁场的基本原理

从本质上讲,霍尔效应是运动的带电粒子在磁场中受洛伦兹力作用而引起偏转.当带电粒子(电子或空穴)被约束在固体材料中,这种偏转就导致在垂直于电流和磁场的方向上产生正负电荷的聚积,从而形成附加的横向电场.

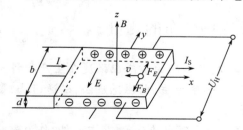

图 3-12-1　霍尔效应原理图

如图 3-12-1 所示,厚度为 d(z 方向)、宽度为 b(y 方向)的半导体薄片,放在磁场方向与 z 方向平行的磁场 $\boldsymbol{B}$ 中,若在 x 方向通以电流 I_s,运动电荷受洛伦兹力作用,结果在 y 方向就会出现正负电荷的积累,因而产生相应的附加电场——霍尔电场. 霍尔电场阻碍电荷的继续积累. 当电荷所受的电场力与洛伦兹力大小相等时,电荷不再移动,形成稳定的电场,在 y 方向上保持一个稳定的电压,即霍尔电压,这种现象称为霍尔效应.

设半导体薄片中载流子的浓度为 n,在电流方向上平均漂移速度为 v,则电流强度 I_S 与 v 的关系可表示为

$$I_S = envbd \tag{3-12-1}$$

式中 e 为电子电量. 稳定的霍尔电场 E_H 与磁感应强度 B 满足的关系式为

$$eE_H = evB \tag{3-12-2}$$

产生的霍尔电压 U_H 为

$$U_H = E_H b \tag{3-12-3}$$

由式(3-12-1)~(3-12-3)可得

$$U_H = \frac{1}{ne}\frac{I_S B}{d} = R_H \frac{I_S B}{d} \tag{3-12-4}$$

即当磁场不太强时,霍尔电压 U_H 与厚度 d 成反比,与电流 I_S 和磁感应强度 B 成正比. 因此,利用霍尔效应可以把磁感应强度 B 转换成霍尔电压 U_H 来测量. 式(3-12-4)中 $R_H = \frac{1}{ne}$ 称为霍尔系数,是反映材料霍尔效应强弱的重要参数.

霍尔元件就是利用霍尔效应制成的磁电转换器件即霍尔传感器. 对于成品的霍尔元件,材料的霍尔系数 R_H 和厚度 d 均已知,所以在实际应用中式(3-12-4)一般写成

$$U_H = K_H I_S B \tag{3-12-5}$$

式中 K_H 称为霍尔元件的灵敏度,常用单位为 mV/(mA·T). 霍尔元件的灵敏度表示霍尔元件在单位工作电流和单位磁感应强度下输出的霍尔电压,与霍尔元件所用材料内载流子的浓度 n 及薄片的厚度 d 均成反比. 一般要求 K_H 越大越好,所以多采用半导体材料制作霍尔元件并且做得很薄(常用霍尔片的厚度只有 0.2 mm). 因半导体材料的载流子浓度随温度的变化而变化,故 K_H 与温度有关.

由式(3-12-5)可知,已知霍尔元件的灵敏度 K_H,只要分别测出工作电流 I_S 和霍尔电压 U_H 就可计算出磁感应强度的大小,即

$$B = \frac{U_H}{K_H I_S} \tag{3-12-6}$$

这就是霍尔效应法测量磁场的基本原理.

霍尔效应建立电场所需时间极短(约 $10^{-12} \sim 10^{-14}$ s),因此霍尔电压可以是直流的,也可以是交流的. 若被测磁场和电流都是恒定的,则霍尔元件输出直流电压;若磁场和电流之一是交变的,则霍尔元件输出交流电压. 在实际测量磁场中,因为交流信号容易放大,所以,测量稳恒磁场时,霍尔元件工作电流常用交流;而测量交变磁场时,工作电流采用直流. 这样,通过对输出的交流霍尔电压加以放大,可以提高测量的灵敏度.

霍尔元件的输出电压随磁场变化的关系曲线称为霍尔元件的输出特性曲线,如图 3-12-2 所示. 输出特性曲线表示了霍尔元件的灵敏度和线性度,灵敏度越高,线性度越好,对测量磁场越有利.

2. 霍尔电压的测量方法

实际测量的过程中,在产生霍尔效应的同时,还会伴随着多种副效应,引起一些附加电压.因此,实际测出的电压 U 并不只是霍尔电压 U_H,还包含着附加电压,给测量带来误差.这些副效应主要有热磁副效应和不等位副效应两大类.热磁副效应有埃廷豪森(Ettinghausen)效应、里吉-勒杜克效应(Righi-Leduc)和能斯特(Nernst)效应等,这些热磁副效应都会因温差而产生附加电位差;不等位副效应产生不等位电位差.根据各种副效应产生的机理可知,埃廷豪森效应产生的温差电动势 U_E 与霍尔元件工作电流 I_S 和磁场 $\boldsymbol{B}$ 的方向都有关;能斯特效应产生的附加电势差 U_N 和

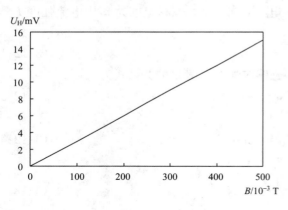

图 3-12-2　霍尔元件的输出特性

里吉-勒杜克效应产生的温差电动势 U_R 只与磁场 $\boldsymbol{B}$ 的方向有关;不等位电势差 U_0 只与电流 I_S 的方向有关.这样,采用电流和磁场换向的对称测量法,可以基本上消除这些副效应的影响.具体做法是,首先自定义工作电流 I_S 和外加磁场 $\boldsymbol{B}$ 的正方向,然后改变 I_S 和 $\boldsymbol{B}$ 的方向,依次测出四组不同方向的 I_S 和 $\boldsymbol{B}$ 的组合所对应的电压数据,例如:

$+B$ 和 $+I_S$ 时,测出的对应电压为 $U_1 = +U_H + U_0 + U_E + U_N + U_R$

$+B$ 和 $-I_S$ 时,测出的对应电压为 $U_2 = -U_H - U_0 - U_E + U_N + U_R$

$-B$ 和 $-I_S$ 时,测出的对应电压为 $U_3 = +U_H - U_0 + U_E - U_N - U_R$

$-B$ 和 $+I_S$ 时,测出的对应电压为 $U_4 = -U_H + U_0 - U_E - U_N - U_R$

对 $U_1 \sim U_4$ 做如下运算并取平均值有

$$\frac{1}{4}(U_1 - U_2 + U_3 - U_4) = U_H + U_E \tag{3-12-7}$$

由于 U_E 和 U_H 的方向始终相同,所以通过换向的对称测量法不能消除 U_E,但一般 $U_E \ll U_H$,可以忽略不计,则有

$$U_H = \frac{1}{4}(U_1 - U_2 + U_3 - U_4) \tag{3-12-8}$$

采用对称测量法通过式(3-12-8)计算出的 U_H,虽然还存在个别副效应无法消除,但其引入的误差很小,一般可以忽略不计.

另外,温差的建立需要较长的时间(约几秒钟),如果采用交流电来测量,使温差来不及建立,也可以减小测量误差.

3. 载流圆线圈的磁场

设平均半径为 R 通有电流 I 的圆线圈,如图 3-12-3(a) 所示,根据毕奥-萨伐尔定律,载流线圈在轴线(通过圆心

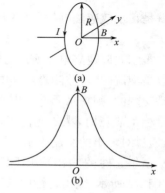

图 3-12-3　载流圆线圈轴线上的磁场

并与线圈平面垂直的直线)上某点的磁感应强度为

$$B = \frac{\mu_0 N R^2}{2(R^2 + x^2)^{3/2}} I \tag{3-12-9}$$

式(3-12-9)中 x 为轴线上某点到圆心的距离，$\mu_0 = 4\pi \times 10^{-7}\,\text{T·m·A}^{-1}$ 为真空磁导率，N 为圆线圈的匝数．线圈轴线上的磁场分布如图 3-12-3(b)所示，圆心处的磁感应强度 B_0 为

$$B_0 = \frac{\mu_0 N}{2R} I \tag{3-12-10}$$

4. 亥姆霍兹线圈的磁场

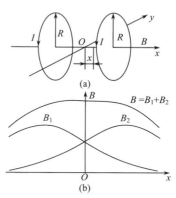

如图 3-12-4(a)所示，一对载流圆线圈彼此平行且共轴，两线圈的匝数均为 N，线圈内通有大小相同，方向一致的电流，理论计算表明，当线圈之间距离 d 等于圆形线圈的平均半径 R 时，在两圆线圈间轴线中点附近的较大范围内为均匀磁场，这对线圈称为亥姆霍兹线圈．亥姆霍兹线圈轴线上的磁场分布如图 3-12-4(b)所示．由于亥姆霍兹线圈能较容易地提供范围较大而又相当均匀的磁场，因此在生产和科学实验中有较大的实用价值，也常用于弱磁场的计量标准．

图 3-12-4　亥姆霍兹线圈轴线上的磁场

两线圈在距中心 O 点 x 处所产生的磁场分别为

$$B_1 = \frac{\mu_0 N I}{2} \frac{R^2}{\left[R^2 + \left(\frac{R}{2} + x\right)^2\right]^{3/2}} \tag{3-12-11}$$

$$B_2 = \frac{\mu_0 N I}{2} \frac{R^2}{\left[R^2 + \left(\frac{R}{2} - x\right)^2\right]^{3/2}} \tag{3-12-12}$$

则亥姆霍兹线圈轴线上任一点的磁感应强度为

$$B = B_1 + B_2$$

$$= \frac{\mu_0 N I}{2} \frac{R^2}{\left[R^2 + \left(\frac{R}{2} + x\right)^2\right]^{3/2}} + \frac{\mu_0 N I}{2} \frac{R^2}{\left[R^2 + \left(\frac{R}{2} - x\right)^2\right]^{3/2}} \tag{3-12-13}$$

亥姆霍兹线圈轴线中点 O 处($x = 0$)的磁感应强度为

$$B_0 = \frac{8}{5\sqrt{5}} \frac{\mu_0 N I}{R} \tag{3-12-14}$$

通过对式(3-12-13)在 $x = 0$ 处进行泰勒级数展开可以证明，在轴线中心区磁场基本与 B_0 相同，一般可以认为是均匀的．

【实验器材】

4051A 型亥姆霍兹线圈磁场实验仪，主要由亥姆霍兹线圈装置和磁场测量仪器两部分组成，用于载流圆线圈和亥姆霍兹线圈磁场分布测量．

【实验内容与要求】

1. 测量载流圆线圈和亥姆霍兹线圈轴线上各点的磁感应强度

① 测量电流 $I=300$ mA 时,线圈 1 或线圈 2 轴线上各点的磁感应强度 B_1 或 B_2. 要求每隔 1.00 cm 测量一个数据点,共测 13~15 组数据.

② 将测得的载流圆线圈轴线上的磁感应强度与理论公式(3-12-9)计算的结果进行比较.

③ 线圈 1 和线圈 2 之间间距与线圈半径相等,即 $d=R$. 取电流 $I=300$ mA,分别测量线圈 1 和线圈 2 单独通电时(电流方向相同),轴线上各点的磁感应强度 B_1 和 B_2,然后在两线圈内通有大小相等、方向相同的电流 $I=300$ mA,测量亥姆霍兹线圈轴线上各点的磁感应强度 B_{1+2}. 要求每隔 1.00 cm 测量一个数据点,共测 21~25 组数据.

2. 测量两载流圆线圈通以反向电流时轴线上各点的磁感应强度

在线圈 1 和线圈 2 内通以大小相等($I=300$ mA)、方向相反的电流时,测量其轴线上各点的磁场 B_{1+2}. 要求每隔 1.00 cm 测量一个数据点,共测 21~25 组数据.

3. 描绘载流圆线圈及亥姆霍兹线圈轴向剖面上的磁感应线分布图(选做)

给圆线圈和亥姆霍兹线圈分别通有电流 $I=300$ mA,分别测量与轴线平行的几条直线上各点的磁感应强度. 分析实验结果,得出实验结论.

4. 描绘两载流圆线圈通以反向电流时轴向剖面上的磁感应线分布图(选做)

当两个圆线圈通以大小相等($I=300$ mA)、方向相反的电流时,分别测量与轴线平行的几条直线上各点的磁感应强度. 分析实验结果,并得出实验结论.

【数据记录与处理】

1. 载流圆线圈轴线上磁场分布测量数据表格可参考表 3-12-1 所示,坐标原点设在圆心处,要求在同一坐标系内画出实验曲线与理论曲线(R、N 的数值可由仪器标牌上读取).

表 3-12-1　载流圆线圈轴线上磁场分布数据表

轴向距离 x/cm	−7.00	⋯	−1.00	0	1.00	⋯	7.00
标尺的实际位置 x'/cm							
B/mT		⋯				⋯	
$B=\dfrac{\mu_0 NIR^2}{2(R^2+x^2)^{3/2}}$/ mT		⋯				⋯	
相对误差/%							

2. 亥姆霍兹线圈轴线上磁场分布数据表格可参考表 3-12-2 所示,坐标原点设在两个线圈圆心连线的中点处. 在同一坐标系内用坐标纸或计算机作出 B_1-x、B_2-x、B_{1+2}-x、(B_1+B_2)-x 四条曲线,考察 B_{1+2}-x 与 (B_1+B_2)-x 曲线,证明磁场叠加原理,即亥姆霍兹线圈轴线上任一点磁感应强度 B_{1+2} 是两个单线圈分别在该点上产生的磁感应强度之和 B_1+B_2.

表 3-12-2　亥姆霍兹线圈轴线上磁场分布数据表

轴向距离 x/cm	−10.00	⋯	−1.00	0	1.00	⋯	10.00
标尺的实际位置 x'/cm							
B_1/mT							
B_2/mT							
B_1+B_2/mT							
B_{1+2}/mT							

3. 根据测量数据,简要说明亥姆霍兹线圈轴线上磁场的分布情况. 分析实验结果,得出实验结论.

4. 载流圆线圈和亥姆霍兹线圈轴线平面上,两载流圆线圈通以反向电流时轴线平面上的磁感应强度分布数据处理与上面亥姆霍兹线圈轴线上磁场分布数据处理方法相似,数据表格自拟.

【注意事项】

① 仪器使用时,应避开周围有强烈磁场源的地方.

② 开机后,预热 10 分钟左右,方可进行实验.

③ 测量前,应断开线圈电路,在电流为零时调零,然后接通线圈电路,进行测量和读数.

④ 每项测量内容进行之前,要进行坐标原点的正确选取和确定.

⑤ 实验进行当中,切勿中途擅自关机;实验结束关机前,一定要先调节回路中电流 $I=0$,方可关机,否则将会因为电磁感应的影响而损毁磁场测量实验仪.

【思考与讨论】

① 试分析霍尔效应法测量磁场的主要误差来源.

② 实验中测量霍尔电压伴随着哪些副效应的影响? 如何减小或消除这些副效应的影响?

③ 霍尔元件灵敏度 K_H 的物理意义是什么? 如何通过实验方法测量 K_H?

④ 霍尔元件的工作电流是否可以采用交流电流? 为什么?

⑤ 利用霍尔元件测量磁场时,如何确定磁感应强度的方向?

⑥ 利用霍尔元件能否测量交流磁场? 为什么? 怎样测量?

⑦ 测量磁场的霍尔效应法与电磁感应法相比有哪些优点?

⑧ 亥姆霍兹线圈是怎样组成的? 其基本条件是什么? 它的磁场分布有什么特点?

⑨ 分析用霍尔效应法测量磁场时,当流过线圈中的电流为零时,显示的磁感应强度值为什么不为零?

【附录 3.12.1】

DH4521A 型亥姆霍兹线圈磁场实验仪简介

DH4521A 型亥姆霍兹线圈磁场实验仪(以下简称磁场实验仪)由亥姆霍兹线圈装置(见图 3-12-5)和磁场测量实验仪(见图 3-12-6)两个部分组成,用恒流源产生恒定磁场,采用霍尔效应原理测量磁场.

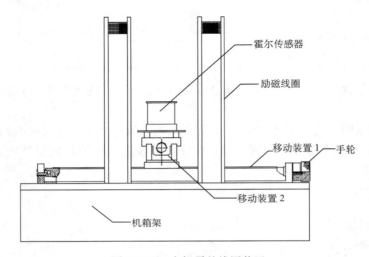

图 3-12-5　亥姆霍兹线圈装置

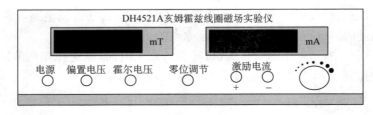

图 3-12-6　亥姆霍兹线圈磁场测量实验仪面板结构图

1. 准备工作

仪器使用前,先开机预热 10 分钟.这段时间内请使用者熟悉亥姆霍兹线圈装置和磁场测量仪上各个接线端子的正确连线方法和仪器的正确操作方法.

2. 亥姆霍兹线圈装置与磁场测量实验仪之间的连线

1) 磁场测量实验仪霍尔电压输出端子的连接

用两头都是同轴插头的连接线将实验仪与线圈装置连接在一起.

2）输出左右励磁线圈与恒流源之间的连接

如果只是用两个线圈中的其中一个产生磁场,请直接将磁场测量实验仪上的激励电流输出端连接到励磁线圈两端上(左边的或者右边的);如果同时用到两个线圈产生磁场,请将磁场测量实验仪上激励电流输出的正端(红色)连接到亥姆霍兹线圈装置左线圈的正端子(红色)上,将激励电流输出的负端(黑色)连接到亥姆霍兹线圈装置右线圈的负端子(黑色)上,同时将左线圈的负端子与右线圈的正端子用短接线相连接.

3. 移动装置的使用方法

亥姆霍兹线圈装置上有一长一短两个移动装置,如图 3-12-5 所示.慢慢转动移动装置的手轮,可将霍尔传感器盒移动到指定的位置上.

4. 高斯计的使用方法

实验仪内置的磁场测量部分(高斯计),它的测量范围为 0~2.000 mT,采用 3 位半数码管显示.

由于有地磁场和大楼建筑等的影响,当亥姆霍兹线圈没有电流流过时,显示值也不为零.因此在进行亥姆霍兹线圈磁场测量时,需要对这个固定偏差值进行修正,即在数据处理中扣除这个初始偏差值,否则的话,测量出的值是在线圈产生的磁场上面叠加上了一个偏差值,会引起较大的测量误差.

该实验仪内,设计了一个零位偏差值自动修正电路,能将这个偏差值记忆在仪器中,自动补偿地磁场引起的固定偏差值.具体使用方法如下:

断开亥姆霍兹线圈装置的励磁线圈连接线,保证没有一丝电流流过线圈,即线圈不产生磁场.此时按下仪器前面的零位调节按钮不放,直到数码管上的显示从 1111 变到 3333,这个过程大约需要 2s.放开零位调节按钮,此时应显示 0,如果没有到零,请重复上述过程.

调零完毕后,即可进行磁场分布的测量.

【附录 3. 12. 2】

霍尔及亥姆霍兹简介

E. H. 霍尔(E. H. Hall,1855~1938),美国物理学家. 现代电磁理论的奠基者. 在电磁学方面有较大贡献. 1879 年发现了当电流垂直于外磁场方向通过导体时,在垂直于电流和磁场的方向,物体两侧产生电势差的一种磁电效应,称为霍尔效应. 他还研究了金属热电传导和热传导理论,软铁中热磁效应和电磁效应等.

霍尔效应发现约 100 年后,1980 年由德国科学家克利青等人又发现了整数量子霍尔效应,并于 1985 年获得了诺贝尔物理学奖. 1982 年,崔琦、施特默和劳夫林又发现了分数量子霍尔效应,并获得了 1998 年诺贝尔物理学奖.

图 3-12-7 霍尔

图 3-12-8 亥姆霍兹

H. V. 亥姆霍兹（H. V. Helmholtz, 1821～1894），德国物理学家、生理学家. 1821 年 10 月 31 日生于德国柏林的波茨坦. 1860 年当选为英国皇家学会会员，并获得该会 1873 年度科普利奖章. 使他在科学界最负盛名的是能量守恒定律的提出，他一生对科学贡献之大，仅从亥姆霍兹方程、亥姆霍兹双电层、亥姆霍兹自由能、亥姆霍兹线圈、杨-亥姆霍兹三色学说等以及他的学生维恩（W. Wien）、赫兹（H. Hertz）、迈克耳孙（A. A. Michelson）等人就足见一斑. 除物理学外，亥姆霍兹在生理光学和声学、数学、哲学诸方面都做出了重大贡献.

实验 3.13　分光计的调整与应用

分光计又称光学测角仪，是一种用于角度精确测量的典型光学仪器，通常利用光栅或棱镜把一束多波长入射光分解为不同角度出射的单色光，通过对出射光角度的测量来得到它的波长等信息. 在光学实验中，有些物理量如折射率、光栅常数、色散率等往往可以通过直接测量有关角度如最小偏向角、衍射角、布儒斯特角等来确定，所以在光学技术中，分光计的应用非常广泛. 分光计的基本光学结构是许多光学仪器（如棱镜光谱仪、光栅光谱仪、单色仪等）的基础，调整分光计的思想、方法和技巧在光学实验中具有一定的代表性，因而学会分光计的调整和使用有助于掌握更复杂的光学仪器.

【预习提示】

① 分光计的作用是什么？ 分光计主要由哪几部分组成？

② 调整分光计的基本步骤是什么？

③ 分光计的读数装置为什么要设置两个相差180° 的读数游标？

④ 用光栅方程 $d\sin\phi = k\lambda$ 测量光栅常数或光波波长，需要测量哪些物理量？ 实验中分别用什么仪器测量？ 测量时需要保证哪些实验条件？ 实验中如何判断是否满足实验条件？

⑤ 实验中光栅要调整到什么状态？

⑥ 用三棱镜调节分光计时，三棱镜应按什么位置放在载物台上？ 这样放的好处何在？

⑦ 如何判断偏向角减小的方向？ 如何寻找最小偏向角位置？ 跟踪谱线时能否将载物台（游标盘）与望远镜同时旋转？

【实验目的】

① 了解分光计的基本结构和工作原理，掌握分光计的调整和使用方法.

② 学会用分光计测量角度，了解对称测量法消除偏心差的基本原理.

③ 观察光栅衍射现象，了解光栅衍射的基本原理和主要特征.

④ 掌握用光栅衍射测量光波波长的方法.

⑤ 掌握用最小偏向角法测定三棱镜对各色光的折射率.

⑥ 观察色散现象，测绘三棱镜的色散曲线，求出色散曲线的经验公式.

【实验原理】

1. 分光计的结构

分光计是测量角度的精密仪器,主要由底座、望远镜、载物台、平行光管和读数装置等部分组成,常用的 JJY 型分光计结构如图 3-13-1 所示.

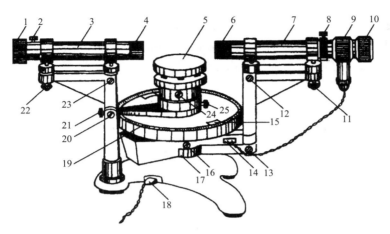

图 3-13-1　JJY 型分光计的基本结构

1. 狭缝宽度调节手轮;2. 狭缝锁紧螺钉;3. 平行光管;4. 平行光管物镜;5. 载物台;6. 望远镜物镜;7. 望远镜;8. 阿贝式自准目镜;9. 分划板照明灯;10. 目镜调节手轮;11. 望远镜水平调节螺钉;12. 望远镜左右偏斜度调节螺钉;13. 望远镜微调螺钉;14. 照明器插座;15. 游标盘;16. 望远镜与刻度盘联接螺钉;17. 望远镜锁紧螺钉;18. 分光计底座插座;19. 刻度盘;20. 游标盘微调螺钉;21. 游标盘制动螺钉;22. 平行光管水平调节螺钉;23. 平行光管左右偏斜度调节螺钉;24. 载物台调平螺钉;25. 载物台锁紧螺钉

1）底座

三足底座上装有中心轴(又称主轴),在中心轴上装配着可绕中心轴转动的望远镜、刻度盘、游标盘和载物台,底座一个足的立柱上装有平行光管.

2）平行光管

平行光管是出射平行光的光学结构,由狭缝和会聚透镜两部分组成.狭缝与会聚透镜之间距离可以通过伸缩狭缝套筒来调节.当狭缝被调至透镜的焦平面处时,由狭缝入射的光经透镜出射时便成为平行光束.狭缝的刀口是经过精密研磨制成的,为避免损伤狭缝,只有在望远镜中看到狭缝像的情况下才能调节狭缝的宽度.通过平行光管的水平调节螺钉和偏斜度调节螺钉来调节平行光管的倾角和偏角,固定平行光管的方位.

3）载物台

载物台是用来放置光学元件的平台.平台的下方有三个呈正三角形的调节螺钉,用来调节平台的水平度.载物台可沿中心轴升降,也可单独绕中心轴转动,或与游标盘固定在一起绕中心轴转动.

4） 望远镜

　　分光计中采用的是阿贝式自准直望远镜，主要由目镜、物镜、分划板、小棱镜和照明灯组成，外形与结构如图 3-13-2 所示.目镜、叉丝分划板和物镜分别装在三个套筒上，彼此可以相对滑动以便调节.物镜固定在 I 筒内，是一消色差的复合正透镜.目镜和分划板分别装在 G 和 H 筒内，在目镜和分划板之间，紧靠分划板的下端装有一块全反射小棱镜，如图 3-13-3 所示.分划板"1"上有双"十"字叉丝 OX、$O'X'$、OY."2"为全反射小棱镜，棱镜的一面装有毛玻璃和光源，棱镜与出射光垂直的一面刻有透光的"十"字窗并与分划板紧贴.这种结构的目镜叫阿贝（Abbe）目镜.若有光照在"十"字窗上，经物镜后成为平行光束射向平面镜，如果平面镜与望远镜光轴垂直，则反射光线再次通过望远镜物镜，仍会聚在焦平面（即"十"字窗所在的平面）内而形成亮"十"字.

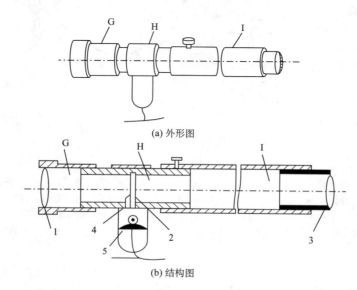

(a) 外形图

(b) 结构图

图 3-13-2　望远镜外形与结构示意图

1. 目镜；2. 分划板；3. 物镜；4. 小棱镜；5. 照明灯
G. 目镜套筒；H. 分划板套筒；I. 物镜套筒

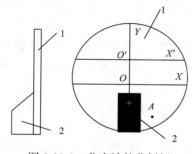

图 3-13-3　分光计的分划板

　　望远镜可绕分光计中心轴转动，并可用制动螺钉与刻度盘固定在一起，转动的角位置可由游标盘的读数装置测出.望远镜水平度和左右偏转度可由水平调节螺钉和偏斜度调节螺钉来调节，望远镜的微调螺钉可对望远镜位置进行微调.

5） 读数装置

　　读数装置由刻度盘和游标盘两部分组成，刻度盘和游标盘装配在分光计中心轴上，盘平面垂直于中心轴，并可绕中心轴转动.

　　读数装置的读数方法与游标卡尺相似，刻度盘的分度值为 0.5°，0.5° 以下则需要用游标盘来读数.游标盘上角游标的 30 格与刻度盘的 29 格所对应的圆心角相等,故角游标的最小分度值为 1′.读数时先读出角游标零刻度线所指刻度盘上主刻度的位置,再看角游标上的哪一个刻度线与刻度盘上的某一刻度对齐,读出角游标的读数,二者之和即为所测角位置的读数. 例如,如图 3-13-4 所示的情形,主刻度盘的读数为 230° 稍多一点,而角游标上的第 10 格恰好与刻度盘上的某一刻度对齐,因此所测角位置的读数为 230°10′.

读数:230°10′

图 3-13-4 分光计的读数示例

为了消除因刻度盘中心和仪器中心轴中心的偏心所引起的误差——偏心差,在游标盘一直径的两端设有两个相差 180° 的角游标.测量角度时,对一个角度的两个角位置,两个游标都要读数,计算出每个游标在两个角位置的读数差,再取二者的平均值作为望远镜或载物台转过的角度.

2. 分光计的调整

1）调节分光计的基本要求

为了使分光计能准确地观测,使用时必须先对分光计进行精确地调整.分光计调节的基本要求是:①望远镜聚焦于无穷远,即望远镜能接收平行光;望远镜的光轴应与分光计的中心轴垂直.②平行光管能发出平行光,平行光管的光轴应与分光计的中心轴垂直.

调整分光计达到调节要求有一定的难度.调节前,应仔细对照实物和结构图熟悉分光计的各个组成部分,了解各个调节螺钉的作用.调节时,要按照先目测粗调再分步细调的调整原则仔细认真调节.

2）分光计的粗调

粗调即用目测的方法对分光计作初步调节.目测粗调是确保分光计调节顺利进行的重要步骤,也是进一步细调的基础.目测粗调的调节要求和调整方法如表 3-13-1 所示.

表 3-13-1 目测粗调的调节要求和调整方法

调节要求	调整部件 (调节前的部位)	调节方法
(a) 调节载物台平面与仪器中心轴基本垂直.		调节载物台下面的水平调节螺钉a、b、c 使它们露出平台的螺纹数大致相同.

调节要求	调整部件 (调节前的部位)	调节方法
(b) 调节望远镜的光轴与仪器中心轴基本垂直.		松开望远镜的固定螺钉 W_1,调节望远镜上下倾斜度 (转动螺钉 W_2),使望远镜光轴与载物台平面基本平行.
(c) 调节平行光管的光轴与仪器中心轴基本垂直.		松开平行光管的固定螺钉 P_1,调节平行光管上下倾斜度 (转动螺钉 P_2),使平行光管的光轴与载物台平面基本平行.
(d) 调节望远镜的光轴与平行光管的光轴在一条直线上,并通过仪器中心轴的中心.	望远镜 W_4 平行光管	转动望远镜对准平行光管,调节望远镜的左右偏斜度 (转动螺钉 W_3 和 W_4) 和平行光管的左右偏斜度 (转动螺钉 P_3 和 P_4),使望远镜和平行光管的光轴在同一直线上,并通过仪器中心轴的中心.

3) 望远镜的调节

（1）调节望远镜聚焦无穷远

望远镜的调焦可分为目镜调焦、物镜调焦和消除视差等操作,如图 3-13-5 所示,具体调节要求和调整方法见表 3-13-2.

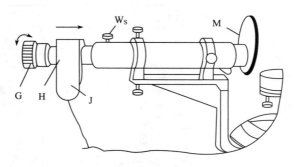

图 3-13-5　望远镜调焦操作示意图

表 3-13-2　望远镜调焦的调节要求和调整方法

调节要求	目镜调焦使分划板处在目镜的焦平面上	
调节方法	现象观察	相关说明
(a)接通电源,点亮照明灯 J.		叉丝平面发亮,但双十字叉丝较模糊.
(b)旋转目镜调焦手轮 G,调节目镜和分划板间的相对位置.		调节到双十字叉丝由模糊变成清晰为止,这时分划板处在目镜的焦平面上. G 固定,不再调节.
调节要求	物镜调焦使分划板又处在物镜的焦平面上.	
调节方法	现象观察	相关说明
(a)手持小平面镜 M,并贴近望远镜的物镜筒.		开始由于分划板不在物镜的焦平面上,只能看到较模糊的十字像.
(b)松开紧固螺钉 W_s,前后移动(边旋边移)H 套筒,调节物镜与分划板间的相对位置.		调节到呈现清晰的十字像为止,这时分划板处在物镜的焦平面上.
调节要求	消除视差	
调节方法	微调分划板套筒 H 的位置,仔细调节望远镜的目镜系统与分划板间的距离,直到消除视差为止,即当晃动眼睛时看到十字像与叉丝之间无相对位移,然后锁紧螺钉 W_s. H 固定,不再移动.	

（2）在望远镜视场里寻找十字像

（a）如图 3-13-6 所示,平面反射镜 F 置于载物台上,要求镜面垂直于载物台水平调节螺钉 a 和 b 或 b 和 c 或 c 和 a 的连线.

（b）按图 3-13-7 所示安排光路,图中 ON 为平面镜 F 的法线. 入射光沿望远镜光轴射向 F,OH 为反射光方向. 在望远镜外沿 HO 方向可以用眼睛看到被平面镜 F 反射的十字像.

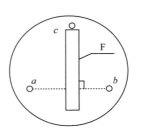

图 3-13-6　平面反射镜垂直 ab 放置

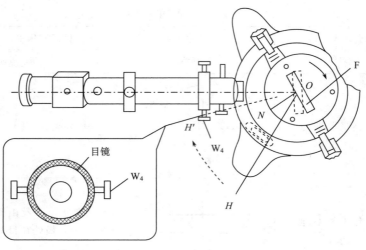

H' 方向示图

图 3-13-7　寻找十字像操作示意图

　　按图示方向转动载物台,逐渐减小入射角,用眼睛跟踪向望远镜镜筒逐渐靠拢的十字像,以致使反射光 OH' 处在 W_4 和镜筒之间的 H' 处. 这时,眼睛在目镜外侧与望远镜光轴等高的位置上,沿 $H'O$ 方向应能观察到十字的像. 若十字反射像不在这一位置上,可再仔细调节载物台水平调节螺钉 a.

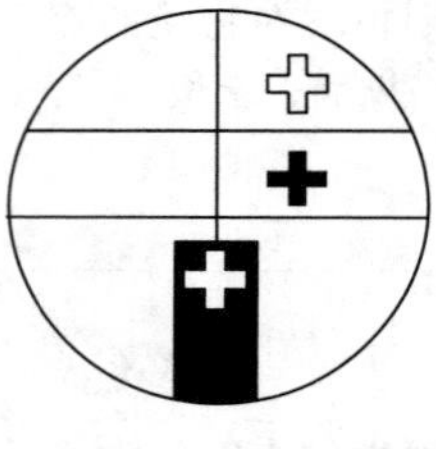

　　(c) 沿原来方向再稍微旋转载物台,使反射光 OH' 与望远镜的光轴重合,这时在望远镜中应看到十字的像,如图 3-13-8 所示.

　　载物台旋转 $180°$,要求在望远镜中依然能看到十字像,如图 3-13-8 虚线所示. 若看不到十字像可重复操作步骤 (b),直到正反两面都能观察到十字像为止.

图 3-13-8　望远镜视场的十字像

　　(3) 调节望远镜光轴与分光计中心轴垂直

　　如图 3-13-9 所示,当望远镜光轴与平面镜镜面垂直时,清晰的十字自准像处在与十字对称的位置,这一状态称为"自准直状态".

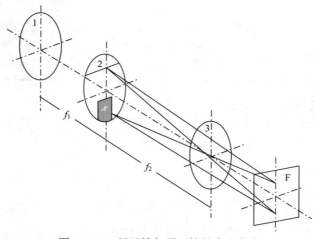

图 3-13-9　望远镜与平面镜的自准状态

若调整前十字像的中心 B 和 X' 刻线的距离为 h,如图 3-13-10 所示,可采用"减半逐步逼近法"(也称"各半调节法")调节达到自准直状态,具体调整方法见表 3-13-3.

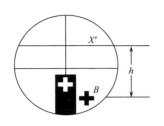

图3-13-10 十字像调整前的位置

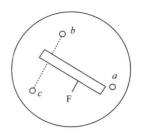

图 3-13-11 平面反射镜垂直 bc 放置

表 3-13-3 望远镜光轴与分光计中心轴垂直的调整方法

调节方法	观察现象
(a)调节望远镜上下倾斜度(转动螺钉 W_2),使十字像向 X' 刻线逼近 $h/2$.	
(b)调节平面镜与望远镜间的载物台水平调节螺钉,使十字像再向 X' 刻线逼近 $h/2$,从而与 X' 刻线重合.	
(c)载物台旋转 $180°$,重复操作步骤(a)和步骤(b),直到十字像在平面镜正反两面都达自准直状态为止.	

望远镜光轴与分光计中心轴垂直调节完成后,锁紧望远镜上下位置固定螺钉 W_1,望远镜的各部分调节至此完毕,不得再调节.

4) 载物台平面与分光计中心轴垂直的调节

① 平面镜在载物台上的位置改成如图 3-13-11 所示的位置,即镜面原来垂直 ab,现改成垂直 bc.

② 旋转载物台,使望远镜的光轴对准平面镜,调节螺钉 c 使望远镜光轴与平面镜达自准状态,这时载物台平面与分光计中心轴垂直.

5) 平行光管的调节

开启钠光灯照亮狭缝,狭缝作为调节平行光管的"光源". 调节平行光管发出平行光,并且**光轴垂直于中心轴**,调整操作示意图如图 3-13-12 所示,具体调节要求和调整方法见表 3-13-4.平行光管调整完毕后,锁紧平行光管上下位置固定螺钉 P_1 和 P_S.

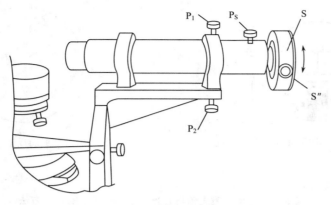

图 3-13-12　平行光管调整操作示意图

表 3-13-4　平行光管的调节要求和调整方法

调节要求	使狭缝位于透镜焦平面上,平行光管可出射平行光	
调节方法	现象观察	相关说明
(a)用已经调好的望远镜对准平行光管,观察狭缝的像.		看到模糊的狭缝像,说明这时平行光管出射的不是平行光,即狭缝不在透镜的焦平面处.
(b)松开固定螺钉 P_S,转动狭缝套筒 S 将狭缝横向放置,并前后移动(边旋边移)狭缝套筒 S.		看到清晰的狭缝像,这时经平行光管的出射光是平行光.调节 S″,使可变狭缝的宽度调至 0.5mm 左右.
调节要求	调节平行光管光轴与仪器中心轴垂直	
调节方法	现象观察	相关说明
(a)松开 P_1,调节 P_2,使 X 叉线横向平分狭缝像.		平行光管的光轴与望远镜的光轴在同一条直线上,即与分光计中心轴垂直.
(b)转动狭缝套筒 S,将狭缝纵向放置,并仔细微调狭缝与透镜的距离(移动狭缝套筒 S).		在望远镜视场中看到最清晰的狭缝像,而且无视差.

3. 分光计应用

1) 光栅衍射测量光的波长

衍射光栅(diffractive grating)是利用单缝衍射和多缝干涉原理使光波发生色散的光学元件,由大量相互平行、等宽、等间距的狭缝或刻痕所组成. 衍射光栅简称为光栅,一般具有较大的色散率和较高的分辨本领,故已被广泛地装配在各种光谱仪器中. 现代高科技可制成每厘米有上万条狭缝的光栅,它不仅适用于分析可见光成分,还能用于红外和紫外光,常被用来精确地测定光波波长及进行光谱分析.

典型的一维光栅可以看做是大量的相互平行、等宽、等间距的狭缝,如图 3-13-13 所示,a 和 b 分别为狭缝和刻痕的宽度,相邻两缝对应点之间的距离 $d=a+b$,称为光栅常数. 光栅常数决定了光栅的基本性质,是光栅的重要参数之一.

如图 3-13-14 所示,当一束单色平行光垂直照在光栅常数为 d 的平面透射光栅上时,相邻两缝在衍射角 φ 方向的光程差为 $d\sin\varphi$. 因此,光栅衍射明条纹的条件为

$$d\sin\varphi_k = k\lambda \quad (k=0, k=\pm 1, k=\pm 2, \cdots) \tag{3-13-1}$$

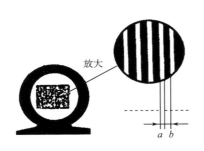

图 3-13-13　一维光栅

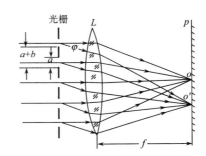

图 3-13-14　光栅衍射

式中,λ 为单色光波长,k 为明条纹的级次,φ_k 为第 k 级明条纹谱线对应的衍射角. 式(3-13-1)称为光栅方程,是研究光栅衍射的重要关系式.

如果复色平行光垂直照射在光栅上,由光栅方程可知,当 $k\neq 0$ 时,不同波长的光,衍射角不同,相应的条纹谱线位置是分开的. 因此,衍射后的平行光会聚在透镜焦平面上,会出现按短波向长波次序自中央零级向两侧依次分开排列的彩色光谱线. 这种由光栅分光产生的光谱称为光栅光谱.

从式(3-13-1)可知,用分光计测出 k 级明条纹相对应的衍射角 φ_k,已知光栅常数 d,则可计算出入射光的波长 λ. 这就是光栅衍射测量光波波长的基本原理.

2) 光的色散特性研究及折射率测量

(1) 用最小偏向角法测量三棱镜的折射率

当光线从一种介质进入另一种介质时,即发生折射,其相对折射率由入射角的正弦和折射角正弦之比确定. 由于仪器不能进入棱镜之中观测折射光,故只好让光线经过棱镜的两个界面回到空气中来,再来测量某一单色光经过两次折射后产生的总偏向角.

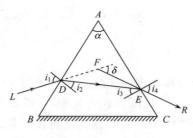

图 3-13-15　三棱镜光路图

如图 3-13-15 所示,一束平行单色光 LD 入射到顶角为 α 的三棱镜的 AB 面上,经过两次折射后由另一面 AC 沿 ER 方向射出,则入射光线 LD 和 AB 面法线方向的夹角 i_1 称为入射角,出射光线 ER 和 AC 面法线的夹角 i_4 称为出射角.入射光线 LD 与出射光线 ER 之间的夹角 δ 称为偏向角.当三棱镜顶角 α 一定时,偏向角 δ 的大小是随着入射角的改变而改变的.可以推证,改变光线的入射角时,可以找到一个最小偏向角 δ_{min}.若调节三棱镜使入射角 i_1 等于出射角 i_4,这时根据折射定律可知 $i_2 = i_3$,与此相应的入射光线和出射光线之间的夹角最小,称为最小偏向角,记为 δ_{min}.由图 3-13-15 可知

$$\delta = (i_1 - i_2) + (i_4 - i_3)$$

当 $i_1 = i_4$,$i_2 = i_3$ 时,入射光线和出射光线相对于棱镜呈对称分布.用 δ_{min} 代替 δ,则有

$$\delta_{min} = 2(i_1 - i_2)$$

又因为此时顶角 $\alpha = i_2 + i_3 = 2i_2$,故得

$$i_2 = \frac{\alpha}{2}$$

$$i_1 = \frac{\delta_{min} + \alpha}{2}$$

所以,棱镜对该单色光的折射率由折射定律可写成

$$n = \frac{\sin i_1}{\sin i_2} = \frac{\sin \frac{1}{2}(\delta_{min} + \alpha)}{\sin \frac{1}{2}\alpha} \tag{3-13-2}$$

根据式(3-13-2),只要测出顶角 α 和最小偏向角 δ_{min},便可求得对于所用波长的光线,该棱镜玻璃相对于空气的折射率 n.

（2）色散及色散特性

早在 1672 年牛顿用一束近乎平行的白光通过玻璃棱镜时,在棱镜后面的屏幕上观察到一条彩色光带,这就是光的色散现象.它表明:当入射光不是单色光时,虽然入射角对各种波长的光都相同,但出射角并不相同,表明折射率也不相同.物质的折射率与通过物质的光的波长有关,对于不同波长的光线有不同的折射率 n,即折射率 n 是波长 λ 的函数.

折射率随波长而变的现象称为色散.介质的折射率 n 随波长 λ 的增加而减小的色散称为正常色散.对于一般的不带颜色的透明材料而言,在可见光区域内,都表现为正常色散.描述正常色散的公式是柯西(Cauchy)于 1836 年首先得到的,即

$$n = A + \frac{B}{\lambda^2} + \frac{C}{\lambda^4} \tag{3-13-3}$$

这是一个经验公式,式(3-13-3)中 A、B 和 C 是由所研究的介质特性决定的常数.对一种玻璃材料所做出的折射率和波长的关系曲线称为它的色散曲线.本实验通过对光的色散特性研究,绘出三棱镜的色散曲线,并求出该色散曲线的经验公式.

在光谱分析中,常用的色散元件有棱镜和光栅,它们是分别用折射和衍射的原理进行分光的.本实验用棱镜作色散元件.如果用复色光照射,由于三棱镜的色散作用,入射光中不同

颜色的光射出时将沿不同的方向传播,各色光分别取得不同的偏向角.这样用望远镜观察出射光线,各色光将成像于不同的位置,在视场中看到一条条单色狭缝像.每条单色像称为一条谱线,谱线的总和称为光谱.由于所用的色散元件为棱镜,故这种光谱称为棱镜光谱.

实验中,把汞灯所发出的光谱谱线的波长值作为已知(波长如表 3-13-5 所示),测量出各谱线通过三棱镜后所对应的最小偏向角 δ_{min},由式(3-13-2)计算出与之对应的折射率 n,在直角坐标系中做出三棱镜的 $n(\lambda)-\lambda$ 色散曲线.根据色散曲线的形状与数学中各函数曲线相比较,初步得出 $n(\lambda)-\lambda$ 的函数关系,用最小二乘法求出方程中的系数,最后求得 $n(\lambda)-\lambda$ 之间的色散经验公式.

表 3-13-5　汞灯光谱谱线波长值　　　　　　　(单位:nm)

颜色	橙	黄1	黄2	绿	绿蓝	蓝	蓝紫
波长	623.44	579.07	576.96	546.07	491.60	435.83	407.73

需要说明的一点是,各种不同的光学仪器对色散的要求是不同的.比如照相机,显微镜等的镜头要求色散小,色差小.而摄谱仪和单色仪中的棱镜则要求色散大,使各种波长的光分得较开,以提高仪器的分辨能力.

【实验器材】

JJY 型分光计,钠光灯,低压汞灯,平面镜,读数放大镜,光栅,三棱镜等.

【实验内容与要求】

1. 调节分光计

熟悉分光计的结构和组成,了解各个调节螺钉的作用,按照实验原理中分光计的调节要求和调节方法,调整好分光计,练习用分光计测量角度的读数方法.

2. 光栅衍射测量光的波长

1)调整光栅

调整光栅的基本要求:①光栅平面与平行光管光轴垂直(即平行光管出射的平行光垂直照射到光栅平面上);②光栅刻线与平行光管狭缝平行(即与分光计的中心轴平行).

(1)光栅平面与平行光管光轴垂直的调节方法

① 在载物台上按照平面镜放置方法安放光栅,照亮平行光管的狭缝,转动望远镜使望远镜分划板上的垂直中心线对准狭缝的中心.②转动载物台,从望远镜中观察到光栅平面反射回来的十字像,调节载物台下与光栅平面垂直的水平调节螺钉(注意只能调节载物台,不能调节望远镜和平行光管),使十字丝像在自准的位置.这时,光栅平面与分光计中心主轴平行,且垂直平行光管光轴.

(2)光栅刻线与平行光管狭缝平行的调节方法

从望远镜中观察衍射光谱的分布情况,注意中央明纹两侧衍射光谱是否在同一平面内,如有高低变化,表示光栅刻痕与狭缝不平行,调节载物台下与光栅平面平行的一个水平调节螺钉(例如图 3-13-11 中的"a"),直到中央明纹两侧衍射光谱在同一水平面内.

2) 测量衍射角

观察光栅衍射光谱的特点,根据观察到的各级光谱线的强弱和按照减小测量误差的原则,合理选定要测量的第 k 级光谱线,测量衍射角 φ_k,重复测量 5 次.

当光线垂直于光栅入射时,同一波长光的同一级衍射光谱线是关于中央明纹对称的,左右两侧的衍射角相等.为了提高测量准确度,测量第 k 级光谱线时,应测出 $+k$ 和 $-k$ 级光谱线的位置 θ_{+k} 和 θ_{-k},两位置差值为 $2\varphi_k$,即

$$\varphi_k = \frac{1}{2}(\theta_{+k} - \theta_{-k}) \qquad (3\text{-}13\text{-}4)$$

为了消除分光计刻度盘的偏心差,测量 k 级每条谱线时,应分别读出两个角游标的数值 θ^1_{+k}、θ^2_{+k}、θ^1_{-k} 和 θ^2_{-k},取平均值,即

$$\varphi_k = \frac{1}{4}\left[(\theta^1_{+k} - \theta^1_{-k}) + (\theta^2_{+k} - \theta^2_{-k})\right] \qquad (3\text{-}13\text{-}5)$$

3. 光的色散特性研究及折射率测量

1) 三棱镜的调整

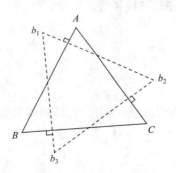

图 3-13-16　三棱镜的放置

待测件三棱镜的两个光学表面的法线应与分光计中心转轴垂直.为此,可根据自准原理,用已调好的望远镜来进行调整.将三棱镜放置在载物台上,并且使三棱镜的三条边分别垂直于载物台下面的三个螺钉 b_1、b_2、b_3 的连线组成的三角形的三条边(如图 3-13-16 所示),然后转动载物台(不动望远镜),使三棱镜的一个折射面(如 AB 面)正对望远镜,调节载物台下的螺钉 b_1(注意:此时望远镜已调节好,不能再调其水平螺钉),使 AB 面与望远镜光轴垂直,即达到自准.然后再旋转载物台,使棱镜的另一折射面(如 AC 面)正对望远镜,调其螺钉 b_3 来使 AC 面与望远镜垂直,即达到自准(**注意**:因螺钉 b_2 会影响已调好的 AB 面,故不能调 b_2),并反复校核几次,直到转动载物台时,由两个折射面反射回来的十字像与分划板上方的十字刻线相重合为止,这样三棱镜两个光学表面与分光计中心转轴已垂直.

2) 测量三棱镜的顶角 α

测量顶角常用的方法有两种,即自准法和反射法(或平行光法).

(1) 自准法

当三棱镜的两个折射面都达到自准后,就可按照图 3-13-17 转动望远镜,先使望远镜的光轴与棱镜的 AB 面垂直(此时 AB 面反射的十字像应与分划板上方的十字刻线重合),固定望远镜记下

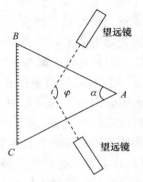

图 3-13-17　自准法
　　　　　测量顶角

度盘两边角游标的读数 θ_1、θ_2. 然后再转动望远镜,使其光轴与 AC 面垂直(AC 面反射的十字像亦应与分划板上方的十字刻线重合),固定望远镜. 记下两边游标读数 θ_{10}、θ_{20},两次读数相减即得顶角 α 的补角 φ,从而得

$$\alpha = 180° - \varphi$$

其中

$$\varphi = \frac{1}{2}\left[(\theta_1 - \theta_{10}) + (\theta_2 - \theta_{20})\right]$$

稍微变动载物台的位置,重复测量多次,分别算出各次测量的顶角,然后求出顶角的平均值.

注意:测量顶角后,应去掉目镜照明器上的光源.

（2）反射法(或平行光法)(选做)

把三棱角的顶点 A 重合或靠近载物台中心,并对准平行光管(如图 3-13-18 所示),使平行光管射出的一束平行光被三棱镜的两个光学面 AB、AC 反射,将望远镜先后分别对准 AB 及 AC 面上的反射光线,使狭缝像的中心落在分划板中间的十字刻线的交点上,分别记下两边游标读数. 由反射定律和几何关系可以证明光线 1,2 的夹角 φ 为

$$\varphi = 2\alpha$$

设光线 1,2 的两个游标读数分别为 θ_1,θ_2 和 θ_{10},θ_{20},则

$$\alpha = \frac{1}{2}\varphi = \frac{1}{4}\left[(\theta_1 - \theta_{10}) + (\theta_2 - \theta_{20})\right] \tag{3-13-6}$$

3）测量各色谱线的最小偏向角 δmin

（1）用汞灯照亮狭缝,将三棱镜的顶点 A 放置在载物台的中心位置或中心位置附近,转动载物台使三棱镜处在图 3-13-19 的位置(光学面 AB 大致与入射光线垂直),根据折射定律,判断折射光线的出射方向,并将望远镜移到此方向寻找各色光谱线.

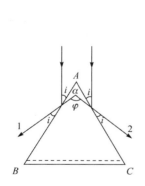

图 3-13-18　反射法测量顶角

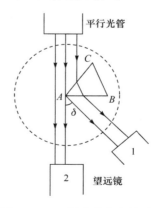

图 3-13-19　最小偏向角的测量

（2）找到谱线后,把载物台连同所载的三棱镜一起缓慢往偏向角减小的方向转动,当三棱镜转到某一位置时,谱线不再移动;继续使三棱镜沿原方向移动,谱线不再沿原方向移动,反而向相反方向移动,亦即偏向角变大. 在这个转折点上三棱镜对该谱线而言,就处在最小偏向角的位置了. 固定载物台,微调望远镜,使其分划板中间的十字刻线的交点准确对准谱

线中心(如图 3-13-19 中 1 的位置),记下两个游标的角度读数 θ_1 和 θ_2.

(3) 转动望远镜至图 3-13-19 中 2 的位置,使分划板中间的十字刻线交点对准平行光管狭缝像的中点,记下两个游标的角度读数 θ_{10} 和 θ_{20},望远镜在 1 和 2 两位置角度读数之差就是望远镜转过的角度,即三棱镜对该谱线的最小偏向角 δ_{min}. 为了消除仪器的"偏心差",应该取两个游标中测出的角度的算术平均值,这才是该谱线的实际最小偏向角.

【数据记录与处理】

1. 总结调整分光计的基本思想和要领

2. 光栅衍射测量光的波长

1) 根据实验内容要求,自己设计数据表格,列表记录和处理数据.测量衍射角的参考数据表格如表 3-13-6 所示.

2) 根据光栅方程 $d\sin\varphi_k = k\lambda$ 推导测量光波波长 λ 的不确定度 u_λ 的表达式,计算出 λ 以及 u_λ,表示出完整的测量结果.

3) 总结和分析光栅单色光衍射现象的特点;如果采用复色光,总结和分析复色光光栅衍射的光谱分布规律.

表 3-13-6 测量衍射角数据表

级次 k	测量次数	左侧条纹		右侧条纹	
		左游标读数 θ^l_{+k}	右游标读数 θ^r_{+k}	左游标读数 θ^l_{-k}	右游标读数 θ^r_{-k}
	1				
	2				
	3				
	4				
	5				
	平均值				
	衍射角 φ_k				
光波波长 λ					

3. 光的色散特性研究及折射率测量

1) 自拟数据表格记录数据.

2) 按 $\alpha = \dfrac{1}{2}\varphi = \dfrac{1}{4}[(\theta_1 - \theta_{10}) + (\theta_2 - \theta_{20})]$ 计算顶角 α,求出其平均值以及不确定度.

3) 按 $\delta_{min} = \dfrac{1}{2}[(\theta_1 - \theta_{10}) + (\theta_2 - \theta_{20})]$ 计算最小偏向角 δ_{min}(差值 $(\theta_1 - \theta_{10})$ 和 $(\theta_2 - \theta_{20})$ 应取绝对值),求出其平均值以及不确定度.

4) 计算三棱镜玻璃的折射率及其不确定度(计算折射率不确定度要将顶角 α 和最小偏

向角 δ_{min} 的不确定度化为弧度).

5)做出 $n(\lambda)-\lambda$ 色散曲线,并求出色散曲线的经验公式,各色光的波长见表 3-13-5.

【注意事项】

① 分光计是精密仪器,各部分的调节螺钉较多,在不清楚这些螺钉的作用和用法之前,请不要乱拧,以免损坏分光计.遇到望远镜和载物台等无法转动时,切勿强制转动,应分析原因后再适当调节.

② 严禁用手触摸或随意擦拭光栅、透镜、平面镜等光学元件的光学表面,若有污渍请使用专用擦镜纸轻轻擦拭.严防光栅和平面镜跌落摔坏.

③ 当分光计的调整完成后,望远镜和平行光管的调焦状态和水平倾斜状态均不能再改变.在调节测量光学元件时,只能调节载物台.否则,会破坏分光计的基本调整,必须再从头开始精确调整分光计.

④ 用分光计测量数据前,务必检查几个制动螺钉是否应该锁紧,否则测出的数据会不可靠.

⑤ 测量过程中转动望远镜时,应用手扶住望远镜的支臂,不能握望远镜的目镜;对准测量位置时,应正确使用可使望远镜转动的微调螺钉,以便提高工作效率和测量准确度.

⑥ 调节平行光管狭缝时,必须边从望远镜中观察边调节,切勿使狭缝刀口闭合,以防损坏.

⑦ 调节望远镜的仰角只能使用水平调节螺钉,不能直接用手向上抬望远镜的镜筒,否则会损坏望远镜与支架连接处的弹簧片.

⑧ 切忌用手触摸或随意擦拭棱镜和平面镜的光学表面,拿取棱镜时只能拿上下毛面或者棱边,要轻拿轻放,避免摔碰.

⑨ 当分光计的调节完成后,望远镜、平行光管的调焦状态、倾斜状态均不能再改变.调节三棱镜的光学面与望远镜光轴垂直时,尤其要注意到这一点.

【思考与讨论】

① 调整分光计处于正常的使用状态,要达到哪些基本要求?

② 为什么说望远镜的调整是分光计调整的基础和关键?

③ 调节望远镜光轴和分光计中心轴垂直时,为什么要采用"减半逐次逼近法"调节?

④ 试根据光路图分析,为什么当望远镜光轴与平面镜镜面垂直时从目镜中看到的十字像应与分划板上方的十字叉丝重合?

⑤ 利用平面反射镜调节望远镜和载物台时,在载物台上安放平面镜的位置有何要求?是否可以随意放置?为什么?

⑥ 什么叫视差?怎样判断有无视差存在?本实验中哪些调节要消除视差?

⑦ 分光计的读数装置是如何消除偏心差的?

⑧ 如果光栅平面与分光计中心轴平行,但狭缝与中心轴不平行,那么光谱有什么异常?对测量结果是否有影响?为什么?

⑨ 三棱镜按图 3-13-19 放置后,望远镜是否在任意位置都可见到光谱线?

⑩ 如果旋转望远镜找不到三棱镜折射光线,可能是什么原因?

实验 3.14　直流电桥及其使用

电阻是电学元器件中的一个基本参量,电阻的测量是基本的电学测量之一,是涉及材料性能及电器装置性能研究的最基本工作.电阻按阻值的大小可以分为低值、中值和高值电阻三类,阻值在 1Ω 以下的电阻为低值电阻;1Ω 到 $100k\Omega$ 的电阻为中值电阻;$100k\Omega$ 以上的电阻为高值电阻.测量电阻的方法很多,有用万用表测量、伏安法测量、电桥法测量等.从测量精度上来讲,不同阻值的电阻,应采用不同的方法进行测量.

电桥法是电阻测量中理论和技术的一大突破.电桥法是典型的比较测量方法,即把被测量与同类性质的已知标准量进行比较,从而确定被测量的大小.所以与伏安法测电阻等相比较,电桥法更具有反应灵敏、测量准确、使用方便等特点.因此,电桥法可以在很大的测量范围内达到极高的测量准确度.

电桥有直流电桥(direct current bridge)和交流电桥(alternating current bridge)之分.直流电桥主要用于电阻测量,按照结构主要分为单臂电桥(single bridge)和双臂电桥(double bridge).前者常称为惠斯通电桥(Wheatstone bridge),主要用于 $1\sim10^5\Omega$ 范围的中值电阻测量;后者常称为开尔文电桥(Kelvin bridge),用于 $10^{-5}\sim1\Omega$ 范围的低值电阻测量.交流电桥除了测量电阻之外,还可以测量电容、电感等电学量.

电桥电路是电磁测量中电路连接的一种基本方式.由于它测量准确,方法巧妙,使用方便,所以在自动检测与控制等领域中得到了广泛的应用.除了可以测量电压、电阻、电感、电容等电学量以外,通过传感器,利用电桥电路还可以测量一些非电学量,如温度、湿度、应变、压力、重量以及微小位移等.

桥路指示器除了使用一般的模拟电表之外,已经越来越多地采用数字式电表,对测量结果进行数字显示,也可以根据需要,运用电子线路对桥路电流(或电压)进行放大,直至与计算机联结,进行数据处理与遥控.

数字直流电桥的出现显示了电桥测试技术的新进展.数字直流电桥能准确地测量各类直流电阻,采用显示器直接显示测量结果,读数直观、清晰,测量准确度高、稳定性好,测试方便快捷.

【预习提示】

① 若在图 3-14-1 中 A、C 间接入检流计,B、D 间接入电源,当电桥平衡时,$R_x=$?
② 单臂电桥测电阻使用的是什么方法? 为什么它有比较高的测量准确度?
③ 使用单臂电桥和双臂电桥,如何恰当地选择比率和比较臂?
④ 什么是电桥的灵敏度? 怎样测量电桥的灵敏度?

【实验目的】

① 了解电桥电路的特点,了解实验测量中比较法、平衡法和补偿法的基本思想,掌握电桥测量方法的基本原理.

② 掌握单臂电桥测电阻的原理和方法；学会调节电桥平衡的方法．

③ 了解用双臂电桥测低值电阻的原理，学会用双臂电桥测量低值电阻的方法．

④ 了解电桥的灵敏度及其影响因素，学习分析电桥测量误差的基本方法．

【实验原理】

1. 单臂电桥测电阻的基本原理

用伏安法测电阻时，无论是将电流表内接还是外接，都会给测量带来由于电表内阻的引入而引起的系统误差，为了精确测量中值电阻，可采用单臂（惠斯通）电桥．

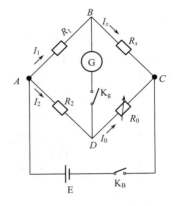

图 3-14-1　单臂电桥电路原理图

单臂电桥的电路原理如图 3-14-1 所示．四个电阻 R_1、R_2、R_0 和待测电阻 R_x 组成一个四边形 $ABCD$，每一条边被称为电桥的一个臂，在对角线 A、C 上接电源 E，在对角线 B、D 上接接检流计（平衡指示器）G，所谓"桥"，就是指接入检流计的对角线，其作用是利用检流计将桥的两个端点电势直接进行比较，当 B、D 两点电势相等时，检流计中无电流通过，这种状态称为电桥平衡．当电桥达到平衡时

$$U_{AB} = U_{AD}, U_{BC} = U_{DC}$$

即

$$I_1 R_1 = I_2 R_2, \quad I_x R_x = I_0 R_0$$

因为检流计中无电流通过，所以 $I_1 = I_x$、$I_2 = I_0$，于是得

$$\frac{R_1}{R_2} = \frac{R_x}{R_0}$$

即

$$R_x = \frac{R_1}{R_2} R_0 = C R_0 \tag{3-14-1}$$

式（3-14-1）即为电桥的平衡条件．若 R_1，R_2，R_0 已知，R_x 即可由上式求出．式（3-14-1）中 $C = \dfrac{R_1}{R_2}$ 称为比率或倍率，R_1、R_2 所在的桥臂称为比率臂，R_0 所在的桥臂称为比较臂．

用电桥测量电阻时，只需确定比率臂，调节比较臂，使检流计指零，由式（3-14-1）即可计算出待测电阻 R_x 的阻值，这就是单臂电桥测量电阻的原理．在一定比率下，R_x 值的有效数字位数是由 R_0 的有效数字位数确定的．

上述单臂电桥测量电阻的方法，也体现了一般桥式电路的特点，现在重点说明它的几个主要优点：

① 平衡电桥采用了示零法——根据示零器的"零"或"非零"的指标，即可判断电桥是否平衡而不涉及数值的大小．因此，只需示零器足够灵敏就可以使电桥达到较高的灵敏度，从而为提高它的测量精度提供了条件．

② 用平衡电桥测量电阻方法的实质是拿已知的标准电阻和未知的电阻进行比较．这种比较测量法简单而精确．如果采用精确电阻作为桥臂，可以使测量结果达到较高的精确度．

③ 由于平衡条件与电源电压无关,故可避免因电压不稳定而造成的误差.

2. 双臂电桥测低值电阻的原理

用单臂电桥测量 10Ω 以下的低值电阻误差较大,这是因为当待测电阻阻值较小时,电桥线路的引线电阻和接触电阻不能忽略不计(大小在 $10^{-2}\Omega$ 的数量级),它们的存在引入了较大误差.待测阻值越低,接触电阻引起的相对误差越大,甚至测出完全错误的结果.为减小引线电阻和接触电阻的影响,对单臂电桥加以改进,制成了适合于测量低值电阻的直流双臂电桥(开尔文电桥),其基本电路原理如图 3-14-2 所示.与单臂电桥相比,双臂电桥有两处明显的改进.

待测电阻和测量盘电阻均采用四端接法.四端接法示意图如图 3-14-3 所示,图中 C_1、C_2 是电流端,通常接电源回路,从而将这两端的引线电阻和接触电阻折合到电源回路的其他串联电阻中;P_1、P_2 是电压端,通常接测量用的高电阻回路或电流为零的补偿回路,从而使这两端的引线电阻和接触电阻对测量的影响相对减小.

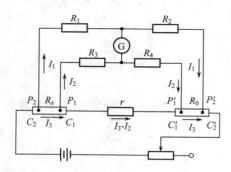

图 3-14-2　直流双臂电桥电路原理图

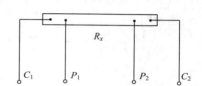

图 3-14-3　测量低值电阻的四端接法

在双臂电桥中增设了阻值较高的两个臂 R_3 和 R_4.当流过检流计 G 的电流为零时,电桥达到平衡,在 R_1、R_2、R_3 和 R_4 的阻值相对较高的条件下,可以得到以下三个方程:

$$\begin{cases} I_3 R_x + I_2 R_3 = I_1 R_1 \\ I_3 R_0 + I_2 R_4 = I_1 R_2 \\ I_2 (R_3 + R_4) = (I_3 - I_2) r \end{cases} \qquad (3\text{-}14\text{-}2)$$

解方程式(3-14-2)可得

$$R_x = \frac{R_1}{R_2} R_0 + \frac{R_4 r}{R_3 + R_4 + r} \left(\frac{R_1}{R_2} - \frac{R_3}{R_4} \right) \qquad (3\text{-}14\text{-}3)$$

双臂电桥在结构设计上尽量做到 $R_1/R_2 = R_3/R_4$,并且尽量减小电阻 r,因此式(3-14-3)的第二项为零,则

$$R_x = \frac{R_1}{R_2} R_0 \qquad (3\text{-}14\text{-}4)$$

式(3-14-4)就是双臂电桥的平衡条件.同样,在实用的双臂电桥中将 $R_1/R_2 = C$ 做成比率,则有

$$R_x = C R_0 \qquad (3\text{-}14\text{-}5)$$

这样,电阻 R_0 和 R_x 的电压端附加电阻(即两端的引线电阻和接触电阻)因与高阻值臂串联,其影响减小了;两个外侧电流端的附加电阻串联在电源回路中,其影响可忽略;两个内侧

电流端的附加电阻和小电阻 r 相串联,相当于增大了式(3-14-3)中的 r,其影响通常也可忽略.因此,只要被测低值电阻按四端接法接入测量,就可像单臂电桥那样用式(3-14-5)来计算 R_x 了.

3. 电桥的灵敏度

在实际测量时,需要知道当电桥有微小的不平衡时,检流计会如何反应.设各电阻值为 R_1、R_2、R_0、R_x 时电桥达到平衡,当电阻 R_0 改变一个微小变化量 ΔR_0 时,检流计相应的偏转格数为 Δn.定义检流计-电桥的组合灵敏度(简称电桥灵敏度)为

$$S = \frac{\Delta n}{\Delta R_0 / R_0} \tag{3-14-6}$$

电桥灵敏度 S 在数值上等于电桥桥臂由单位相对不平衡值时所引起的检流计偏转格数.显然,S 值越大,能检测到的电桥不平衡值越小,因而电桥越灵敏.在满足测量误差要求的范围内,适当高的电桥灵敏度,可以保证判断所得平衡点的精确性,使由电桥灵敏度带来的误差小到满足实验要求.但是,过高的电桥灵敏度,对判断电桥的平衡并没有好处,可能会因太灵敏而无法判断桥路是否平衡.

电桥灵敏度反映了电桥对电阻相对变化的分辨能力.例如,$S = 100 = \dfrac{0.1}{0.1\%}$ 格,表示电桥平衡后 R_0 改变 0.1%,检流计会显示 0.1 格的偏转.如果 R_0 的改变小于 0.1%,检流计显示为 0,即由于电桥灵敏度限制带来的误差小于 0.1%.理论和实验证明,电桥灵敏度与许多因素有关,并非定值,需视具体情况测定.电桥的灵敏度主要受以下因素影响.

① 电桥灵敏度与检流计灵敏度(在数值上等于每单位电流所引起检流计指针的偏转格数)成正比.

② 电源电压越高,电桥灵敏度就越高.在不超过桥电阻额定功率的情况下,可通过适当提高电源 E 的电压来提高电桥的灵敏度.

③ 检流计的内阻越小,电桥灵敏度越高.可适当选择灵敏度高、内阻低的灵敏电流计,来提高电桥的灵敏度.但如果灵敏电流计的灵敏度过高,R_0 的不连续性会造成测量上的不方便.

④ 桥臂电阻(R_1、R_2、R_0、R_x)越大,电桥灵敏度越低.

⑤ 电桥灵敏度与电源内阻的大小以及检流计与电桥所连接的位置有关.

⑥ 电桥灵敏度还与桥臂电阻如何选定有关.当四个桥臂电阻成等值配置时,灵敏度较高.

电桥测电阻的准确度与电桥的灵敏度密切相关.实验中应使电桥具有较高的灵敏度,以保证电桥平衡的可靠性,从而保证测量的准确性.

实验测量电桥灵敏度的方法是,在电桥平衡的条件下,再调节 R_0 使其改变 ΔR_0,读出检流计偏转的格数 Δn,根据式(3-14-6)就可计算出灵敏度 S.

4. 电桥测电阻的误差简析

应用电桥测量电阻时,如果进行多次测量,就要改变 R_1、R_2 和 R_0 的阻值,因而电桥灵敏度也必然随之改变,所以进行的多次测量不是等精度测量.因此,既不能求多次测量的算术平均值作为真值的最佳估计值,也不能用平均值的标准差估算随机误差.这样,电桥测电阻的误差只能按单次测量来分析和估算.

电桥测电阻的误差主要来源于两个方面,一方面是电桥的基本误差允许极限 $\Delta_{\lim}$,另一方面是电桥的灵敏阈所引起的误差 Δ_S,总的仪器极限误差 Δ 可以用二者的方和根公式合成,即

$$\Delta = \sqrt{\Delta_{\lim}^2 + \Delta_S^2} \tag{3-14-7}$$

1) 电桥的基本误差允许极限

电桥的基本误差允许极限可以表示为

$$\Delta_{\lim} = \pm \alpha\% \left(R_x + \frac{R_N}{10} \right) \tag{3-14-8}$$

式(3-14-8)中,α 为电桥的准确度等级指数,R_x 为被测电阻值,R_N 为基准电阻值.R_N 的值规定为有效量程中最大的 10 的整数幂.例如,QJ23 型直流单臂电桥和 QJ44 型直流双臂电桥的相关技术参数见表 3-14-1 和表 3-14-2.

2) 电桥的灵敏阈误差

灵敏阈被定义为引起仪器示值可察觉的最小变化的待测量(相对)改变量.当电桥平衡后再改变 R_x(或等效地改变 R_0)时,检流计却未见偏转,说明电桥不够"灵敏".通常眼睛可以察觉出检流计 0.2 分格的偏转,实验中可取 0.2 分格所对应的电流值作为检流计的灵敏阈,检流计灵敏阈(0.2 分格)所对应的被测电阻的变化量则称为电桥的灵敏阈.在电桥灵敏度公式 $S = \dfrac{\Delta n}{\Delta R/R}$ 中,检流计偏转 0.2 分格时,对应的被测量的变化量则为电桥的灵敏阈,即

$$\Delta_S = \frac{0.2R_x}{S} \tag{3-14-9}$$

因此,测出电桥的灵敏度 S,就可由式(3-14-9)求出电桥的灵敏阈误差.电桥的灵敏阈 Δ_S 反映了平衡判断中可能包含的误差,其值既与电源和检流计的参量有关,也与比率 C 及 R_x 的大小有关.灵敏阈越大,电桥越不灵敏.当测量范围及条件符合仪器说明书所规定的要求时,Δ_S 一般不会大于 $\Delta_{\lim}$ 的几分之一,Δ_S 的影响可以忽略不计,这时式(3-14-8)第二项已经包含了灵敏阈的因素.

5. 测量金属导体的电阻率及温度系数

根据电阻定律,导体电阻与导体长度 L 成正比,与导体截面积 S 成反比,即 $R_x = \rho \dfrac{L}{S}$,式中比例系数 ρ 称为导体材料的电阻率.若已知圆柱导体的直径 d,长度 L,则

$$\rho = \frac{\pi d^2}{4L} R_x \tag{3-14-10}$$

通常电阻的阻值会随着温度的改变而发生变化,对于金属导体,其电阻随温度的变化满足

$$R_t = R_0(1 + \alpha t + \beta t^2 + \gamma t^3 + \cdots)$$

式中 R_t 和 R_0 分别表示金属导体 t℃和 0℃时的电阻,α、β、γ 即为待测电阻的温度系数.在一定的温度范围内,导体的电阻与温度的关系可近似为线性关系,即

$$R_t = R_0(1 + \alpha t) \tag{3-14-11}$$

测量温度系数 α 的常用方法：

① 将待测电阻浸在冰水中，测量其 0℃时的电阻值 R_0，然后测出温度为 t℃时的电阻值 R_t，代入式（3-14-11）即可求得 α.

② 分别测出电阻在 t_1℃、t_2℃时的电阻值 R_1 和 R_2，因为 $R_1=R_0(1+\alpha t_1)$、$R_2=R_0(1+\alpha t_2)$，消去 R_0 可得

$$\alpha=\frac{R_2-R_1}{R_1 t_2-R_2 t_1} \tag{3-14-12}$$

【实验器材】

直流单臂电桥（QJ23a 型）、直流双臂电桥（QJ44 型）、螺旋测微器、待测金属棒、待测电阻、四端接法样品测量架、导线等.

1. 箱式单臂电桥

实验中采用的 QJ23a 型携带式单臂电桥，面板结构如图 3-14-4 所示，电桥的使用说明如下.

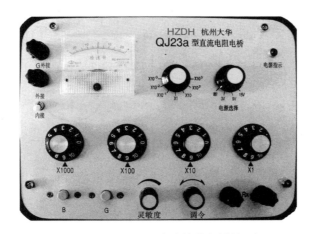

图 3-14-4　QJ23a 型直流单臂电桥的面板

① "$G_{外接}$"为外接检流计的一对接线柱. 将 "$G_{内接}$" 拨向"内接"，并开启电源开关，指示灯亮.

② 被测电阻接至"R_X"接线柱，估计被测电阻的大小，根据表 3-14-1 选择合适的比率，调节"调零"旋钮使检流计表头指针指零.

③ 按下"B"按钮，然后轻按"G"按钮，调节四个测量盘，使电桥平衡（检流计指零）.

在调节电桥平衡过程中，应根据检流计偏转的方向确定 R_0 的增减. 在检流计两旁有注明正（＋）和负（－）的符号. 当指针向正方向偏转时，应增加 R_0 的数值，才能使电桥平衡；当指针向负方向偏转时，应减小 R_0 的数值才能使电桥平衡. 如果电桥无法平衡，检流计指针始终向"＋"方向偏转，说明 R_X 值大于选定量程的上限值，"比率"应调大一挡，再次调节四个测量盘，使电桥平衡. 反之，当第 1 个测量盘调至"0"位，检流计指针仍偏向"－"方向时，比率应减小一挡，再调节测量盘使电桥平衡.

④ R_x 值的计算方法: $R_x = C(比率) \times R_0(测量盘示值之和)$.

⑤ 当测量中内附检流计灵敏度不够时,需外接高灵敏度的检流计,以保证测量的可靠性,此时 "$G_{内接}^{外接}$" 应拨向 "外接",外接检流计接在 "$G_{外接}$" 接线柱上.

⑥ 当使用电桥进行测量时,必须用上第1个测量盘($\times 1000$),即第1个测量盘不能置于 "0",以保证测量的精度.

⑦ 在测量含有电感的被测电阻器(如电机、变压器等)时,必须先按 "B" 按钮,然后再按 "G" 按钮.如果先按 "G",再按 "B",就会在按 "B" 的一瞬间,因自感而引起的电动势对检流计产生冲击,导致检流计损坏.断开时,应先松开 "G",再松开 "B" 按钮.

⑧ 电桥使用完毕后,应切断电源.

2. 双臂电桥的结构与使用说明

实验中使用的 QJ44 型直流双臂电桥的实用电路和面板结构分别如图 3-14-5 和图 3-14-6 所示.图 3-14-5 电路中上面的 6 个电阻相当于图 3-14-2 中的 R_1 和 R_2,R_1/R_2 分为 10^{-2} 到 10^2 五挡,分别在面板上比率调节盘 "8" 处标明.电路中下面的 6 个电阻相当于 R_3 和 R_4,由同一比率调节盘将它们与 R_1 和 R_2 一起联动切换,且保证 $R_1/R_2 = R_3/R_4$.桥路中

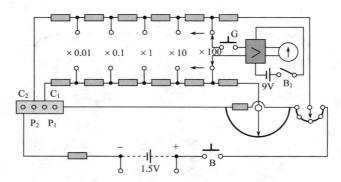

图 3-14-5　直流双臂电桥的实用电路图

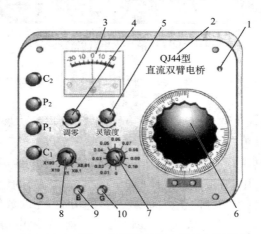

图 3-14-6　QJ44 型直流双臂电桥的面板结构

1. 电源开关;2. 铭牌;3. 检流计;4. 检流计调零旋钮;5. 灵敏度调节旋钮;6. 测量臂细调盘;7. 测量臂粗调盘;
8. 比率调节盘;9. 电源按钮开关;10. 检流计按钮开关;C_1、C_2、P_1、P_2. 被测电阻的接入端钮

的 $\boxed{>} = \textcircled{\uparrow}$ 表示电流放大器和检流计相连,组成了高灵敏度检流计,其灵敏度可通过旋钮 "5" 调节. 电路中的其他各部分都可与面板上的部件一一对应. 测量未知电阻时,按钮开关 B、G 和测量臂旋钮的作用及调节方法都与单臂电桥相似,但应特别注意以下几点:

① 被测电阻要按四端接法接入,并根据其大约阻值预置比率调节盘的位置.

② 电源接通后,经稍许预热,灵敏度旋钮 "5" 沿反时针方向旋到最小,校正检流计零位. 测量时应先从低灵敏度开始,调节测量臂粗调盘与细调盘,使电桥达到平衡,然后逐步调节灵敏度到最大,再次检查检流计零位,并随即调节电桥平衡,从而得到测量盘 R_0 和比率 C 的读数.

③ 按钮 B、G 一般应间歇使用,即宜采用跃接法(跃按),不应锁住. 电桥用完后务必断开电源.

3. QJ23a 型直流单臂电桥和 QJ44 型直流双臂电桥的相关技术参数(如表 3-14-1 和表 3-14-2 所示)

表 3-14-1 QJ23a 型直流单臂电桥的主要技术参数

倍率	有效量程	分辨力	准确度等级指数	基准电阻值	电源
×0.001	1~11.11Ω	0.001Ω	0.5	10Ω	3V
×0.01	10~111.1Ω	0.01Ω	0.2	100Ω	
×0.1	100~1111Ω	0.1Ω	0.1	1kΩ	
×1	1~11.11kΩ	1Ω	0.1	10kΩ	
×10	10~111.1kΩ	10Ω	0.1	100kΩ	9V
×100	100~1111kΩ	100Ω	0.2	1MΩ	15V
×1000	1~11.11MΩ	1kΩ	0.5	10MΩ	

表 3-14-2 QJ44 型直流双臂电桥的主要技术参数

倍率	有效量程	分辨力	准确度等级指数	基准电阻值
×100	1~11Ω	5mΩ	0.2	10Ω
×10	0.1~1.1Ω	0.5mΩ	0.2	1Ω
×1	0.01~0.11Ω	0.05mΩ	0.2	0.1Ω
×0.1	0.001~0.011Ω	5μΩ	0.5	0.01Ω
×0.01	0.0001~0.0011Ω	0.5μΩ	1	0.001Ω

【实验内容与要求】

1. 惠斯通电桥测电阻

用直流单臂电桥测量几欧姆至几百万欧姆范围内不同阻值量级的未知电阻及相应的电桥灵敏度.

① 熟悉电桥结构,预调检流计零位.

② 测量不同的待测电阻值.根据被测电阻的标称值(即大约值),先选定比率 C 并预置测量盘;接着调节电桥平衡,记录 C 和 R_0 值,并注意总结操作规律.

③ 测量电桥的灵敏度.电桥平衡后,调节测量盘使其示值 R_0 变化 ΔR_0,测出检流计相应偏离平衡位置的分格数 Δn(一般偏转 $n\sim +n$ 分格为宜),以便计算灵敏度.

2. 测量电源电压对电桥灵敏度的影响

取阻值较大的待测电阻测量电桥的灵敏度.在保持电桥平衡后调节测量盘示值变化量 ΔR_0 以及电桥的其他测量条件不变的条件下,改变电源电压值(注意电压值不能超出仪器允许的最大电压值)测出检流计相应偏离平衡位置的分格数 Δn,以便计算相应的灵敏度.

3. 双臂电桥测低值电阻和导体的电阻率

用直流双臂电桥测量金属细棒的电阻,并用螺旋测微器和钢板尺(或样品测量架上的标尺)分别测出相应的直径和长度,以便计算金属棒的电阻率.直径要多次测量,选取不同的位置测量 5~6 次.选取待测长度为 10.00~35.00 cm 间金属棒长度的电阻进行测量.

注意:低值电阻的四端接法.实验中要记录待测低值电阻的编号,电桥的编号、测量范围和准确度等级指数等技术参数.

4. 双臂电桥测量金属棒与接线端的接触电阻(选做)

① 金属棒每一端的电流端和电压端两根引线同时接到电压端的接头上,电流端的接头不接引线,测出金属棒的电阻,以便计算电压端接头的接触电阻.

② 金属棒每一端的电流端和电压端两根引线同时接到电流端的接头上,电压端的接头不接引线,测出金属棒的电阻,以便计算电流端接头的接触电阻.

5. 用双臂电桥测量电阻箱的零值电阻(选做)

注意:旋下电阻箱接线柱螺母,把 C_1、P_1、C_2、P_2 分别夹在两接线螺丝上、下不同位置测量.

6. 设计性实验内容(选做)

① 设计用直流双臂电桥测量被测低值电阻的温度系数的实验方案,根据测量数据,绘制 R_t-t 关系曲线,利用图解法求解金属电阻的温度系数 α 和 R_0.

② 设计用惠斯通电桥测量微安表内阻的实验方案.设计实验方案时要特别注意保证被测微安表不超量程.

设计要求:①阐述基本实验原理和实验方法;②说明基本实验步骤;③进行实际实验测量;④说明数据处理方法,给出实验结果.

【数据记录与处理】

1. 惠斯通电桥测电阻

① 按照实验内容要求,列表记录和处理数据.数据表格可参考表 3-14-3.

表 3-14-3　惠斯通电桥测电阻数据表

待测电阻标称值/Ω					
准确度等级指数 α					
比率读数 C					
平衡时测量盘读数 R_0/Ω					
平衡后测量盘示值变化量 $\Delta R_0/\Omega$					
对应 ΔR_0 检流计的偏转 $\Delta n/$分格					
待测电阻测量值 R_x/Ω					
电桥灵敏度 S					

② 根据实验数据计算测量电阻值 $R_x = CR_0$，分析测量误差，估算不确定度，最后给出各电阻的完整测量结果，即 $R_x = \bar{R}_x \pm u_{R_x}$ 和 $u_x(R_x) = \dfrac{u_{R_x}}{\bar{R}_x} \times 100\%$.

③ 计算不同阻值电阻时相应的电桥灵敏度 $S = \dfrac{\Delta n}{\Delta R_0/R_0}$，并根据电桥灵敏度的测量结果，分析不同桥臂电阻对电桥灵敏度的影响.

2. 测量电源电压对电桥灵敏度的影响

计算不同电源电压时电桥的灵敏度，并分析电源电压对电桥灵敏度的影响.

3. 双臂电桥测低值电阻和导体的电阻率

① 按照实验内容要求，列表记录和处理数据. 部分数据表格可参考表 3-14-4 和表 3-14-5.

表 3-14-4　测量黄铜棒直径数据表

	1	2	3	4	5	平均值(mm)	u_A(mm)	u_B(mm)	u_C(mm)	u_r
d(mm)										

表 3-14-5　测量黄铜棒电阻率数据表

次数	比率 C	比较臂读数 $R_0(\Omega)$	待测电阻(Ω)	R_X 的长度(m)	电阻率 $\rho(\Omega \cdot m)$
1					
2					
3					

② 根据实验数据计算金属导体电阻率 ρ，分析测量误差，并任选一种情况的测量数据估算出 ρ 的不确定度 u_ρ，给出完整的结果表示形式.

【注意事项】

① 箱式单臂电桥和双臂电桥应轻拿轻放，旋动表头旋钮时应轻轻操作，切忌过猛，否则

容易损坏检流计.

　　② 为了防止电桥远离平衡时损坏检流计,检流计灵敏度开始时应放在较低的位置,待电桥初步平衡后再逐步提高,直至灵敏度最高时电桥达到平衡.使用检流计按钮应采用"跃接法".

　　③ 实验中不要锁住电源按钮开关"B",以避免电流热效应引起电阻值的改变.严禁在没有确定好比率和 R_0 值较小或为零的情况下,按下 B、G 开关.测量具有大电感的低值电阻时,为了避免感应电动势冲击检流计,测量时应先接通电源"B",后接通检流计"G";断开时应先断开"G",后断开"B".

【思考与讨论】

　　① 在单臂电桥中,各接触电阻和引线电阻分别对测量结果有何影响?

　　② 若单臂电桥中有一个桥臂断开(或短路),电桥是否能调到平衡状态?若实验中出现故障,则调节时会出现什么现象?

　　③ 如何选择比率才能充分利用箱式电桥的精度?

　　④ 下列因素是否会加大电桥的测量误差?为什么?

　　(a)电源电压大幅度下降;(b)电源电压稍有波动;(c)检流计零点没有调准;(d)检流计灵敏度不够高;(e)导线电阻不可忽略.

【附录3.14.1】

惠斯通简介

图 3-14-7　惠斯通

　　W. 惠斯通(W. Charles,1802~1875),英国物理学家、发明精确测量电阻的惠斯通电桥,为各实验室所广泛应用.1834 年任伦敦国王学院实验哲学教授,1836 年被选为英国皇家学会会员,1837 年当选为法国科学院外籍院士,1868 年被授予爵位.

　　惠斯通研究电磁学,进行导体中电流速度的实验.1843 年发表欧姆定律的实验证明,发展了测量电阻和电流的新方法,特别是发明了变阻器和单臂电桥(称为惠斯通电桥,Wheatstone Bridge).与库克(Cooke William Fothergill,1806~1879)共同研究电报术,于 1837 年制成有 5 根磁针和 4 根磁针的电报机,并获得专利.1845 年制成单针电报机.1858 年,利用钟表机构发明了自动电报机,以后还研究了海底电报术、密码术等.他最先在电机中用电磁铁代替永久磁铁,并于 1845 年制成第一台电磁铁发电机,为制造大容量发电机奠定了基础.

实验 3.15　光的等厚干涉的研究及应用

光的干涉是重要的光学现象,也是光的波动说的有力证据之一.在干涉现象中,对相邻两干涉条纹来说,形成干涉条纹的两束光光程差的变化量等于相干光的波长.因而测量干涉条纹数目和间距的变化,就可以知道光程差的变化,从而推出以光波波长为单位的微小长度变化.

牛顿环(Newton ring)和劈尖(interference wedge)干涉是典型的用分振幅法产生的干涉现象,其特点是同一干涉条纹处两反射面间的空气薄层厚度相等,故属于两种典型的光的等厚干涉(equal thickness interference)现象.牛顿环是牛顿 1675 年在制作天文望远镜时,偶然将一个望远镜的物镜放在平玻璃上发现的,但由于牛顿信奉光的微粒说而未能对其做出正确的解释.虽然牛顿提出的"光的微粒学说"被证明是错误的,但牛顿环却是光的干涉现象的极好演示.

在科学研究和实际测量中,等厚干涉现象常用来检验光学元件表面质量和测量相关物理量,可以利用牛顿环来测量平凸、平凹透镜中球面的曲率半径(牛顿环法适用于测定大的曲率半径),利用劈尖干涉检查光学表面的平整度、光洁度和测量细丝直径及微小厚度等.同时,研究光的干涉现象也有助于加深对光的波动性的认识,为进一步学习近代光学实验技术打下基础.

【预习提示】

① 如果牛顿环已调好,读数显微镜也是完好的,但从目镜中看不到干涉条纹或条纹不够清晰,试分析问题可能出在哪里? 并说明如何调节.

② 如何利用劈尖干涉测量头发丝的直径?

③ 牛顿环干涉条纹和劈尖干涉条纹各有什么特点?

④ 用读数显微镜测量出来的牛顿环直径是真实的大小吗?

【实验目的】

① 观察牛顿环和劈尖干涉现象,分析干涉图样特点和规律,加深理解光的等厚干涉原理.

② 掌握测量显微镜的调节与使用.

③ 学会利用牛顿环干涉测量光学元件的曲率半径和利用劈尖干涉测量微小厚度.

【实验原理】

入射角为 i 的光照射到透明薄膜上,薄膜上、下表面对入射光依次反射(reflection)和折射(refraction),形成相干光.两束相干光在空间相遇时的光程差仅取决于薄膜的厚度,干涉图样中同一干涉条纹所对应的薄膜厚度相同,这就是等厚干涉,如图 3-15-1 所示.等厚干涉与等倾干涉虽说都是薄膜干涉,但却有所不同.等倾干涉条纹是扩展光源上的各个发光点沿

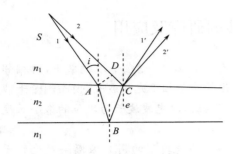

图 3-15-1　光的等厚干涉

各个方向入射在均匀厚度薄膜上产生的条纹；而等厚干涉条纹则是由同一方向的入射光在厚度不均匀薄膜上产生的干涉条纹.

1. 牛顿环的等厚干涉

将一块曲率半径较大的平凸透镜的凸面置于一光学平板玻璃上，在透镜凸面与平板玻璃之间就形成了一层空气薄膜，厚度从中心接触点到边缘逐渐增加. 当波长为 λ 的单色平行光从透镜上部向下垂直入射时，入射光在薄膜上、下表面反射，形成具有一定光程差的两束相干光，将在空气层附近相干叠加，两束相干光的光程差随着空气层的厚度而改变，而空气层厚度相同处反射后的两束光具有相同的光程差，因此其轨迹是一个圆环. 显然，它们的干涉图样是以接触点为中心的一系列明暗交替的同心圆环——牛顿环，如图 3-15-2(b) 所示. 由反射方向观察，干涉圆环中心为暗斑；若从透射方向观察，中心处为亮斑.

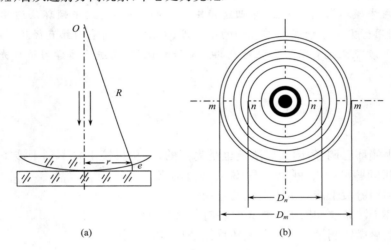

图 3-15-2　牛顿环示意图

根据图 3-15-2(a) 可得出

$$R^2 = r^2 + (R-e)^2 \tag{3-15-1}$$

式中 R 为平凸透镜的曲率半径，r 为干涉条纹的半径，e 表示空气薄膜的厚度. 当 e ≪ R 时，略去二级小量 e^2 后，可得到

$$e = \frac{r^2}{2R} \tag{3-15-2}$$

而两束相干光束的光程差为

$$\delta = 2ne + \frac{\lambda}{2}$$
$$= 2e + \frac{\lambda}{2} \tag{3-15-3}$$

式 (3-15-3) 中，n=1（该实验中薄膜为空气层，空气的折射率近似为 1）；λ/2 是由于光线由光疏介质进入光密介质在反射时有半波损失而附加的光程差.

将式(3-15-2)代入式(3-15-3)可得

$$\delta = \frac{r^2}{R} + \frac{\lambda}{2} \qquad (3\text{-}15\text{-}4)$$

根据光的干涉减弱条件,对于 k 级暗环对应两束相干光的光程差应满足

$$\delta = \frac{r^2}{R} + \frac{\lambda}{2} = (2k+1)\frac{\lambda}{2} \qquad (k=0,1,2,3,\cdots) \qquad (3\text{-}15\text{-}5)$$

根据光的干涉加强条件,对于 k 级亮条纹,对应两束相干光的光程差应满足

$$\delta = \frac{r_k^2}{R} + \frac{\lambda}{2} = k\lambda \qquad (k=1,2,\cdots) \qquad (3\text{-}15\text{-}6)$$

由此可得第 k 级暗环和亮环满足的条件分别为

$$\begin{cases} r_k^2 = kR\lambda & (k=0,1,2,3,\cdots) \quad \text{暗环} \\ r_k^2 = (2k-1)R\dfrac{\lambda}{2} & (k=1,2,3,\cdots) \quad \text{亮环} \end{cases} \qquad (3\text{-}15\text{-}7)$$

由式(3-15-7)可知,如果已知入射光的波长 λ,并测得第 k 级暗环(或亮环)对应的半径 r_k,就可以由式(3-15-7)计算出透镜的曲率半径 R.反之,如果透镜的曲率半径 R 已知,就可以由式(3-15-7)计算出入射光的波长 λ.但实际观察牛顿环时会发现,牛顿环的中心不是一点,而是一个不太清晰、不甚规则的、或明或暗的圆斑.其原因是透镜和平板玻璃平面不可能是理想的点接触,由于接触压力会产生一定的弹性形变,使接触点成为一圆面,所以圆环的中心点不能确定,也就无法准确测量半径.另外,光学元件表面可能会有微小的灰尘,透镜与平板玻璃在接触处实际存在一定的微小间隙,从而引起附加光程差,使某一圆环的级数 k 不能准确确定.这些情况都会给测量带来较大的系统误差.为了消除系统误差对测量的影响,采用测量距离中心较远、比较清晰的干涉圆环直径的方法(实际上测量的是干涉环的近心弦长).

设由灰尘等引起的附加厚度为 a,将式(3-15-3)改写并由干涉减弱条件可得

$$\delta = 2(e_k \pm a) + \frac{\lambda}{2} = (2k+1)\frac{\lambda}{2} \qquad (3\text{-}15\text{-}8)$$

将式(3-15-2)代入,整理得

$$r_k^2 = k\lambda R \pm 2aR \qquad (3\text{-}15\text{-}9)$$

取第 m、n 级暗环,并以圆环直径代替半径,则有

$$\begin{cases} D_m^2 = 4m\lambda R \pm 2aR \\ D_n^2 = 4n\lambda R \pm 2aR \end{cases} \qquad (3\text{-}15\text{-}10)$$

将以上两式相减,得到透镜曲率半径的计算公式为

$$R = \frac{D_m^2 - D_n^2}{4(m-n)\lambda} \qquad (3\text{-}15\text{-}11)$$

若已知入射光的波长,只要测出一系列第 m、n 级(m、n 为变量)暗环对应的直径(实验中实际上用近心弦长代替直径),将其分成两组,计算出对应级暗环直径的平方差($D_m^2 - D_n^2$)和级数差($m-n$),根据式(3-15-11)就可以计算出透镜的曲率半径.式(3-15-11)表明,透镜的曲率半径 R 值只与任意两环的直径平方差和相应的环数差有关,而与干涉级数 k 无关,这样就避免了因圆环中心点和级数 k 不能准确确定带来的影响,消除了附加光程差带来的

误差. 对于$(D_m^2 - D_n^2)$，由几何关系可以证明，两同心圆的直径平方差等于对应弦的平方差，因此，测量时无须确定环心位置，只要测量出同心暗环对应的近心弦长即可.

2. 劈尖的等厚干涉

将两块光学平板玻璃叠放在一起，在一端插入一薄片（或细丝），则在两块平板玻璃之间就形成了一层劈尖形状的空气薄膜，称为劈形空气膜. 当单色光垂直照射时，在劈尖形空气薄膜的上、下两表面层反射的两束光相互干涉，形成明暗相间、平行于两块玻璃面交线（棱边）的等距干涉条纹，如图 3-15-3 所示.

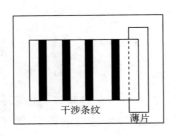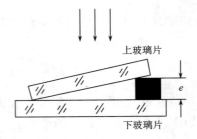

图 3-15-3　劈尖干涉示意图

第 k 级暗条纹对应的两束光的光程差为

$$\delta = 2e_k + \frac{\lambda}{2} = (2k+1)\frac{\lambda}{2} \quad (k=0,1,2,3,\cdots) \tag{3-15-12}$$

第 k 级明条纹对应两束光的光程差为

$$\delta = 2e_k + \frac{\lambda}{2} = k\lambda \quad (k=1,2,3,\cdots) \tag{3-15-13}$$

由式(3-15-12)和式(3-15-13)可知，同一级明条纹或同一级暗条纹对应相同厚度的空气薄膜，这样的干涉条纹为等厚干涉条纹. 同样易得，两相邻暗条纹（或明条纹）对应空气薄膜厚度差等于 $\frac{\lambda}{2}$；相应第 k 级暗条纹对应的薄膜厚度为

$$e_k = k\frac{\lambda}{2} \tag{3-15-14}$$

当 $k=0$ 时，$e_k=0$，对应于两玻璃的搭接（棱边）处，两条反射光线的光程差仅取决于由于半波损失而产生的附加光程差 $\frac{\lambda}{2}$，所以在棱边处出现零级暗条纹. 随着薄膜厚度的增加依次是一级明条纹、一级暗条纹、二级明条纹、二级暗条纹、……. 若棱边处到薄片（或细丝）处共有 N 条干涉暗（或明）条纹，则薄片的厚度（或细丝的直径）为

$$e = N\frac{\lambda}{2} \tag{3-15-15}$$

由于 N 值较大，且干涉条纹细密，不易测准，实测时可先测出 n 个干涉暗（或亮）条纹的距离 l，得出单位长度内的干涉暗（或亮）条纹数，再测出两玻璃板接触处（棱边）至薄片（或细丝）的距离 L，则薄片的厚度（或细丝的直径）为

$$e = \left(L\,\frac{n}{l}\right)\frac{\lambda}{2} \tag{3-15-16}$$

【实验器材】

测量显微镜,牛顿环装置,劈尖干涉装置,钠光灯等.

牛顿环装置是由曲率半径较大的平凸透镜和一个平面玻璃叠合并装在金属框架中构成,劈尖装置是由两块平面玻璃一端互相叠合,另一端垫入一薄纸片或一细丝,如图 3-15-4 右图所示.

图 3-15-4　牛顿环和劈尖装置图

【实验内容与要求】

1. 测量牛顿环平凸透镜的曲率半径

① 打开钠光灯预热 5min,调整测量显微镜的位置,以便光线射向显微镜物镜下方 45° 透反镜.调节透反镜的取向,使得显微镜视野中亮度最大,并使单色平行光垂直入射到牛顿环装置的中央部分.

② 轻微调节牛顿环装置,使牛顿环中心大致位于装置的中央并呈圆环形.合理布置好实验装置,使显微镜筒正对牛顿环装置的中心.

③ 调节目镜焦距,使十字叉丝和干涉条纹最清晰且无视差,并使一根叉丝与镜筒左右移动方向平行.下移显微镜筒接近牛顿环装置,然后自下而上移动显微镜筒进行物镜调焦,能左右看清 40 条以上清晰的干涉条纹(切勿自上而下调焦,以免损坏显微镜和被测标本).

④ 观察干涉条纹的分布特征,各级条纹的粗细是否一致,条纹间隔有无变化,并作出解释;观察牛顿环中心是亮斑还是暗斑? 并作出解释.

⑤ 测量出干涉暗环的直径 D_m($m=26\sim30$)和 D_n($n=16\sim20$).测量时,若叉丝交点在圆心的一侧与各环内切,则在另一侧应外切;或者是对准暗环条纹的中央,以消除条纹宽度而造成的误差.

2. 用劈尖干涉装置测量薄纸片的厚度(或细丝直径)

① 观察、描述劈尖干涉的条纹特点;改变薄片(或细丝)在平玻璃板间的位置,观察干涉条纹的变化,并从理论上做出解释.

② 测量 n 个干涉条纹的长度 l,再测量所有干涉区域的总长度 L.

3. 利用牛顿环干涉亮环测量透镜的曲率半径 R,推导出测量计算公式,并说明测量方法(选做)

4. 利用劈尖干涉的方法测量液体折射率(选做)

将少许透明液体(如水、甘油等)滴入劈尖装置的两片玻璃片之间,由于液体的折射率大于空气的折射率,因此在有液体的区域中干涉条纹将变得较为密集. 设空气和液体的 N 条干涉条纹的长度分别是 $L_空$ 和 $L_液$,则液体的折射率可由下式计算:

$$n = \frac{L_空}{L_液} \qquad\qquad (3\text{-}15\text{-}17)$$

【数据记录与处理】

① 自拟数据表格,记录和处理数据.
② 根据测量数据,用逐差法(或作图法)处理实验数据,计算平凸透镜的曲率半径.
③ 根据劈尖测量数据,计算出薄片厚度(或细丝直径)及其不确定度,表示实验结果.
④ 根据实验观察,分析总结牛顿环和劈尖干涉的条纹特征,得出实验结论.

【注意事项】

① 拿取牛顿环及劈尖装置,切忌触摸光学平面,若不洁要用专用擦镜纸轻轻擦拭.
② 调节牛顿环装置时,可以拧动装置上的三个螺丝,但不可拧得过紧.
③ 调节读数显微镜消除视差后再测量数据.
④ 测量过程中为了避免螺旋空程误差,十字叉丝应朝一个方向移动,不可反转. 如果条纹读数有误,需重新开始测量.

【思考与讨论】

① 如果实验中测量的 D 是近中心的弦长而非直径,对测量结果有无影响? 为什么?
② 本实验中观察到的是反射光的干涉所形成的牛顿环,实际上透射光的干涉也会形成牛顿环. 试分析透射光的牛顿环是如何形成的? 与反射光的牛顿环有何区别? 应如何观察?
③ 为何牛顿环的各干涉环距离中心越远条纹越密?
④ 如果用劈尖干涉装置测量微小的伸长量,如金属棒的线膨胀量,该如何进行测量?
⑤ 试比较牛顿环和劈尖干涉条纹的异同点. 若用白光照射能否看到牛顿环和劈尖干涉条纹? 此时的条纹有何特征?

【附录 3. 15. 1】

1. 钠光灯

钠蒸气放电时,发出的光在可见光范围内有两条强谱线 589.0nm 和 589.6nm,通常称为钠双线. 因两条谱线很接近,实验中可认为是较好的单色光源,通常取平均值 589.3nm 作为该单色光源的波长. 由于它的强度大,光色单纯,是最常用的单色光源.

使用钠光灯时应注意:①钠光灯必须与扼流圈串接起来使用,否则即被烧毁.②灯点燃后,需等待一段时间才能正常使用(起燃时间约 5~6min),又因为忽燃忽熄容易损坏,故点燃后就不要轻易熄灭它.另一方面,在正常使用下也有一定消耗,使用寿命只有 500 小时左右,因此在使用时必须注意节省,尽量让使用时间集中.③在点燃时不得撞击或振动,否则灼热的灯丝容易震坏.

2. 利用等厚干涉条纹检验光学表面

根据等厚干涉原理,可以检测物体表面的平整度,判断一个表面的几何形状.取一块光学平面玻璃片(称为平晶),放在待检验工件(玻璃片或待测表面光面)的表面上方,在平晶与工件表面间形成劈尖形空气膜,用单色光垂直照射,观察干涉条纹.从等厚干涉的特点可知,每一条干涉条纹对应于薄膜中的一条等高线.如果工件表面是平整的,那么等厚干涉条纹应该是平行于棱边的一组平行线,如图 3-15-5(a)所示;如果工件表面不平整(肉眼一般看不出来),则等厚干涉条纹就应该是随着工件表面凹凸的分布而呈现出形状各异的曲线,如图 3-15-5(b)所示.因为相邻两条干涉暗纹或明纹之间的空气薄膜厚度相差 $\lambda/2$,所以从条纹的几何形状,就可以测得表面上凹凸缺陷或沟纹的情况,从而判断待测表面的几何形状.这种方法很精密,能检查出约 $\lambda/4$ 的凹凸缺陷,即精密度可达到 0.1μm 左右.

(a) 工件表面平

(b) 工件表面凹凸不平

图 3-15-5 检验工件平面质量的干涉条纹

① 待测表面是平面,产生直的干涉条纹,平面间楔角越小,条纹越粗越稀,如图 3-15-6 所示.

② 待测表面是凸球面或凹球面,则产生圆的干涉条纹,如图 3-15-7 所示.在边缘加压时,圆环中心趋向加压力点(接触点)者为凸面;背离加压力点者为凹面.

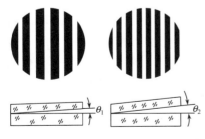

图 3-15-6 两平面间产生直干涉条纹
[条纹间距为 $\lambda/(2\sin\theta)$]

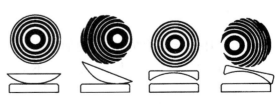

图 3-15-7 平面和球面间产生圆形干涉条纹

实验 3.16 迈克耳孙干涉仪及其应用

迈克耳孙干涉仪是利用分振幅法产生双光束以实现干涉的仪器.

迈克耳孙干涉仪在近代物理学的发展和近代计量技术中起过重要作用. 1883 年美国物理学家迈克耳孙(A. A. Michelson, 1852~1931)和他的合作者莫雷(Moley)曾经利用这种干涉仪完成了著名的迈克耳孙-莫雷"以太漂移"实验,实验结果否定了以太理论,促进了相对论的建立;此后,迈克耳孙用干涉仪研究了光源干涉条纹可见度随光程差变化的规律,并依次推断光谱线的精细结构. 用镉光(单色红光,波长 $\lambda = 643.846\ 96$ nm)作为干涉仪的光源,测量了保存于巴黎的铂铱合金基准米尺的长度,获得了相当准确的结果(1 m = 1 553 163.5 个镉红光波长). 直至今天,利用各种干涉仪精密测量长度,仍然是几何量计量的一种重要方法.

迈克耳孙干涉仪的基本结构和设计思想,给了科学工作者以重要的启迪,并为后人创立多种其他形式的干涉仪(如激光比长仪、傅里叶变换光谱仪等)打下了基础,这些仪器被广泛应用在近代物理和计量技术中. 迈克耳孙干涉仪在大学物理实验中,一般可用来研究定域干涉、非定域干涉、等厚干涉、等倾干涉、光源的时间相干性与空间相干性等重要物理现象,并进行部分物理量的定量测量.

【预习提示】

① 了解迈克耳孙干涉仪的基本构造原理和调节方法.
② 弄清定域干涉与非定域干涉的形成条件及干涉条纹特点.
③ 用迈克耳孙干涉仪可以测定哪些物理量? 如何测量?

【实验目的】

① 了解迈克耳孙干涉仪的结构原理,掌握其调节和使用方法.
② 观察各种干涉条纹,加深对薄膜干涉原理的理解.
③ 学会用迈克耳孙干涉仪测量物理量.

【实验原理】

1. 迈克耳孙干涉仪的光路原理

迈克耳孙干涉仪的光路原理如图 3-16-1 所示. M_1 和 M_2 是两面精密磨光的平面反射镜, M_1 可沿导轨前后移动, M_2 是固定不动的. G_1 和 G_2 是两块材料相同、厚度相等的平行玻璃板,在 G_1 的后表面镀了一层半透膜,称为分光板. G_2 的作用是补偿光程,使两束光在玻璃中的光程相等,称为补偿板. G_1 和 G_2 严格平行,且与 M_1 和 M_2 都成 45°角.

从光源 S 发出的光束被分光板 G_1 后表面的半透膜分成两束光强近似相等的光束:反射光(1)和透射光(2). 由于 G_1 与平面镜 M_1、M_2 均成 45°角,所以反射光(1)在近于垂直地入射到平面镜 M₁ 后,经反射又沿原路返回,透过 G₁ 而到达 O 处.透射光束(2)在透过补偿板 G₂ 后,近于垂直地入射到平面镜 M₂ 上,经反射又沿原路返回,在分光板 G₁ 的后表面反射,在 O 处与光束(1)相遇而产生干涉(两束光为相干光).

图 3-16-1 中的 M₂′是平面镜 M₂ 由半反射膜形成的虚像.观察者从 O 处看来,光束(2)好像是从平面 M₂′射来的.因此,干涉仪所产生的干涉条纹可以看成由平面 M₁ 与 M₂′之间的空气层薄膜所产生的干涉条纹.

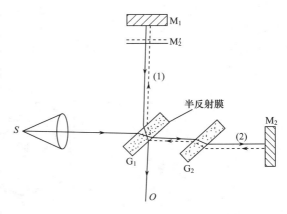

图 3-16-1　迈克耳孙干涉仪光路原理图

由以上介绍可知,迈克耳孙干涉仪具有以下两个优点:第一,两相干光束分离,互不干扰,便于在一支光路中布置其他光学器件;第二,M₂′不是实际物体,M₂′与 M₁ 空气膜厚度可任意调节,甚至重合.

2. 干涉条纹

1) 点光源照射——非定域干涉

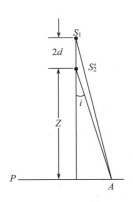

图 3-16-2　非定域等倾干涉

图 3-16-1 中,当光源 S 为单色点光源时,经平面镜 M₁ 与 M₂′反射的光线,相当于由两个虚光源 S_1、S_2'发出的相干光波.虚光源 S_1、S_2'发出的球面光波,在它们相遇的空间处处相干,都可以看到干涉条纹,因而这种干涉为非定域干涉,如图 3-16-2 所示.

如 M₁ 与 M₂′相距为 d.那么根据几何光学可知,虚光源 S_1、S_2'沿轴向相距应为 $2d$.当 $Z \gg 2d$ 且 i 很小时,S_1、S_2'发出的光线在观察屏上 A 点的光程差近似为

$$\delta = 2d\cos i \qquad (3\text{-}16\text{-}1)$$

由式(3-16-1)可见,当 d 一定时,光程差只随入射角 i 改变,亦即具有同一入射角的光线,将有相等的光程差,以不同入射角 i 为圆锥母线的光束所形成的干涉条纹为一系列同心圆.这种干涉称为等倾干涉.A 点形成第 k 级明暗条纹的条件为

$$\delta = 2d\cos i = \begin{cases} k\lambda & \text{(明纹)} \\ (2k+1)\lambda/2 & \text{(暗纹)} \end{cases} \quad (k = 0, \pm 1, \pm 2, \cdots) \qquad (3\text{-}16\text{-}2)$$

式中,λ 为所用单色光的波长.

由式(3-16-2)可知,当 d 一定时,i 角越小,则 $\cos i$ 越大,因此光程差越大,形成的干涉条纹级次 k 就越高.但是 i 越小,所形成的干涉圆环的直径就越小.在圆心处 $i=0°$,$\cos i=1$,这时光程差最大,干涉条纹级次最高.因此等倾干涉条纹中心的级次高于边缘的级次,这是与牛顿环不同的地方.对于干涉图像中某一级条纹 k,如果 d 逐渐变小,则 $\cos i$ 必须增大,即 i 必定逐渐减小.因此,可以看到条纹随 d 减小而逐渐"缩入"中心处,整体条纹变粗、变稀.反之,当 d 增大时,圆环自中心"冒出"并向外扩张,整体条纹逐渐变细、变密.

当 M_1 与 M_2' 不平行（M_1 与 M_2 不严格垂直）时，M_1 与 M_2' 两平面有一很小夹角，形成的干涉条纹由 d 和 i 共同决定，条纹发生弯曲，一般情况下，此时既非等倾干涉，也非等厚干涉，只有在 i 非常小的区域可近似为等厚干涉.

各种条件下形成的干涉条纹如图 3-16-3 所示.

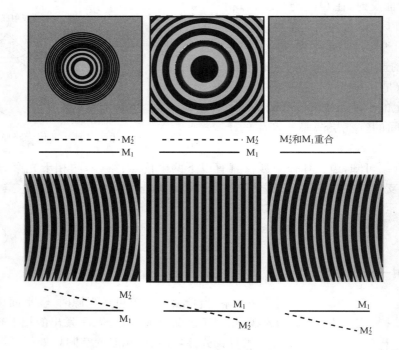

图 3-16-3　不同薄膜状态下的干涉条纹

2）扩展光源照明——定域干涉

在点光源之前加一毛玻璃，则形成扩展光源，此时的干涉条纹虽然与非定域干涉条纹相同（图 3-16-3），但条纹所在的空间位置发生变化，只能在某些特定的位置，才能够观察到，因此称为定域干涉.

面光源可看成许多点光源的集合. 这些点光源各自形成的干涉条纹位置不同，它们相互叠加而最终变成模糊一片，因而将看不到干涉条纹. 只有以下两种特殊情况：

① 定域等倾干涉. M_1 与 M_2 严格垂直，即 M_1 与 M_2' 严格平行，从面光源上任一点发出的光经 M_1 与 M_2 反射后形成的两束相干光是平行的，干涉条纹定域无限远处，把观察屏放置在透镜的焦平面上，可以看到清晰明亮的圆形干涉条纹. 与非定域干涉类似，干涉级次以圆心最高. 由于 d 是恒定的，这时条纹只与入射角 i 有关，故是等倾干涉.

② 定域等厚干涉. M_1 与 M_2 并不严格垂直，即 M_1 与 M_2' 有一微小夹角 θ. 如图 3-16-4 所示，M_1 与 M_2' 之间形成楔形空气薄膜，就会出现等厚干涉条纹.

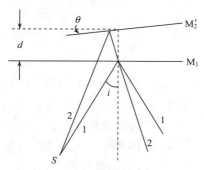

图 3-16-4　等厚干涉

从面光源上任一点发出的光经 M_1 与 M_2 反射后，

在镜面附近相遇产生干涉,条纹定域在薄膜表面附近. 当 M_1 与 M_2' 夹角 θ 很小,且入射角 i 也很小时,光程差可近似为

$$\delta \approx 2d\cos i = 2d\left(1 - 2\sin^2 \frac{i}{2}\right) \approx 2d\left(1 - \frac{i^2}{2}\right) \tag{3-16-3}$$

式中 d 为观察点处空气层的厚度. 在 M_1 与 M_2' 的相交处,$d=0$,所有光线光程差为 0,产生中央直线亮条纹. 在中央条纹的近旁因为视角 i 很小,$\delta \approx 2d$,所以干涉条纹是大体上平行于中央条纹,并且是等距离分布的直线条纹. 离中央条纹较远处,由于视角 i 增大,式(3-16-3)中的 i^2 或更高次项的作用不可忽视,因此条纹发生弯曲. 弯曲的方向为凸向中央条纹.

3. 定量测量

1) 长度及波长的测量

由式(3-16-2)可知,在圆心处 $i=0°$,$\cos i=1$,这时

$$\delta = 2d = \begin{cases} k\lambda & \text{明条纹} \\ (2k+1)\lambda/2 & \text{暗条纹} \end{cases} \quad (k = 0, \pm 1, \pm 2, \cdots) \tag{3-16-4}$$

如果 d 减小或增大半个波长时,光程差 δ 就减小或增大一个整波长 λ,就有一条条纹"缩进"中心或从中心"冒出". 如果 d 的变化为 $N\dfrac{\lambda}{2}$,即

$$\Delta d = N\frac{\lambda}{2} \tag{3-16-5}$$

就会有 N 个条纹向中心"缩进"或自中心"冒出". 据此,如果已知所用入射光的波长 λ,并数出"冒出"或"缩进"的圆环数 N,则 M_1、M_2' 之间的距离变化 Δd 就可以求得. 这就是利用迈克耳孙干涉仪精密测量长度的基本原理. 反之,如果测出 M_1 与 M_2' 之间的距离变化量 Δd,并数出条纹的变化数 N,就可求出单色光源的波长 λ.

2) 两谱线精细结构的测量

由式(3-16-2)可知,形成暗条纹的条件是

$$\delta = 2d\cos i = (2k+1)\frac{\lambda}{2} \tag{3-16-6}$$

如果光源为非单色光,而是含有两个相邻的波长 λ_1、λ_2(如钠黄光),且 $\lambda_1 > \lambda_2$,则两种波长的光形成干涉条纹的位置不同. 如果以钠光作为光源,当 M_1 和 M_2' 之间的距离 $d=0$ 时,钠光的两条谱线($\lambda_1 = 589.593\text{nm}$,$\lambda_2 = 588.996\text{nm}$)形成的都是明条纹. 当移动平面镜 M_1 使 M_1 与 M_2' 间距为 d_1 时,会出现波长 λ_1 的 k_1 级明条纹与波长 λ_2 的 k_2 级暗条纹位置重合,这时条纹的对比度最小,有

$$\delta_1 = 2d_1 = k_1\lambda_1 = \left(k_2 + \frac{1}{2}\right)\lambda_2 \tag{3-16-7}$$

当 M_1 继续移动时,两个重合的条纹慢慢错开,条纹的对比度又继续增加,当条纹的对比度再次最小时,有

$$\delta_2 = 2d_2 = (k_1 + k)\lambda_1 = \left(k_2 + \frac{1}{2} + k + 1\right)\lambda_2 \tag{3-16-8}$$

将式(3-16-7)与式(3-16-8)两式相减可得

$$2(d_2 - d_1) = k\lambda_1 = (k+1)\lambda_2 \qquad (3\text{-}16\text{-}9)$$

令 $\Delta d = d_2 - d_1$，同时，当 λ_1、λ_2 很接近时，取 $\bar{\lambda} = \dfrac{\lambda_1 + \lambda_2}{2}$ 或 $\sqrt{\lambda_1 \lambda_2}$，则

$$\Delta\lambda = \lambda_1 - \lambda_2 = \frac{\bar{\lambda}^2}{2\Delta d} \qquad (3\text{-}16\text{-}10)$$

由式(3-16-10)可知，如果已知光的平均波长，只需在迈克耳孙干涉仪上测出连续两次对比度最小时 M_1 的位置，即可求得该光波的波长差 $\Delta\lambda$.

3) 均匀透明介质折射率或厚度的测量

当用白光扩展光源时，不同波长所产生的干涉条纹明暗相互交错重叠，所以一般只能在中心条纹(零级条纹)两旁看到对称的几条彩色直条纹，稍远就看不见干涉条纹了. 利用这一特点，可以测量均匀透明介质的折射率或厚度.

光通过折射率为 n、厚度为 l 的透明介质时，其光程比通过同厚度的空气层要大 $l(n-1)$. 当白光干涉的中央条纹出现在干涉仪的平面镜 M_1 中央后，如果在 G_1 与 M_1 间插一折射率为 n、厚度为 l 的均匀薄玻璃片，使玻璃片与 M_1 平行，则经 M_1 与 M_2 反射相遇的两光束获得的附加光程差为

$$\delta' = 2l(n-1) \qquad (3\text{-}16\text{-}11)$$

由于附加光程差的影响，使得白光干涉中央条纹位置发生变化，条纹模糊. 若将平面镜 M_1 向 G_1 方向移动一段距离，满足 $\Delta d = \delta'/2$，则白光干涉中央条纹将重新回到原来位置. 这时

$$\Delta d = \delta'/2 = l(n-1) \qquad (3\text{-}16\text{-}12)$$

根据式(3-16-12)，测量平面镜 M_1 前移的距离 Δd，就可以实现薄玻璃片的厚度 l 或折射率 n 的测量.

【实验器材】

迈克耳孙干涉仪及附件，扩束镜，光源等.

迈克耳孙干涉仪结构如图 3-16-5 所示. 1 和 2 分别为位置固定的分光板 G_1 和补偿板 G_2. 在相互垂直的两臂上放置两个平面反射镜 4 和 3，镜面背后各有三个调节螺钉 8，用来调节镜面的方位. 镜 3 是固定在台面上的，在其下方附有一对互相垂直的拉簧螺钉 9，可对镜 3 的方位作微小精密的调节. 在台面的导轨 7 上装有螺距为 1 mm 的精密螺杆 6，螺杆的一端与齿轮系统相连接. 转动微调手轮 12 或粗调手轮 13 都可以使螺杆转动，从而通过拖板 5 带动镜 4 沿精密导轨前后移动. 镜 4 的位置及移动的距离可以由装在台面导轨一侧的毫米标尺、读数窗口 14 及微调手轮 12 上共同读出. 粗调手轮 13 分为 100 格，每转过 1 个格，镜 4 就平移 1/100 mm(由读数窗读出). 微调手轮 12 每转动一周，粗调手轮随之转过 1 个格，微调手轮又分为 100 个格，所以微调手轮每转过 1 个格，镜 4 平移 10^{-4} mm，还可估读一位至 10^{-5} mm. 这样，镜 4 的位置，就可以由毫米标尺、读数窗和微调手轮上的读数相加得到. 干涉仪的底座 10 下面有三个底座水平调节螺丝 11，用来调节台面的水平. 粗调手轮 13 的前方可安装观察屏，用来接收干涉条纹.

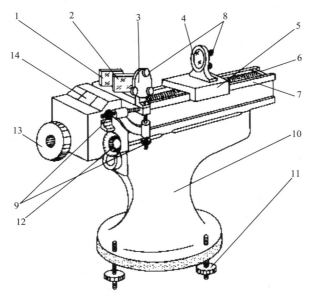

图 3-16-5　迈克耳孙干涉仪结构示意图

1. 分光板；2. 补偿板；3. 固定反射镜 M_2；4. 移动反射镜 M_1；5. 拖板；6. 精密螺杆；7. 导轨；8. 反射镜调节螺钉；
9. 固定反射镜水平和垂直拉簧螺钉；10. 底座；11. 底座水平调节螺钉；12. 微调手轮；13. 粗调手轮；14. 读数窗口

【实验内容与要求】

1. 迈克耳孙干涉仪的调节

在图 3-16-5 中，调节迈克耳孙干涉仪底座水平调节螺钉 11 使干涉仪处于水平. 接通电源，点亮 He-Ne 激光光源，调节激光器的高低、左右、俯仰等，使照射在 M_1、M_2 镜中的光点居中，同时调节 M_1、M_2 镜后的三个调节螺钉使得 M_1、M_2 镜反射的两束光尽量回到激光器的出射孔位置. 再观察屏上出现的经 M_1、M_2 反射的亮点是否重合，若不重合，则调节 M_2 镜台下的水平及垂直方向的拉簧螺钉 9，并前后移动观察屏，使反射的两个最亮点完全重合，则说明 M_1、$M_2{}'$ 平行. 在激光器前放置扩束镜，模拟点光源照射，则在观察屏上可看到圆环干涉条纹. 再调拉簧螺钉，使干涉条纹处于光场中心，则 M_1、$M_2{}'$ 完全平行.

2. 观察与分析 He-Ne 激光的非定域干涉现象

① 观察 M_1 与 M_2 严格垂直时，$d \approx 0$ 情况下的干涉条纹及前后移动平面镜 M_1 时条纹的变化情况.

② 移动观察屏的位置，观察条纹是否都清晰，推断干涉条纹是否定域.

③ 慢慢转动手轮，观察条纹的疏密变化及吞吐现象，分析并总结实验现象及规律.

3. 测量 He-Ne 激光波长

① 转动粗调手轮使条纹疏密适中，然后转动微调手轮，直到条纹出现"吞"（或"吐"）为止. 继续沿原方向转动微调手轮至"0"刻度位置，为避免引入空程差，将粗调手轮按照与微调手轮相同的转动方向转到某一整刻度上，此过程即为"零点"校准.（为什么要核准）

② 继续沿原方向转动微调手轮,当正常"吞"(或"吐")条纹时,记录下此时 M_1 的初始位置读数 x_1(为什么?).

③ 再按原方向转到微调手轮,记录中心条纹变化 N 条(N 一般不少于 50)时 M_1 的位置读数 x_i.

④ 重复内容③若干次,用适当的数据处理方法按式(3-16-5)测量激光波长 λ.

4. 观察并分析等厚干涉现象

在观察等倾干涉的基础上,转动粗调手轮,使 M_1 与 M_2' 之间距离减小,干涉条纹变疏变粗,当视场中只剩下两三个圆环时,则可以微调 M_2 的螺钉,观察 M_1 与 M_2 不严格垂直时等厚干涉的条纹特征.

转动微调手轮,让 M_1 缓慢平移,条纹将渐渐变直,此时为严格的等厚干涉.继续转动微调手轮,观察干涉条纹的变化规律,即条纹形状、粗细、疏密等,分析 M_1 与 M_2' 的相对位置,并用系列图示加以说明.

5. 用钠黄光与毛玻璃形成扩展光源,观察分析定域干涉现象,并测量钠黄光谱线的波长差(选做)

① M_1 与 M_2 严格垂直产生等倾干涉时,在原观察屏上能否观察到干涉条纹?去掉观察屏用眼睛直接观察能否看到干涉条纹?介绍并说明原因.

② 观察在移动平面镜 M_1 时,干涉条纹由清晰变模糊,由模糊再变清晰的周期过程,解释原因,同时测量其周期 Δd.

③ 按式(3-16-10)求出钠黄光的波长差.

④ 观察 M_1 与 M_2 不严格垂直时的现象.

6. 白光干涉现象的观察,并设计出以下内容的测量方法(选做)

① 测量平板玻璃折射率.

② 测量滤光片的中心波长 λ_0 和半通带宽度 $\Delta\lambda$.

提示:实验时,可在必做内容 M_1 与 M_2 严格垂直,并且通过调节平面镜 M_1 使 $d \approx 0$ 的基础上,用白炽灯加毛玻璃作为光源进行观察,得到白光干涉条纹后再进行相应测量.

【数据记录与处理】

① 自拟表格,记录所测量数据.

② 用适当的数据处理方法(比如逐差法或最小二乘法),按式(3-16-5)计算激光波长 λ,并与标准值(632.8nm)进行比较,计算出相对误差.估算出 λ 的不确定度,表示完整的实验结果.

③ 记录各种情况下的干涉现象,分析并总结实验现象及规律.

【注意事项】

① 迈克耳孙干涉仪是精密仪器,在调整与使用中各镜面必须保持清洁,禁止用手触摸,调整、操作要认真、小心.

② 微调手轮转动时可以带动粗调手轮转动,但转动粗调手轮时不能带动微调手轮转动.因此,在所有测量之前,应进行零位调节,即:先将微调手轮调至零,然后再将粗调手轮同方向转至对齐任一整刻度线.

③ 为了得到正确的结果,防止引入空程误差,测量过程中转动粗调手轮及微调手轮时应向同一方向,不能中途倒转.

④ 干涉仪各螺钉特别是 M_1 和 M_2 镜面背后的螺钉及拉簧螺钉调节时用力要适度,否则会使干涉仪镜面变形影响测量精度,甚至损坏仪器.

【思考与讨论】

① 如何判断 He-Ne 激光光束垂直照射平面镜 M_2？ 如何调节和判断平面镜 M_1 与 M_2 是否严格垂直？

② 迈克耳孙干涉仪的圆形干涉条纹的疏密有何规律？

③ 本实验的干涉图样与牛顿环的干涉图样有什么共同之处和不同之处？

【附录 3.16.1】

迈克耳孙简介

迈克耳孙(1852～1931),美国物理学家.1852 年 12 月 19 日出生于普鲁士斯特雷诺(现属波兰),后随父母移居美国.曾任芝加哥大学教授,美国科学促进协会主席,美国科学院院长;还曾当选为法国科学院院士和伦敦皇家学会会员.

迈克耳孙主要从事光学和光谱学方面的研究,他以毕生精力从事光速的精密测量,在他的有生之年,一直是光速测定的国际中心人物.他发明了一种用以测定微小长度、折射率和光波波长的干涉仪(迈克耳孙干涉仪),在研究光谱线方面起着重要作用.1887 年他与美国物理学家 E. W. 莫雷合作,进行了著名的迈克耳孙-莫雷实验,这是一个最重大的否定性实验,它动摇了经典物理学的基础.他研制出高分辨率的光谱学仪器,经改进的衍射光栅

图 3-16-6 迈克耳孙

和测距仪.迈克耳孙首先倡导用光波波长作为长度基准,提出在天文学中利用干涉效应的可能性.由于发明了精密的光学仪器和借助这些仪器在光谱学和度量学的研究工作中所做出的贡献,迈克耳孙于 1907 年被授予诺贝尔物理学奖.

实验 3.17 牛顿第二定律的研究
——气垫导轨实验(一)

气垫导轨(air track)简称气轨,是一种较为理想的力学实验设备,它是 20 世纪 60 年代发展起来的一种新技术.气垫导轨利用从导轨表面喷出的压缩空气,在导轨与滑行器(滑块)间形成空气薄膜即气垫,浮起滑块,使滑块悬浮在导轨面上.滑块在导轨上运动时,由于滑块

与导轨面不直接接触,从而大大减小了运动时的摩擦阻力,减少了磨损,延长了仪器寿命,提高了机械效率,为力学测量创造了比较理想的实验条件.在机械、电子、纺织、运输等领域中得到了广泛的应用,如激光全息实验台、气垫船、空气轴承、气垫输送线等.

摩擦力的存在严重制约了力学测量的准确度.气轨可用于研究和观察在近似无摩擦力的情况下物体的运动规律,通过光电计时器对时间的测量,用实验的方法对力学规律进行研究,使实验结果接近理论值,实验现象更加真实、直观.在力学实验中,由于采用了气垫技术,许多力学实验能进行定量的分析和研究,大大提高了实验的精确度.如速度和加速度的测定,重力加速度的测定,牛顿运动定律、动量守恒定律及谐振运动的研究等.

牛顿第二定律是质点动力学的基本方程,给出了力 F、质量 m 和加速度 a 三个物理量之间的定量关系.本实验从以下两个方面出发来研究牛顿第二定律:(1)系统总质量不变,研究合外力与加速度的关系;(2)合外力不变,考察总质量与加速度的关系.通过牛顿第二定律的研究实验,重点学习研究物理规律的基本实验方法,即怎样做物理规律的研究实验和如何判断实验是否能够与理论相符,从而引导学生掌握研究问题的方法和思路.

【预习提示】

① 如何调节气垫导轨水平?
② 实验中所用的挡光片和光电门的作用各是什么?
③ 测量瞬时速度的基本思想是什么?
④ 如何测量匀加速直线运动的加速度?
⑤ 实验中如何改变合外力? 怎样保证在改变合外力时保持系统总质量不变?
⑥ 实验中如何改变系统总质量? 怎样保证在改变系统总质量时保持合外力不变?

【实验目的】

① 熟悉气轨的构造和性能,掌握气轨的调节及操作方法.
② 掌握在气轨上测定速度、加速度的方法,学习在低摩擦条件下研究力学问题的方法.
③ 学习研究问题的方法,从实验上获取 $F=ma$ 的关系式.
④ 了解光电计时系统的基本工作原理,学会用光电计时系统测量短暂时间的方法.

【实验原理】

1. 瞬时速度的测量

一个作直线运动的物体,如果在 $t \sim t + \Delta t$ 时间内通过的位移为 $\Delta x (x \sim x + \Delta x)$,则该物体在 Δt 时间内的平均速度为 $\bar{v} = \dfrac{\Delta x}{\Delta t}$,$\Delta t$ 越小,平均速度就越接近于 t 时刻的实际速度.当 $\Delta t \to 0$ 时,平均速度的极限值就是 t 时刻(或 x 位置)的瞬时速度

$$v_t = \lim_{\Delta \to 0} \frac{\Delta x}{\Delta t} = \frac{\mathrm{d}x}{\mathrm{d}t} \tag{3-17-1}$$

在实际测量中,计时装置不可能记录下 $\Delta t \to 0$ 的时间来,因而直接用式(3-17-1)测量某

点的速度就难以实现. 但在一定误差范围内, 只要取很小的位移 Δx, 测量对应时间间隔 Δt, 就可以用平均速度 $\bar{v} = \dfrac{\Delta x}{\Delta t}$ 近似代替 t 时刻到达 x 点的瞬时速度 v_t. 本实验中取 Δx 为定值 (约 10 mm), 用光电计时系统测出通过 Δx 所需的极短时间 Δt, 通过 $v_t \approx \dfrac{\Delta x}{\Delta t}$ 较好地解决了瞬时速度的测量问题.

2. 加速度的测量

在气垫导轨上相距一定距离 S 的两个位置处各放置一个光电门, 分别测出滑块经过这两个位置时的速度 v_1 和 v_2. 对于匀加速直线运动问题, 通过加速度、速度、位移及运动时间之间的关系, 就可以实现加速度 a 的测量.

1) 由 $v_2 = v_1 + at$ 测量加速度

在气垫导轨上滑块运动经过相隔一定距离的两个光电门时的速度分别为 v_1 和 v_2, 经过两个光电门之间的时间为 t_{21}, 则加速度 a 为

$$a = \frac{v_2 - v_1}{t_{21}} \tag{3-17-2}$$

根据式 (3-17-2) 即可计算出滑块的加速度.

2) 由 $v_2^2 = v_1^2 + 2aS$ 测量加速度

设 v_1 和 v_2 为滑块经过两个光电门的速度, S 是两个光电门之间距离, 则加速度 a 为

$$a = \frac{v_2^2 - v_1^2}{2S} \tag{3-17-3}$$

根据式 (3-17-3) 也可以计算出作匀加速直线运动滑块的加速度.

3) 由 $x = x_0 + v_0 t + \dfrac{1}{2} at^2$ 测量加速度

还可以根据匀加速直线运动加速度 a、位移 $S(S = x - x_0)$ 及运动时间 t 之间的关系式 $x = x_0 + v_0 t + \dfrac{1}{2} at^2$ 测量加速度. 据此计算加速度有多种方法, 其中一种方法是根据式 (3-17-4) 由作图法求出加速度.

$$\frac{x - x_0}{t} = v_0 + \frac{1}{2} at \tag{3-17-4}$$

实验时固定初位置 x_0 (光电门 1 的位置), 改变不同的末位置 x (光电门 2 的位置), 使物体 (滑块) 从静止开始运动, 测出相应的运动时间 t, 作 $\dfrac{x - x_0}{t} - t$ 关系图线. 如果是直线, 说明物体作匀加速运动, 直线的斜率为 $\dfrac{1}{2} a$.

以上介绍了 3 种测量加速度 a 的方法. 具体测量时应先将气垫导轨调水平, 再使滑块在水平方向受到一恒力的作用, 那么滑块的运动就是匀加速直线运动; 也可先把气垫导轨调水平, 然后将其一端垫高 h 高度, 使气垫导轨倾斜, 滑块在倾角为 θ 的导轨上面下滑, 其运动也是匀加速直线运动.

3. 牛顿第二定律的研究

牛顿第二定律的内容是：物体受到外力作用时，所获得加速度的大小与合外力的大小成正比，与物体的质量成反比，加速度的方向与合外力的方向相同.其数学表达式为

$$F = ma \tag{3-17-5}$$

为了实现牛顿第二定律的实验研究，考虑如图 3-17-1 所示一个运动物体系统，系统由 m_1（滑块）和 m_2（砝码）两个物体组成，略去滑块与导轨及滑轮轴上的摩擦力，忽略空气阻力及气垫对滑块的黏滞力，不计滑轮和细线的质量，忽略细线的伸长量等.

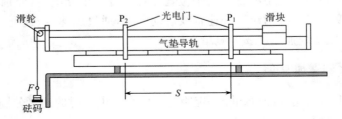

图 3-17-1　牛顿第二定律的研究装置

调节气垫导轨水平后，将一定质量的砝码盘通过一细线经气垫导轨的滑轮与滑块相连.设滑块部分的质量为 m_1，滑块本身所受重力为 $m_1 g$，气垫对滑块的漂浮力为 N，此二力相平衡，滑块在垂直方向受到的合外力为零.滑块在水平方向上受到细线的拉力，此力为重物作用于细线所产生的张力 T，由于气垫导轨和滑块及细线所受的黏滞阻力及空气阻力忽略不计，则有

$$\begin{cases} m_2 g - T = m_2 a \\ T = m_1 a \end{cases} \tag{3-17-6}$$

式中 a 为运动系统的加速度，根据式（3-17-6）有

$$m_2 g = (m_1 + m_2) a \tag{3-17-7}$$

在式（3-17-7）中，若令 $m = m_1 + m_2$ 表示运动物体系统的总质量，$F = m_2 g$ 表示物体系统在运动方向所受的合外力，则式（3-17-7）即为式（3-17-5）$F = ma$.根据式（3-17-7），研究牛顿第二定律可分为以下三个步骤来实现.

（1）保持系统总质量不变，研究加速度 a 与合外力间的关系.当系统总质量 m 保持不变时，加速度 a 应与合外力 F 成正比，比值为常数，即

$$\frac{a}{m_2 g} = \frac{1}{m_1 + m_2} \tag{3-17-8}$$

实验时，在保持总质量 m 不变的情况下，改变合外力 $F_i = m_{2i} g$，即逐次改变砝码盘中砝码的质量，测出系统相应的加速度 a_i.如果在实验误差允许的范围内式（3-17-9）成立，

$$\frac{a_1}{m_{21} g} = \frac{a_2}{m_{22} g} = \cdots = \frac{a_i}{m_{2i} g} = \frac{1}{m_1 + m_2} \tag{3-17-9}$$

则说明在系统 m 不变的情况下，a 与 F 成正比.还可以利用上述 a 和 F 数据作 a-F 关系图线，若为直线，则式（3-17-8）成立，即 a 与合外力 F 成正比.

（2）保持合外力一定，改变系统总质量，研究加速度与系统总质量的关系.当保持系统

所受合外力 $F=m_2g$ 不变时,加速度 a 的大小应与系统的总质量 $m=m_1+m_2$ 成反比,即

$$a = m_2g\frac{1}{m_1+m_2} \tag{3-17-10}$$

同样,实验时保持合外力 $F=m_2g$ 不变,改变系统总质量 $m_i=m_{1i}+m_2$,即逐次向滑块增加不同重量的质量块,测出系统相应的加速度 a_i. 如果在实验误差允许的范围内式(3-17-11)成立,

$$a_1(m_{11}+m_2) = a_2(m_{12}+m_2) = \cdots = a_i(m_{1i}+m_2) = m_2g \tag{3-17-11}$$

则说明在 F 不变的情况下,a 与 m 成反比. 还可以利用上述 a 和 m 数据作 $a-\dfrac{1}{m}$ 关系图线,若为直线,则式(3-17-10)成立,即 a 与 m 成反比.

如果式(3-17-8)和式(3-17-10)均成立,则式(3-17-7)即式(3-17-5)得到实验证明,也就是说,牛顿第二定律的实验研究成立.

(3) 实验拓展研究. 恒定质量的物体在恒力作用下加速度与位置(时间)的关系研究. 系统总质量不变,并保持合外力恒定不变,研究加速度与位置(时间)的关系. 在气轨上安置两个光电门,利用气轨上附带的米尺可以测出两个光电门之间的距离 s,在滑块上安装一双挡光片(双挡光片前沿之间的距离为 Δx),利用光电计时系统分别可以测出双挡光片经过两个光电门时的时间间隔. 于是可以利用式(3-17-1)和式(3-17-3)求出滑块在两个光电门之间运动的平均加速度 a. 保持系统总质量 m 和合外力 F 不变,改变 s,若测出的平均加速度 a 在误差范围内保持不变,则说明加速度与位置(时间)无关.

4. 判定实验与理论是否相符

根据实验数据,计算加速度 a 实验值的不确定度和理论值的不确定度,如果式(3-17-12)成立,

$$|a_{理}-a_{实}| \leqslant \sqrt{(3u_{理})^2+(3u_{实})^2} \tag{3-17-12}$$

则说明牛顿第二定律的实验研究结论成立. 式(3-17-12)中的 $\sqrt{(3u_{理})^2+(3u_{实})^2}$ 就是 $a_{实}$ 实验允许的最大误差.

【实验器材】

气垫导轨、光电计时系统、滑块、砝码、配重块(金属块)等.

【实验内容与要求】

1. 调节气垫导轨和光电计时系统

调整气垫导轨水平,达到细调水平要求,即滑块往返一次 $\Delta t_2-\Delta t_1 \approx \Delta t_4-\Delta t_3$. 调整光电计时系统处于正常工作状态. 具体调节方法请参阅附录 3-17-1、附录 3-17-2 和附录 3-17-3.

2. 物体系统总质量不变时加速度与合外力成正比的实验研究

保证物体系统总质量不变,逐步增加砝码盘中砝码的质量,改变外力 5 次. 每一合外力下分别记录滑块经过两个光电门的时间 Δt_1 和 Δt_2,重复测量 5 次.

注意:① 系统总质量为滑块质量与砝码盘和砝码质量之和. 为了保证系统总质量不变,必须将砝码总量分为两部分,一部分放在砝码盘中,一部分放在滑块上. 当需要改变作用力时,再将滑块上的砝码依次转移到砝码盘中(不能将砝码放在实验台上!).

② 每一种合外力下的重复测量,实验中尽量保持在同一初始位置由静止释放滑块.

3. 物体系统所受合外力不变时加速度与总质量成反比的实验研究

保持砝码盘部分的质量不变,即合外力不变,在滑块上逐步增加质量块,改变物体系统总质量 5 次. 每一总质量下分别记录滑块经过两个光电门的时间 Δt_1 和 Δt_2,重复测量 5 次.
注意:每一种系统总质量下的重复测量,实验中尽量保持在同一初始位置由静止释放滑块.

4. 恒定质量的物体在恒力作用下加速度与位置(时间)的关系研究(选做)

实验要求:保持系统总质量 m 和合外力 F 恒定不变,并保持第一个光电门的位置不变,改变第二个光电门的位置以改变两个光电门之间的距离 s. 在同一初始位置由静止释放滑块,测出对应不同 s 时的 v_0 和 v_t.

5. 设计测量滑块在气垫导轨上运动所受空气阻力的实验方案(选做)

设计要求:①阐述基本实验原理和实验方法;②说明基本实验步骤;③进行实际实验测量;④说明数据处理方法,给出滑块运动所受的阻力与运动速度的关系;⑤分析和讨论实验结果.

【数据记录与处理】

(1) 根据实验内容 2、3 要求,列表记录和处理数据(数据记录与处理表可参考表 3-17-1 和表 3-17-2). 并做以下处理:

表 3-17-1　系统总质量不变时,加速度与外力成正比的数据记录与处理表

$S=$＿＿＿＿ m;$\Delta x=$＿＿＿＿ m;系统总质量$=m_1+m_2=$＿＿＿＿ kg

质量(kg)	测量次数	Δt_1 (ms)	v_1 (m/s)	Δt_2 (ms)	v_2 (m/s)	$a_{实}$ (m/s²)	$\overline{a}_{实}$ (m/s²)	$a_{理}$ (m/s²)	$\dfrac{\lvert a_{理}-\overline{a}_{实}\rvert}{a_{理}}\times100\%$
$m_1=$ $m_2=m_{盘}=$	1								
	2								
	3								
	4								
	5								

· 176 ·

质量(kg)	测量次数	Δt_1 (ms)	v_1 (m/s)	Δt_2 (ms)	v_2 (m/s)	$a_实$ (m/s²)	$\bar{a}_实$ (m/s²)	$a_理$ (m/s²)	$\dfrac{\lvert a_理 - \bar{a}_实 \rvert}{a_理} \times 100\%$
$m_1=$ $m_2=m_盘+5\times10^{-3}$ $=$	1								
	2								
	3								
	4								
	5								
$m_1=$ $m_2=m_盘+10\times10^{-3}$ $=$	1								
	2								
	3								
	4								
	5								
$m_1=$ $m_2=m_盘+15\times10^{-3}$ $=$	1								
	2								
	3								
	4								
	5								
$m_1=$ $m_2=m_盘+20\times10^{-3}$ $=$	1								
	2								
	3								
	4								
	5								

表 3-17-2　物体所受外力不变时,加速度与质量成反比的数据记录与处理表

$S=$ ＿＿＿＿＿ m;$\Delta x=$ ＿＿＿＿＿ m;$m=$ ＿＿＿＿＿ kg

m_1 质量(kg)	测量次数	Δt_1 (ms)	v_1 (m/s)	Δt_2 (ms)	v_2 (m/s)	$a_实$ (m/s²)	$\bar{a}_实$ (m/s²)	$a_理$ (m/s²)	$\dfrac{\lvert a_理 - \bar{a}_实 \rvert}{a_理} \times 100\%$
$m_1=m_块$	1								
	2								
	3								
	4								
	5								

m_1 质量(kg)	测量次数	Δt_1 (ms)	v_1 (m/s)	Δt_2 (ms)	v_2 (m/s)	$a_{实}$ (m/s²)	$\bar{a}_{实}$ (m/s²)	$a_{理}$ (m/s²)	$\dfrac{\left\|a_{理}-\bar{a}_{实}\right\|}{a_{理}}\times100\%$
$m_1=m_{块}+$ 50×10^{-3}	1								
	2								
	3								
	4								
	5								
$m_1=m_{块}+$ 100×10^{-3}	1								
	2								
	3								
	4								
	5								
$m_1=m_{块}+$ 150×10^{-3}	1								
	2								
	3								
	4								
	5								
$m_1=m_{块}+$ 200×10^{-3}	1								
	2								
	3								
	4								
	5								

注:表 3-17-1、表 3-17-2 中,$m_{块}$ 为滑块质量,$m_{盘}$ 为砝码盘质量.

① 每一合外力和每一总质量情况下,分别计算加速度的理论值 $a_{理}$、实验值 $a_{实}$ 和相对百分误差 $B=\left|\dfrac{a_{理}-a_{实}}{a_{理}}\right|\times100\%$,分析实验结果,判断是否通过实验证明了式(3-17-8)和式(3-17-10)的成立.

② 作图法判断理论与实验是否相符.用直角坐标纸或计算机分别作 $a\text{-}F$ 和 $a\text{-}\dfrac{1}{m}$ 关系图线,判断实验是否与理论相一致.通过求斜率分别计算出总质量和合外力的实验值,与实际值(理论值)比较,分别计算相对百分误差 $B=\left|\dfrac{m_{理}-m_{实}}{m_{理}}\right|\times100\%$ 和 $B=\left|\dfrac{F_{理}-F_{实}}{F_{理}}\right|\times100\%$.

③ 任选其中一种合外力或一种总质量情况下,分别计算实验值的不确定度和理论值的不确定度,判断 $|a_{理}-a_{实}|\leqslant\sqrt{(3u_{理})^2+(3u_{实})^2}$ 是否成立,分析实验是否与理论相一致.

④ 分析讨论实验结果,说明牛顿第二定律的实验研究情况.

(2) 根据实验内容 4 测量数据,以 s 为横坐标,$v_t^2-v_0^2$ 为纵坐标作图.对所作图线进行分析,得出结论并给出理由.

【注意事项】

① 气垫导轨是较精密仪器,它的几何精度直接影响实验效果.实验中严禁导轨受碰撞、重压、划伤,以免造成变形和损伤.

② 使用时要先给导轨通气,后放滑块,没有给导轨通气时,切勿在导轨上强行推动滑块;使用完毕,应先取下滑块,再关闭气源.不得违章操作.

③ 实验时滑块的速度不能太大,以免滑块在与导轨两端缓冲弹簧碰撞后跌落摔坏.

④ 挡光片要从光电门的空隙通过,不能碰到光电门上;在滑块上加配重块时,务必对称放置,保持滑块平衡.

⑤ 每次实验中要保证细线在滑轮上,细线长度要合适,太长则砝码盘可能在滑块通过第二个光电门之前就落地.

【思考与讨论】

① 本实验有哪些可能存在的误差来源?

② 调节气垫导轨水平时,若滑块由 P_1 向 P_2 运动时 $\Delta t_1 = \Delta t_2$,而从 P_2 向 P_1 运动时 $\Delta t_1 > \Delta t_2$,是什么原因? 应该如何处理? 在实验中,若气轨未调节到水平状态,对所测的 a 值有何影响?

③ 实验中如何保证系统的总质量不变?

④ 在实验中,如果砝码盘在不断晃动,对测量结果是否会有影响? 为什么?

⑤ 试总结出用实验研究物理规律的基本实验方法.

【附录 3.17.1】

气垫导轨介绍

1. 气垫导轨的结构与组成

气垫导轨是一种接近于无摩擦阻力的力学实验装置,由导轨、滑块和光电计时测量系统组成,外形结构如图 3-17-2 所示.

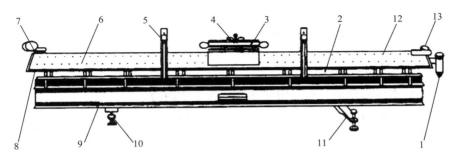

图 3-17-2 气垫导轨装置图

1. 进气口;2. 标尺;3. 滑块;4. 挡光片;5. 光电门;6. 导轨;7. 滑轮;8. 测压口;
9. 底座;10. 垫脚(底脚调节螺丝);11. 支脚;12. 喷气小孔;13. 端盖

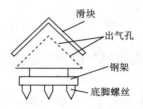

图 3-17-3　导轨的剖面图

1）导轨

　　导轨是一根固定在钢架上的三角形铝合金空腔管,在空腔管的侧面钻有数排等距离的小孔,导轨剖面如图 3-17-3 所示.空腔管的一端封闭,另一端通过塑料管与供气系统相连.当压缩空气送入空腔管后,再从小孔高速喷出.在导轨上方可安放作为测量对象的滑块,在导轨上还有用于测量位置的标尺,在导轨下装有调节水平用的底脚螺丝.

2）滑块

　　滑块由直角形铝板制成,其内表面可以与导轨的两个侧面精密吻合.当压缩空气从导轨上的小孔中高速喷出时,在滑块和导轨之间形成很薄的空气层即气垫,使滑块悬浮在导轨面上.滑块与导轨面不发生直接接触,因此滑块在导轨上的运动,可近似地认为是一种无摩擦的运动.当然,实际上还存在滑块与导轨面间的空气黏滞力和滑块周围的空气阻力,但这些阻力很小,一般可以忽略不计.气垫导轨之所以能成为定量研究许多力学现象的一种良好实验装置,利用的就是这一特性.滑块中部的上方水平安装着遮光片(也称为挡光片),与光电门和计数器相配合,测量滑块经过光电门的时间或速度.滑块上还可以安装配重块(即金属块,用以改变滑块的质量)、弹性碰撞器(弹簧)、非弹性碰撞器(尼龙搭扣)等配件,用于完成不同的实验.

3）光电计时系统

　　光电计时测量系统由光电门和电脑通用计数器组成,光电门结构和测量原理如图 3-17-4 所示.当滑块从光电门旁经过时,安装在滑块上的挡光片穿过光电门,从发射器(如发光二极管)射出的红外光被挡光片遮住而无法照到接收器上,此时接收器(如光电二极管)产生一个脉冲信号.在滑块经过光电门的整个

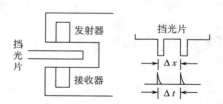

图 3-17-4　光电门的结构与测量原理

过程中,挡光片两次挡光,则接收器共产生两个脉冲信号,计数器将测出这两个脉冲信号之间的时间间隔 Δt.设二次挡光片间的遮光距离为 Δx,则平均速度为 $\bar{v}=\dfrac{\Delta x}{\Delta t}$,当速度变化不大,或 Δx 较小时,这个平均速度就可认为是滑块通过光电门中间的瞬时速度.(有关光电计时系统的较详细说明可参阅本实验的附录 3-17-3.)

2. 气垫导轨的水平调节

　　导轨水平状态的调整是正确使用气垫导轨的重要内容,许多测量都需要先将导轨调整到水平状态.由于导轨较长,用一般的水平仪测量有困难,实验中常采用观察滑块的运动情况来判断导轨是否水平.调整气垫导轨水平有一定的难度,需要耐心地反复调整,常用的调整方法有下列两种.

1）静态粗调

导轨通气后，滑块放置在导轨上的实验段内，调整用于水平调节的底脚螺丝（图 3-17-2 中的"10"），直到滑块保持不动，或稍有滑动，但不总是向一个方向滑动，则可认为导轨基本调平.

2）动态细调

先使滑块以中等速度平稳地从左端向右端运动，分别记录先后通过两个光电门的时间间隔 Δt_1 和 Δt_2，仔细调节底脚螺丝，使 Δt_2 和 Δt_1 十分接近. 当导轨完全水平时，由于滑块与导轨间的黏滞阻力和滑块周围的空气阻力，Δt_2 比 Δt_1 稍长一些，一般应在第三位读数以下才有差别. 再使滑块以同样速度从右端向左端运动，分别记录先后通过两个光电门的时间间隔 Δt_3 和 Δt_4，Δt_4 和 Δt_3 也应十分接近. 这时可认为导轨调平.

【附录 3.17.2】

MUJ 系列电脑通用计数器的使用

MUJ 系列电脑通用计数器用单片机作为中央处理器，并且编入了相应的数据处理程序，具备多组实验数据的记忆存储功能. 从 1、2 两个光电门（光电门接在通用计数器背面的插座上）采集数据信号，经中央处理器处理后，在 LED 数码显示屏上显示出测量结果. MUJ 系列电脑通用计数器的主要按键及其基本功能如下.

1）功能键

多次按下功能键，选择要使用的功能. 本实验主要使用"计时 2（S_2）"功能，即测量滑块经过 P_1 和 P_2 两光电门时滑块上挡光片遮光的时间间隔 Δt 或滑块的速度 v（视设定的单位而定）.

按下取数键，再按下功能键，仪器将清除之前所记录的测量结果.

2）转换键

按下转换键大于 1 秒，选择所用挡光片的宽度（1 cm、3 cm、5 cm 或 10 cm），在显示的宽度值与所用挡光片的宽度相同时，放开此键即可. 每次开机时挡光片的宽度自动设定为 1 cm. 测量速度前，请确认所用挡光片的宽度与设定挡光片的宽度相等.

在选择好"计时 2"功能后，按下转换键小于 1 秒，设定显示的测量结果是时间还是速度（相应的时间单位 s 或速度单位 cm/s 前的指示灯点亮）.

3）取数键

自上一次清零后开始记录算起，前 20 组测量结果会自动保留存储下来. 按下取数键，可依次显示存储的测量结果. 当显示"E×"时，提示将显示存入的第×组测量结果；每个测量结果显示约 10s，然后再显示下一组测量结果.

光电计时系统的基本原理

平时用停表测量时间间隔,一般停表的最小读数为 0.1s,如要测量更短的时间或更准确地计时,停表是不适用的.目前,常用石英晶体振荡器所产生的交流电信号作为计时标准,来组成精确的计时电路,基本原理如图 3-17-5 所示.

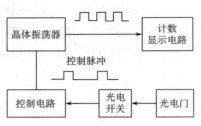

图 3-17-5 光电计时系统的基本原理

晶体振荡器可以不断地产生一定频率的交流电信号,为了计数电路的需要,交流电信号的正弦波形要转换为脉冲波形,每秒产生的电脉冲数与交流电信号的频率数值相同.计数显示电路的作用是记录进入电路的电脉冲数并能以数字显示.

晶体振荡器与计时电路接通时,由晶体振荡器输出的脉冲送入计数电路进行计数.所显示的脉冲数随着脉冲的进入而增加,直到晶体振荡器与计数电路断开,此时显示的脉冲数是稳定的且可直接读数.所累计的脉冲数是代表两个电路从接通到断开的这一时间间隔内所输送的晶体振荡器输出的脉冲数总和.例如,晶体振荡器交流电信号的频率为 10^4 Hz,即每秒产生 10^4 个脉冲,电路从接通到断开,累计的脉冲数为 2001,显然这一时间间隔为 $\dfrac{2001}{10000}=0.2001$ s 或 200.1 ms,最后一位数"1"代表 0.1 ms,也就是晶体振荡交流电信号的周期,由此可见,振荡频率越高,即周期越短,则末位数字代表的时间也越短.

控制电路的作用相当于一个开关.一般是采用电脉冲(控制脉冲)来控制晶体振荡器与计数电路的接通或断开.第一个控制脉冲使二者接通,开始计时;第二个控制脉冲使二者断开,停止计时.这两个控制脉冲之间的时间间隔就是所要测量的时间.

控制脉冲产生的方法之一是采用光电转换的方法.气垫导轨上的光电门是由一个光电二极管和一个发光二极管组成.光电二极管受光照时电阻较小,当光线被遮挡而不受光照时电阻很大.由于光电二极管电阻的变化,经过光电开关电路而产生一个控制脉冲.滑块上装有二次挡光片,第一次遮光边缘经过光电门时,产生一个控制脉冲而开始计时;第二次遮光边缘经过光电门时,又产生一个控制脉冲而停止计时.计数电路上显示的读数即为两次遮光的时间间隔.

实验 3.18 动量守恒定律的研究
——气垫导轨实验(二)

17 世纪中叶,碰撞问题成了科学界共同关注的课题,在这个时期英国成立了皇家学会.1668 年皇家学会就该问题悬奖征文,激励科学家们研究碰撞定律.当时将质量和速度平方的乘积叫活力,17 世纪末 18 世纪初,运动的量度问题引起了一场争论,也称为"活力争论".动量 mv 和动能 $\dfrac{1}{2}mv^2$ 哪个量可以代表机械运动?在什么条件下动能守恒?在这场争论过程中,人们不但进行了理论分析,而且还进行了大量的实验研究,当时使用的仪器叫做冲击摆,在"活力争论"中起到过非常重要的作用.当气垫导轨(air track)出现后,研究碰撞问题就在气轨上进行了.

碰撞现象在生产实践及日常生活中广泛存在着,例如锻铁,打桩,台球桌上台球之间的相互作用,交通事故中车辆的相撞等都是碰撞过程,在研究分子、原子、原子核的散射时,在一定意义下也可看做碰撞过程来处理.

动量守恒定律是自然界的一个普遍规律,不仅适用于宏观物体,也适用于微观粒子,在科学研究和生产技术方面都被广泛应用.本实验通过两个滑块在水平气垫导轨上的完全弹性碰撞和完全非弹性碰撞过程来研究动量守恒定律.

【预习提示】

① 了解气垫导轨的基本构造和功能,熟悉气垫导轨的调节和使用方法(参阅附录 3-17-1).
② 了解光电计时系统的基本组成和原理,掌握电脑通用计数器的使用方法(参阅附录 3-17-2 和附录 3-17-3).
③ 一个力学系统在什么条件下动量守恒? 在气垫导轨上如何测量系统碰撞前后的动量?
④ 什么是弹性碰撞? 什么是完全非弹性碰撞? 在实验中如何实现?

【实验目的】

① 通过碰撞前后动能的变化,用观察法研究完全弹性碰撞和完全非弹性碰撞的特点.
② 动量守恒定律的实验研究,学会判断实验是否与理论相符的基本方法.

【实验原理】

动量守恒的条件是被研究的系统所受合外力为零;或者在研究的方向上合外力为零,则在这个方向上存在动量守恒.因此,用实验方法研究动量守恒定律,就必须满足这样的条件.

在气垫导轨上进行动量守恒定律的研究,实验中的研究系统是由两个滑行器(滑块)组成.对于完全弹性碰撞,要求两个滑行器(滑块)的碰撞面应该由弹性良好的弹簧构成缓冲器;对于完全非弹性碰撞,应贴有橡皮泥、黏油或者尼龙搭扣.无论哪种情况,都必须是对心碰撞,即碰撞的一瞬间碰撞点必须在两碰撞物体质心的连线上.因此,对于滑行器的质心和碰撞点要进行精心的调整,才能达到预期的结果.为了保证研究系统在水平方向上的合外力为零,必须使气垫导轨保持良好的水平状态.

1. 碰撞与动量守恒定律

如果某一力学系统在运动过程中,不受外力或所受的外力矢量和为零,则系统的总动量保持不变,这就是动量守恒定律(law of conservation of momentum).如果系统只包括两个物体,并且这两个物体沿一条直线发生碰撞,只要系统所受的各外力在此直线方向上的分量的代数和为零,则在该方向上系统的总动量就保持不变.

本实验是由气垫导轨上两个滑块组成的力学系统,通过研究两个滑块在水平气垫导轨上沿直线发生碰撞的过程来实现动量守恒定律的研究.由于气垫的作用,滑块受到的摩擦力可忽略不计.这样当发生碰撞时,系统(即两个滑块)仅受内力的相互作用,而在水平方向上不受外力,故系统的动量守恒.

设两个滑块的质量分别为 m_1 和 m_2,在水平方向不受外力的情况下发生碰撞,碰撞前的运动速度为 v_{10} 和 v_{20},碰撞后的运动速度为 v_1 和 v_2,则由动量守恒定律可得

$$m_1 v_{10} + m_2 v_{20} = m_1 v_1 + m_2 v_2 \tag{3-18-1}$$

由上式可知,动量守恒定律的实验研究主要是通过测量碰撞前后各滑块运动速度的大小来实现.滑块在气轨上运动时,固定在滑块上遮光距离为 Δx 的双挡光片随滑块一起通过光电门,挡光片经过光电门所用时间 Δt 由计时器获得,则滑块通过光电门的平均速度为 $\bar{v} = \dfrac{\Delta x}{\Delta t}$,由于 Δx 较小,滑块运动又比较快,Δt 较小,因此,这个平均速度就可看成是滑块通过光电门中间的瞬时速度.

2. 完全弹性碰撞

完全弹性碰撞的特点是碰撞前后系统的动量守恒,机械能也守恒.如图 3-18-1 所示,如果在两个滑块相碰撞的两端装上缓冲弹簧,在滑块相碰时缓冲弹簧发生弹性形变后恢复原状,系统的机械能基本无损失,可用公式表示

$$\frac{1}{2} m_1 v_{10}^2 + \frac{1}{2} m_2 v_{20}^2 = \frac{1}{2} m_1 v_1^2 + \frac{1}{2} m_2 v_2^2 \tag{3-18-2}$$

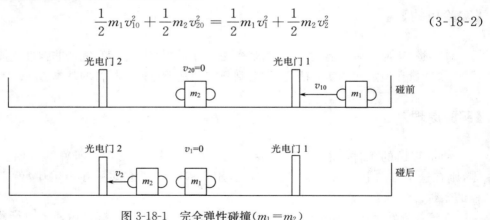

图 3-18-1 完全弹性碰撞($m_1 = m_2$)

由式(3-18-1)和式(3-18-2)联合求解可得

$$\begin{cases} v_1 = \dfrac{(m_1 - m_2) v_{10} + 2 m_2 v_{20}}{m_1 + m_2} \\[3mm] v_2 = \dfrac{(m_2 - m_1) v_{20} + 2 m_1 v_{10}}{m_1 + m_2} \end{cases} \tag{3-18-3}$$

在实验时,若令 $m_1 = m_2$,两个滑块的速度必然交换.若不仅 $m_1 = m_2$,且 $v_{20} = 0$,则碰撞后 m_1 滑块变为静止,而 m_2 滑块却以 m_1 滑块原来的速度沿原方向运动起来.

若两个滑块质量 $m_1 \neq m_2$,且 $v_{20} = 0$,则有

$$\begin{cases} v_1 = \dfrac{(m_1 - m_2)v_{10}}{m_1 + m_2} \\ v_2 = \dfrac{2m_1 v_{10}}{m_1 + m_2} \end{cases} \tag{3-18-4}$$

实际上完全弹性碰撞只是理想的情况,一般碰撞时总有机械能损耗,所以碰撞前后仅是总动量保持守恒,当 $v_{20}=0$ 时有

$$m_1 v_{10} = m_1 v_1 + m_2 v_2 \tag{3-18-5}$$

3. 完全非弹性碰撞

完全非弹性碰撞的特点是两个物体碰撞后一起以相同的速度运动. 如图 3-18-2 所示,在两个滑块的两个碰撞端分别装上尼龙搭扣,碰撞后两个滑块黏在一起以同一速度运动就可视为完全非弹性碰撞.

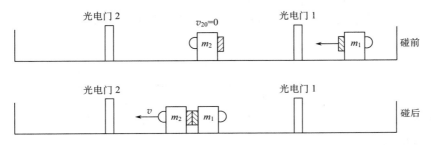

图 3-18-2   完全非弹性碰撞

若 $m_1 \neq m_2$, $v_{20}=0$, $v_1 = v_2 = v$, 由式(3-18-1)可得

$$v = \frac{m_1}{m_1 + m_2} v_{10} \tag{3-18-6}$$

若 $m_1 = m_2$, $v_{20}=0$, 则有

$$v = \frac{1}{2} v_{10} \tag{3-18-7}$$

即两个物体碰撞后的速度为物体 m_1 碰撞前速度的一半.

4. 恢复系数和动能比

碰撞的分类可以根据恢复系数的值来确定. 相互碰撞的两物体,碰撞后的相对速度和碰撞前的相对速度之比,称为恢复系数,常用符号 e 来表示,即

$$e = \frac{v_2 - v_1}{v_{10} - v_{20}} \tag{3-18-8}$$

若 $e=1$,即 $v_{10} - v_{20} = v_2 - v_1$ 是完全弹性碰撞;若 $e=0$,即 $v_1 = v_2$ 是完全非弹性碰撞;若 $0 < e < 1$,是一般的非完全弹性碰撞.

碰撞后和碰撞前的动能之比 R 也是反映碰撞性质的物理量,即

$$R = \frac{\dfrac{1}{2}m_1 v_1^2 + \dfrac{1}{2}m_2 v_2^2}{\dfrac{1}{2}m_1 v_{10}^2 + \dfrac{1}{2}m_2 v_{20}^2} \tag{3-18-9}$$

当 $v_{20}=0$ 时,可以推导出动能比 R 为

$$R = \frac{m_1 + m_2 e^2}{m_1 + m_2} \qquad (3\text{-}18\text{-}10)$$

当 $v_{20}=0$、$m_1=m_2$ 时,动能比 R 为

$$R = \frac{1}{2}(1 + e^2) \qquad (3\text{-}18\text{-}11)$$

根据式(3-18-11),若物体做完全弹性碰撞时,$e=1$ 则 $R=1$,无动能损失;若物体做完全非弹性碰撞时,$e=0$ 则 $R=\frac{1}{2}$;若物体做一般非弹性碰撞时,$0<e<1$,则 $\frac{1}{2}<R<1$. 由此可知,当由实验求出恢复系数 e 后,就可以算出碰撞前后的能量比和碰撞中的能量损失.

5. 判断实验与理论是否相符

实验总是存在着误差,因此动量守恒定律的实验研究,式(3-18-1)不可能准确成立. 设物体碰撞前后系统的总动量分别为 P_0 和 P,其标准不确定度分别 u_{P_0} 和 u_P,如果满足如下关系式

$$|P - P_0| \leqslant \sqrt{(3u_{P_0})^2 + (3u_P)^2} \qquad (3\text{-}18\text{-}12)$$

则说明碰撞前后系统动量的偏离量在实验允许的最大误差范围内. 也就可以说,在实验误差范围内,动量守恒定律的实验研究成立.

如果 $|P - P_0| \leqslant \sqrt{(3u_{P_0})^2 + (3u_P)^2}$ 不成立,则说明动量守恒定律的实验研究结果不理想,需查出原因.

【实验器材】

气垫导轨、光电计时系统、滑块两个,弹性碰撞器(缓冲弹簧)及尼龙搭扣等.

【实验内容与要求】

1. 调整气垫导轨和光电计时系统

调整气垫导轨水平,达到细调水平要求. 调整光电计时系统处于正常工作状态. 请仔细阅读"牛顿第二定律的研究"实验附录中的相关内容. 气垫导轨调节水平要求,滑块往返一次 $\Delta t_2 - \Delta t_1 \approx \Delta t_4 - \Delta t_3$.

2. 观察完全弹性碰撞和完全非弹性碰撞的特点

选取质量相等的两个滑块和质量不等的两个滑块,分别进行完全弹性碰撞和完全非弹性碰撞,观察碰撞的特点.

3. 动量守恒定律的实验研究

1) 完全弹性碰撞

(1) 两个质量相等滑块的碰撞

选取两个质量相等的滑块 m_1 和 m_2,$m_1=m_2$,分别装有双挡光片和弹性碰撞器(缓冲弹

簧).在保证 m_1 和 m_2 碰撞时二者的挡光片均在光电门 1 和光电门 2 之间的条件下使两个光电门尽量靠近,m_2 置于两个光电门之间静止不动,并使碰撞前 m_2 的挡光片尽量靠近光电门 2.将滑块 m_1 轻轻推向滑块 m_2,使二者在两个光电门之间对心碰撞,碰撞后 m_1 静止,m_2 向前运动,分别记录碰撞前 m_1 经过光电门 1 的时间 Δt_{11} 和碰撞后 m_2 经过光电门 2 的时间 Δt_{22}.重复测量 5 次.

（2）两个质量不等滑块的碰撞

选取两个质量不相等的滑块 m_1 和 m_2,$m_1 > m_2$,分别装有双挡光片和弹性碰撞器(缓冲弹簧).在保证 m_1 和 m_2 碰撞时二者的挡光片均在光电门 1 和光电门 2 之间的条件下使两个光电门尽量靠近,m_2 置于两个光电门之间静止不动,并使碰撞前 m_2 的挡光片尽量靠近光电门 2.将滑块 m_1 轻轻推向滑块 m_2,使二者在两个光电门之间对心碰撞,碰撞后 m_1 和 m_2 均向前运动,分别记录碰撞前 m_1 经过光电门 1 的时间 Δt_{11} 和碰撞后 m_1 和 m_2 经过光电门 2 的时间 Δt_{12} 和 Δt_{22}.重复测量 5 次.保证 $m_1 > m_2$,再改变 m_1 质量多次,重复以上操作.

2）完全非弹性碰撞

选取两个滑块 m_1 和 m_2,分别装有双挡光片和尼龙搭扣.在保证 m_1 和 m_2 碰撞时二者的挡光片均在光电门 1 和光电门 2 之间的条件下使两个光电门尽量靠近,m_2 置于两个光电门之间静止不动,并使碰撞前 m_2 的挡光片尽量靠近光电门 2.将滑块 m_1 轻轻推向滑块 m_2,使二者在两个光电门之间对心碰撞,碰撞后 m_1 和 m_2 黏在一起向前运动,分别记录碰撞前 m_1 经过光电门 1 的时间 Δt_{11} 和碰撞后 m_1 和 m_2 经过光电门 2 的时间 Δt_{22}.重复测量 5 次.保证 m_2 质量不变,再改变 m_1 质量多次,重复以上操作.

4. 设计利用动量守恒定律测量物体(如滑块)质量的实验方案(选做)

设计要求:①阐述基本实验原理和实验方法;②说明基本实验步骤;③进行实际实验测量;④说明数据处理方法,给出实验结果;⑤分析这一测量方法的优缺点.

【数据记录与处理】

1. 根据实验内容要求,自拟数据表格,列表记录和处理数据
2. 完全弹性碰撞

计算每次碰撞前后系统的总动量 P_0 和 P、动量相对百分误差 $\dfrac{|P_0 - P|}{P_0} \times 100\%$ 和恢复系数 e,检验动量守恒定律和完全弹性碰撞的特性.在 $m_1 = m_2$ 和 $m_1 \neq m_2$ 两种情况下,任取其中的一组数据计算不确定度,检验关系式 $|P - P_0| \leqslant \sqrt{(3u_{P_0})^2 + (3u_P)^2}$ 是否成立,得出实验结论.

3. 完全非弹性碰撞

计算每次碰撞前后系统的总动量 P_0 和 P、动量相对百分误差 $\dfrac{|P_0 - P|}{P_0} \times 100\%$ 和动能比 R,检验动量守恒定律和完全非弹性碰撞的特性.任取其中的一组数据计算不确定度,检验关系式 $|P - P_0| \leqslant \sqrt{(3u_{P_0})^2 + (3u_P)^2}$ 是否成立,得出实验结论.

【注意事项】

　① 气垫导轨表面和气孔是精密加工而成的,在实验中必须倍加爱护,避免导轨受碰撞和摩擦而变形和损伤.

　② 滑块的内表面光洁度高,应防止划伤和碰坏.实验时滑块的速度不宜太大,以免在与导轨两端缓冲弹簧碰撞后跌落而使滑块受损.

　③ 没有给导轨通气时,严禁在导轨上强行推动滑块.

　④ 为了使被撞滑块在碰撞前静止,可用手轻扶滑块,直至快要碰撞时才放开.

　⑤ 尽量保证碰撞为对心正碰,使碰撞前后均没有左右晃动现象.

【思考与讨论】

　① 在调节导轨水平时,如果装有双挡光片的滑块通过两个光电门的时间完全相等,这时导轨是否水平? 为什么?

　② 试分析动量守恒定律研究实验中产生误差的主要原因.

　③ 碰撞实验中两个光电门之间的距离是大些好还是小些好? 为什么?

　④ 如果测量出碰撞后的动量总是小于碰撞前的动量,这说明什么问题? 能否出现碰撞后的动量大于碰撞前的动量?

　⑤ 在弹性碰撞情况下,当 $m_1 \neq m_2$、$v_{20} = 0$ 时,两个滑块碰撞前后的动能是否相等? 如果不完全相等,试分析产生误差的原因.

【附录 3. 18. 1】

气垫船之父——科克雷尔简介

图 3-18-3　科克雷尔

　　C. 科克雷尔(C. Cockerell,1910~1999),英国电子工程师,被世界公认为气垫船的发明之父.气垫船是利用高压空气在船底和水面(或地面)间形成气垫,使船体全部或部分垫升而实现高速航行的船.气垫是用大功率鼓风机将空气压入船底下,由船底周围的柔性围裙或刚性侧壁等气封装置限制其逸出而形成的.在科克雷尔的精心设计下,世界上第一艘气垫船于 1959 年 5 月 28 日在英国诞生,同年 6 月其研制的试验型气垫船从多佛尔航行至卡莱斯,成功地横渡了英吉利海峡.气垫技术现在已经广泛应用于许多领域.

参 考 文 献

[1] 蔡永明、王新生. 大学物理实验. 北京:化学工业出版社,2009.

[2] 陈国杰,谢嘉宁,黄义清. 大学物理实验. 北京:国防工业出版社,2009.

[3] 陈群宇. 大学物理实验. 北京:电子工业出版社,2003.

［4］陈早生,任才贵．大学物理实验．上海:华东理工大学出版社,2004.

［5］丁红旗,张忠厚等．大学物理实验．杭州:浙江大学出版社,2008.

［6］丁慎训,张连芳．物理实验教程．北京:清华大学出版社,2003.

［7］董有尔．大学物理实验．合肥:中国科学技术出版社,2006.

［8］杜义林．大学物理实验教程．合肥:中国科技大学出版社,2002.

［9］杭州天科技术实业有限公司．TH/KH-MHC 型智能磁滞回线实验仪.

［10］何焰蓝,杨俊才.大学物理实验．北京:机械工业出版社,2009.

［11］侯宪春,王志林,姜蕾．大学物理实验．哈尔滨:哈尔滨工业大学出版社,2005.

［12］胡湘岳．大学物理实验教程．北京:清华大学出版社,2008.

［13］贾贵儒．大学物理实验教程．北京:机械工业出版社,2005.

［14］贾玉润,王公治,凌佩玲．大学物理实验．上海:复旦大学出版社,1987.

［15］姜林．太阳能电池基本特性测定实验．大学物理,2005,24(6):52.

［16］金属材料杨氏模量、切变横量及泊松比测量方法(动力学法)．国家标准 GB/T2105－91.

［17］李长江．物理实验．北京:化学工业出版社,2002.

［18］李高清,张广平,李本印．物理实验．甘肃:甘肃科学技术出版社,2003.

［19］李海雁,杨锡震．太阳能电池．大学物理,2003,22(9):36.

［20］李平．大学物理实验．北京:高等教育出版社,2004.

［21］李蓉．基础物理实验教程.北京:北京师范大学出版社,2008.

［22］李水泉．大学物理实验．北京:机械工业出版社,2000.

［23］李晰．弹性与非弹性的测量和应用．北京:冶金工业出版社,1999.

［24］廖惕生,张宝峰,宁亚平．单缝衍射光强分布实验及不确定度计算．物理实验,2000,20(8):17～20.

［25］刘小廷．大学物理实验．北京:科学出版社,2009.

［26］刘映栋．大学物理实验教程．南京:东南大学出版社,2002.

［27］龙作友,杨应平等.大学物理实验．武汉:武汉理工大学出版社,2006.

［28］鲁绍曾．现代计量学概论．北京:中国计量出版社,1987.

［29］吕斯骅．基础物理实验．北京:北京大学出版社,2002.

［30］缪兴中．大学物理实验教程．北京:科学出版社,2006.

［31］倪新蕾,梁海生等.大学物理实验.广州:华南理工大学出版社,2005.

［32］邱淑荣．对激光单缝衍射光强分布测量实验的改进．物理实验,2001,21(11):32～33.

［33］任隆良,谷晋骐．物理实验．天津:天津大学出版社,2003.

［34］沈元华,陆申龙．基础物理实验．北京:高等教育出版社,2004.

［35］是度芳,贺渝龙.基础物理实验.武汉:湖北科学技术出版社,2003.

［36］孙晶华．操纵物理仪器——获取实验方法．北京:国防工业出版社,2009.

［37］汪建章,潘洪明．大学物理实验．杭州:浙江大学出版社,2004.

［38］王廷兴,郭山河,文立军．大学物理实验．北京:高等教育出版社,2003.

［39］王万岗,宋文武等．液体表面张力测试仪的研究．中国测试技术,2008,134(2):76.

［40］王小平．大学物理实验．北京:机械工业出版社,2009.

［41］王云才．大学物理实验教程．北京:科学出版社,2008.

［42］杨广武．大学物理实验．天津:天津大学出版社,2009.

［43］杨俊才,何焰蓝等．大学物理实验．北京:机械工业出版社,2004.

［44］杨韧．大学物理实验．北京:北京理工大学出版社,2005.

［45］原所佳．物理实验教程．北京:国防工业出版社,2009.

［46］袁长坤．物理量测量．北京:科学出版社,2004.

［47］曾金根,刘菘,戚小平．大学物理实验教程．上海:同济大学出版社,2002.

[48] 詹卫伸,丁建华. 物理实验教程. 大连:大连理工大学出版社,2004.

[49] 张宏. 大学物理实验. 合肥:中国科技大学出版社,2009.

[50] 张训生. 大学物理实验. 杭州:浙江大学出版社,2004.

[51] 张逸民,张敏. 物理实验教程. 郑州:郑州大学出版社,2005.

[52] 张兆奎,缪连元,张立. 大学物理实验. 北京:高等教育出版社,2001.

[53] 赵凯华,陈熙谋. 电磁学. 北京:人民教育出版社,1978.

[54] 赵青生. 大学物理实验. 合肥:安徽大学出版社,2004.

[55] 郑发农. 物理实验教程. 合肥:中国科学技术大学出版社,2004.

[56] 周殿清. 大学物理实验教程. 武汉:武汉大学出版社,2005.

[57] 周开学. 工科大学物理实验. 东营:中国石油大学出版社,2001.

[58] 朱伯申. 大学物理实验. 北京:北京理工大学出版社,2005.

第 4 章　综合性实验

　　综合性实验指在同一个实验中涉及力学、热学、电磁学、光学、近代物理等多个知识领域,综合应用多种方法和技术的实验.目的是巩固学生在基础性实验阶段的学习成果,开阔学生的眼界和思路,提高学生对实验方法和实验技术的综合运用能力.

　　本章里安排了 18 个综合性实验,所涉及的实验内容、测量方法、实验技术、实验仪器以及对物理知识、规律的运用等方面都并不局限于某个分支学科,而是可能涉及多个分支学科的物理知识的应用.尽管综合性实验涉及知识面比较广,综合性比较强,采用的实验仪器和实验技术手段比较先进,但其物理知识和规律仍是基础性的.通过这些综合性和延伸性实验的学习和实践,使学生透彻理解实验的物理思想,培养学生综合应用理论知识和实验技能的能力,逐步提高科学实验能力,为后续开设的设计性和研究性实验打下坚实的基础.

实验 4.1　铁磁材料磁滞回线和基本磁化曲线的静态法测量

　　铁磁材料是一种性能特异、用途广泛的材料,铁、钴、镍及其众多合金以及含铁的氧化物(铁氧体)均属铁磁材料.其特征是:①在外磁场作用下能被强烈磁化,磁导率 μ 很高(比顺磁质和抗磁质高 10^9 倍以上),且 μ 随外磁场而变化;②当外磁场撤掉以后,铁磁材料仍会有一定的磁性,这种现象称为磁滞.

　　磁化曲线和磁滞回线是描写和检验铁磁材料磁动态特性的重要依据.通过分析磁滞回线,可将铁磁材料分为硬磁和软磁两类.硬磁材料(如铸钢)的磁滞回线宽,剩磁和矫顽力较大(在 $120\sim20\,000\mathrm{A/m}$,甚至更高),因而磁化后它的磁感应强度能长久保持,适宜于制造许多电器设备(如电表、扬声器、电话机、录音机)中的永久磁铁.软磁材料(如矽钢片)的磁滞回线窄,矫顽力小(一般小于 $120\mathrm{A/m}$),但磁导率和饱和磁感应强度大,易于磁化和去磁,常用于制造继电器、变压器、镇流器、电动机和发电机的铁芯.此外,某些铁氧体材料和金属磁膜材料其磁滞回线接近于矩形,称之为矩磁材料.其剩磁接近于饱和磁感应强度,矫顽力很小,将它放在不同方向的磁场中磁化后,撤去外磁场,则这种矩磁材料总处于正、负两种剩磁状态,可用于制成随机存取信息的磁存储器.

　　测量磁滞回线有很多种方法.根据磁化场的不同,分静态和动态磁滞回线测量法.采用直流励磁电流产生磁化场对材料样品反复磁化测出的磁滞回线称为静态(直流)磁滞回线;采用交变励磁电流产生磁化场对材料样品反复磁化测出的磁滞回线称为动态(交流)磁滞回线.根据测量手段不同,有霍尔效应法、冲击电流计法、电子积分器法、示波器法、单片机法、计算机法等.本实验将通过霍尔效应法对静态(直流)磁滞回线进行测量.

【预习提示】

　　① 认识铁磁材料的有关性质及概念.
　　② 弄清退磁和磁锻炼的目的.

③ 学习静态磁滞回线和磁化曲线的测量方法.

【实验目的】

① 加深对铁磁材料的磁滞回线、磁化曲线、剩磁、矫顽力等概念的理解.
② 掌握静态磁滞回线和磁化曲线的观测方法.

【实验原理】

1. 铁磁材料的磁化特性

1) 起始磁化曲线和磁滞回线

当铁磁性材料处于磁场中时,将被磁化. 如图 4-1-1 所示,磁化开始时,随着磁场强度 H 的增加,磁感应强度 B 也随之增加,但两者之间不是线性关系. 当 H 增加到一定值时,B 增加趋于缓慢,逐渐达到饱和状态,称为磁饱和,曲线 Oa 称为初始磁化曲线. 达到磁饱和时的 H_m 和 B_m 分别称为饱和磁场强度和饱和磁感应强度.

如果使 H 逐步减小,B 也将逐渐减小,但不沿原曲线 aO 返回,而是沿另一曲线 ab 下降. 当 $H=0$ 时,$B=B_r$,说明铁磁材料中仍保留一定的磁性,这种现象称为磁滞效应. B_r 称为剩余磁感应强度,简称剩磁. 要消除剩磁,必须加一反向磁场 H_c,H_c 被称为矫顽力. 如果将 H 由 H_m 变到 $-H_m$,再变到 H_m,B 将随 H 的变化,由 $a \to b \to c \to d \to e \to f \to a$,形成一条闭合曲线,称为铁磁材料的磁滞回线.

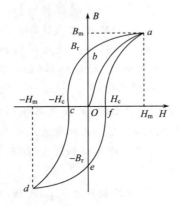

图 4-1-1 初始磁化曲线和磁滞回线

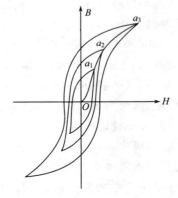

图 4-1-2 基本磁化曲线

2) 基本磁化曲线和磁导率

在初始状态下,如果依次选取不同的磁场强度 H 进行磁化,则可以得到面积大小不一的一簇磁滞回线,如图 4-1-2 所示. 这些磁滞回线顶点的连线,称为铁磁材料的基本磁化曲线.

根据基本磁化曲线可以近似确定铁磁材料的磁导率 μ. 从基本磁化曲线上一点到原点

O 连线的斜率 $\mu=\dfrac{B}{H}$ 定义为该磁化状态下的磁导率. 由于基本磁化曲线不是线性的,因此铁磁材料的磁导率 μ 不是常数而是随 H 的变化而变化. μ 随 H 的变化曲线如图 4-1-3 所示. 磁导率 μ 非常高是铁磁材料的主要特性,也是铁磁材料用途广泛的主要原因之一.

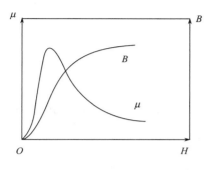
图 4-1-3　基本磁化曲线与 μ-H 曲线

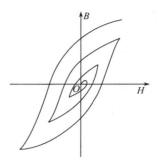
图 4-1-4　样品的退磁过程

3) 退磁与磁锻炼

　　铁磁材料的磁化过程具有不可逆性和剩磁特性,在测定磁化曲线和磁滞回线时,首先必须对样品进行退磁,以保证未磁化的初始状态为 $H=0,B=0$. 退磁的方法是:将磁化线圈通较大电流,使铁磁材料达到磁饱和状态. 然后,边改变电流方向边减小电流,直到为零. 样品的磁化过程就形成一连串逐渐缩小、最终趋近于原点的不封闭磁滞回线,如图 4-1-4 所示.

　　为了测量基本磁化曲线,必须测量许多稳定的磁滞回线. 而为了使样品较快地趋于稳定磁化状态,得到稳定的磁滞回线,必须对样品进行反复磁化,这一过程称为"磁锻炼". 方法是:保持磁化电流的大小不变,不断改变电流方向.

2. 磁化曲线和磁滞回线的测量

　　实验中用直流励磁电流产生磁化场对不同性能的铁磁材料进行磁化,如图 4-1-5 所示.

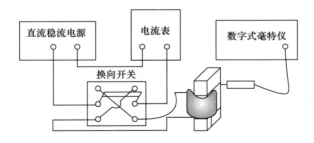
图 4-1-5　磁化曲线和磁滞回线测量

1) 磁场强度 H 和磁感应强度 B 的测量

　　在待测铁磁材料的环形样品上绕上一组磁化线圈,线圈中通过的励磁电流为 I,根据安培环路定律,样品中磁化场的磁场强度 $H=\dfrac{N}{\bar{l}}I$. 式中 N 为磁化线圈的匝数,$\bar{l}$ 为样品平均磁路长度(样品的平均周长),H 的单位为 A·m^{-1}. 对于一定的样品和磁化线圈,通过测量磁化电流 I,即可求出磁场强度 H.

环形样品的磁路中开一极窄的均匀间隙 l_g,间隙应尽可能小,用数字式特斯拉计(霍尔传感器)直接测量间隙均匀磁场区中间部位的磁感应强度 B.

2) 间隙对测量磁感应强度 B 的影响

由安培环路定律可知

$$H\bar{l} + H_g l_g = NI \tag{4-1-1}$$

式(4-1-1)中,H_g 为间隙中的磁场强度.

一般来说,样品中的磁感应强度不同于间隙中的磁感应强度. 但在间隙很窄的情况下,即长方形样品截面的长和宽 $\gg l_g$ 且样品中平均磁路长度 $\bar{l} \gg l_g$ 时

$$B_g S_g = BS \tag{4-1-2}$$

式(4-1-2)中 S_g 是间隙中磁路截面,S 为样品中磁路截面. 如果 $S_g \approx S$,则 $B \approx B_g$,即霍尔传感器在间隙部位测出的磁感应强度 B_g,就是样品中间部位磁感应强度 B.

间隙中磁感应强度 B_g 与磁场强度 H_g 的关系为

$$B_g = \mu_0 \mu_r H_g \tag{4-1-3}$$

式(4-1-3)中,μ_0 为真空磁导率,μ_r 为相对磁导率. 在间隙中 $\mu_r = 1$,所以 $H_g = B/\mu_0$. 这样,样品中磁场强度 H、磁感应强度 B 及线圈安培匝数 NI 满足

$$H\bar{l} + \frac{1}{\mu_0} B l_g = NI \tag{4-1-4}$$

在实际测量时,应使待测样品满足 $H\bar{l} \gg \dfrac{1}{\mu_0} B l_g$ 条件,即线圈的安培匝数 NI 保持不变时,平均磁路总长度 $\bar{l}$ 须足够大,间隙 l_g 尽可能小. 根据一般经验,截面长方形样品的长和宽的线度应大于或等于间隙宽度 8~10 倍,且样品的平均磁路长度 $\bar{l}$ 远大于间隙宽度 l_g,这样测出的磁感应强度 B 的值才能真正代表样品中磁场在中间部位的实际值.

如果 $\dfrac{1}{\mu_0} B l_g$ 相对 $H\bar{l}$ 不可忽略时,可利用式(4-1-4)对 H 值进行修正,得出 H 值的准确结果.

【实验器材】

FD-BH-1 磁性材料磁滞回线和磁化曲线测定仪.

【实验内容与要求】

选定测试样品置于励磁线圈中,连好线路接通仪器电源后,完成以下测量.

1. 确定样品间隙中磁感应强度的均匀区范围

用霍尔传感器测量样品间隙中剩磁的磁感应强度 B 与位置 X 的关系,确定出间隙中磁感应强度 B 的均匀区范围,并将霍尔传感器置于中部.

2. 测量样品的初始磁化曲线

① 样品退磁. 测量前先对样品进行退磁. 闭合双刀开关, 调节励磁电流值至额定值(如600mA), 逐步减小电流至零; 双刀开关换为反向, 电流增加到较小值(如调至500mA), 再减小电流至零; 如此这般, 直到励磁电流为零. 特别提醒, 当剩磁减小到100mT时, 电流每次减小量还需小些(如50~10mA 甚至 nmA).

② 测量初始磁化曲线. 磁化电流 I 从 0 开始单调增加, 测量 I-B 之间的关系, 直到达到接近饱和状态.

3. 测量样品的磁滞回线和基本磁化曲线

① 样品磁锻炼

样品退磁后, 选择初始磁化曲线测量出的磁饱和时的励磁电流 I_m, 保持不变, 把双刀换向开关来回拨动多次, 进行磁锻炼. 注意拉动换向开关时, 应使触点从接触到断开的时间长一些.

② 测量磁滞回线

调节磁化线圈的电流从饱和电流 I_m 开始逐步单调减小到 0, 读取 (I_i, B_i) 值. 然后用双刀换向开关将电流换向, 电流再从 0 开始单调增加到 I_m, 读取 (I_i, B_i) 值. 重复上述过程, 完成从 (H_m, B_m) 到 $(-H_m, -B_m)$、再从 $(-H_m, -B_m)$ 到 (H_m, B_m) 的整个测量过程, 从而得到近似饱和的磁滞回线.

③ 测量基本磁化曲线

样品退磁后, 励磁电流从 0 开始单调增加, 每隔一定电流下先进行稳磁(磁锻炼), 然后测量出每条磁滞回线的顶点 (I_i, B_i) 值.

4. 更换测试样品, 重复以上步骤, 完成相关测量, 样品间进行特性比较. (选做)

【数据记录与处理】

① 自拟记录表格, 记录测量数据, 并根据励磁电流 I 计算出相应磁场强度 H.

② 绘出样品的初始磁化曲线和饱合磁滞回线, 并从曲线上读取饱和磁感应强度 B_m、饱和磁场强度 H_m、剩磁 B_r 和矫顽力 H_c 等相关物理量判定样品的软、硬性.

③ 绘制基本磁化曲线及 μ-H 曲线比较不同样品的磁化性能.

【注意事项】

① 请勿用力拉动霍尔探头, 以免损坏.

② 磁锻炼时(特别是磁化电流较大如 600mA 情况下), 应缓慢拉动双刀双掷开关, 这样既可延长开关的使用寿命, 又可避免电火花的产生.

③ 实验过程中磁化电流(或电压)只能单调地增加或减小, 否则必须退磁重做.

【思考与讨论】

① 什么叫铁磁材料的磁滞现象？试简要说明铁磁材料磁滞回线的主要特性.

② 什么叫做初始磁化曲线？什么叫做基本磁化曲线？二者有何区别？

③ 为什么测量前必须先进行退磁？如何进行？

④ 在什么条件下,环形铁磁材料样品间隙中的磁感应强度才能代表样品中的磁感应强度？

⑤ 在磁锻炼过程中,开关拉动时,应使触点从接触到断开的时间长些,这是为什么？磁锻炼的作用是什么？

⑥ 什么是软磁材料？什么是硬磁材料？举例说明软磁材料和硬磁材料的应用.

实验 4.2　半导体 PN 结的物理特性研究

PN 结是很多半导体器件如晶体管、集成电路等的心脏,是现代电子技术的基础. PN 结物理特性则是物理学和电子学中重要内容之一. 根据 PN 结的材料、掺杂分布、几何结构和偏置条件的不同,利用其基本特性可以制造多种功能的晶体二极管. 如利用 PN 结单向导电性可以制作整流二极管、检波二极管和开关二极管；利用击穿特性制作稳压二极管和雪崩二极管；利用高掺杂 PN 结隧道效应制作隧道二极管；利用结电容随外电压变化效应制作变容二极管等. 使半导体的光电效应与 PN 结相结合还可以制作多种光电器件. 如利用前向偏置异质结的载流子注入与复合可以制造半导体激光二极管与半导体发光二极管；利用光辐射对 PN 结反向电流的调制作用可以制成光电探测器；利用光生伏特效应可制成太阳电池. 此外,利用两个 PN 结之间的相互作用可以产生放大、振荡等多种电子功能.

本实验是集电学、热学于一体的综合性实验,通过对 PN 结扩散电流随正向电压变化规律的测定,不仅可以加深对 PN 结物理特性的了解,还能测出玻尔兹曼常数；通过对 PN 结正向电压 U_{be} 与热力学温度 T 关系的测定,可确定 PN 结温度传感器的灵敏度及 0K 时制成该 PN 结半导体材料(硅)的禁带宽度；由于 PN 结的扩散电流很小,为 $10^{-6} \sim 10^{-8}$ A 数量级,所以在测量 PN 结扩散电流的过程中,实验采用弱电流测量技术,即用运算放大器对电流进行电流-电压变换.

【预习提示】

① 什么是 PN 结？

② 半导体 PN 结的工作原理是什么？有什么特点？

③ 了解如何利用半导体 PN 结测量温度？

④ 本实验中弱电流测量采用什么方法？

【实验目的】

① 掌握 PN 结的伏安特性,并求出玻尔兹曼常数.

③ 测量 PN 结正向电压与温度关系,求出该 PN 结温度传感器的灵敏度.

③ 计算 0K 温度时半导体硅材料的禁带宽度.

④ 学习利用运算放大器测量弱电流的方法.

【实验原理】

1. 基本概念

1) PN 结

一块单晶半导体中 , 一部分掺有受主杂质是 P 型半导体,另一部分掺有施主杂质是 N 型半导体时 , P 型半导体和 N 型半导体的交界面附近的过渡区称为 PN 结. P 型半导体:如由单晶硅通过特殊工艺掺入少量的三价元素组成,会在半导体内部形成带正电的空穴;N 型半导体:如由单晶硅通过特殊工艺掺入少量的五价元素组成,会在半导体内部形成带负电的自由电子. PN 结是构成半导体二极管、太阳能电池等器件的基础.

当 P 型和 N 型两种半导体结合在一起时,N 型半导体中的一部分电子将扩散到 P 型半导体中去与空穴复合,P 型半导体中的一部分空穴也会扩散到 N 型半导体中来与电子复合. N 型半导体失去电子后形成带正电的离子层,P 型半导体失去空穴后形成带负电的离子层. 这样,在 P 型和 N 型的交界处就出现了空间电荷区,P 型一侧带负电,N 型一侧带正电,形成一个"内电场",电场方向是由 N 指向 P(图 4-2-1). 这个电场力将阻止 P 区的多数载流子(空穴)向 N 区扩散,也阻止 N 区的多数载流子(电子)向 P 区扩散. 同时,这个电场力会使 P 区的少数载流子(电子)向 N 区移动,也会使 N 区的少数载流子(空穴)向 P 区移动,载流子由于扩散运动形成的电流叫扩散电流,把载流子在电场力作用下运动而形成的电流叫漂移电流. 在 PN 结形成过程中,刚开始时扩散电流占优势,空间电荷区随之加厚,电场增强,于是扩散电流减弱,漂移电流增强,直到扩散电流与漂移电流相等时,空间电荷区不再加厚,达到了动态平衡. 空间电荷区,由于电子和空穴的"复合",载流子消耗殆尽,所以又叫做耗尽层或阻挡层.

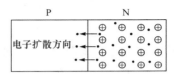
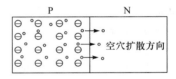

图 4-2-1 空间电荷区的形成

如果将 PN 结与一个低压电源连接,P 型半导体接电源正极,N 型半导体接电源负极

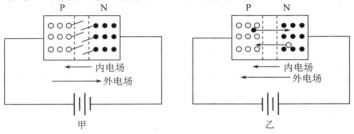

图 4-2-2 PN 结的正向偏置(甲)和反向偏置(乙)

（图 4-2-2 甲），这种接法叫做 PN 结的正向连接或正向偏置，加在 PN 结上的电压叫正向电压．这时 PN 结两侧的多数载流子，都将在电源提供的外电场作用下，持续不断地越过 PN 结而形成电流．这个电流由电源正极流出，经过 PN 结返回电源负极，叫做正向电流，其值较大．这时 PN 结在电路中呈现的电阻叫正向电阻，其值较小．相反地，将 P 型半导体接电源负极、N 型半导体接电源正极（图 4-2-2 乙），这种接法叫做 PN 结的反向连接或反向偏置，加在 PN 结上的电压叫反向电压．这时，电流提供的外电场，只能使 PN 结两侧的少数载流子越过 PN 结形成非常微小的反向电流，PN 结在电路中呈现极大的反向电阻．

可见，PN 结在正向偏置时有较大的正向电流，这种情况叫导通；反向偏置时只有非常微小的反向电流（通常可以略去不计），这种情况叫截止．PN 结具有的这种特性叫做 PN 结的单向导电性．

2）禁带宽度

禁带宽度是半导体的一个重要特征参量，其大小主要决定于半导体的能带结构，即与晶体结构和原子的结合性质等有关．对于包括半导体在内的晶体，其中的电子既不同于真空中的自由电子，也不同于孤立原子中的电子．真空中的自由电子具有连续的能量状态，即可取任何大小的能量；而原子中的电子是处于所谓分离的能级状态．晶体中的电子处于所谓的能带状态，能带是由许多能级组成的，能带与能带之间隔离着禁带，电子就分布在能带中的能级上，禁带是不存在公有化运动状态的能量范围．半导体最高能量的、也是最重要的能带就是价带和导带．导带底与价带顶之间的能量差即称为禁带宽度（或者称为带隙、能隙）．

2. PN 结的伏安特性及玻尔兹曼常数的测量

PN 结中载流子的基本运动形式有扩散、漂移和复合三种．给 PN 结加上正向电压 U，正向扩散电流 I 成为主流．PN 结的正向扩散电流与电压关系满足

$$I = I_0(e^{\frac{eU}{kT}} - 1) \tag{4-2-1}$$

式（4-2-1）中 I 是通过 PN 结的正向电流，I_0 是反向饱和电流（与半导体的性质和掺杂有关），在温度恒定时是一常数，T 是热力学温度，e 是电子电荷量，U 为 PN 结正向电压，K 为玻尔兹曼常数．由于在常温（300K）时，$kT/e \approx 0.026V$，而 PN 结正向压降约为十分之几伏，则 $\exp(eU/kT) \gg 1$，式（4-2-1）括号内"-1"项完全可以忽略，于是有

$$I = I_0 e^{\frac{eU}{kT}} \tag{4-2-2}$$

若测得 PN 结 I-U 关系，则利用式（4-2-2）可以求出 e/kT．在测得温度 T 后，就可以得到 e/k 常数，把电子电量作为已知值代入，即可求得玻尔兹曼常数 k．

在实际测量中，二极管的正向 I-U 关系虽然能较好满足指数关系，但求得的常数 k 往往偏小．这是因为通过二极管的电流不只是扩散电流，还有其他电流．一般它包括三个部分：①扩散电流，它严格遵循式（4-2-2）；②耗尽层复合电流，它正比于 $\exp(eU/2kT)$；③表面电流，其值正比于 $\exp(eU/mkT)$，一般 $m > 2$．因此，为了验证式（4-2-2）及求出准确的 e/k 常数，不宜采用硅二极管，而采用硅三极管接成共基极线路，因为此时集电极与基极短接，集电极电流中仅仅是扩散电流．复合电流主要在基极出现，测量集电极电流时，将不包括它．本实验中选取性能良好的硅三极管（TIP31 型），实验中又处于较低的正向偏置，这样表面电流影

响也完全可以忽略,所以此时集电极电流与结电压将满足式(4-2-2).实验线路如图 4-2-3 所示.

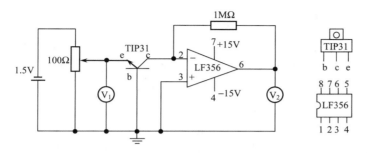

图 4-2-3　PN 结扩散电源与结电压关系测量线路图

3. 弱电流的测量

以往的实验中 $10^{-6} \sim 10^{-11}$ A 量级的弱电流通常采用光点反射式检流计来测量,该仪器灵敏度较高,约为 10^{-9} A/分度,但有许多不足之处,如十分怕振、挂丝易断;使用时稍有不慎,光标易偏出满度,瞬间过载引起挂丝疲劳变形产生不回零点及指示差变大,使用和维修不方便等. 近几年来,集成电路与数字显示技术越来越普及,高输入阻抗运算放大器性能优良,价格低廉,用它组成电流-电压变换器测量弱电流信号,具有输入阻抗低、电流灵敏度高、温漂小、线性好、设计制作简单、结构牢靠等优点,因而被广泛应用于物理测量中.

LF356 是一个高输入阻抗集成运算放大器,用它组成电流-电压变换器(弱电流放大器),原理如图 4-2-4 所示,其中虚线框内电阻 Z_r 为电流-电压变换器等效输入阻抗. 由图可知,运算放大器的输出电压 U_0 为

$$U_0 = -K_0 U_i \tag{4-2-3}$$

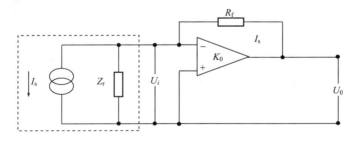

图 4-2-4　电流-电压变换器

式(4-2-3)中 U_i 为输入电压,K_0 为运算放大器的开环电压增益,即图 4-2-4 中电阻 $R_f \to \infty$ 时的电压增益,R_f 称为反馈电阻. 因为理想运算放大器的输入阻抗 $r_i \to \infty$,所以信号源输入电流只流经反馈网络构成的通路. 因而有

$$I_s = (U_i - U_0)/R_f = U_i(1 + K_0)/R_f \tag{4-2-4}$$

由式(4-2-4)可得电流-电压变换器等效输入阻抗 Z_r 为

$$Z_r = \frac{U_i}{I_s} = \frac{R_f}{1 + K_0} \approx \frac{R_f}{K_0} \tag{4-2-5}$$

由式(4-2-3)和式(4-2-4)可得电流-电压变换器输入电流 I_s 输出电压 U_0 之间的关系式,即

$$I_s = -\frac{U_0}{K_0}\frac{(1+K_0)}{R_f} = -\frac{U_0}{R_f}\left(1+\frac{1}{K_0}\right) = -\frac{U_0}{R_f} \qquad (4\text{-}2\text{-}6)$$

由式(4-2-6)可知只要测得输出电压 U_0 和已知电阻 R_f 值,即可求得 I_s 值.以高输入阻抗集成运算放大器 LF356 为例来讨论 Z_r 和 I_s 的大小关系.LF356 运放的开环增益 $K_0 = 2\times10^5$,输入阻抗 $r_i = 10^{12}\,\Omega$.若取 $R_f = 1.00\times10^6\,\Omega$,则由式(4-2-5)可得

$$Z_r = \frac{1.00\times10^6\,\Omega}{1+2\times10^5} = 5\,\Omega \qquad (4\text{-}2\text{-}7)$$

若选用四位半量程 200mV 数字电压表,它最后一位变化为 0.01mV,那么用上述电流-电压变换器能显示最小电流值为

$$I_{min} = \frac{0.01\times10^{-3}V}{1\times10^6\,\Omega} = 1\times10^{-11}\,A \qquad (4\text{-}2\text{-}8)$$

由此可以看出,用集成运算放大器组成电流-电压变换器测量弱电流,具有输入阻抗小、灵敏度高的优点.

4. PN 结的结电压 U_{be} 与热力学温度 T 关系的测量

当 PN 结通过恒定小电流(通常电流 $I = 100\ \mu A$),由半导体理论可得 U_{be} 与 T 近似关系

$$U_{be} = ST + U_{go} \qquad (4\text{-}2\text{-}9)$$

式中 $S \approx -2.3\ mV/\text{℃}$ 为 PN 结温度传感器灵敏度.由 U_{go} 可求出温度 0 K 时半导体材料的禁带宽度 $E_{go} = eU_{go}$.硅材料的 E_{go} 约为 1.20eV.

PN 结温度传感器是利用 PN 结的结电压随温度成近似线性变化这一特性,可直接用半导体二极管或将半导体三极管接成二极管做成 PN 结温度传感器.这种传感器测温范围为 $-50\sim150\text{℃}$,有较好的线性度、尺寸小、响应快、灵敏度高、热时间常数小的特点,用途较广.

【实验器材】

TIP31 型三极管,PN 结物理特性综合实验仪,包括实验箱、HTC 温度控制器及干井恒温室等部分,见图 4-2-5.

【实验内容与要求】

1. I_c-U_{be} 关系与玻尔兹曼常数测量

I_c-U_{be} 关系测定.实验线路如图 4-2-3 所示.图中 V_1、V_2 为数字电压表,调节电压的分压器为多圈电位器,为保持 PN 结与周围环境一致,把 TIP31 型三极管放在干井槽中,温度用铂电阻和恒温装置测量并控制.在室温情况下,测量三极管发射极与基极之间电压 U_1 和相应电压 U_2.

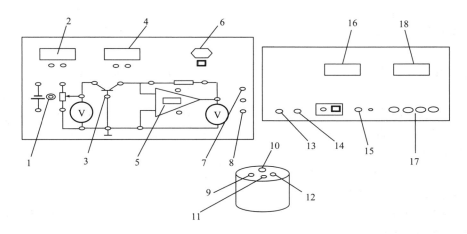

图 4-2-5   实验装置示意图

1. PN 结工作电源；2. 三位半数字电压表；3. 实验样品接口；4. 四位半数字电压表；5. 电流-电压变换集成电路；6. 电源插座和电源开关；7. 集成电路＋15V 电源；8. 集成电路－15V 电源；9. 恒温室电压输入传感器接口；10. 恒温室（干井）用于放置实验样品，可加入导热油；11. 恒温室温度传感器接口；12. 恒温室电压输入接线柱；13. HTC 温度控制器电压输出接线柱（－）；14. HTC 温度控制器电压输出接线柱（＋）；15. 温控器温度传感器信号输入；16. 实测温度显示窗；17. 设定温度按钮；18. 设定目标温度显示窗

2. U_{be}-T 关系与禁带宽度测量

U_{be}-T 关系测定. 实验线路如图 4-2-6 所示,选择工作电流 $I = 100\ \mu A$,因此 $R = 5.1\ k\Omega$,电阻上的电压保持 $U_2 = 0.510\ V$. 通过调节电路中电源电压,使电阻两端电压保持不变,即电流 $I = 100\mu A$. 同时用温控器控制干井内的实际温度.

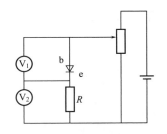

图 4-2-6   测量 U_{be}-T 关系线路图

【数据记录与处理】

① 在常温下 U_1 的值从 $0.28V$ 至三极管达到饱和为止(U_2 值变化较小或基本不变,此时为饱和),每间隔 $0.01V$ 测一组数据. 在记数据开始和记数据结束都要记录干井槽中的温度 T,最后取温度的平均值 $\overline{T}$.

(本实验装置取 $I_c = U_2/R_f$,$U_{be} = U_1$,$R_f = 1\ M\Omega$,可以直接对 U_2,U_1 进行处理)绘出 U_1-U_2 关系曲线. 运用最小二乘法或作图法,将实验数据分别代入指数回归、乘幂回归这两种基本函数,利用曲线改直的方法进行线性拟合,然后求出相应的参数,写出相应的经验公式. 也可直接利用计算机的 EXCEL 软件,进行曲线拟合. 计算 e/k 常数,将电子的电量作为标准量代入,求出玻尔兹曼常数并与公认值进行比较.

② 从室温开始每隔 $5\sim10\ ℃$ 测一次 U_{be} 值(即 U_1). 求得 U_{be}-T 关系曲线. 用最小二乘法或用作图法对 U_{be}-T 关系进行直线拟合,求出 PN 结测温灵敏度 S 及温度为 $0\ K$ 时硅材料的禁带宽度 E_{go}.

【注意事项】

① 仔细检查线路连接,然后开启电源. 实验结束后应先关电源,再拆除接线,否则可能烧毁实验仪器.

② 运算放大器 7 脚和 4 脚分别接 +15V 和 −15V,不能接反,地线必须与电源 0V(地)相接(接触要良好). 否则有可能损坏运算放大器,并引起电源短路. 一旦发现电源短路(电压明显下降),请立即切断电源.

③ 必须观测恒温装置上温度计读数,待 TIP31 三极管温度处于恒定时(即处于热平衡时),才能记录 U_1 和 U_2 数据.

④ 数据处理时,对于扩散电流太小(起始状态)及扩散电流接近或达到饱和时的数据应删去,因为这些数据可能偏离式(4-2-2).

⑤ 本实验在处理数据时所用到的温度必须是热力学温度.

【思考与讨论】

① 简述 PN 结半导体温度传感器的特点.

② PN 结温度传感器在使用过程中要注意什么问题?

【附录 4.2.1】

玻尔兹曼简介

图 4-2-7　玻尔兹曼

L. E. 玻尔兹曼(L. E. Boltzmann,1844~1906),热力学和统计物理学的奠基人之一. 生于维也纳,1866 年获维也纳大学博士学位,历任格拉茨大学、维也纳大学、慕尼黑大学和莱比锡大学教授. 发展了麦克斯韦的分子运动类学说,把物理体系的熵和概率联系起来,阐明了热力学第二定律的统计性质,并引出能量均分理论(麦克斯韦-玻尔兹曼定律). 他首先指出,一切自发过程,总是从概率小的状态向概率大的状态变化,从有序向无序变化. 1877 年,玻尔兹曼又提出,用"熵"来量度一个系统中分子的无序程度,并给出熵 S 与无序度 W(即某一个客观状态对应微观态数目,或者说是宏观态出现的概率)之间的关系为 $S = k \log W$. 这就是著名的玻尔兹曼公式,其中常数 $k = 1.38 \times 10^{-23}$ J/K 称为玻尔兹曼常量. 他最先把热力学原理应用于辐射,导出热辐射定律,即斯特藩-玻尔兹曼定律.

实验 4.3　RC 串联电路的暂态过程研究

电阻(R:Resistance)、电容(C:Capacitance)和电感(L:Inductance)是组成电子器件的

最基本单元.它们之间的串并联组合组成了无数种电子器件,大型的电子设备也都少不了这些基本的电子元件.

通常理解,电容器是存储电荷的,给电容器充电,是使电容器的两极板上带等量的异号电荷.由于电荷的存在,在电容器内部将产生电场(electric field),从物理学的角度来看,电场具有能量,因此,给电容器充电的过程实际上是向电容器内充能量(电场能)的过程.由于能量的累积需要时间,所以充电过程也需要时间.同样道理,电容器中能量的释放也需要时间,也就是说电容器的放电过程需要时间.由此可见,电容器在充放电过程中,其极板上的电荷不能突变.

电容器的"充电"和"放电"(对于电感是"充磁"和"放磁",本实验不做讨论),虽然需要时间,但时间也是非常短的,时间的长短取决于电路中的电阻和电容(电感).也就是说,在 RC、RL、RLC 电路中,当接通或断开直流电源的短暂时间内,电路从一个平衡状态转变到另一个平衡状态,这个转变过程称为"暂态过程".暂态过程在电子学特别是脉冲技术中有着广泛的应用.

本实验通过计算机采集数据研究 RC 串联电路的暂态过程,利用物理实验教学中心自主开发的软件(RC 串联电路暂态过程研究实验系统)对测量数据进行记录、分析和处理.利用计算机对各种物理量进行测量、监视、记录和分析,可准确、自动和连续地获取信息,有利于研究瞬时变化的过程,有利于提高实验精度,并可大大节省实验工作人员的劳动强度和工作量,这是现代物理实验的发展方向之一.通过本实验学习,可为今后在各种物理实验和科学研究中采用计算机技术奠定一定基础.

【预习提示】

① RC 串联电路暂态过程的特点是什么?
② 计算机数据采集用于物理实验的优点是什么?
③ 如何正确操作实验软件?

【实验目的】

① 理解 RC 串联电路暂态过程中电压、电流的变化规律,加深对电容特性的认识.
② 研究 RC 电路的暂态过程,理解电路时间常数 τ 和半衰期 $T_{1/2}$ 的物理意义.
③ 使用计算机数据采集方法快速采集 RC 电路瞬态信号,充分体会计算机数据采集技术应用于物理实验的优点.

【实验原理】

1. RC 串联电路的暂态过程

1) 充电过程

图 4-3-1 是一个 RC 串联电路,当开关 K 拨向 1 的瞬间,电容 C 上没有电荷积累,电源电压全部加到电阻

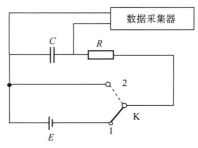

图 4-3-1　RC 串联电路

R 上(忽略电源内阻),此时电流 $I_0 = \dfrac{E}{R}$ 为最大,直流电源 E 通过电阻 R 开始对电容 C 充电.

随着电容上电荷的积累,U_C 增大,充电电流 $i = \dfrac{E-U}{R}$ 随之减小,同时该电流向电容 C 提供的电量 q 减小,电容两端的电压 U_C 增加的速度变慢,即电容的充电速度越来越慢,直至 $U_C = E$ 时,充电过程终止,电路达到稳定状态.

当开关拨向 1 时,根据基尔霍夫定律(Kirchhoff's law),电路方程为

$$iR + \frac{q}{C} = E \tag{4-3-1}$$

式中,i 为充电电流,q 为电容 C 上的电荷,均为随时间变化的量,即 $i = i(t)$,$q = q(t)$.

由电流定义

$$i(t) = \frac{\mathrm{d}q(t)}{\mathrm{d}t} \tag{4-3-2}$$

将式(4-3-2)代入式(4-3-1)中得

$$R\frac{\mathrm{d}q(t)}{\mathrm{d}t} + \frac{q(t)}{C} = E \tag{4-3-3}$$

由前所述,刚接通电源时,电容 C 中未存储电荷,即初始条件为 $t=0$ 和 $q(0)=0$,由该初始条件,可解出微分方程式(4-3-3)的特解为

$$q(t) = CE(1 - \mathrm{e}^{-t/RC}) \tag{4-3-4}$$

由式(4-3-4)可知,随着时间的增加,电容器上的电荷量逐渐增加,这就是电容的充电过程. 将式(4-3-4)代入式(4-3-2)可得充电电流为:

$$i(t) = \frac{E}{R}\mathrm{e}^{-t/RC} \tag{4-3-5}$$

电容 C 两端的电压

$$U_C(t) = E - iR = E(1 - \mathrm{e}^{-t/RC}) \tag{4-3-6}$$

2) 放电过程

当电路稳定之后,电路中没有电流,电容 C 两端的电压即为电源电动势 E,也就是说此刻电容 C 充电完毕. 电容器所充的电荷为 $Q = EC$. 设在 $t=0$ 时刻,将开关拨向 2,类似充电过程,可得此时电路方程为

$$R\frac{\mathrm{d}q(t)}{\mathrm{d}t} + \frac{q(t)}{C} = 0 \tag{4-3-7}$$

结合初始条件:$t=0$ 时,$Q=EC$,解微分方程式(4-3-7)可得

$$q(t) = CE\mathrm{e}^{-t/RC} \tag{4-3-8}$$

由式(4-3-8)可知,随着时间的增加,电容 C 上的电荷逐渐减少,这就是放电过程. 同样,可以得到电容器两端电压、放电电流分别为

$$U_C(t) = E\mathrm{e}^{-t/RC} \tag{4-3-9}$$

$$i(t) = -\frac{E}{R}\mathrm{e}^{-t/RC} \tag{4-3-10}$$

将式(4-3-9)两边取对数得

$$\ln U_C(t) = -\frac{1}{RC}t + \ln E \qquad (4\text{-}3\text{-}11)$$

上式说明,如果放电曲线 $\ln U_C(t)$-t 是一条直线,则证明 $U_C(t)$-t 是指数关系.

3）过程参数

图 4-3-2 分别表示充电和放电时电容上电压随时间的变化规律. 可以看出,RC 电路的充电和放电过程是按指数规律变化的.

由上述的讨论可知,充放电过程的快慢是由 RC 的乘积大小决定的,通常将这个乘积称为电路的时间常数或弛豫时间,一般用 τ 表示,即:

$$\tau = RC \qquad (4\text{-}3\text{-}12)$$

τ 越大,充放电过程越慢,反之则越快.

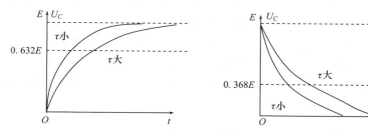

图 4-3-2　RC 电路的暂态过程

在电容放电过程中,电容电压衰减到初始值的一半(或充电过程中,电容电压上升到终值的一半)所需要的时间称为半衰期,一般用 $T_{1/2}$ 表示,当 $t = T_{1/2}$ 时

$$\frac{E}{2} = E e^{-T_{1/2}/\tau} \quad \left(充电过程为 \frac{E}{2} = E(1 - e^{-T_{1/2}/\tau}) \right) \qquad (4\text{-}3\text{-}13)$$

由此可得

$$T_{1/2} = \tau \ln 2 = 0.6931\tau = 0.6931 RC \qquad (4\text{-}3\text{-}14)$$

实验中往往测量 $T_{1/2}$ 较测量 τ 容易,因此可以从充、放电曲线上求出 $T_{1/2}$,如图 4-3-3 所示,进而计算出 τ.

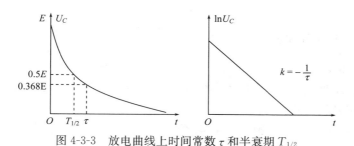

图 4-3-3　放电曲线上时间常数 τ 和半衰期 $T_{1/2}$

由于电容的充放电过程往往比较短暂,很难用手动方法进行测量,本实验将利用数据采集器进行测量.

2. RC 电路暂态过程研究实验系统介绍

数据采集系统的基本组成如图 4-3-4 所示,其中关键部件是数据采集器. 数据采集器将

来自 RC 电路的模拟电信号（该电信号对应实际物理量信号，可由实验装置，也可由传感器而来，本实验不做详细讨论）转换为数字信号，并输入到计算机中．计算机是采集系统的控制中心，它一方面控制数据采集的工作过程，另一方面利用自身运算功能强大的特点，对数据进行分析和处理，并将结果通过显示器或打印机输出．

图 4-3-4　物理实验数据采集处理系统框

数据采集器的原理框图如图 4-3-5 所示．A/D 转换器即模/数转换器，它的功能是将模拟量转换为与其相应的数字量．它是数据采集器的重要部件，能将某一确定范围内连续变化的模拟信号转换为分立的有限的一组二进制数，即数字信号．它的性能直接决定了数据采集器的整体性能，其主要指标有分辨率（位数）、转换速度等．实验中所用 A/D 转换器为 12 位精度，输出数字量通过 RS-232 接口输入到计算机中．数据一旦输入到计算机中，就可以利用计算机编程对其进行各种处理了．

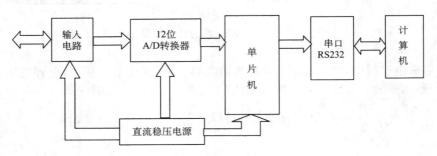

图 4-3-5　数据采集器原理框图

RC 电路暂态过程研究实验系统，与 JZ-3B 型 Lab Corder 数据采集器配合使用，其主要功能说明如下．

1) RC 电路充电过程研究模块

模块界面如图 4-3-6，主要功能有：

① 采集通道选择，采集通道可以选择使用通道 1（CH1），通道 2（CH2）或双通道（CH1＋CH2）同时使用采集两路信号．

② 设定实验参数，包括电路的电阻、电容值、数据采集器的采样周期等．

③ 双通道数据采集实时列表显示，包括采集次数、通道号、时间、电压（即采样值）．

④ 双通道数据采集实时曲线自动显示，手动清除．

⑤ 读图控制及数据点坐标的自动记录和显示．

⑥ 实验结果计算和列表显示．

⑦ 未知电容 C_x 计算和显示．

⑧ 开关量输入、输出的手动自动控制及状态显示．

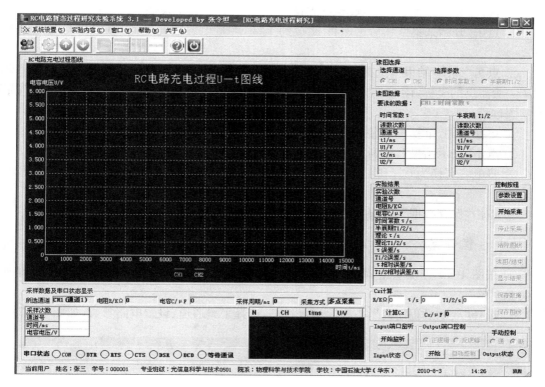

图 4-3-6　RC 电路充电过程研究操作界面

⑨ 串口通讯状态显示.

⑩ 实验数据和实验图线保存为不同格式文件.

2）RC 电路放电过程研究模块

模块界面如图 4-3-7. 放电过程研究模块除了具有充电过程研究模块的所有功能以外，还新增以下功能：

① 得到放电过程的 lnU-t 曲线并显示.

② 利用最小二乘法得到拟合直线，并给出直线方程和相关系数.

【实验器材】

数据采集器（JZ-3B 型），计算机，插线板，电阻，电容，导线，RS-232 连接线，单刀双掷开关，数字万用表，电位器，RC 电路暂态过程研究实验系统（软件）.

【实验内容与要求】

1. 充电过程研究

① 按图 4-3-1 连接电路，将 K 扳到 2 端，将电容 C 充分放电. 启动 "RC 电路暂态过程研究实验系统".

② 选择"充电过程研究",点击"参数设置",选择采集通道、设置电路参数,如图 4-3-6.

③ 点击"开始采集",然后迅速将 K 扳到 1 端,测量电容的充电曲线(电压与时间的关系).

④ 点击"读图/结束",选择读图通道和读图参数后,从图上读出计算时间常数 τ 和半衰期 $T_{1/2}$ 所需点的坐标,读图要按照软件的提示进行.读完坐标后要再次点击"读图/结束",完成读图过程.

⑤ 更换元件,重复步骤②~④再测一组数据.

⑥ 点击"显示结果",得到实验结果.

⑦ 将电容更换为 C_x,利用上述方法得到时间常数 τ 和半衰期 $T_{1/2}$,利用软件计算 C_x 大小.

⑧ 点击"保存数据"和"保存图线",将实验数据和实验图线保存为文件.(可选步骤)

2. 放电过程研究

① 按图 4-3-1 连接电路,将 K 扳到 1 端,将电容 C 充分充电.启动"RC 电路暂态过程研究实验系统".

② 选择"放电过程研究",点击"参数设置",选择采集通道、设置电路参数,如图 4-3-7.

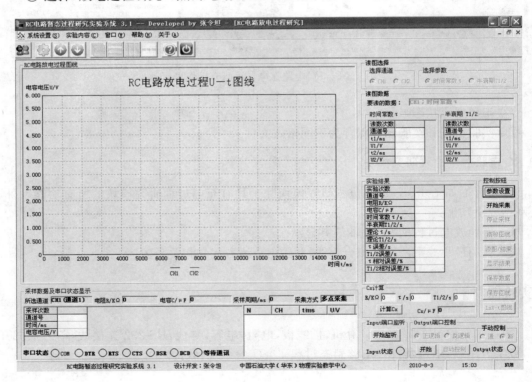

图 4-3-7　RC 电路放电过程研究操作界面

③ 点击"开始采集",然后迅速将 K 扳到 2 端,测量电容的放电曲线(电容电压与时间的关系).

④ 点击"读图/结束",选择读图通道和读图参数后,从图上读出计算时间常数 τ 和半衰

期 $T_{1/2}$ 所需点的坐标,读图要按照软件的提示进行. 读完坐标后要再次点击"读图/结束",完成读图过程.

⑤ 更换元件,重复步骤②~④再测一组数据.

⑥ 点击"显示结果",得到实验结果.

⑦ 将电容换为 C_x,利用上述方法得到时间常数 τ 和半衰期 $T_{1/2}$,利用软件计算 C_x 大小.

⑧ 点击"保存数据"和"保存图线",将实验数据和实验图线保存为文件.(可选步骤)

⑨ 点击"lnU-t 图线",得到 lnU、t 值和 lnU-t 图线,如图 4-3-8,将鼠标移至 lnU-t 图线区域,鼠标变成"+"形,点击左键,用鼠标拖出一矩形框,将需要拟合直线的数据点框住,放开左键,点击右键,在弹出菜单中选择"删除坏点",然后点击"拟合图线",得到直线方程.

⑩ 点击"保存数据"和"保存图线",将 lnU-t 实验数据和实验图线保存为文件.(可选步骤)

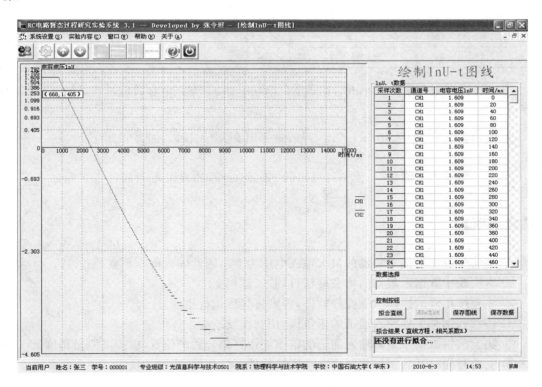

图 4-3-8 绘制 lnU-t 图线操作界面

【数据记录与处理】

① 10 kΩ、20 kΩ、30 kΩ 电阻与 $100\mu F$ 电容分别组成 RC 串联电路,研究充电和放电过程,将数据记录在表 4-3-1 和表 4-3-2 内.

表 4-3-1　*RC* 电路充电过程研究实验数据表

实验次数	$R/\text{k}\Omega$	$C/\mu\text{F}$	τ/s	理论 τ/s	$T_{1/2}/\text{s}$	理论 $T_{1/2}/\text{s}$	$\Delta\tau/\text{s}$	$\Delta T_{1/2}/\text{s}$	$B\Delta\tau$	$B\Delta T_{1/2}$
1	10	100								
2	20	100								
3	30	100								
4	10									

表 4-3-2　*RC* 电路放电过程研究实验数据表

实验次数	$R/\text{k}\Omega$	$C/\mu\text{F}$	k	τ/s	理论 τ/s	$T_{1/2}/\text{s}$	理论 $T_{1/2}/\text{s}$	$\Delta\tau/\text{s}$	$\Delta T_{1/2}/\text{s}$	$B\Delta\tau$	$B\Delta T_{1/2}$
1	10	100									
2	20	100									
3	30	100									
4	10										

② 10 kΩ 电阻与未知大小电容组成 *RC* 串联电路,研究充电和放电过程,计算出未知电容大小.

③ 放电过程研究中,拟合 $\ln U$-t 直线,记录其斜率大小 k,按照 $\ln U_C(t) = -\dfrac{1}{\tau}t + \ln E$ 中,$k = -\dfrac{1}{\tau}$ 计算出 τ 值,并与读图计算出的 τ 比较,计算相对误差.

【注意事项】

① 本实验所用数据采集器的最大输入电压为 5V,因此输入电压不要超过 5V.
② 本实验中数据采集器的增益旋钮打到"×1"挡上.
③ 注意按正确的操作步骤操作软件,否则将导致运行错误.
④ 注意数据采集器输入通道的正负极,切勿接反.
⑤ 实验前将数据采集器输入通道的倍率旋钮打到合适的位置,以提高测量精度.
⑥ 实验时先打开数据采集器再启动实验软件,关闭时顺序则相反.

【思考与讨论】

① 简述计算机数据采集系统的主要组成和工作流程.
② 为什么说时间常数 $\tau = RC$ 是 *RC* 电路充、放电快慢的标志?*RC* 电路有什么实际应用?
③ 你做过的物理实验中,你认为哪些实验可以采用计算机采集技术?并简要分析首先需要解决的主要问题和使用计算机数据采集的优点.

实验 4.4　用玻尔共振仪研究受迫振动

共振是指两个振动频率相同的物体,当一个物体发生振动时引起另一个物体振动的现象.在电学中,振荡电路的共振现象称为谐振.在声学中,共振也称为共鸣,如两个频率相同的音叉靠近,其中一个振动发声时,另一个也会发声,产生共振的重要条件之一就是要有弹性,而且一个物体受到外来频率作用时,它的频率要与后者的频率相同或相近.总体来看,宇宙中大多数物体都是有弹性的,大到行星,小到原子,都能以一个或多个固有频率振动.发生共振时系统振幅能达到非常大的值,因此许多仪器和装置都是基于各种各样的共振现象,如超声发生器、无线电接收机、交流电的频率计等.共振也具有一定的破坏作用,如引起建筑物的垮塌,电器元件的烧毁等.在微观科学中,共振现象同样是一种研究手段,例如用核磁共振和顺磁共振研究物质结构等,因此研究共振规律具有十分重要的意义.表征受迫振动性质主要通过研究受迫振动的振幅-频率特性和相位-频率特性(简称幅频特性和相频特性).

本实验采用玻尔共振仪定量测定机械受迫振动的幅频特性和相频特性,并利用频闪方法来实现相位差的测量.

【预习提示】

① 了解共振、受迫振动的概念.
② 学习频闪法测量相位差的方法.
③ 掌握玻尔共振仪中弹性摆轮受迫振动的幅频特性和相频特性.

【实验目的】

① 观察共振现象,研究受迫振动的幅频特性和相频特性.
② 研究不同阻尼力矩对受迫振动的影响.
③ 学习用频闪法测定相位差.

【实验原理】

物体在周期性外力的持续作用下发生的振动称为受迫振动,这种周期性的外力称为强迫力.如果外力是按照简谐振动规律变化,那么稳定状态时的受迫振动也是简谐振动,此时,振幅保持恒定,振幅的大小与强迫力的频率和原振动系统无阻尼时的固有振动频率以及阻尼系数有关.在受迫振动状态下,系统除了受到强迫力的作用外,同时还受到回复力和阻尼力的作用,所以在稳定状态时物体的位移、速度变化与强迫力变化不是同相位的,存在一个相位差.当强迫频率与系统的固有频率相同时产生共振,此时振幅最大,相位差为 $90°$.

实验采用摆轮在弹性力矩作用下自由摆动,在电磁阻尼力矩作用下作受迫振动来研究受迫振动特性,可以直观地显示机械振动中的一些物理现象.

当摆轮受到周期性强迫外力矩 $M = M_0 \cos \omega t$ 的作用,并在有空气阻尼和电磁阻尼的介质中运动时 $\left(\text{阻尼力矩为} -b \dfrac{\mathrm{d}\theta}{\mathrm{d}t}\right)$ 其运动方程为

$$J\frac{\mathrm{d}^2\theta}{\mathrm{d}t^2}=-k\theta-b\frac{\mathrm{d}\theta}{\mathrm{d}t}+M_0\cos\omega t \tag{4-4-1}$$

式中，J 为摆轮的转动惯量，$-k\theta$ 为弹性力矩，M_0 为强迫力矩的幅值，ω 为强迫力的圆频率.

令 $\omega_0^2=\dfrac{k}{J}$，$2\beta=\dfrac{b}{J}$，$m=\dfrac{m_0}{J}$，则式(4-4-1)变为

$$\frac{\mathrm{d}^2\theta}{\mathrm{d}t^2}+2\beta\frac{\mathrm{d}\theta}{\mathrm{d}t}+\omega_0^2\theta=m\cos\omega t \tag{4-4-2}$$

当 $m\cos\omega t=0$ 时，式(4-4-2)即为阻尼振动方程.

当 $\beta=0$，即在无阻尼情况时式(4-4-2)变为简谐振动方程，系统的固有频率为 ω_0，方程(4-4-2)的通解为

$$\theta=\theta_1\mathrm{e}^{-\beta t}\cos(\omega_f t+\alpha)+\theta_2\cos(\omega t+\varphi_0) \tag{4-4-3}$$

由式(4-4-3)可见，受迫振动可分成两部分：

第一部分，$\theta_1\mathrm{e}^{-\beta t}\cos(\omega_f t+\alpha)$ 和初始条件有关，经过一定时间后衰减消失.

第二部分，说明强迫力矩对摆轮做功，向振动体传送能量，最后达到一个稳定的振动状态，其振幅为

$$\theta_2=\frac{m}{\sqrt{(\omega_0^2-\omega^2)^2+4\beta^2\omega^2}} \tag{4-4-4}$$

它与强迫力矩之间的相位差为

$$\varphi=\arctan\frac{2\beta\omega}{\omega_0^2-\omega^2}=\arctan\frac{\beta T_0^2 T}{\pi(T^2-T_0^2)} \tag{4-4-5}$$

由式(4-4-4)和式(4-4-5)可看出，振幅 θ_2 与相位差 φ 的数值取决于强迫力矩 m、频率 ω、系统的固有频率 ω_0 和阻尼系数 β 四个因素，而与振动初始状态无关.

由 $\dfrac{\partial}{\partial\omega}[(\omega_0^2-\omega^2)^2+4\beta^2\omega^2]=0$ 极值条件可得出，当强迫力的圆频率 $\omega=\sqrt{\omega_0^2-2\beta^2}$ 时，产生共振，θ 有极大值. 若共振时圆频率和振幅分别用 ω_r、θ_r 表示，则

$$\omega_r=\sqrt{\omega_0^2-2\beta^2} \tag{4-4-6}$$

$$\theta_r=\frac{m}{2\beta\sqrt{\omega_0^2-2\beta^2}} \tag{4-4-7}$$

式(4-4-6)、式(4-4-7)表明，阻尼系数 β 越小，共振时圆频率越接近于系统固有频率，振幅 θ_r 也越大. 图 4-4-1 和图 4-4-2 表示出在不同 β 时受迫振动的幅频特性和相频特性.

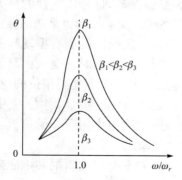

图 4-4-1　受迫振动幅频特性

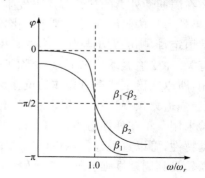

图 4-4-2　受迫振动相频特性

【实验器材】

玻尔共振仪由振动仪与电器控制箱两部分组成.

振动仪部分如图 4-4-3 所示,铜质圆形摆轮 A 安装在机架上,蜗卷弹簧 B 的一端与摆轮 A 的轴相联,另一端可固定在机架支柱上,在弹性限度内,摆轮在弹簧弹性力的作用下,可绕轴自由往复摆动. 在摆轮的外围有一卷槽型缺口,其中一个长形凹槽 C 比其他凹槽长出许多,机架上对准长型缺口处有一个光电门 H,它与电器控制箱相联接,用来测量摆轮的振幅角度值和摆轮的振动周期. 在机架下方有一对带有铁芯的线圈 K,摆轮 A 恰巧嵌在铁芯的空隙,当线圈中通过直流电流后,摆轮受到一个电磁阻尼力的作用. 改变电流的大小即可使阻尼大小相应变化,为使摆轮 A 作受迫振动,在电动机轴上装有偏心轮,通过连杆机构 E 带动摆轮,在电动机轴上装有带刻线的有机玻璃转盘 F,它随电机一起转动,由它可以从角度读数盘 G 读出相位差 φ. 调节控制箱上的十圈电机转速调节旋钮,可以精确改变加在电机上的电压,使电机的转速在实验范围(30～45 转/分)内连续可调,由于电路中采用特殊稳速装置、电动机采用惯性较小的带有测速发电机的特种电机,所以转速极为稳定. 电机的有机玻璃转盘 F 上装有两个挡光片,在角度读数盘 G 中央上方 90°处也有光电门 I(强迫力矩信号),并与控制箱相连,以测量强迫力矩的周期.

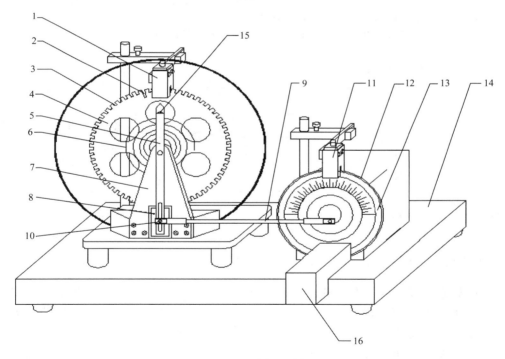

图 4-4-3　玻尔振动仪

1. 光电脉冲转换器(光电门)H;2. 长凹槽 C;3. 短凹槽 D;4. 铜质摆轮 A;5. 摇杆 M;6. 蜗卷弹簧 B;7. 支承架;8. 阻尼线圈 K;9. 连杆 E;10. 摇杆调节螺丝;11. 光电门 I;12. 角度盘 G;13. 有机玻璃转盘 F;14. 底座;15. 弹簧夹持螺钉 L;16. 闪光灯

受迫振动时摆轮与外力矩的相位差是利用小型闪光灯来测量的,闪光灯受摆轮信号光电门控制,每当摆轮上长型凹槽 C 通过平衡位置时,光电门 H 接受光,引起闪光,这一现象称为频闪现象.在稳定情况时,由闪光灯照射下可以看到有机玻璃指针 F 好象一直"停在"某一刻度处,所以此数值可以方便地直接读出,误差不大于 2°.闪光灯放置位置如图 4-4-3 所示搁置在底座上,切勿拿在手中直接照射刻度盘.

摆轮振幅是利用光电门 H 测出摆轮读数 A 处圈上凹型缺口个数,并在控制箱液晶显示器上直接显示出此值,精度为 1°.

玻尔共振仪电器控制箱的前面板和后面板分别如图 4-4-4 和图 4-4-5 所示.

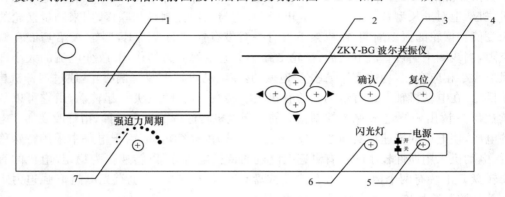

图 4-4-4　玻尔共振仪前面板示意图

1. 液晶显示屏幕；2. 方向控制键；3. 确认按键；4. 复位按键；
5. 电源开关；6. 闪光灯开关；7. 强迫力周期调节电位器

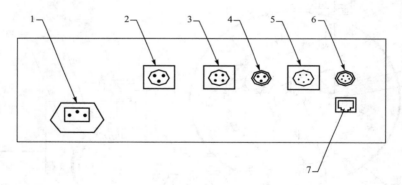

图 4-4-5　玻尔共振仪后面板示意图

1. 电源插座(带保险)；2. 闪光灯接口；3. 阻尼线圈；4. 电机接口；5. 振幅输入；6. 周期输入；7. 通讯接口

电机转速调节旋钮,可改变强迫力矩的周期.强迫力周期旋钮为带有刻度的十圈电位器,调节此旋钮时可以精确改变电机转速,即改变强迫力矩周期.锁定开关,电位器刻度锁定,要调节大小需将开关打开,×0.1 挡旋转一圈,×1 挡变化一个数字.一般调节刻度仅供实验参考,以便大致确定强迫力矩周期值在多圈电位器上的位置.

可以通过软件控制阻尼线圈内直流电流的大小,达到改变摆轮系统阻尼系数的目的.阻尼挡位的选择通过软件控制,共分为 3 挡,分别是"阻尼 1"、"阻尼 2"、"阻尼 3".阻尼电流由恒流源提供,实验时根据不同情况进行选择(可先选择在"阻尼 2"处,若共振时振幅太小则可改用"阻尼 1"),振幅控制在 150°左右.

闪光灯开关用来控制闪光与否,当按住闪光按钮、摆轮长缺口通过平衡位置时便产生闪光,由于频闪现象,可从相位差读盘上看到刻度线似乎静止不动的读数(实际有机玻璃 F 上的刻度线一直在匀速转动),从而读出相位差数值.为使闪光灯管不易损坏,采用按钮开关,仅在测量相位差时才按下按钮.

【实验内容与要求】

1. 实验准备

按下电源开关后,屏幕上出现欢迎界面,其中 NO.0000X 为电器控制箱与电脑主机相连的编号,记录下编号,过几秒钟后屏幕上显示如图 4-4-6(a)所示"按键说明"字样.符号"◀"为向左移动;"▶"为向右移动;"▲"为向上移动;"▼"向下移动.下文中的符号不再重新介绍.

2. 选择实验方式

根据是否连接电脑选择联网模式或单机模式,本实验选择联网模式,这两种方式下的操作完全相同.

3. 自由振荡-摆轮振幅 θ 与系统固有周期 T_0 对应值的测量

自由振荡实验,是为了测量摆轮振幅 θ 与系统固有振动周期 T_0 的关系.一般认为一个弹簧的弹性系数 k 应为常数,与弹簧扭转的角度无关.实际上,由于制造工艺及材料性能的影响,k 值随着弹簧转角改变而略有微小的变化(3%左右),因此造成在不同振幅时系统的固有频率 ω_0 有微小变化.如果取平均值,计算的相位差理论值就会引起误差,所以可测出摆轮不同振幅时相应的固有周期,在计算固有频率时,应根据不同振幅对应的频率数值计算,这样可以使系统误差明显减小,具体测量方法如下:

在图 4-4-6(a)状态按确认键,显示图 4-4-6(b)所示的实验类型,默认选中项为自由振荡,字体反白为选中,再按确认键显示如图 4-4-6(c)所示.

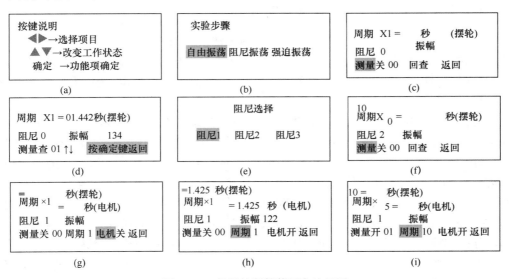

图 4-4-6 仪器控制箱使用方法示图

首先将转动盘指针 F 放在"0"位置,用手转动摆轮 160°左右,放开手后按"▲"或"▼"键,测量状态由"关"变为"开",控制箱开始记录实验数据,振幅的有效数值范围为:160°~50°(振幅小于 160°测量开,小于 50°测量自动关闭),测量显示关时,此时数据已保存并发送主机.

查询实验数据,可按"◄"或"►"键,选中回查,再按确认键如图 4-4-6(d)所示,表示第一次记录的振幅 $\theta_0 = 134°$,对应的周期 $T = 1.442$ 秒,然后按"▲"或"▼"键查看所有记录的数据,该数据为每次测量振幅相对应的周期数值,回查完毕,按确认键,返回到图 4-4-6(c)状态,用此方法可作出振幅 θ 与 T_0 的对应表.该对应表将在稍后的"幅频特性和相频特性"数据处理过程中使用.

4. 测定阻尼系数 β

在图 4-4-6(b)所示状态下,根据实验要求按"►"键,选中阻尼振荡,按确认键显示阻尼如图 4-4-6(e)所示.阻尼分三个挡位,阻尼 1 最小,根据实际实验要求选择阻尼挡位,例如选择阻尼 2 挡,按确认键显示如图 4-4-6(f)所示.

首先将角度盘指针 F 放在 0°位置,用手转动摆轮 160°左右,选取 θ_0 在 150°左右,按"▲"或"▼"键,测量由"关"变为"开"并记录数据,仪器记录十组数据后,测量自动关闭,此时振幅大小还在变化,但仪器已经停止记数.

阻尼振荡的回查同自由振荡类似,请参照上面操作.若改变阻尼挡位测量,则重复阻尼 1 的操作步骤即可.

由于阻尼振荡时振幅衰减按指数规律变化,则 $\theta = \theta_0 e^{-\beta t}$,可用对数逐差法确定阻尼系数.从液晶显示窗口读出摆轮作阻尼振动时的振幅数值 $\theta_1, \theta_2, \theta_3, \cdots, \theta_n$,利用公式

$$\ln \frac{\theta_0 e^{-\beta t}}{\theta_0 e^{-\beta(t+nT)}} = n\beta\bar{T} = \ln \frac{\theta_0}{\theta_n} \tag{4-4-8}$$

求出 β 值,式中 n 为阻尼振动的周期次数,θ_n 为第 n 次振动时的振幅,$\bar{T}$ 为阻尼振动周期的平均值,此值可以测出 10 个摆轮振动周期值,然后取其平均值.一般阻尼系数需要测量 2~3 次.

5. 测定受迫振动的幅频特性和相频特性曲线

在进行强迫振荡前必须先做阻尼振荡,否则无法实验.仪器在图 4-4-6(b)状态下,选中强迫振荡,按确认键显示如图 4-4-6(g)所示默认状态选中电机.按"▲"或"▼"键,让电机启动,此时保持周期为 1,待摆轮和电机的周期相同,特别是振幅已稳定,变化不大于 1,表明两者已经稳定了(如图 4-4-6(h)),方可开始测量.

测量前应先选中周期,按"▲"或"▼"键把周期由 1(如图 4-4-6(g))改为 10(如图 4-4-6(i)),(目的是为了减少误差,若不改周期,测量无法打开).再选中测量,按下"▲"或"▼"键,测量打开并记录数据(如图 4-4-6(i)).一次测量完成,显示测量关后,读取摆轮的振幅值,并利用闪光灯测定受迫振动位移与强迫力矩间的相位差.调节强迫力矩周期电位器,改变电机的转速,即改变强迫外力矩频率 ω,从而改变电机转动周期.电机转速的改变可按照 φ 控制在 10°左右来定,可进行多次这样的测量.每次改变了强迫力矩的周期,都需要等待系统稳定,约需两分钟,即返回到图 4-4-6(h)所示状态,等待摆轮和电机的周期相同,然后再进行测量.

在共振点附近由于曲线变化较大,因此测量数据相对密集些,此时电机转速极小变化会引起 φ 很大改变.电机转速旋钮上的读数是一参考数值,建议在不同 ω 时都记下此值,以便

实验中快速寻找要重新测量时做参考.

　　测量相位时应把闪光灯放在电动机转盘前下方,按下闪光灯按钮,根据频闪现象来测量,仔细观察相位位置.

　　强迫振荡测量完毕,按"◀"或"▶"键,选中返回,按确认键,重新回到图 4-4-6(b)状态.

6. 关机

　　在图 4-4-6(b)状态下,按住复位按钮保持不动,几秒钟后仪器自动复位,此时所做实验数据全部清除,然后按下电源按钮,结束实验.

【数据记录与处理】

1. 摆轮振幅 θ 与系统固有周期 T_0 关系

表 4-4-1　振幅 θ 与固有周期 T_0 关系

序号	1	2	3	4	5	...
振幅 $\theta(°)$						
固有周期 $T_0(s)$						

2. 阻尼系数 β 的计算

　　利用公式(4-4-9)对所测数据(表 4-4-2)按逐差法处理,求出 β 值.

$$5\beta\overline{T}=\ln\frac{\theta_i}{\theta_{i+5}} \tag{4-4-9}$$

i 为阻尼振动的周期次数,θ_i 为第 i 次振动时的振幅.

表 4-4-2　测定阻尼系数 β　　　　　阻尼挡位_____

序号	振幅 θ (°)	序号	振幅 θ (°)	$\ln\dfrac{\theta_i}{\theta_{i+5}}$
θ_1		θ_6		
θ_2		θ_7		
θ_3		θ_8		
θ_4		θ_9		
θ_5		θ_{10}		
$\ln\dfrac{\theta_i}{\theta_{i+5}}$ 平均值				

$10T=$ 　秒,　$\overline{T}=$ 　秒,　$\beta=$

3. 幅频特性和相频特性测量

　　① 将实验数据填入表 4-4-3,并查表 4-4-1 找出与振幅 θ 对应的周期 T_0 填入表 4-4-3,利用公式(4-4-5)计算得到 $\varphi_{计算}$.

② 以 ω/ω_r 为横轴，θ 为纵轴，作幅频特性 $\theta - \omega/\omega_r$ 曲线；以 ω/ω_r 为横轴，φ 为纵轴，作相频特性 $\varphi - \omega/\omega_r$ 曲线.

表 4-4-3　幅频特性和相频特性数据表格　　阻尼挡位＿＿＿＿＿

序号	1	2	3	4	5	...
强迫力周期电位器刻度盘值						
强迫力矩周期(s)						
相位差测量值 $\varphi(°)$						
摆轮振幅 $\theta(°)$						
与振幅 θ 对应的固有周期 T_0						
$\dfrac{\omega}{\omega_r} = \dfrac{T_0}{T}$						
$\varphi_{计算}(°)$						

③（选做）在阻尼系数较小（满足 $\beta^2 \ll \omega_0^2$）和共振位置附近（$\omega = \omega_r \approx \omega_0$），则 $\omega_0 + \omega = 2\omega_0$，从式（4-4-4）和（4-4-7）可得出

$$\left(\frac{\theta}{\theta_r}\right)^2 = \frac{4\beta^2\omega_0^2}{4\omega_0^2(\omega-\omega_0)^2 + 4\beta^2\omega_0^2} = \frac{\beta^2}{(\omega-\omega_0)^2 + \beta^2}$$

据此可由幅频特性曲线求 β 值

当 $\theta = \dfrac{1}{\sqrt{2}}\theta_r$，即 $\left(\dfrac{\theta}{\theta_r}\right)^2 = \dfrac{1}{2}$，由上式可得

$$\omega - \omega_0 = \pm\beta$$

此 ω 对应于图 $\left(\dfrac{\theta}{\theta_r}\right)^2 = \dfrac{1}{2}$ 处两个值 ω_1，ω_2，由此得出

$$\beta = \frac{\omega_2 - \omega_1}{2}$$

将此法与逐差法求得之 β 值作一比较并讨论.

【注意事项】

① 强迫振荡实验时，调节仪器面板【强迫力周期】旋钮，从而改变不同电机转动周期，该实验必须做 10 次以上，其中必须包括电机转动周期与自由振荡实验时自由振荡周期相同的数值.

② 在作强迫振荡实验时，须待电机与摆轮的周期相同（末位数差异不大于 2）即系统稳定后，方可记录实验数据，且每次改变了受强迫力矩的周期，都需要重新等待系统稳定.

③ 因为闪光灯的高压电路及强光会干扰光电门采集数据，因此须待一次测量完成，显示测量关后（参看"玻尔共振电器控制箱使用方法"中图 4-4-6(h)），才可使用闪光灯读取相位差.

【思考与讨论】

① 如何判断和调节到共振状态？

② 实验中用什么方法来改变阻尼力矩的大小?

③ 实验中怎样用频闪法测相位差?

④ 受迫振动中的振幅和相位差与哪些因素有关?

⑤ 测量阻尼振动周期时,测 $10T$ 与测 T 方法有何区别?

实验 4.5 弗兰克-赫兹实验

1913 年,丹麦物理学家玻尔(N. Bohr)在卢瑟福(E. Rutherford)原子模型的基础上,结合普朗克的量子理论,成功地解释了原子的稳定性和线状光谱理论,并因此获得了 1922 年诺贝尔物理学奖. 1914 年,德国物理学家弗兰克(J. Franck)和赫兹(G. Hertz)利用慢电子(几个到几十个电子伏特)与单元素气体原子碰撞的办法,研究了电子与原子碰撞前后电子能量改变的情况,测定了汞原子的第一激发电势,证明了原子内部量子化能级的存在,为玻尔理论提供了独立于光谱研究方法的实验证据. 之后,他们又观测了被激发的原子回到正常态时所辐射的光,发现辐射光的频率很好地满足了玻尔的频率定则. 弗兰克和赫兹的这些成就,对原子物理的发展起到了重大推动作用,为此获得了 1925 年诺贝尔物理学奖.

弗兰克-赫兹实验将难于直接观测的电子与原子碰撞、能量交换以及能量状态变化的微观过程用宏观量反映出来的科学方法. 至今仍是探索原子结构的重要手段之一,实验中用"拒斥电压"筛选电子的方法已成为广泛应用的实验技术.

【预习提示】

① 玻尔原子理论的主要内容是什么?

② 弗兰克-赫兹管中电子和氩原子的碰撞和能量交换过程怎样?

【实验目的】

① 理解弗兰克-赫兹实验的设计思想、原理和方法.

② 测量氩原子的第一激发电势,证明原子能级的存在,从而加深对量子化概念的认识.

③ 练习使用微机控制采集实验数据.

【实验原理】

玻尔提出的原子理论指出:

① 定态假设,即原子只能较长时间地处于一系列稳定状态,简称定态. 各定态具有确定的能量 $E_i(i=1,2,3\cdots)$,这些能量彼此分立、不连续,称为能级. 能量最低的称之为基态,能量较高的称之为激发态.

② 频率定则,原子从一个定态向另一个定态跃迁时,伴随着电磁波(光)的吸收或辐射. 电磁波频率 ν 取决于两定态的能量 E_m 和 E_n 之间的能量差,满足

$$h\nu = E_m - E_n \tag{4-5-1}$$

式中 h 为普朗克常数, $h = 6.63 \times 10^{-34}$ J·s.

正常情况下,绝大多数原子处于基态.原子由基态跃迁到激发态时,需要足够的能量.从基态跃迁到第一激发态所需的能量最低,称为临界能量;从基态跃迁到最高激发态直至电离时,所需的能量最高,称为电离能量.使原子状态发生改变,通常有两种方法:一是原子本身吸收或辐射电磁辐射;二是原子与其他粒子发生碰撞交换能量.本实验中采用了后者.

弗兰克-赫兹实验原理可用图 4-5-1 来说明.在充氩的弗兰克-赫兹管中,电源 U_F 加热灯丝 F,使旁热式阳极 K 被加热而产生慢电子.第一栅极 G_1 的作用是防止因阴极 K 表面附近积累电子而产生势垒,提高发射效率,由 U_{G1K} 控制.电子越过第一栅极 G_1 进入 G_1G_2 空间,阴极 K 和第二栅极 G_2 之间的加速电压 U_{G2K} 使电子加速.在板极 A 和第二栅极 G_2 之间加有反向拒斥电压 U_{G2A}.管内空间电势分布如图 4-5-2 所示.当电子进入 G_2A 空间时,如果能量大于 eU_{G2A},就能克服反向拒斥电场作用而到达板极 A 形成电流,被微电流计 μA 表检出.实验中,如果保持 U_{G1K}、U_{G2A} 不变,逐步增加 U_{G2K},电子的能量不断增加,与氩原子碰撞后,到达板极 A 形成的电流会呈现图 4-5-3 所示的 I_A-U_{G2K} 曲线.

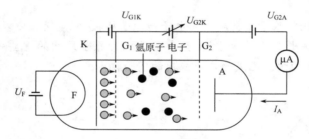

图 4-5-1　弗兰克-赫兹实验原理

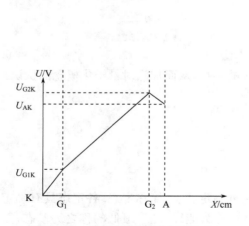

图 4-5-2　弗兰克-赫兹管电势分布

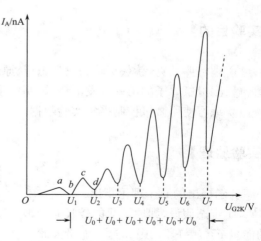

图 4-5-3　弗兰克-赫兹管 I_A-U_{G2K} 曲线

图 4-5-3 所示的曲线反映了氩原子在 G_1G_2 空间与电子碰撞时进行能量交换的情况.当电压 U_{G2K} 逐渐增加时,电子在 KG_2 空间被加速而取得越来越大的能量.起始阶段,由于电压

较低,电子的能量较少,即使在运动过程中与原子相碰撞也只有微小的能量交换(可认为弹性碰撞),不足以使氩原子状态发生变化,因而穿过第二栅极的电子所形成的阳极电流 I_A 将随 U_{G2K} 的增加而增大(Oa 段). 当 U_{G2K} 达到氩原子的第一激发电势 U_0 时,电子获得的能量将达到氩原子的临界能量,在与氩原子相碰撞时,电子将一部分能量交给氩原子,使氩原子从基态跃迁到第一激发态,致使电子本身能量下降,不能克服反向拒斥电场而被折回第二栅极(被筛选掉). 这时板极电流将显著减小(ab 段). 随着 U_{G2K} 的进一步增加,电子的能量又逐渐增加,在与氩原子相碰撞后还可能留下足够的能量,克服反向拒斥电场而达到板极 A,这时电流又开始上升(bc 段). 直到 U_{G2K} 是二倍氩原子的第一激发电势时,电子在 G_1G_2 空间会发生二次碰撞而失去能量,因而又会造成第二次电流的下降(cd 段). 如此进行下去,凡是在满足 $U_{G2K} = nU_0 (n = 1, 2, 3, \cdots)$ 的情况下,阳极电流 I_A 都会相应下跌,形成规则起伏变化的 I_A-U_{G2K} 曲线.

然而由 I_A-U_{G2K} 曲线可知,阳极电流 I_A 并不是突然下降的,而是有一个变化的过程,这是因为阴极发射的电子的初始速度不是完全相同的,服从一定的统计分布规律. 另外,由于电子与氩原子的碰撞有一定的几率,在大部分电子与氩原子碰撞而损失能量的时候,还会有一些电子没有发生碰撞而到达阳极,所以阳极电流不会降为零.

以上分析表明了原子吸收能量的量子化特性,I_A-U_{G2K} 曲线中相邻两峰值(或谷值)的电势差都相等,都为 U_0. 当 $U_{G2K} = nU_0 (n = 1, 2, 3, \cdots)$ 时,电流 I_A 都会急剧下降. 亦即当电子的能量为 eU_0 时,原子就会吸收电子的能量而激发. 因此可以认为 eU_0 是原子由基态激发到第一激发态所需的最低能量. 由此可见,I_A-U_{G2K} 曲线中相邻峰值间的电势差即是氩原子的第一激发电势. 本实验就是依此实际测量来证实原子能级的存在,并测定出氩原子的第一激发电势的.

如果弗兰克-赫兹管中充以其他元素,同样可以得到它们的第一激发电势,见表 4-5-1.

表 4-5-1　几种常见元素的第一激发电势

元素	钠(Na)	钾(K)	锂(Li)	镁(Mg)	汞(Hg)	氦(He)	氖(Ne)
U_0/V	2.12	1.63	1.84	3.2	4.9	21.2	18.6

【实验器材】

ZKY-FH-2 型智能弗兰克-赫兹实验仪.

实验仪具有手动、自动测量功能,选择任何一种仪器都可以完成本实验内容. 选择"手动"挡,调节 U_{G2K},读取电流 I_A,从而完成 I_A-U_{G2K} 曲线逐点测量;选择"自动"测量挡时,需与数字示波器或计算机联合实验,在示波器或计算机中得到完整的 I_A-U_{G2K} 曲线,读取记录需要的数据.

【实验内容与要求】

仔细阅读相关仪器的说明书,熟悉实验仪器功能和使用方法,按照实验要求连接实验线路后,完成以下内容.

1. 自动测量氩原子的第一激发电势

将弗兰克-赫兹实验仪与数字示波器或计算机联合使用,选择不同的灯丝电压或第一加速电压、拒斥电压,观察 5～6 条 I_A-U_{G2K} 曲线,记录 6 个峰谷值电压电流.

2. 手动测量氩原子的第一激发电势.(选做)

选择合适的灯丝电压 U_F、第一加速电压 U_{G1K}、拒斥电压 U_{G2A} 后,调节电压 U_{G2K},读取电流 I_A,每条曲线要求至少记录到 6 个峰谷值,改变灯丝电压或第一加速电压、拒斥电压,测量 3～4 条曲线.注意:测量时,应根据曲线的变化趋势合理选择测量点,在峰谷值附近应密测.

【数据记录与处理】

① 列表给出 6 个以上峰(谷)电压电流值,用逐差法或最小二乘法处理数据,求得氩原子的第一激发电势.

② 将计算出的氩原子的第一激发电势与理论值 $U_0 = 11.5\text{V}$ 比较,计算相对误差.

③ 分析灯丝电压、第一加速电压、拒斥电压对 I_A-U_{G2K} 曲线的影响.

【注意事项】

① 连接测试仪与管子间的连线必须一一对应,不可接错.

② 在实验过程中当 U_{G2K} 较大时,管子有击穿的可能.测量过程中,如果管子一旦被击穿,电流会突然增加,此时应迅速把 U_{G2K} 降低,以防损坏管子.

【思考与讨论】

① 灯丝电压对 F-H 实验的 I_A-U_{G2K} 曲线形状有何影响? 对第一激发电势的测量有何影响?

② 从 I_A-U_{G2K} 曲线上可以看到阳极电流并不是突然下降,有一个变化的过程(电流的峰有一定的宽度),而且出现峰值后电流不能降为零,这是为什么?

【附录 4.5.1】

弗兰克简介

弗兰克(James Franck,1882～1964),德国物理学家. 1906 年获柏林大学博士学位.1917 年起任威廉皇帝物理化学研究所物理部主任.1935 年及 1938 年先后任约翰斯·霍普金斯大学和芝加哥大学教授.1955 年因光合作用方面研究的贡献获美国科学院勋章.弗兰克一生从事原子物理、核物理、分子光谱学及其在化学上的应用、光合作用等方面研究.弗兰克在物理学中的主要贡献是与赫兹一起最早通过电子和原子碰撞实验直接证实玻尔 1903 年提出的有关原子定态假设的正确性,并因此与赫兹获得 1925 年诺贝尔物理学奖.他还研究了电子和原子分子的碰撞、原子跃迁和原子中的能级、原子系统中的能量在荧光情况下的转移等问题,阐明分子间力与分子光谱的关系.提出分子中的电子跃迁远比分子振动迅速,由此导出弗兰克-康登原理.1964 年 5 月 21 日在哥廷根逝世.

图 4-5-4　弗兰克

【附录 4.5.2】

G. 赫兹简介

图 4-5-5　G. 赫兹

G. 赫兹(Gustar Hertz,1887～1975),柏林德国国家科学院院士,电磁波的发现者 H. 赫兹的侄子.1925 年 G. 赫兹任哈雷大学教授和物理研究所所长.1928 年回到柏林任夏洛滕堡工业大学物理研究室主任.从 1945～1954 年在前苏联工作,期间被任命为莱比锡卡尔·马克思大学物理研究所所长和教授.G. 赫兹最早研究的是二氧化碳的红外吸收以及压力和分压的关系.1913 年和弗兰克一起开始研究电子碰撞.1928 年,G. 赫兹回到柏林的第一个任务是重建物理研究所,负责用多级扩散方法分离氖的同位素.1975 年在柏林去世.

实验 4.6　光电效应与普朗克常量的测量

普朗克常量(公认值 $h=6.626\,075\times10^{-34}$ J·s)是自然界中少数几个很重要的普适常数之一(如光速 c,引力常数 g,…),是普朗克在 19 世纪末为解决黑体辐射问题时发现的,它可以用光电效应法简单而又较准确地求测出.

19 世纪末,物理学家赫兹用实验验证电磁波的存在时,发现了光电效应这一现象.随后人们对它进行了大量的实验研究,总结出了一系列的实验规律.但是,这些实验规律都无法用当时人们熟知的电磁波理论加以解释.1905 年,爱因斯坦大胆地把普朗克在进行黑体辐射研究过程中提出的辐射能量不连续观点应用于光辐射,提出了"光量子"概念,从而成功地解释了光电效应的各项基本规律,使人们对光的本性认识有了一个飞跃,并建立了著名的爱因斯坦光电方程.1916年密立根用实验验证了爱因斯坦的上述理论,并精确测量了普朗克常量,证实了爱因斯坦方程的正确性.因光电效应等方面的杰出贡献,爱因斯坦、密立根分别于1921年和1923年获得了诺贝尔物理学奖.

在物理学发展中,光电效应现象的发展,对认识光的波粒二象性具有极为重要的意义.除了为量子论提供了一种直观、鲜明论证以外,也提供了一种简单有效的测量普朗克常量的方法.学习光电效应实验,并通过实验测定普朗克常量,有助于了解量子物理学的发展和加深对光的本性认识.

随着科学技术的发展,光电效应已广泛地应用于工农业生产,国防和许多科技领域,尤其是利用光电效应制成的光电管、光电池、光电倍增管等已成为生产和科研中不可缺少的传感和换能器件.

【预习提示】

① 什么是光电效应?它具有什么实验规律?光电效应的伏安特性含义是什么?
② 什么是截止电压?如何用实验来测定?
③ 什么是截止频率?如何用实验来测定?
④ 本实验中如何测定普朗克常量?

【实验目的】

① 通过实验了解光的量子性和光电效应的基本规律.
② 验证爱因斯坦方程,测定普朗克常量.

【实验原理】

1. 光电效应

金属中的自由电子,在光的照射下吸收光能后从金属表面逸出,这种现象称为光电效应.逸出的电子称为光电子,由其形成的电流称为光电流.

1905年,爱因斯坦大胆地把普朗克在进行黑体辐射研究过程中提出的辐射能量不连续观点应用于光辐射,提出了光子的概念,并建立了著名的爱因斯坦方程,从而成功解释了光电效应的规律.他认为,光与物质相互作用时,物质吸收或辐射的能量是不连续的,能量集中在一些称为光子的粒子上,每个光子都具有能量 $h\nu$,h 是普朗克常量,ν 是光的频率,按照爱因斯坦的光子假说,在光电效应中,当光照射到金属表面时,金属中的一个自由电子从入射光中完全吸收一个光子能量,能量的一部分用来克服金属表面对它的束缚,剩余的能量转变为电子逸出后的动能,如果电子脱离金属表面所需的逸出功为 W_0,电子逸出后其动能为

$$\frac{1}{2}mv^2 = h\nu - W_0 \tag{4-6-1}$$

式(4-6-1)为爱因斯坦方程,其中 m 是光电子质量,v 是光电子离开金属表面时的最大速度.

光电效应的实验原理如图 4-6-1 所示.在光电管阳极 A 和阴极 K 之间加一可以改变极

性的电压 U,电路还连接有电流计 G、伏特表 V 和电源. 用强度为 P 的单色光照射到光电管的阴极 K 时,如有电子逸出,从 K 发射出的光电子向阳极 A 运动,在外电路中形成光电流. 当阳极 A 加正电势、阴极 K 加负电势时,阴极释放出的光电子在电场的加速作用下向阳极 A 运动;而当阳极 A 加负电势、阴极 K 加正电势时,阴极释放出的光电子在电场作用下被减速,当反向电压达到 U_a 时,光电流为零,此时有

$$\frac{1}{2}mv^2 = eU_a \qquad (4\text{-}6\text{-}2)$$

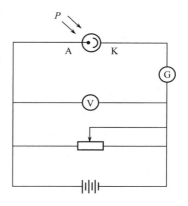

图 4-6-1　光电效应实验原理图

其中 e 是电子电量,U_a 为截止电压(也称遏止电压). 光电效应实验规律如下.

1) 饱和电流强度 I_M 与光强 P 成正比

入射光频率一定时,光电流随两极电压的增加而增大,但当电压 U 增加到一定值时,已使所有的光电子到达阳极. 这时,光电流不再增加,达到一饱和值 I_M,I_M 与光强 P 成正比. 当电压 U 减小到零并逐渐为负值时,电场对电子起阻挡作用,只有部分动能大于 eU 的电子能够运动到阳极而被收集,因此光电流减小. 当反向电压值达到 U_a,使具有最大动能的光电子也被阻挡时,光电流减小到零.

入射光频率一定,光强不同时,两极电压 U 与光电流的关系图称为光电效应的伏安特性曲线,如图 4-6-2 所示. 图 4-6-3 是不同频率、光强相同条件下的伏安特性曲线.

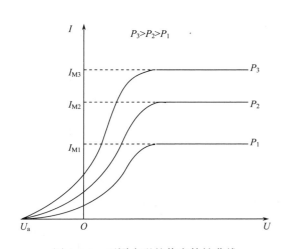

图 4-6-2　不同光强的伏安特性曲线

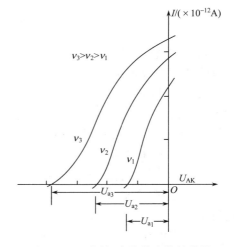

图 4-6-3　不同频率的伏安特性曲线

2) 光电子的初动能与入射光的频率 ν 成正比,与光强无关

按照爱因斯坦方程,只有当入射光的频率大于 $\nu_0 = W_0/h$ 时,才能产生光电效应,ν_0 称为截止频率. 不同的入射光频率对应光电子不同的初动能,即不同的入射光频率对应着不同的截止电压 U_a. 当入射光频率 $\nu < \nu_0$ 时,无论光强多大,都不能释放出光电子. 图 4-6-4 是截止电压与光频率的关系图.

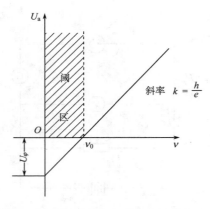

图 4-6-4　截止电压与光频率关系曲线

3）光电效应是瞬时效应，一旦有光照射，立即产生光电子

光电效应是瞬时效应，即使光的入射强度非常微弱，又要入射光频率 ν 大于 ν_0，光照射后立即有光电子产生，所经过的时间至多为 $10^{-9}\,\mathrm{s}$ 的数量级.

2. 普朗克常量测定

按照爱因斯坦方程及光电子释放时的最大初动能与截止电压 U_a 的关系，由式(4-6-1)和式(4-6-2)有

$$eU_a = \frac{1}{2}mv^2 = h\nu - W_0$$

$$U_a = \frac{h}{e}\nu - \frac{W_0}{e} \tag{4-6-3}$$

由式(4-6-3)可知，对于不同频率的单色光照射同一光电管(h、e 和 W_0 一定)可得不同的截止电压. 这从对应的伏安特性曲线亦可看出，如图 4-6-3 所示. 确切地说，截止电压 U_a 是入射单色光频率 ν 的线性函数. 如图 4-6-4 所示，在直角坐标中作 U_a-ν 关系曲线，若它是一条直线，通过 U_a-ν 曲线求取斜率 $k = \dfrac{\Delta U_a}{\Delta \nu}$.

由式(4-6-3)知 $k = \dfrac{h}{e}$，则有

$$h = ke = \frac{\Delta U_a}{\Delta \nu}e \tag{4-6-4}$$

另外，找出曲线与横轴 ν 的交点，即可从图中求得该光电管的频率极限 ν_0.

按照上述理论，实验中测出不同入射光频率下的光电管的 U-I 特性曲线，从而确定 U_a，再作 U_a-ν 曲线，如为一直线，则爱因斯坦方程可以验证，并可从其斜率算出普朗克常量 h 的值.

实际上的 U-I 特性曲线比图 4-6-2 复杂，因为实际的光电管在实验中还存在着附加的两个反向电流.

一是阳极(收集极)A 的反向光电子发射电流. 当入射光照射到光阴极 K 上时，一般都会使阳极受到漫反射光的照射，致使阳极亦有光电子发射，而外

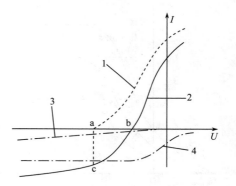

图 4-6-5　实测伏安特性曲线分析
1. 理想阴极发射电流；2. 实测曲线；
3. 暗电流；4. 阳极发射电流

加电压 U_{AK} 对此光电子成为加速电压，使之很容易抵达光阴极，形成反向阳极光电流.

二是当光电管不受任何光照时，由于阳极与光阴极间绝缘电阻不够高，以及常温下阳极 A 的热电子发射等因素，在外电压 U_{AK} 作用下形成微弱的反向电流，通常叫做光电管的暗电流，其伏安曲线近于线性，如图 4-6-5 所示.

由此可见，实测光电流是实际阴极正向光电流、阳极反向光电流和反向暗电流的叠加结

果,如图 4-6-5 中的实线所示.在实线与横轴相交的 b 点处,实测光电流已为零,但真正阴极光电流并未遏制,故 $-U_b \neq -U_a$.如果阳极电流越小,则阴极电流上升的越快,$-U_b$ 越接近 $-U_a$,用 $-U_b$ 代替 $-U_a$ 的方法叫"交点法".随着反向外加电压绝对值的增加,伏安曲线并未终止而是继续向反向电流方向延伸,并逐渐趋向饱和.对于某些阳极电流缓慢达到饱和的光电管,还可以采用反向电流开始饱和时的拐点电势代替 $-U_a$,称之为"拐点法".但不论采取什么方法,均存在不同程度的系统误差.究竟用哪种方法,应根据实验所用的光电管而定.本实验所用的光电管阴极电流上升很快,阳极电流很小,所以应采用交点法确定截止电压 U_a.

【实验器材】

ZKY-GD-4 智能光电效应(普朗克常量)实验仪.仪器由汞灯电源,汞灯及灯罩,滤色片(365.0 nm、404.7 nm、435.8 nm、546.1 nm、577.0 nm),光阑(2 mm、4 mm、8 mm),光电管及暗箱、智能实验仪构成.实验装置如图 4-6-6 所示.光源与光电管暗箱安装在带有刻度尺的导轨上,可根据实验需要调节二者之间的距离.光源汞灯光谱范围为 320.3~872.0 nm,将光阑及滤色片插入光电管暗箱入光口上可获得不同光通量的单色光.实验仪有手动和自动两种工作模式,具有数据自动采集,存储,实时显示采集数据,动态显示采集曲线,及采集完成后查询数据的功能.

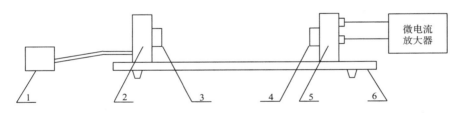

图 4-6-6 光电效应实验仪基本结构
1. 汞灯电源;2. 汞灯及灯罩;3. 汞灯出光口;4. 进光口;5. 光电管及暗箱;6. 导轨

【实验内容与要求】

在导轨上调整光电管与汞灯距离约为 400mm 并保持不变,然后将实验仪及汞灯电源接通(汞灯及光电管暗箱遮光盖盖上),预热 20 分钟.

1. 普朗克常量测量

将"电流量程"选择开关置于 10^{-13}A 挡位,进行测试前调零.调零时应将光电管暗箱电流输出端 K 与实验仪微电流输入端(后面板上)断开,旋转"调零"旋钮使电流指示为 000.0.调节好后,用高频匹配电缆将电流输入连接起来,按"调零确认/系统清零"键,系统进入测试状态.如改变电流量程,则需重新进行调零步骤.

选定某一光阑,采用手动和自动模式分别测出不同入射光频率所对应的截止电压 U_a 值,在自动模式测量中,对于不同滤色片,建议电压扫描范围大致设置为:365 nm,-1.90~-1.50V;405 nm,-1.60~-1.20V;436 nm,-1.35~-0.95V;546 nm,-0.80~

-0.40V;577 nm,$-0.65\sim-0.25\text{V}$.

在测量截止电压 U_a 时,采用零电流法,即直接将各频率光照射下测得的电流为零时对应的电压 U_{AK} 的绝对值作为截止电压 U_a.

2. 测光电管的伏安特性曲线

"伏安特性测试/截止电压测试"状态键转换到伏安特性测试状态."电流量程"开关应拨至 10^{-10}A 挡,并重新调零.选定某一光阑及滤色片并装在光电管暗箱入光口上.

测量某一频率入射光在不同光强(改变光阑)下的伏安饱和特性曲线,验证光电管饱和光电流与入射光光强成正比.测伏安特性曲线,"手动/自动"两种模式均可,测量的最大范围为 $-1\sim50\text{ V}$,自动测量时步长为 1 V.本部分内容为手动模式下测量某一频率入射光、不同光阑条件下光电管伏安特性曲线,电压测量范围为 $-1\sim50\text{ V}$,建议 $-1\sim5\text{ V}$ 区间测量间隔为 0.5 V,$5\sim50\text{ V}$ 区间测量间隔可为 5V.

【数据记录与处理】

① 根据手动和自动模式分别测量的不同入射光频率对应的 U_a 值绘出 U_a-ν 直线,求出斜率 k 及截止频率 ν_0,即可用 $h=ek$ 求出普朗克常量,然后与 h 的公认值 h_0 比较求出相对误差 $E=\left|\dfrac{h-h_0}{h_0}\right|\times100\%$,式中 $e=1.602\times10^{-19}\text{C}$,$h_0=6.626\times10^{-34}\text{J}\cdot\text{s}$.

② 根据所测实验数据将不同光强条件下的 I-U 曲线描绘在同一图中,从而验证光电效应中饱和光电流与入射光光强成正比的规律.

【注意事项】

① 由于暗电流等的存在,截止电压不在光电流 $I=0$ 处而较难准确确定,故在电流开始变化的"抬头点"附近细心地多测几个点以保证较准确地确定截止电压.

② 保护滤色片.更换滤色片时注意避免污染,不能用手触摸,如发现灰尘等可用镜头纸擦净,保证良好透光.

③ 保护光电管.实验前或实验完毕后用遮光罩盖住光电管暗盒进光窗,更换滤色片要先将汞灯光源出光孔遮盖住,避免强光直接照射阴极,缩短光电管寿命.

④ 保护光源.高压汞灯的功率较大,温度很高,实验完毕应及时关闭电源,以免影响使用寿命.

⑤ 光源与光电管暗盒之间距离应确定在最佳距离处(实验中如何确定?).从光源出光孔射出的光必须直照光电管阴极面,暗盒可作左右及高低调节.

⑥ 光电管入射窗口不要面对其他强光源(如窗户等)以减小杂散光干扰.

⑦ 仪器不宜在强磁场、强电场、高湿度以及温度变化率大的场合下工作.

⑧ 测量放大器和汞灯光源必须充分预热,实验中光源不能随便开关.

【思考与讨论】

① 测量到的光电流是否完全是光电效应概念中的光电流?它还受到哪些因素的影响?

② 如何减小截止电压的测量误差？数据处理中如何确定截止电压？

③ 实验过程中若改变了光源与光电管之间的距离,会产生什么影响？

④ 光电管一般用逸出功小的金属做阴极,用逸出功大的金属做阳极,为什么？

⑤ 用光电效应是如何验证光量子理论的？

【附录 4.6.1】

普朗克简介

M. K. E. L. 普朗克(M. K. E. L. Planck,1858～1947),德国物理学家,量子物理学的开创者和奠基人,1918 年诺贝尔物理学奖的获得者. 普朗克早期的研究领域主要是热力学. 并从热力学的观点对物质的聚集态的变化、气体与溶液理论等进行了研究. 普朗克在物理学上最主要的成就是提出著名的普朗克辐射公式,创立能量子概念. 19 世纪末,人们用经典物理学解释黑体辐射实验的时候,出现了著名的所谓"紫外灾难". 虽然瑞利、金斯(1877—1946)和维恩(1864—1928)分别提出了两个公式,企图弄清黑体辐射的规律,但是和实验相比,瑞利-金斯公式只在低频范围符合,而维恩公式只在高频范围符合. 普朗克从 1896 年开始对热辐射进行了系统的研究,并导出了一个和实验相符的公式. 于 1900 年 10 月在《德国物理学会

图 4-6-7　普朗克

通报》上发表论文《论维恩光谱方程的完善》,第一次提出了黑体辐射公式. 12 月 14 日,在德国物理学会的例会上,普朗克做了《论正常光谱中的能量分布》的报告,他认为为了从理论上得出正确的辐射公式,必须假定物质辐射(或吸收)的能量不是连续地、而是一份一份地进行的,只能取某个最小数值的整数倍. 这个最小数值就叫能量子,辐射频率是 ν 的能量的最小数值 $\varepsilon = h\nu$. 其中 h,普朗克当时把它叫做基本作用量子,现在叫做普朗克常量. 普朗克常数是现代物理学中最重要的物理常数,它标志着物理学从"经典幼虫"变成"现代蝴蝶". 1906 年普朗克在《热辐射讲义》一书中,系统地总结了他的工作,为开辟探索微观物质运动规律新途径提供了重要的基础.

实验 4.7　密立根油滴实验与电子电荷的测定

电子电荷是物理学的基本常数之一. 从 1907 年开始,美国实验物理学家密立根(R. A. Millikan)花了近 10 年的时间精心设计了测量电荷的实验,并于 1913 年完成了该实验,即著名的密立根油滴实验. 它证明了任何带电体所带的电荷都是某一最小电荷—基本电荷的整数倍,明确了电荷的不连续性,并精确地测定了基本电荷的数值 $e = (1.602 \pm 0.002) \times 10^{-19}$ C.

密立根油滴实验在近代物理学的发展史上是一个十分重要的实验,该实验用宏观的力学模式来解释微观粒子的量子特性,实验设备简单而有效,构思和方法巧妙而简洁,测量结果准确,为从实验上测定其他一些基本物理量提供了可能性,在实验思想和实验装置上对后人很有启发性.

密立根油滴实验原理在工业应用和科学研究中有着广泛应用,如测量粉尘的荷电量,对静电除尘、静电分选、静电复印、静电喷雾等应用领域,有着十分重要的意义.

【预习提示】

① 弄清平衡法测量油滴带电量的原理与方法.
② 了解仪器的调节方法.
③ 如何利用测量出的电量计算基本电荷值?

【实验目的】

① 学习密立根油滴实验的设计思想和测量方法,测量带电油滴的带电量.
② 学习推算电子电荷量值的方法.

【实验原理】

利用密立根油滴仪测量电子电荷,关键在于测出油滴的带电量. 油滴的带电量有静态(平衡)测量法和动态(非平衡)测量法.

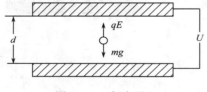

图 4-7-1　实验原理

1. 静态(平衡)测量法

如图 4-7-1 所示,质量为 m,带电量为 q 的油滴处于相距为 d、水平放置的两平行板之间,两极板间的电压为 U,极板间的电场强度为 $E=U/d$. 则油滴在平行极板间将同时受到重力 mg 和静电力 qE 的作用. 改变两极板间的电压 U 大小和方向,就可以改变油滴受到电场力的大小和方向. 如果油滴所受的空气浮力不计,当油滴在极板间某处静止时,电场力与重力平衡,可以得到

$$q = mg\,\frac{d}{U} \tag{4-7-1}$$

显然,为了测出油滴所带的电量 q,除了需测定 U 和 d 外,还需要测量油滴的质量 m. 由于油滴 m 很小,而且产生和选择都具随机性无法直接测量,需用如下方法间接测量.

平行极板不加电压时,油滴受重力作用而加速下降,下降过程中同时受到空气黏滞阻力 f_r 的作用,如图 4-7-2 所示. 油滴运动速度为 v,根据斯托克斯定律,黏滞阻力为

$$f_r = 6\pi r \eta v \tag{4-7-2}$$

式中,η 是空气的黏滞系数,r 是油滴的半径(由于表面张力的原因,微小油滴可认为呈小球状). 设油的密度为 ρ,则油滴的质量 m 可以表示为

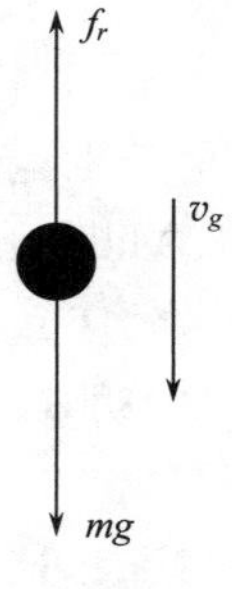

图 4-7-2　静态法
油滴受力图

$$m = \frac{4}{3}\pi r^3 \rho \tag{4-7-3}$$

油滴下降一段距离达到某一速度 v_g 后,阻力与重力 mg 平衡,油滴将匀速下降,此时有

$$6\pi r \eta v_g = mg \tag{4-7-4}$$

由式(4-7-3)和式(4-7-4)得到油滴的半径

$$r = \sqrt{\frac{9\eta v_g}{2\rho g}} \tag{4-7-5}$$

由于斯托克斯定律仅适用于连续介质,实验中油滴半径小到 10^{-6} m 左右,与空气分子的平均自由程接近,空气介质不能认为是连续介质,必须对空气的黏滞系数 η 进行修正,得到

$$\eta' = \frac{\eta}{1 + \dfrac{b}{pr}} \tag{4-7-6}$$

式中 b 为修正常数,$b = 8.23 \times 10^{-3}$ m·Pa,p 为大气压强,单位为 Pa. 油滴的半径 r,因它处于修正项中,不需十分精确,因此可用式(4-7-5)计算.

当两极板间的电压 $U = 0$ 时,测出油滴匀速下降距离为 l 的时间 t_g,则

$$v_g = \frac{l}{t_g} \tag{4-7-7}$$

因此

$$q = \frac{18\pi}{\sqrt{2\rho g}} \left[\frac{\eta l}{t_g \left(1 + \dfrac{b}{pr} \right)} \right]^{\frac{3}{2}} \frac{d}{U} \tag{4-7-8}$$

式中,U 为处于平衡状态时的平衡电压,可从油滴仪的电压表中读出;油滴匀速下降距离 l 所用的时间 t_g,可通过油滴仪的计时器测定;ρ、g、η、P、b、d、l 都是与实验条件、仪器有关的或设定的参数.

2. 动态(非平衡)测量法

静态(平衡)测量法中,由于空气流扰动和油滴蒸发等原因,会产生非预期的影响和误差. 为解决这些问题,可采用非平衡测量法测量电荷.

非平衡测量法是在平行极板上加以适当的电压 U,但并不调节 U 使静电力和重力达到平衡,而是使油滴受静电力作用加速上升. 由于空气阻力的作用,上升一段距离达到某一速度 v_e 后,空气阻力、重力与静电力达到平衡,油滴将以匀速上升,如图 4-7-3 所示. 这时

$$6\pi r \eta v_e = q \frac{U}{d} - mg \tag{4-7-9}$$

图 4-7-3 动态法油滴受力图

当去掉平行极板上所加的电压 U 后,油滴受重力作用而加速下降. 当空气阻力与重力平衡时,仍由式(4-7-4)表示.

联合式(4-7-4)和式(4-7-9),可得

$$q = mg \frac{d}{U} \left(\frac{v_g + v_e}{v_g} \right) \tag{4-7-10}$$

实验时取油滴匀速下降和匀速上升的距离相等,设都为 l. 测出油滴匀速下降的时间为 t_g,匀速上升的时间为 t_e,则有

$$v_g = \frac{l}{t_g}, \quad v_e = \frac{l}{t_e} \tag{4-7-11}$$

因此

$$q = \frac{18\pi}{\sqrt{2\rho g}} \left[\frac{\eta l}{1 + \dfrac{b}{pr}}\right]^{\frac{3}{2}} \frac{d}{U}\left(\frac{1}{t_e} + \frac{1}{t_g}\right)\left(\frac{1}{t_g}\right)^{\frac{1}{2}} \tag{4-7-12}$$

分析上述两种测量方法,可知:

① 用平衡法测量,原理简单、直观,但需调整平衡电压;用非平衡法测量,在原理和数据处理方面较平衡法要繁一些,但它不需要调整平衡电压.

② 当调节电压 U 使油滴受力达到平衡时,$t_e \rightarrow \infty$,式(4-7-8)和式(4-7-12)一致,可见平衡测量法是非平衡测量法的一个特殊情况.

3. 基本电荷 e 的计算

1)"倒过来验证"法

为了证明电量的不连续性和所有带电量都是基本电荷 e 的整数倍,并得到基本电荷 e 值,可以对实验测得的各个电量 q_i 求最大公约数. 这个最大公约数就是基本电荷 e 值,也就是电子的电荷值. 但如果实验技术不熟练,测量误差较大,要求出 q_i 的最大公约数往往比较困难,这时通常用"倒过来验证"的办法进行计算. 即用公认的电子电荷值 $e = 1.60 \times 10^{-19}$ C (库仑)去除实验测得的电量 q_i,得到一个接近于某一个整数的数值,这个整数就是油滴所带的基本电荷的数目 n,再用这个 n 去除实验测得的电量,即得电子的电荷电量 e.

用这种方法处理数据,只能是作为一种实验验证. 而且仅在油滴的带电量比较少(几个电子基本电荷)时,可以采用. 当油滴的带电量比较多而使 n 值较大时,取整带来的 0.5 个基本电荷的最大误差在分配给 n 个电子时必然很小,其结果 e 值总是十分接近于 1.60×10^{-19} C. 这也是实验中不宜选用带电量比较多的油滴的原因.

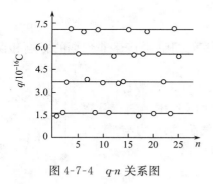

图 4-7-4 q-n 关系图

2)作图法

油滴实验也可用作图法处理数据. 即以纵坐标表示电量 q,横坐标表示所选用的油滴的序号,作图后所得结果如图 4-7-4 所示. 这种方法必须选择大量油滴测量.

【实验器材】

MOD-5 型油滴仪,CCD,显示器,喷雾器等.

MOD-5 型密立根油滴仪主要部件及功能如下.

1. 油滴盒

油滴盒是油滴仪的核心,如图 4-7-5 所示.上极板和下极板是两块精磨的平行极板,中间垫有胶木圆环,极板间距 $d=5$ mm,置于有机玻璃防风罩中,防止外界空气扰动对油滴的影响.胶木圆环的四周有进光孔和观察孔.油滴用喷雾器从喷雾口喷入有机玻璃油雾室,经油雾孔落入上极板中央孔径为 0.4 mm 的小孔,进入上、下极板间的电场中.上极板上装有一弹簧压舌,是上极板的电源.关闭油雾孔挡板可防止油滴的不断进入.油雾室上加一盖板.

2. 油滴仪面板

油滴仪面板结构如图 4-7-6 所示.按下按钮,电源接通,整机工作.功能控制开关有平衡、提升、下落三档.打向"平衡"档时,可用平衡电压调节旋钮在 DC 0～500 V 范围内调节平衡电压使被测油滴处于平衡状态;打向"提升"档时,上下电极在平衡电压的基础上增加 DC 200～300 V 的提升电压,使被测油滴上升;当打向"测量"档时,极板间电压为 0V,被测油滴受重力作用下落平衡电压及提升电压由数字电压表显示,油滴在一定距离内运行的时间由计时器显示表显示.通过视频输入插座及视频输出插座,将配有 CCD 摄像头的显微镜观察到的信息输出至监视器.照明室内置永久性照明灯.调节仪器底部两个调平螺丝,使水准仪气泡处于中央位置时,平行板处于水平位置.上下电极,组成一个平行板电容器,加上电压时,极板形成相对均匀的电场,可使油滴处于平衡或升降状态.按下计时清零按钮,秒表显示"00.0"秒.

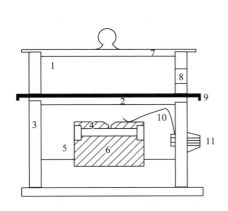

图 4-7-5　油滴盒结构

1.油雾室;2.油雾孔;3.防风罩;4.上极板;
5.胶木圆环;6.下极板;7.盖板;8.喷雾口;
9.油雾孔挡板;10.弹簧压舌;11.外接电源插孔.

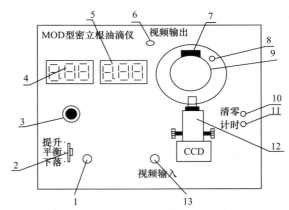

图 4-7-6　油滴仪面板结构

1.电源开关;2.功能开关;3.平衡电压调节旋钮;4.电压表;5.计时器;6.视频输出插孔;7.照明灯室;8.水平仪气泡;9.上下极板;10.计时清零按钮;11.计时按钮;
　　　　12.显微镜;13.视频输入

3. 监视器分划板

如图 4-7-7 所示,监视器用来观察油滴在电场中的运动情况,纵向及横向划分均匀小格,用来观测上下匀速运动和左右布朗运动.

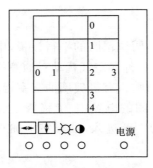

图 4-7-7　监视器结构图

【实验内容与要求】

　　将仪器放平稳,调节仪器底部调平螺丝,使水平仪指示水平. 然后,接通电源,预热 10 分钟.

　　将油从油滴盒的喷雾口喷入,推上油雾孔挡板,以免空气流动使油滴漂移. 微调显微镜的调焦手轮,当监视器视场中出现大量清晰的油滴,如夜空繁星,说明显微镜已调好. 如果视场太暗,油滴不够明亮,可调节监视器对比度旋钮.

1. 用平衡法测量带电油滴的电量

　　将功能开关置于"平衡",调节平衡电压调节旋钮,给平行极板加上 200V 左右电压,喷入油雾后,观察几颗缓慢运动的油滴. 选择其中的某一颗,仔细调节平衡电压,使这颗油滴静止不动. 然后将功能开关置于"提升",使油滴上升至显示器顶部. 随后将功能开关置于"下落",待油滴下落一段距离接近匀速时测量油滴匀速下降 2mm 距离内的时间. 将功能开关置于"提升",使油滴上升,重复测量下降时间.

　　选择 4~5 颗油滴进行测量,对每一颗油滴进行 4~6 次时间测量.

　　注意:①要做好本实验,油滴的选择至关重要. 通常选择平衡电压 200V 左右,匀速下降 2mm 时间 20~30s 的油滴比较合适,这时油滴的带电量一般是基本电荷的几倍. 正式测量前应反复练习,掌握规律. ②每颗油滴重复测量时,都要重新调整平衡电压. 如果油滴逐渐变得模糊,要微调测量显微镜跟踪油滴,勿使丢失.

2. 用动态法(非平衡)测量带电油滴的电量(选做)

　　选择 4~5 颗合适的油滴测量其上升和下落的时间,每一颗油滴进行 4~6 次时间测量.

【数据记录与处理】

1. 列表给出测量数据及其测量条件.

2. 电量的计算

　　平衡测量法采用式(4-7-8)计算出电量;非平衡测量法采用式(4-7-12)计算出电量. 公式中参数如下:

　　油滴密度:$\rho = 981$ kg·m^{-3};重力加速度:$g = 9.80$ m·s^{-2};油滴匀速下降的距离:$l = 2.00 \times 10^{-3}$m;修正常数:$b = 8.23 \times 10^{-3}$ m·Pa;大气压强:$P = 1.01 \times 10^{5}$Pa;平行极板距离:$d = 5.00 \times 10^{-3}$m;空气的黏滞系数:$\eta = 1.83 \times 10^{-5}$kg·m^{-1}·s^{-1}.

　　由于油的密度和空气的黏滞系数都是温度的函数,重力加速度和大气压强又随实验地点和条件的变化而变化,因此,按上述参数计算的结果是近似的,一般条件下,这样的计算引起的误差约 1%. 必要时应考虑温度的影响.

3. 根据所求电量,计算基本电荷 e.

【思考与讨论】

① 为什么要对油滴仪进行水平调节?

② 调节显微镜焦距观察油滴时,为什么有些油滴清楚,有些油滴模糊? 对选定油滴进行跟踪测量时,本来清晰的油滴为什么有时会变模糊?

③ 为什么必须使油滴做匀速运动? 实验过程中,如何保证油滴下落时达到匀速运动?

④ 如何选定待测油滴? 为什么?

【附录 4.7.1】

密立根简介

R. A. 密立根(R. A. Millikan,1868～1953)教授是美国杰出的实验物理学家和教育家,他把毕生精力用于科学研究和教育事业上,他是电子电荷的最先测定者.

密立根 1868 年 3 月 22 日生于美国伊利诺伊州的莫里森城.1895 年获得哥伦比亚大学哲学博士学位,之后到欧洲柏林大学和阿根廷大学继续深造.1896 年至 1921 年在芝加哥大学任物理学助理教授和教授.1921 年应聘担任加利福尼亚理工学院物理实验室主任,并任校务委员会主席,一直工作到 20 世纪 40 年代.1953 年 12 月 19 日在加利福尼亚的帕萨迪纳逝世.

密立根从 1907 年开始进行测量电子电荷的实验.1909～1917 年他对带电油滴在相反的重力场和静电场中的运动进行了详细的研究.1913 年发表了电子电荷测量结果

图 4-7-8 密立根

$e=(4.774\pm0.009)\times10^{-10}$ 静电单位电荷.这一著名的"油滴实验"曾轰动整个科学界,使密立根名扬四海.1916 年密立根又解决了光电效应的精确测量问题,证明了爱因斯坦公式 $E=h\nu-A$,第一次由光电效应实验测量了普朗克常量 h. 由于测量电子电荷和研究光电效应的杰出成就,密立根教授荣获了 1923 年度诺贝尔物理学奖.

另外,密立根对电子在强电场作用下逸出金属表面进行了实验研究.他还从事元素火花光谱学的研究工作,测量了紫外线与 X 射线之间的光谱区,发现了近 1000 条谱线,波长直到 13.66nm,使紫外光谱远超出了当时已知的范围.他对 X 射线谱的分析工作,导致了乌伦贝克(G. E. Uhlenbeek,1900～1974)等人在 1925 年提出电子自旋理论.他在宇宙线方面也做过大量的研究,提出了"宇宙线"这个名称.研究了宇宙粒子的轨道及其曲率,发现了宇宙线中的 α 粒子、高速电子、质子、中子、正电子和 V 量子.改变了过去"宇宙线是光子"的观念.尤其是他用强磁场中的云室对宇宙线进行实验研究,导致他的学生安德森在 1932 年发现正电子.

实验 4.8　金属电子逸出功与电子荷质比的测量

金属电子逸出功(或逸出电势)的测定实验是理解金属内电子的运动规律和研究金属电子功函数的一个重要的物理实验. 电子从热金属发射的现象,称为热电子发射. 研究热电子发射的目的之一就是选择合适的阴极物质. 实验和理论证实,影响灯丝发射电流密度的主要参数是灯丝温度和灯丝物质的逸出功. 灯丝温度越高,发射电流越大,因此理想的纯金属热电子发射应该具有较小的逸出功并且有着较高的熔点,使得工作温度得以提高,以期获得较大的发射电流. 由于热电子发射取决于材料逸出功及温度,应选熔点高而逸出功小的材料来做阴极. 目前应用最广泛的纯金属是钨,本实验就是以钨金属为研究对象,测定其电子逸出功及电子荷质比.

实验中应用的理查森直线测定法、外延测量法和补偿测量法等基本实验方法以及数据处理方面的一些技巧,对培养实验者的基本实验素质是很有帮助的,对工科学生来说,如在阅读理论部分有困难,可以在承认公式的前提下进行实验.

【预习提示】

① 什么是理查森直线法? 怎样应用它测得逸出功? 优点是什么?
② 逸出功实验中直接测量的量是哪几个? 怎样测定?
③ 热电子发射和光电子发射有何不同? 可否用光电效应法测定金属电子的逸出功?
④ 电子在磁场中的运动规律是怎样的?

【实验目的】

① 了解金属电子逸出功的基本理论.
② 学习用理查森直线法测定钨的逸出功.
③ 学习直线测量法、外延测量法和补偿测量法等基本实验方法.
④ 学习磁控条件下测量电子荷质比的原理.

【实验原理】

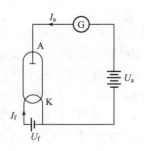

图 4-8-1　真空二极管工作原理

若真空二极管的阴极(用被测金属钨做成)通以电流加热,并在阳极上加正电压,则在连结两个电极的外电路中就有电流通过,如图 4-8-1 所示. 这种电子从加热金属中发射出来的现象,称为热电子发射. 研究热电子发射的目的之一,就是要选择合适的阴极材料. 逸出功是金属电子发射的基本物理量.

1. 电子的逸出功

根据固体物理学中金属电子理论,金属中传导电子的能量分布按费米-狄拉克(Fermi-Dirac)分布,在绝对零度时,电子数按能量的分布如图 4-8-2 中的曲线①所示,电子所具有的最大动能为 W_F(W_F 称费米能级).当温度升高时,电子数按能量的分布如图 4-8-2 中的曲线②所示,其中少数电子能量上升到比 W_F 高,并且电子数以接近于指数的规律减少.

由于金属表面与真空之间存在势垒 W_b,如图 4-8-3(d 为电子距金属外表面的距离),因此电子要从金属逸出,必须具有大于 W_b 的动能.

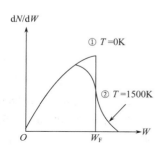

图 4-8-2　费米能量分布曲线

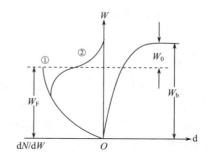

图 4-8-3　金属表面势垒

从图中可以看出,在绝对零度时,电子逸出金属表面,至少需要得到能量

$$W_0 = W_b - W_F = e\phi \tag{4-8-1}$$

式中,e 为电子电荷,ϕ 称逸出电势,其数值等于单位电荷的逸出功.$W_0(e\phi)$ 称为金属电子的逸出功(或称功函数),常用单位为电子伏特(eV).它表征要使处于绝对零度下的具有最大能量的电子逸出金属表面所需给予的能量.

可见,热电子发射,就是利用提高阴极温度的办法,改变电子的能量分布,使其中一部分电子的能量大于 W_b,从金属中发射出来.因此逸出功的大小,对热电子发射的强弱具有决定性的作用.

2. 热电子发射公式

根据费米-狄拉克能量分布,可以推导出热电子发射公式,称为理查森-杜什曼公式

$$I_0 = AST^2 e^{-\frac{e\phi}{kT}} \tag{4-8-2}$$

式中 I_0 为热电子发射的电流强度(A),

S 为阴极金属的有效发射面积(cm^2),

k 为玻尔兹曼常数,$k = 1.38 \times 10^{-23} J/K$,

T 为绝对温度,

$e\phi$ 为金属的逸出功,

A 为与阴极化学纯度有关的系数.

原则上,只要测出 I_0, A, S, T,便可由式(4-8-2)计算出逸出功 $e\phi$,但困难的是 A 和 S 是难以直接测量的,所以,在实际测量中,常用理查森直线法确定 $e\phi$,以设法避开 A 和 S 的测量.

3. 理查森直线法

将式(4-8-2)两边除以 T^2,再取对数,得到

$$\log \frac{I_0}{T^2} = \log AS - \frac{e\phi}{2.30kT} = \log AS - 5.04 \times 10^3 \frac{\phi}{T} \qquad (4\text{-}8\text{-}3)$$

从式(4-8-3)可以看出,$\log \dfrac{I_0}{T^2}$ 与 $\dfrac{1}{T}$ 成线性关系. 如果以 $\log \dfrac{I_0}{T^2}$ 为纵坐标轴,$\dfrac{1}{T}$ 为横坐标轴作图,通过直线斜率即可求出逸出电势 ϕ,从而求出电子的逸出功 $e\phi$ 值. A 和 S 的影响只是使 $\log \dfrac{I_0}{T^2} - \dfrac{1}{T}$ 直线平移.

4. 发射电流 I_0 的测量

式(4-8-3)中的 I_0 是不存在外电场时的阴极热发射电流. 无外场时,电子不断地从阴极发射出来,在飞向阳极的途中,必然形成空间电荷,空间电荷在阴极附近形成的电场,正好阻止热电子的发射,这就严重地影响发射电流的测量. 为了消除空间电荷的影响,在阳极加一正电压,于是阳极和阴极之间形成一加速电场 E_a,使电子加速飞向阳极. 然而由于 E_a 的存在,使阴极发射电子得到助力,发射电流较无电场时大,这一现象称肖特基(Schottky)效应.

根据二极管理论,可以证明,在加速电场 E_a 的作用下,阴极发射的电流为

$$I_a = I_0 \exp\{0.439 \sqrt{E_a}/T\} \qquad (4\text{-}8\text{-}4)$$

式中 I_a 和 I_0 分别是加速电场为 E_a 和零时的阴极发射电流. 对式(4-8-4)取对数,则

$$\log I_a = \log I_0 + \frac{0.439}{2.30T} \sqrt{E_a} \qquad (4\text{-}8\text{-}5)$$

考虑到阴极和阳极共轴,且是圆柱形,并忽略接触电势差和其他影响,则加速电场可表示为

$$E_a = \frac{U_a}{r_1 \ln \dfrac{r_2}{r_1}} \qquad (4\text{-}8\text{-}6)$$

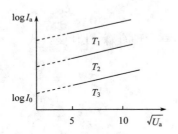

图 4-8-4　$\log I_a - \sqrt{U_a}$ 关系曲线

式中 r_1 和 r_2 分别为阴极和阳极的半径;U_a 为阳极电压. 将式(4-8-6)代入式(4-8-5),得到

$$\log I_a = \log I_0 + \frac{0.439}{2.30T} \frac{\sqrt{U_a}}{\sqrt{r_1 \ln \dfrac{r_2}{r_1}}} = \log I_0 + \frac{0.191}{T} \frac{\sqrt{U_a}}{\sqrt{r_1 \ln \dfrac{r_2}{r_1}}} \qquad (4\text{-}8\text{-}7)$$

由式(4-8-7)可见,温度 T 一定时,$\log I_a$ 与 $\sqrt{U_a}$ 成线性关系,如图 4-8-4 所示,直线的截距为 $\log I_0$. 由此便得到温度为 T 和电场为零时的发射电流 I_0.

5. 温度 T 的测量

由式(4-8-7)可知,阴极发射电流与 T 有关,指数项中含有 T,对发射电流的影响很大. 温度测量误差对结果影响很大. 阴极温度 T 的测定有两种方法:一种是用光测高温计通过理想二极管阳极上的小孔,直接测定. 但用这种方法测温时,需要判定二极管阴极和光测高温计灯丝的亮度是否相一致. 该项判定具有主观性,尤其对初次使用光测高温计的学生,测量误差更大. 另一种方法是根据已经标定的理想二极管的灯丝(阴极)电流 I_f,查表 4-8-1 得

到阴极温度 T. 相对而言,此种方法的实验结果比较稳定. 但测定灯丝电流的电流表应选用级别较高的,如 0.5 级表.

　　综上所述,要测定某金属材料的逸出功,应首先将其做成二极管阴极,然后测定加热电流 I_f,查得对应的温度 T,再测得阳极电压 U_a 和发射电流 I_a 的关系,通过数据处理,得到 I_0,最后用理查森直线法求得逸出功.

表 4-8-1　理想二极管灯丝电流与温度的关系

灯丝电流 I_f/A	0.50	0.52	0.54	0.56	0.58	0.60	0.62	0.64
灯丝温度 $T/10^3K$	1.720	1.752	1.785	1.818	1.848	1.880	1.914	1.945
灯丝电流 I_f/A	0.66	0.68	0.70	0.72	0.74	0.76	0.78	0.80
灯丝温度 $T/10^3K$	1.978	2.010	2.040	2.074	2.104	2.137	2.170	2.200

6. 电子荷质比的测量

　　本实验在测量电子逸出功装置的基础上增加了一个可以调节磁感应强度的励磁线圈,就可以测量电子的荷质比了,原理如图 4-8-5 所示.

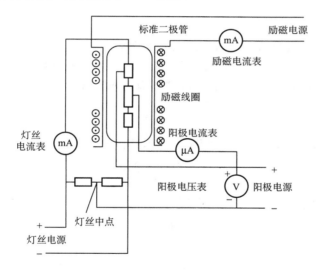

图 4-8-5　测量电子荷质比原理图

1)定性描述

　　在理想二极管中,阴极和阳极为一同轴圆柱系统. 当阳极加有正电压时,从阴极发射的电子流受电场的作用将作径向运动,如图 4-8-6 (a)所示. 如果在理想二极管外面套一个通电励磁线圈,则原来沿径向运动的电子在轴向磁场作用下,运动轨迹将发生弯曲,如图 4-8-6(b)所示. 若进一步加强磁场(加大线圈的励磁电流)使电子流运动如图 4-8-6(c)所示,在理想情况下

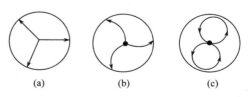

图 4-8-6　磁场增强时电子运动轨迹的改变

电子经圆周运动后又返回阴极附近不再到达阳极,从而使阳极电流迅速下降,此时称为临界状态. 若进一步增强磁场,使电子运动的圆半径继续减小,电子无法到达阳极,就会造成阳极电流"断流". 但在实际情况中,由于从阴极发射的电子按费米统计有一个能量分布范围,不同能量的电子因速度不同,在磁场中的运动半径也是各不相同的,在轴向磁场逐步增强的过程中,速率较小的电子因做圆周运动的半径较小,首先进入临界状态,然后是速率较大的电子依次逐步进入临界状态. 另外,由于理想二极管在制造时也不能保证阴极和阳极完全同轴,阴极各部分发出的电子离阳极的距离也不尽相同,所以随着轴向磁场的增强,阳极电流有一个逐步降低的过程. 只有当外界磁场很强、绝大多数电子的圆周运动半径都很小时,阳极电流才几乎"断流". 这种利用磁场控制阳极电流的过程称为"磁控". 在一定的阳极加速电压下,阳极电流 I_a 与励磁电流 I_s 的关系如图 4-8-7 所示. 阳极电流在图中 1—2 段几乎不发生改变,对应

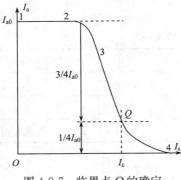

图 4-8-7 临界点 Q 的确定

图 4-8-6 中(a)和(b)的情况;图 4-8-7 中 2—3 段弯曲的曲率最大,对应于图 4-8-6 中(c)的情况;从 3 段以后,随着 I_s 的加大,I_a 逐步减小,到达 4 点附近时 I_a 几乎降到 0.

2) 定量分析

以下定量分析外界磁场对阳极电流的磁控条件:

在单电子近似情况下,从阴极发射出的、质量为 m 的电子动能应由阳极加速电场能 eU_a 和灯丝加热后电子"热激发"所具能量 E 两部分构成,所以有

$$\frac{1}{2}mV^2 = eU_a + E \tag{4-8-8}$$

电子在磁场 B 的作用下作半径为 R 的圆周运动,应满足

$$m\frac{V^2}{R} = eVB \tag{4-8-9}$$

而螺线管线圈中的磁感强度 B 与励磁电流 I_s 成正比

$$B \propto I_s \quad \text{或} \quad B = K'I_s \tag{4-8-10}$$

由式(4-8-8)~式(4-8-10)可得

$$\frac{U_a + E/e}{I_s^2} = \frac{e}{m}\frac{R^2}{2}K'^2 \tag{4-8-11}$$

若设阳极内半径为 a,阴极(灯丝)半径忽略不计,则当多数电子都处临界状态时,在阳极电流变化曲线上选择一点称为临界点 Q,与临界点 Q 对应的励磁线圈的电流 I_s 称为临界电流 I_C,且此时 $R = a/2$,阳极电压 U_a 与 I_C 的关系可写为

$$\frac{U_a + E/e}{I_C^2} = \frac{e}{m}\frac{a^2}{8}K'^2 \quad \text{或} \quad \frac{U_a + E/e}{I_C^2} = K \tag{4-8-12}$$

其中

$$K = \frac{e}{m}\frac{a^2}{8}K'^2 \tag{4-8-13}$$

K 为一常数,显然 U_a 与 I_C^2 成线性关系.注意,前面在阳极电流变化曲线上找出的临界点 Q 只是个统计概念,实际上不同速率的运动电子的临界点是各不相同的,我们可按多数电子的运动情况来考虑临界点:在阳极电流 I_a-I_s 变化曲线上取阳极电流最大值 I_{a0} 约 1/4 高度的点作为临界点 Q,再从图上读取 Q 点的横坐标值,以此作为的磁场的临界电流值 I_C.用同一个理想二极管,改变不同的 U_a 有不同的 I_C 值与之对应.再将测得的 U_a-I_C^2 数据组用图解法或最小二乘法求得斜率 K,如果 U_a-I_C^2 的关系确为线性关系,则上述电子束在径向电场和轴向磁场中的运动规律即可得到验证.

进一步,根据励磁线圈的有关参数:线圈的内半径 r_1、外半径 r_2,线圈长度 L 及电流和匝数的积 NI_s,即可由式(4-8-10)可求出励磁线圈中心处产生的磁感强度:

$$B = \frac{\mu_0 N I_s}{2(r_2 - r_1)} \ln \frac{r_2 + \sqrt{r_2^2 + \frac{L^2}{4}}}{r_1 + \sqrt{r_1^2 + \frac{L^2}{4}}} \tag{4-8-14}$$

即

$$K' = \frac{B}{I_s} = \frac{\mu_0 N}{2(r_2 - r_1)} \ln \frac{r_2 + \sqrt{r_2^2 + \frac{L^2}{4}}}{r_1 + \sqrt{r_1^2 + \frac{L^2}{4}}} \tag{4-8-15}$$

再将计算得到的 K' 和测得的 K 值、理想二极管的阳极内半径 a 等,一并代入式(4-8-13),即可求得电子的荷质比 e/m.

【实验器材】

金属电子逸出功测定仪全套器材,包括真空二极管、专用电源、测量阳极电压、阳极电流、灯丝电流的电表等.

1. 理想二极管

为了测定钨的逸出功,将钨作为理想二极管的阴极 K(灯丝)材料.本实验所用的是一个特殊设计的直热式真空二极管,阳极 A 是与阴极共轴的圆筒.为消除阴极的冷端效应和电场不均匀的边缘效应,在阳极两端各装一个保护环 B.工作时,保护环与阳极等电势,但其电流不被测量.如图 4-8-8 所示.

2. 金属电子逸出功测定仪

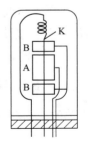

图 4-8-8 标准二极管示意图

金属电子逸出功测定仪阳极电压表、阳极电流表、灯丝电流表等均为 3 1/2 位数字电表,有关的电路已在仪器内部接好.面板结构示意图如图 4-8-9 所示.做实验时,只需把仪器左下角处的仪器功能选择按键按到"逸出功"位置即可.当选定好灯丝电流后,将阳极电压从小到大缓慢地增大,就可从阳极电流表中读出阳极电流的变化情况.实验电路原理图如图 4-8-10 所示.

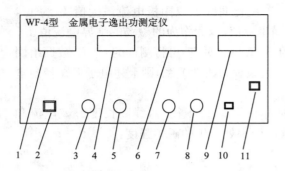

图 4-8-9　逸出功面板结构示意图

1. 励磁电流表；2. 逸出功—荷质比功能转换开关；
3. 励磁电流调节；4. 灯丝电流表；5. 灯丝电流调节；
6. 阳极电流表；7. 电压粗调；8. 电压细调；9. 阳极电
压表；10. 量程转换开关；11. 电源开关

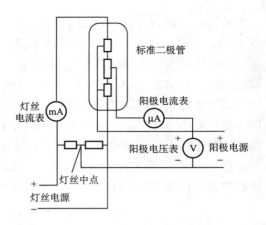

图 4-8-10　测量金属电子逸出功原理图

【实验内容与要求】

1. 测定钨的逸出功

① 熟悉仪器装置，将标准二极管插入金属电子逸出功测定仪的管座上，把仪器左上角处的仪器功能选择按键按到"逸出功"位置. 接通电源，预热 10 分钟.

② 将理想二极管灯丝电流 I_f 从 0.60～0.72A，每间隔 0.02A 进行一次测量. 对应每一灯丝电流，在阳极上加 16、25、36、49、…、121V 诸电压，分别测出一组阳极电流 I_a，并计算对数值 $\log I_a$，列表记录数.

③ 在坐标纸上作出 $\log I_a$ - $\sqrt{U_a}$ 图线. 再根据 $\log I_a$ - $\sqrt{U_a}$ 直线的延长线与纵坐标上的截距，从图上直接读出不同阴极温度时的零场热电子发射电流 I 的对数值 $\log I_0$（注意：由于阳极电流通常不超过 0.001A，故阳极电流的对数值 $\log I$ 为负值）.

④ 在不同温度 T 时，计算 $\log \dfrac{I_0}{T^2}$ 和 $\dfrac{1}{T}$ 的值，并据此作出 $\log \dfrac{I_0}{T^2}$ - $\dfrac{1}{T}$ 图线. 根据直线斜率求出钨的逸出功 $e\phi$.

⑤ 与公认值时 $e\phi$ = 4.54eV 比较，分析误差.

2. 电子荷质比测量

① 将金属电子逸出功测定仪的功能选择键转换到"磁控条件"位置，打开金属电子逸出功测定仪的电源，将理想二极管的灯丝电流调到 700～740mA 范围的某一个值并始终保持不变，将阳极电压调到 6.00V 的电压值上（也要始终保持恒定不变）. 将励磁电流从最小开始，缓慢地逐步增大，记录阳极电流.

② 依次把阳极电压调到 5.00、4.00、3.00、2.00、1.00V 的电压值上,重复上述步骤①的操作,随着励磁电流 I_s 的逐步变化,分别记录下阳极电流 I_a 的变化数据,再根据这些数据描点作图.

③ 通过描点作图画出的 I_a-I_s 曲线,用前面图 4-8-7 的方法,求出阳极电压为 1.00、2.00、…、6.00V 情况下曲线的 I_C 的值.

④ 根据阳极电压 U_a 与 I_C^2 的数据,进行作图,验证线性关系,并求出斜率 K.

⑤ 最后根据给定的参数计算荷质比.

【数据记录与处理】

① 根据所测数据,采用理查森直线法计算钨金属电子逸出功,并与公认值比较,计算误差.

② 根据所测数据及逸出功测定仪相关参数(见附录 4-8-1)计算电子荷质比.

【思考与讨论】

① 逸出电势与激发电势、电离电势和光电效应实验中的截止电势有什么区别?

② 理查森直线法有什么优点? 在你以前做过的实验中,有无类似的数据处理方法?

③ 在磁控实验中,测量励磁电流与阳极电流曲线时一定要保持灯丝电流和阳极电压的恒定不变,为什么?

【附录 4.8.1】

金属电子逸出功测定仪相关参数

a:阳极内半径,3.9×10^{-3} m

l:阳极长度,1.47×10^{-2} m

N:螺线管匝数,标在螺线管上

L:励磁线圈长度,4.0cm

r_1:线圈内半径,2.1cm

r_2:线圈外半径,2.8cm

μ_0:真空中的磁导率,$4\pi \times 10^{-7}$ N·A^{-2}

【附录 4.8.2】

理查森简介

S. O. W. 理查森(S. O. W. Richardson,1879~1959),英国物理学家,因研究热电子现象,特别是发现理查森定律,获得了 1928 年度的诺贝尔物理学奖.理查森创立了电子和离子的发射理论,使无线电、电话、电视和 X 射线技术的迅速发展成为可能.最初,理查森直观地

图 4-8-11 理查森

感到,正、负电荷是直接从受热的固体金属丝本身发出的,而不是从附近的气体分子与受热物体的化学作用产生的.他应用分子运动论作了如下的假设:在热导体内部的自由电子,只要它们的动能足以克服导体中正电荷的吸引,就有可能从导体的表面逸出,并成功地确定了金属电子动能随着温度增加而增加的关系,被他发现并以他的名字命名的"理查森定律"描述的就是电子发射对温度的依赖关系.他坚持不懈地用实验检验这一定律,改进手泵用于获得真空,改进真空清除技术,热心于采用易拉长的钨丝作阴极等.1910 年完成了论著《受热物体的电发射》.他的热离子辐射基本方程经受了 20 世纪 20 年代的量子力学革命考验之后,继续保存了下来.

实验 4.9 液晶电光效应研究

当温度或压力等外界条件发生变化时,自然界中很多物质都存在着多种凝聚态.早先,人们认为物质只存在三态,即固态、液态和气态,近年来又发现了几种凝聚态,如等离子态、中子态及真空态等,还有一种奇异的凝聚态,它既有液体的流动性,又有类似晶体结构的有序性,人们习惯称它为液晶态(liquid crystals).

液晶在物理、化学、电子及生命科学等诸多领域有着广泛的应用.如:光电液晶阀、光调制器、液晶显示器件、各种传感器、微量毒气监测、夜视仿生等,尤其液晶显示器件早已广为人知,它是通过对外界光线的开关控制来完成信息显示任务,为非主动发光型显示,其最大的优点在于能耗极低,另外它还具有驱动电压低、体积小、寿命长、环保无辐射等优点.

当对液晶施加电场(或电流)时,随着液晶分子的取向结构发生变化,其光学特性也随之发生变化,这就是液晶电光效应.液晶显示器件、光导液晶光阀、光调制器、光路转换开关等均是利用液晶电光效应原理制成,因此,掌握液晶电光效应原理具有重要意义.

【预习提示】

① 熟悉液晶、电光效应、阈值电压、关断电压等基本概念.
② 了解液晶的形成及液晶电光效应原理.
③ 理解液晶光开关的工作原理.
④ 熟悉液晶光开关静态电光特性、时间响应等特性的测量方法.
⑤ 了解液晶显示器显像原理.

【实验目的】

① 了解液晶的形成及液晶电光效应原理.
② 掌握液晶光开关的工作原理.
③ 熟悉液晶光开关静态电光特性.
④ 测量液晶样品的电光特性曲线,并根据曲线,求出样品的阈值电压和关断电压.

⑤ 观察液晶样品的电光响应曲线,求得液晶样品的上升和下降响应时间.
⑥ 了解最简单的液晶显示器件的工作原理.

【实验原理】

1. 液晶

通常物质的固态加热到一定温度后溶化成液态,而液态冷却到一定温度则凝结成固态. 但有些物质(主要是有机物)在这个变化过程中的一定温度范围内,既会表现出液体所特有的流动性、黏度、形变等机械特性,同时也会表现出晶体的热、光、电、磁等物理性质. 这种介于液体和晶体之间的一种中间态,称为液晶态.

液晶与液体、晶体之间的区别是:液体是各向同性的,分子取向无序;液晶分子有取向序,但无位置序;晶体则既有取向序,又有位置序. 三者之间的转化关系可以有两种情况. 一种是互变相变形,即液晶既可通过加热由晶体变化得到,也可通过液体冷却得到,液晶的存在温度范围在 T_1 与 T_2 之间;另一种为单变相变形,即液晶只有通过液体冷却才能得到. 这两种由于温度改变使结晶晶格破坏而形成的液晶称为热致液晶. 除了用改变温度的方法得到液晶之外,还有一种方法是将有机物放在溶剂中,溶液破坏结晶晶格,从而形成液晶,这种液晶称之为溶致液晶.

对于热致液晶,当液晶处于稳定状态时的温度在室温上下时,就有可能被用作显示器件,目前用于显示器件的都是热致液晶,它的电光特性随温度的改变而有一定变化.

2. 液晶电光效应

当对液晶施加电场(或电流)时,随着液晶分子的取向结构发生变化,其光学特性也随之发生变化,这就是液晶电光效应. 作为显示器件,人们最关注的是液晶的电光效应. 电光效应的产生机理非常复杂,从本质上来讲是外电场使液晶分子的排列发生变化的结果. 根据引起光学性质变化因素的不同,可以将电光效应分为两大类:电流效应和电场效应. 电流效应是由于电荷流动所引起的,而电场效应则是由外加电场所引起.

液晶的电光效应种类繁多,主要有动态散射型(DS)、扭曲向列相型(TN)、超扭曲向列相型(STN)、有源矩阵液晶显示(TFT)、电控双折射(ECB)等. 其中应用较广的有:TFT型主要用于液晶电视、笔记本电脑等高档产品;STN型主要用于手机屏幕等中档产品;TN型主要用于电子表、计算器、仪器仪表、家用电器等中低档产品. TN型液晶显示器件显示原理较简单,是STN、TFT等显示方式的基础. 本仪器所使用的液晶样品为TN型.

3. 液晶光开关

1) 工作原理

下面以TN型液晶为例,说明液晶光开关的工作原理. TN型光开关的结构如图4-9-1所示.

在两块玻璃板之间夹有正性向列相型液晶,液晶分子的形状如同火柴一样,为棍状. 棍的长度在十几埃(1 Å=10^{-10} m),直径为4~6 Å,液晶层厚度一般为5~8 μm. 玻璃板的内

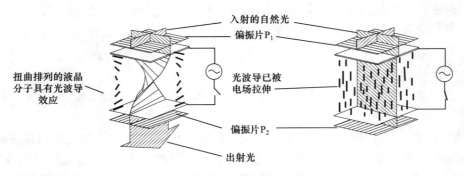

入射的自然光

偏振片 P_1

扭曲排列的液晶
分子具有光波导
效应

光波导已被
电场拉伸

偏振片 P_2

出射光

图 4-9-1　液晶光开关的工作原理

表面涂有透明电极,电极的表面预先做了定向处理(可用软绒布朝一个方向摩擦,这样,液晶分子在透明电极表面就会躺倒在摩擦所形成的微沟槽里;也可在电极表面涂取向剂),使电极表面的液晶分子按一定方向排列,且上下电极上的定向方向相互垂直.上下电极之间的那些液晶分子因范德瓦尔斯力的作用,趋向于平行排列.然而,由于上下电极液晶的定向方向相互垂直,所以从俯视方向看,液晶分子的排列从上电极的沿$-45°$方向排列逐步地、均匀地扭曲到下电极的沿$+45°$方向排列,整个扭曲了$90°$,所以称为扭曲向列相型即TN型.

　　理论和实验都证明,上述均匀扭曲排列起来的结构具有光波导的性质,即偏振光从上电极表面透过扭曲排列起来的液晶传播到下电极表面时,偏振方向会偏转$90°$.

　　取两个偏振片贴在玻璃的两面,P_1的透光轴与上电极的定向方向相同,P_2的透光轴与下电极的定向方向相同,于是P_1和P_2的透光轴相互正交.

　　在未加驱动电压的情况下,来自光源的自然光经过偏振片P_1后只剩下平行于透光轴的线偏振光,该线偏振光到达输出面时,其偏振面旋转了$90°$.这时光的偏振面与P_2的透光轴平行,因而有光通过.

　　在施加足够电压情况下(一般为$1\sim2V$),在静电场的吸引下,除了基片附近的液晶分子被基片"锚定"以外,其他液晶分子趋于平行于电场方向排列.于是,原来的扭曲结构被破坏,成了均匀结构,如图4-9-1右部分所示.从P_1透射出来的偏振光的偏振方向在液晶中传播时不再旋转,保持原来的偏振方向到达下电极.这时光的偏振方向与P_2正交,因而光被关断.

　　由于上述光开关在没有电场的情况下让光透过,加上电场的时候光被关断,因此叫做常通型光开关,又叫做常白模式.若P_1和P_2的透光轴相互平行,则为常黑模式.

2)液晶光开关的电光特性及时间响应特性

　　图4-9-2为光线垂直入射时,液晶相对透过率(以不加电场时的透射率为100%)与外加电压的关系.由图可见对于常白模式的液晶,其透过率随外加电压的升高而逐渐降低,在一定电压下达到最低点,此后略有变化.可根据电光特性曲线图得出液晶的阈值电压和关断电压.透过率90%所对应的外加电压值称为阈值电压;透过率10%对应的外加电压值称为关断电压.

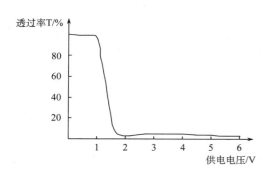

图 4-9-2　液晶光开关的电光特性曲线

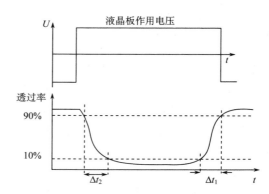

图 4-9-3　液晶光开关的响应时间曲线

液晶的电光特性曲线越陡,即阈值电压和关断电压的差值越小,由液晶开关单元构成的显示器允许的驱动路数就越多,利于制作高分辨率的显示器件.

另外,在给液晶板加上一个周期性的作用电压后(如图 4-9-3 上图),液晶的透过率也就会随电压的改变而变化,由此可以得到液晶的响应时间,以上升时间 Δt_1 和下降时间 Δt_2 描述,其中上升时间为透过率由 10% 升到 90% 所需时间,下降时间为透过率由 90% 降到 10% 所需时间.

液晶的响应时间越短,显示动态图像的效果越好,这是液晶显示器的重要指标.早期的液晶显示器在这方面逊色于其他显示器,随着技术的改进与发展,现在已达到了很好的效果.

3)液晶光开关构成图像显示矩阵的方法

下面我们来看看如何利用液晶光开关实现图形和图像显示任务.矩阵显示方式,是把图 4-9-4(a)所示的横条形状的透明电极制在一块玻璃片上,叫做行驱动电极,简称行电极(常用 X_i 表示),而把竖条形状的电极制在另一块玻璃片上,叫做列驱动电极,简称列电极(常用 S_i 表示),然后把两块玻璃片面对面组合起来,将液晶灌注在两片玻璃之间便构成液晶盒.为了画面简洁,通常将横条形状和竖条形状的 ITO 电极抽象为横线和竖线,分别代表扫描电极和信号电极,如图 4-9-4(b)所示.

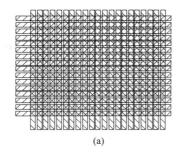

(a)

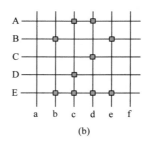

(b)

图 4-9-4　液晶光开关组成的矩阵式图形显示器

矩阵型显示器的工作方式为扫描方式,显示原理简要介绍如下.

若要显示图 4-9-4(b)的那些有方块的像素,首先在第 A 行加上高电平,其余行加上低电平,同时在列电极的对应电极 c、d 上加上低电平,于是 A 行的那些带有方块的像素就被显示出来了. 然后第 B 行加上高电平,其余行加上低电平,同时在列电极的对应电极 b、e 上加上低电平,因而 B 行的那些带有方块的像素被显示出来了. 然后是第 C 行、第 D 行、…,以此类推,最后显示出一整场的图像. 这种工作方式称为扫描方式.

这种分时间扫描每一行的方式是平板显示器的共同的寻址方式,依这种方式,可以让每一个液晶光开关按照其上的电压的幅值让外界光关断或通过,从而显示出任意文字、图形和图像.

液晶显示器通过对外界光线的开关控制来完成信息显示任务,为非主动发光型显示,其最大的优点在于能耗极低. 正因为如此,液晶显示器在便携式装置的显示方面具有其独特优势,例如电子表、万用表、手机等. 而其他显示器如阴极射线管显示(CRT),等离子体显示(PDP),电致发光显示(ELD),发光二极管(LED)显示,有机发光二极管(OLED)显示,真空荧光管显示(VFD),场发射显示(FED)等,主要靠自身发光来实现信息显示功能,所以要消耗大量的能量.

【实验器材】

液晶光开关电光特性综合实验仪(使用说明见附录 4-9-1)、激光发射器、液晶板、激光接收装置等.

【实验内容与要求】

1. 仪器调节

① 将 TN 型 16×16 点阵液晶屏金手指 1 插入插槽,如图 4-9-5 所示,液晶凸起面必须正对激光发射方向.

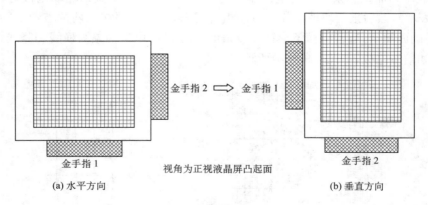

金手指 2 ⟹ 金手指 1

视角为正视液晶屏凸起面

金手指 1

(a) 水平方向

金手指 2

(b) 垂直方向

图 4-9-5　液晶板方向显示

② 插上电源,打开电源开关,点亮激光器,使激光器预热 10～20 分钟.

③ 将液晶屏旋转台置于零刻度位置,并以此为基准调节左边的激光发射器,使得准直激光垂直入射到液晶屏上,而且激光光斑要尽可能地照在液晶屏上的某个像素单元上,然后

调节激光接收的位置,使得激光通过液晶后再经过入射孔垂直照射到接收装置上.

2. 液晶光开关静态电光特性测量

① 将模式转换开关置于静态模式,将透过率显示校准为 100%,按表 4-9-1 的数据改变电压 U,使得电压值从 0V 变化至 3V(电压为 $0.8 \sim 1.2V$ 以及 $1.4 \sim 1.7V$ 两区间的数据需要密集测量),记录相应电压下的透过率 T 数值. 然后,将金手指 2 插入插槽,如图 4-9-5 所示 ,重复上述步骤.

表 4-9-1   液晶光开关电光特性测量

电压/V	0	0.5	0.7	0.8	⋯	1.2	1.3	1.4	⋯	1.7	1.8	2.0	3.0
透射率/%					⋯				⋯				

② 将模式转换开关置于静态模式,将透过率显示校准为 100%,将液晶供电电压调节到 2.00V,用数字存储示波器在液晶静态模式,闪烁状态下,观察光开关时间响应特性曲线,同时测量出液晶的上升时间 Δt_1 和下降时间 Δt_2.

3. 液晶板的图像显示

将模式转换开关置于动态模式,液晶板的驱动电压调节为 5V,转动液晶板使板的凸面对准操作者. 按矩阵开关板上的每个按键,可改变相应液晶像素点的通断状态,所以可以利用点阵输入关断(或点亮)对应的像素,使暗像素(或点亮像素)组合成一个字符或文字. 矩阵开关板右上角的按键为清屏键,用以清除已输入在显示屏上的图形.

【数据记录与处理】

① 依据实验数据在同一坐标系内绘制水平与垂直情况下的电光特性 T-U 曲线 1 和曲线 2,并将两曲线进行比较,讨论它们的异同. 并根据电光特性曲线得出阈值电压和关断电压.

② 根据光开关电光响应曲线得出液晶的上升时间 Δt_1 和下降时间 Δt_2.

③ 利用矩阵开关板上的按键控制对应像素点的通断,在显示屏上组合成任意一个字符或文字,并记录.

【注意事项】

① 在拆装液晶板时,请务必断开总电源;手只能接触液晶盒边缘,切忌挤压液晶盒中部,否则将会损坏液晶板.

② 保持液晶盒表面清洁,不能有划痕;应防止液晶盒受潮,防止受阳光直射.

③ 液晶板凸面必须要朝向激光发射方向,否则实验数据为错误数据.

④ 实验过程中,切勿直视激光器,避免眼睛受伤害.

⑤ 开始测量前,应仔细检查光路是否调整好,检查在静态 0V 供电电压条件下,透过率显示是否为 100%. 如果一切正常,则可以开始实验. 否则,应在指导教师的帮助下,完成相

应调节.

⑥ 液晶样品受温度等环境因素的影响较大,因此每次实验结果有一定出入为正常情况. 也可比较不同温度下液晶样品的电光特性曲线图.

【思考与讨论】

① 试说明液晶光开关的工作原理.
② 如何调节激光接收装置,使得准直激光垂直入射到液晶屏上?
③ 响应时间越大越好还是越小越好? 当响应时间太长,液晶显示器在显示动态图像时,会出现什么现象? 并说明原理.
④ 说明液晶显示器显示原理.
⑤ 如何实现常黑型、常白型液晶显示?

【附录 4. 9. 1】

液晶光开关电光特性综合实验仪使用说明

液晶光开关电光特性综合实验仪的外部结构如图 4-9-6 所示. 下面简单介绍仪器各个按钮的功能.

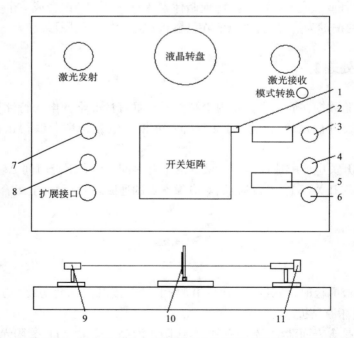

图 4-9-6　液晶光开关电光特性综合实验仪功能键示意图

1-静态闪烁/动态清屏切换开关. 当仪器工作在静态的时候,此开关可以切换到闪烁和静止两种方式;当仪器工作在动态的时候,此开关可以清除液晶屏幕因按动开关矩阵而产生的斑点.

2-液晶供电电压显示. 显示加在液晶板上的电压, 范围在 0～6.5V 之间.

3-供电电压调节"＋".

4-供电电压调节"－". 改变加在液晶板上的电压, 调节范围在 0～6.5V 之间.

5-透过率显示. 显示光透过液晶板后光强的相对值.

6-透过率校准. 激光必须垂直入射到接收装置, 静态模式下, 供电电压为 0V 时, 透过率显示值需大于 250, 按住该键 3 秒以上, 透过率可校准为 100％.

7-液晶驱动电压输出. 接示波器, 显示液晶的驱动电压.

8-光功率输出. 接到数字存储示波器, 显示液晶的光开关响应曲线, 可以根据此曲线来计算液晶的阈值电压和关断电压.

9-激光发射器. 为仪器提供较强的光源.

10-液晶板. 本实验仪器的测量样品.

11-激光接收装置. 将透过液晶板的激光转换为电压输入到透过率显示表.

开关矩阵: 此为 16×16 的按键矩阵, 用于测试液晶的显示功能实验.

液晶转盘: 承载液晶板一起转动, 用于测试液晶的视角特性实验.

模式转换开关: 切换于液晶的静态和动态两种工作模式.

激光开关: 开关激光发射器.

电源开关: 仪器的总电源开关.

本实验仪器可工作于静态全屏/闪烁或动态图像显示两种工作模式之一.

① 做液晶光开关特性测量时, 选择静态全屏模式, 此时液晶屏上所有显示单元(共有 16×16 显示单元)均工作于同一状态. 通过像素电压调节旋钮可调节加到液晶光开关上的电压, 其数值由像素电压显示窗显示.

② 做电光时间响应特性测量时, 选择静态闪烁模式, 调节液晶屏方位使激光垂直液晶屏入射. 激光穿过液晶板后被激光接收器, 其强度由透过率显示窗显示. 用数字存储示波器测量透过率随加在液晶板上的像素电压的变化关系, 即可绘出液晶光开关的电光特性曲线(如图 4-9-2).

③ 做图像显示原理实验时, 选择动态图像显示模式, 矩阵开关板上的每个按键位置对应一个液晶光开关像素. 初始时各像素都处于开通状态, 按 1 次矩阵开光板上的某一按键, 可改变相应液晶像素点的通断状态, 所以可以利用点阵输入关断(或点亮)对应的像素, 使暗像素(或点亮像素)组合成一个字符或文字, 液晶板上即可组成相应的各种图形或文字. 矩阵开关板右上角的按键为清屏键, 用以清除已输入在显示屏上的图形.

实验完成后, 关闭电源开关, 取下液晶板妥善保存.

【附录 4.9.2】

液 晶 简 介

液晶的发现可追溯到 19 世纪. 1888 年奥地利植物学家 F. 莱尼茨尔(F. Reinitzer)在做

图 4-9-7　莱尼茨尔

胆甾醇苯酸酶加热实验时发现,当加热到 145.5℃时,晶体融成一片混浊的液体,继续加热到 178.5℃时,混浊的液体又变得清澈透明;再把液体冷却,液体颜色又从紫、橙到绿各色变化. 开始时,他认为这种物质具有两个熔点,并怀疑是由某种不纯因素造成的. 同年,他把这一现象告诉了德国卡斯鲁尔大学物理学家勒曼(D. Lehmann). 勒曼在偏光显微镜下发现,这种奇异的液体具有与晶体类似的双折射性质,并首次把这种状态的液体命名为"液晶".

1968 年,在美国 RCA 公司(发明收音机与电视的公司)的沙诺夫研发中心,工程师们发现液晶分子会受到电压的影响而改变其分子的排列状态,并且可以让射入的光线产生偏转的现象. 利用此原理,RCA 公司发明了世界上第一台使用液晶的显示屏.

实验 4.10　光纤的光学特性研究

光纤亦称光导纤维,它是一种导引光波的波导. 它主要是用玻璃预制棒拉丝而成,其质地柔软,具有良好的传光性能.

目前,光纤在通信、传感、传像、激光治疗仪、激光加工机等许多方面都获得了应用,但其最主要的应用领域是光纤通信和光纤传感器.

光纤通信是以光波为载波,以光纤为传输介质的一种通信方式. 1966 年,英籍华裔高锟和霍克哈姆根据介质波导理论共同提出了利用光纤进行信息传输的可能性和技术途径. 1970 年,美国康宁公司研制出了损耗为 20dB/km 的石英光纤,使得光纤完全能胜任作为传输光波的传输媒介,也开辟了光纤通信的新纪元. 经过美国康宁公司、美国贝尔公司等的不断努力,1986 年光纤损耗已降低到 0.154dB/km,接近光纤最低损耗的理论极限. 与传统的通信方式相比,光纤通信具有传输带宽大、传输距离长、抗干扰能力强、保密性好、体积小、重量轻、材料资源丰富等优点. 光纤通信的原理首先是在发射端将要传送的电话、电报、图像和数据等信号调制在光波上,然后入射到光纤内并传送到接收端,最后在接收端对收到的光波进行处理,解调出原发送信号.

当光在光纤中传播时,表征光波的相位、频率、振幅、偏振态等特征量会因温度、压力、磁场、电场等外界因素的作用而发生变化,故可利用光纤作为传感元件,探测导致光波信号变化的各种物理量的大小,这就是光纤传感器. 与传统传感器相比,光纤传感器具有灵敏度高、电绝缘性好、耐腐蚀、体积小、耗电少、光路可变等优点.

光纤通信和光纤传感技术的迅速发展,推动了光纤在交通、医疗、军事、航空航天、计算机等领域的应用.

【预习提示】

① 熟悉光纤的结构、模式、数值孔径、全反射、耦合效率等基本概念.
② 光纤的导光原理是什么?

③ 如何用光斑扫描法和功率法测量光纤的数值孔径？

【实验目的】

① 了解光纤的结构、模式及光纤耦合技巧.

② 理解光纤的导光原理. 通过对输出光的观察和测量，掌握光纤的一些光学特性和参数的测量方法，进一步巩固光学的基本原理和知识.

③ 了解光纤中音频信号的调制、传输和解调.

【实验原理】

1. 光纤的结构

光纤具有多种结构形式，其中典型的、实用的光纤结构如图 4-10-1 所示，一般由纤芯、包层、涂敷层及护套构成，是具有多层介质结构的对称圆柱体. 纤芯和包层构成传光的波导结构，多数是用高纯石英玻璃制造的，掺入少量的杂质，如五氧化二磷和二氧化锗等用于调整其折射率，纤芯位于光纤的中心部位，主要作用是传导光波. 包层折射率略小于纤芯的折射率，其作用是将光波封闭在光纤中传播. 涂敷层是一种涂料的敷层，使光纤不受外来的损害，增强光纤的机构强度. 护套是由塑料制成的圆形保护套，用来维持光纤的机械强度.

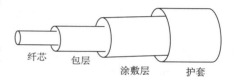

纤芯　　包层　　涂敷层　　护套

图 4-10-1　光纤的基本结构

2. 光纤的模式

根据光的波导理论，光在光纤中传播，可应用电磁波的麦克斯韦方程来描述. 在特定的边界条件下麦克斯韦方程有一些特定的解，这些解代表了可在光纤中长期稳定传输的光束，这些光束或解我们称之为模式. 如果光纤只允许一个模式传输，称为单模光纤，而多模光纤则可包容数以百计的模式. 实际使用的光纤主要有三种基本类型，如图 4-10-2 所示.

1）单模光纤（single mold fiber，SMF）

纤芯折射率 n_1 保持不变，包层折射率为 n_2，$n_1 > n_2$，纤芯与包层的界面有一个折射率的突变或阶跃. 纤芯的直径只有 $8 \sim 10 \mu m$，包层直径（包括纤芯在内）为 $125 \mu m$，一般写成 8/125、9/125 形式. 光线以直线形状沿纤芯中心轴线方向传播，这种光纤只能传输一个模式.

2）多模阶跃折射率光纤（step index fiber，SIF）

折射率分布和单模光纤一样，纤芯直径为 $40 \sim 100 \mu m$，包层直径为 $125 \mu m$，如 50/125（欧洲标准）、62.5/125（美国标准）. 光线以折线形状沿纤芯轴线方向传播.

3）多模梯度折射率光纤（graded index fiber，GIF）

在纤芯中心轴线上折射率最大为 n_1，沿径向 r 向外围逐渐变小，直到包层变为 n_2. 这种

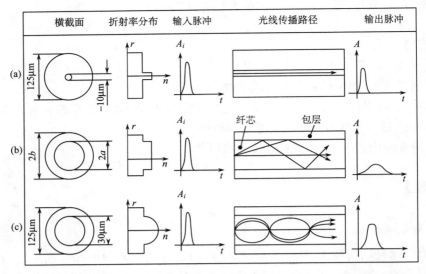

| 横截面 | 折射率分布 | 输入脉冲 | 光线传播路径 | 输出脉冲 |

(a) 单模光纤　　**(b) 多模阶跃折射率光纤**　　**(c) 多模梯度折射率光纤**

图 4-10-2　光纤模式及传播示意图

纤芯直径一般为 $50\,\mu m$. 光线以正弦形状沿纤芯中心轴线方向传播.

光纤中的模式除了与光纤本身的参数如折射率、直径有关外,还与光的波长有关. 对于一定的光纤结构和光波长,在光纤中能够传播的模式数目是有限的. 分析表明,可以传播的传输模数为

$$M_{SI} = \frac{1}{2}\left(\frac{V}{\pi/2}\right)^2 \tag{4-10-1}$$

式中,$V = \dfrac{2\pi a}{\lambda}\sqrt{n_1^2 - n_2^2}$,称为归一化频率或标称波导参数,$2a$ 为纤芯的直径. 对于一个有确定结构的单模光纤,其基模光波长没有限制. 当 $V = 2.405$ 时,所对应的波长 λ_c 称为该单模光纤的截止波长. 由归一化频率表示式很容易求得单模光纤的截止波长为

$$\lambda_c = \frac{2\pi a}{2.405}\sqrt{n_1^2 - n_2^2} \tag{4-10-2}$$

因此,在该光纤中,当传播的光波长 $\lambda > \lambda_c$ 时,将处于单模工作,而当 $\lambda < \lambda_c$ 时,处于多模工作. 应当指出的是,由于 V 与光波长有关,所以,对某个波长的光来说是单模工作的光纤,对于比其 λ_c 还要短的另外的光来说,就可能传播两个以上的传输模,而变成多模光纤.

在本实验中采用的是针对波长为 $1310\sim1550\,nm$ 光波的单模光纤,理论上讲光纤所传输的模式只有一个基模,它沿径向的光强分布为高斯分布,即光纤轴上的光强最大,并向包层方向递减. 但由于我们采用的光源是 $650\,nm$ 的可见激光. 因此,光纤中的模式将不是单模,而是一个简单的多模(如梅花状).

3. 光纤导光原理

当光线从折射率为 n_1 的介质入射到折射率为 n_2 的介质时,在介质分界面上将产生折射现象(如图 4-10-3 所示). 其规律是:入射角与折射角的正弦之比与两种介质的折射率成

· 254 ·

反比,即

$$\frac{\sin\phi_1}{\sin\phi_2} = \frac{n_2}{n_1} \qquad (4\text{-}10\text{-}3)$$

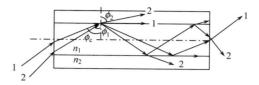

图 4-10-3 光在光纤中的传播

式中,n_1 是光纤纤芯的折射率,n_2 是其包层介质的折射率.因 $n_1 > n_2$,则 $\phi_1 < \phi_2$,当入射角 ϕ_1 增大到某一角度 ϕ_c 时,折射角将等于 $90°$,这时入射光线不再进入包层介质,而开始发生全反射,ϕ_c 称为临界入射角;当 ϕ_1 继续增大时,$\phi_2 > 90°$,发生了全反射,如果光纤是均匀的圆柱状细丝,则全反射的光线以同样的角度射到对面的界面上,并发生第二次全反射.依次类推,光线就能够在光纤中连续发生若干次全反射,最后从一端传送到另一端,且以与入射角相同的角度射出光纤,这就是光纤的波导原理.不满足全反射条件的光线,由于在界面上只能部分反射,势必有一些能量会辐射到包层中去,致使光能量不能有效传播.通常能传播的光为传输模(导模),不能传播的光为辐射模.

4. 光纤的耦合和耦合效率

光纤的耦合是指将激光从光纤端面输入光纤,以使激光可沿光纤进行传输.从光纤的另一端(输出端)通过观察输出光的强弱(光功率)和光斑的情况可判断耦合情况.耦合效率 η 反映了进入光纤中的光的多少.定义如下

$$\eta = \frac{P_{\text{入}}}{P_0} \times 100\% \qquad (4\text{-}10\text{-}4)$$

式中 $P_{\text{入}}$ 为进入光纤中的光功率,P_0 为激光的输出功率.η 在理论上与光纤的几何尺寸、数值孔径等光纤参数有着直接的关系,在实际操作中它还与光纤端面的处理情况和调整情况有着更直接的关系.在本实验中我们采用光功率计直接测出 $P_{\text{入}}$ 和 P_0 来求出 η.当然 η 同操作者的操作水平也有很大关系.

5. 光纤的数值孔径

数值孔径(numerical aperture,NA)是多模光纤的一个重要参数,它量度的是光纤的接收角,表征入射光线在光纤中的激发、耦合的难易程度.光纤的数值孔径越大,光纤与光源耦合越容易,更多的光能够耦合进光纤.数值孔径的大小对光纤的连接损耗、微弯损耗、传输带宽都有影响.

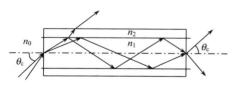

图 4-10-4 多模光纤中的光线

如图 4-10-4 所示的多模光纤,光在光纤端面以小角度 θ 从空气入射到纤芯,折射后的光线在纤芯中直线传播,并在纤芯与包层交界面发生反射和折射.根据全反射原理,存在一个临界角 θ_c,大于 θ_c 入射的光线将从包层中泄漏出去,而小于 θ_c 入射的光线将有可能被约束在光纤中,并以折线形式长距离传输.根据斯涅耳(Snell)定律,当 $\theta = \theta_c$ 时,相应的光线以 ϕ_c 入射到纤芯与包层交界面,并沿交界面向前传播,即折射角为 $90°$.光纤的数值孔径定义为入射介质折射率与发生全反射时的入射角 θ_c 的正弦之积,即

$$NA = n_0 \sin\theta_c \qquad (4\text{-}10\text{-}5)$$

所以

$$NA = n_1\cos\phi_c \tag{4-10-6}$$

因为 $n_1\sin\phi_c = n_2\sin90°$，所以

$$NA = \sqrt{n_1^2 - n_2^2} \tag{4-10-7}$$

可以看出，NA 主要由纤芯折射率 n_1 和包层折射率 n_2 决定.

由式(4-10-5)可知，只要知道光纤输出光的发散角的一半，θ_c 和空气中的折射率 n_0，就可以计算出光纤的数值孔径. 本实验就是通过测量输出光斑的发散角来算出 NA 的. 实验中可以通过光斑扫描测量法和功率法进行测量，从而得到 θ_c. 在光纤耦合中，仔细耐心地耦合光纤，将输出光束的光强调整到近似的高斯分布(即基模).

【实验器材】

GX1000 光纤实验仪，光学实验导轨，半导体激光器(LD)，光功率探头，功率指示计，光纤刀，法兰盘，白屏，音频信号源，示波器，一维位移架等，如图 4-10-5 所示.

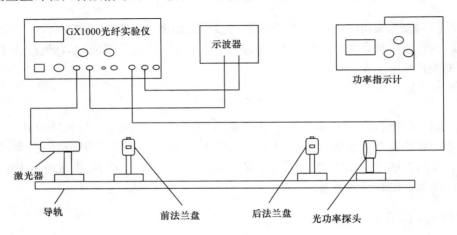

图 4-10-5　光纤光学实验结构示意图

【实验内容与要求】

1. 光纤的耦合与模式

① 将实验仪功能档置于直流档.

② 调整激光器的工作电流，使激光不太明亮，适宜人眼直接观测为止. 用白屏在激光器前后移动，确定激光焦点的位置. (激光太强会使光点太亮，反而不易观察.)

③ 调节激光器调整架上的水平、垂直旋钮，使激光水平出射.

④ 移动固定有光纤的前法兰盘，通过调节法兰盘上的水平、垂直旋钮使 FC 型光纤接头端面中心点尽量逼近焦点.

⑤ 将激光器工作电流调至最大，通过仔细调节激光器调整架和前法兰盘上的水平、垂直旋钮，用功率指示计监测输出光强的变化，反复调整各旋钮，直到光输出功率达到最大

为止.

⑥ 记下最大功率值. 此值与输入端激光功率之比即为耦合效率(不计吸收损耗).

⑦ 取下功率指示计探头, 换上白屏, 轻轻转动各耦合调整旋钮, 观察光斑形状变化(模式的变化). 若耦合好的话, 应为高斯光斑, 光强为高斯分布.

⑧ 轻轻触动光纤或弯曲光纤, 观察光斑形状变化(模式的变化).

2. 光纤数值孔径的测量

光纤数值孔径的测量是一项极其繁琐、细致的工作, 需要专用附件和操作者认真、耐心地耦合光纤, 将输出光束的光强调整到近似的高斯分布(基模), 并且稳定. 采用功率法测量步骤如下:

① 用白屏观察输出光斑形状, 并仔细调整各耦合旋钮, 尽量使输出光斑具有明亮、对称、稳定的分布.

② 将数值孔径测量附件的探头光阑置于 $\Phi 6.0$ 挡, 并使之紧贴光纤输出端面, 以保证输出光全部进入探头, 用功率指示计检测光纤输出功率. 轻微调整耦合旋钮, 尽量使功率达到最大, 记下此时的功率指示值和光探头的位置 x_1.

③ 向后移动探头, 由于输出光的发散, 随着探头向后移动, 会有部分光漏出 $\Phi 6.0$ 孔径. 仔细调整光纤与探头之间的相对位置, 使可探测到的功率为最大功率的 90%, 此时的 6 mm 孔径即为光斑直径, 记下此时探头的位置 x_2.

3. 传输时间的测量

① 如实验内容 1.①~⑤所述, 将激光耦合进光纤, 并使光输出功率达到最大.

② 将实验仪发射板中的输出波形和接收板中的输入波形分别与示波器的两个通道 CH1、CH2 相连.

③ 将实验仪功能键置于"脉冲频率"挡, 电流调到最大. 调整实验仪上的"脉冲频率"旋钮, 使脉冲频率约为 50kHz.

④ 调节示波器的电压旋钮和时间旋钮, 在示波器上观察 CH1 通道一定频率的方波. 调节光探头的位置和光纤输出端面之间的距离, 使 CH2 通道的波形尽量成为矩形波. 并尽可能使示波器屏幕只显示一个周期.

⑤ 仔细调节光探头的前后位置, 使 CH2 通道波形的上升沿尽量前移, 即尽量靠近 CH1 通道波形的上升沿, 测量记录下两者的相位时间差 Δt_1.

⑥ 取下前法兰盘, 尽量将光探头置于激光焦点位置处, 使激光进入探头.

⑦ 观察 CH2 通道波形, 同时调整光探头, 使波形尽量与步骤⑤的波形近似, 且上升沿尽量靠前, 测量记录下两者的相位时间差 Δt_2, 以用于对相位时间差 Δt_1 进行修正, 得到光在光纤中的传输时间 $t = \Delta t_1 - \Delta t_2$.

⑧ 如果已知光纤纤芯折射率为 1.55, 根据光在光纤中的传输时间可以计算出光纤长度.

4. 模拟(音频)信号的调制、传输和解调

① 如实验内容 1.①~⑤所述, 耦合好光纤.

② 将实验仪的功能挡置于音频调制挡.

③ 示波器的通道 CH1、CH2 分别与"输出波形"和"输入波形"相连.

④ 调节示波器,示波器上应显示出近似的稳定矩形波.

⑤ 从音频输入端加入音频模拟信号,这时可观察到示波器上的矩形波的前后沿闪动.打开实验仪后面板上的"喇叭"开关,应可听到音频信号源中的声音信号.

⑥ 分别观察实验仪发射板"调制"前后的波形和接收板"解调"前后的波形. 观察、了解音频信号的调制、传输、解调过程情况.

【数据记录与处理】

① 计算光纤直接耦合的耦合效率 η.

② 根据光在光纤中的传输时间和光纤纤芯的折射率,计算光纤长度.

③ 按公式 $NA \approx n_0 \sin\left[\arctan\left(\dfrac{3}{x_2 - x_1}\right)\right]$,式中长度单位取 mm,近似计算出光纤的数值孔径.

【注意事项】

① 光纤端面特别容易损坏,一旦实验中出现光斑发散,或者耦合过小,无法调高光输出功率时,一定要检查. 如果确定端面损坏,及时重切,以保证实验的顺利进行.

② 为防止半导体激光器因过载而损坏,实验仪中含有保护电路,当电流过大时,光功率会保持恒定,这是保护电路在起作用,而非半导体激光器的电光特性.

③ 实验过程中,请勿直视激光光束,以免伤害眼睛.

④ 实验过程中应细心操作,避免将光纤折断.

【思考与讨论】

① 光纤的导光原理是什么?

② 何谓光纤的数值孔径? 如何测量?

③ 光纤的模式与何有关? 光纤的模式是否固定不变?

【附录 4.10.1】

半导体激光器(LD)的电光特性

半导体激光器(semiconductor laser,简称 LD)是近年来发展最为迅速的一种激光器. 由于它的体积小,重量轻,效率高,成本低,因此作为光源在各个领域都得到广泛的应用. LD 的最简单结构如图 4-10-6 所示,它由三层不同的半导体叠加而成,中间的半导体层为发光层,称为激活层. 上下是由禁带宽度较宽的 P 型半导体和 N 型半导体构成,P 型及 N 型半导体层分别构成电极,电流流经电极,大量的载流子(电子、空穴)注入激活层. 为了减少激光发射所需的电流,通常将电流限制在约 $2\mu m$ 宽的带状区内流动,因此,为了使电流只在上部电极的 S 区域流过电流,将氧化膜切掉 S 宽.

一般半导体激光器的电流与光输出功率的关系如图 4-10-7 所示. 当电流小于 I_0 时输出功率很小,一般认为输出的不是激光;而当电流大于 I_0 时,激光输出功率急剧增大,I_0 即为阈值电流(threshold current). 激光器工作时电流应大于 I_0,但也不可过大,以防损坏激光管(本实验已加了保护电路,防止功率过载). 而对激光器的调制电流应在 I_0 附近,此时光功率对电流变化的灵敏度较高.

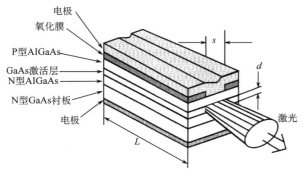

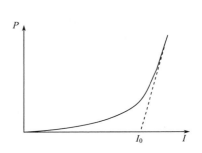

图 4-10-6　半导体激光器结构示意图　　　　图 4-10-7　半导体激光器的电光特性

实验 4.11　全息照相

全息照相是一种完全新型的,不用普通光学成像系统的光学照相方法,能够记录并再现物光波全部信息的新技术,是匈牙利裔的英国物理学家伽博(D. Gabor)于 1948 年为提高电子显微镜的分辨率而首先提出的,并拍摄了第一张全息照片,因此获得了 1971 年的诺贝尔物理学奖.但由于当时缺乏相干性好的光源而未得到足够的重视,直至 20 世纪 60 年代激光出现以后才得到了迅速的发展,相继出现了多种全息照相技术,开辟了光学应用的新领域.全息照相的基本原理是以波的干涉和衍射为基础的,因此它适用于红外、微波、X 光以及声波和超声波等一切波动过程.现在全息技术已发展成为科学技术上一个崭新的领域,如用全息照相方法制作各种光学元件(透镜,光栅,各类滤波器等),光学工艺品等,在精密计量、无损检测、信息存储和处理、遥感技术和生物医学等方面有着广泛的应用.

本实验通过拍摄全息照片和再现观察,使学生掌握全息照相的基本技术,更深刻地认识光的相干条件的物理意义,初步了解全息技术的基本理论.

【预习提示】

① 了解拍摄全息图的光路,布置光路时应注意哪些问题?
② 怎样观察再现全息照片?

【实验目的】

① 了解全息照相的原理及特点.

② 学习拍摄全息照片技术和再现观察的方法.

【实验原理】

物体上各点发出的光(或反射的光)是电磁波,借助于它的频率、振幅和相位的不同,人可以区分物体的颜色、明暗、形状和远近等.普通照相是通过透镜把物体成像在感光底片上,只是记录了物体反射光波的振幅分布,丢失了位相信息,因此得到的只是物体的二维平面像.所谓"全息照相"就是要把物体反射光波的全部信息——振幅和相位都记录下来,当用与拍摄时完全相同的光以一定的方向照射全息图时,通过全息图的衍射,能完全再现被摄物光波的全部信息,从而看到被摄物体的立体图像.

全息图种类很多,有菲涅耳图、夫琅禾费图、傅里叶变换全息图、彩虹全息图、像全息图、体积全息图等.不管哪种全息图都要分成两步来完成,即用干涉法记录光波全息图,称波前记录;用全息图使原光波波前再现,称波前再现.本实验重点讨论菲涅耳全息照相原理.

1. 全息照相原理

菲涅耳全息照相重点学习以平行光作为参考光,对物光和参考光夹角较小的平面全息图的记录和再现过程.

1) 全息照片的记录

全息照相是利用光的干涉原理记录被摄物体光波的全部信息.图 4-11-1 是记录过程的实验光路图. He-Ne 激光器射出的激光束

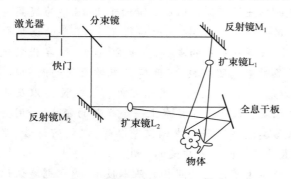

图 4-11-1　拍摄全息照片的原理光路图

通过分束镜被分成两束,一束经反射镜 M_1 反射,再由扩束镜 L_1 使光束扩大后照射到被拍摄物体上,经物体表面反射(或透射)后照射到全息干板上,这部分光叫物光.另一束光经反射镜 M_2 反射,经 L_2 扩束后直接照射到全息干板上,这部分光叫参考光.由于激光的高度相干性,物光和参考光两束光在底片上迭加,形成干涉条纹,又因为从被拍摄物体上各点反射出来的物光,其振幅(光强)和相位都不相同,所以全息干板上的干涉条纹也不同.光强不同使条纹变黑的程度不同;位相不同使条纹的密度、形状不同.因此,被摄物体反射光中的全部信息以不同浓黑程度和不同疏密的干涉条纹形式在全息干板上记录下来.经显影、定影后,就得到全息照片.

2) 全息再现

全息照相在感光板上记录的不是被摄物的直观形象,而是无数组干涉条纹复杂的组合.因此,当我们观察全息照相记录的物像时,必须采用一定的再现手段,即必须应用与原来参考光完全相同的光束去照射,这个光束称为再现光.再现观察时所用的光路如图 4-11-2 所

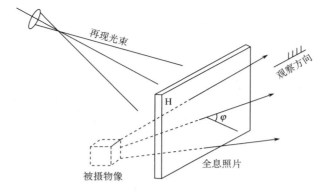

图 4-11-2　全息照片的再现光路

示. 在再现光照射下,全息照片相当于一块透过率不均匀的障碍物,再现光经过它时就会发生衍射,如同经过一幅极为复杂的光栅衍射一样. 以全息照片上某一小区域 ab 为例,为简单起见,把再现光看做是一束平行光,且垂直投射于全息照片上,再现光将发生衍射,产生零级和 $\pm$ 1 级衍射光. 其中零级衍射光是衰减了的入射光;+1 级衍射光是发散光,与原物光的性质一样,沿此方向对着全息干板观察就可以看到一个逼真的三维立体图像,称为真像,它是一个虚像;而 -1 级衍射光是会聚光,均会会聚在虚像的共轭位置上形成一个实像,称为赝像. 如图 4-11-3 所示.

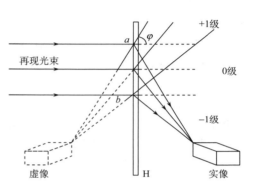

图 4-11-3　全息再现原理图

　　下面结合光的复振幅表达式来分析全息照相及再现的光学原理.

　　设物光 O 和参考光 R 传播到全息干板记录平面 (x,y) 时,光的复振幅分布为

$$O(x,y) = O_0(x,y)e^{i\varphi_0(x,y)} \tag{4-11-1}$$

$$R(x,y) = R_0(x,y)e^{i\varphi_r(x,y)} \tag{4-11-2}$$

二者相干叠加后产生干涉现象,在记录干板的光强分布为

$$
\begin{aligned}
I(x,y) &= [O(x,y)+R(x,y)][O(x,y)+R(x,y)]^* \\
&= O_0^2 + R_0^2 + OR^* + O^*R \\
&= O_0^2 + R_0^2 + 2R_0O_0\cos(\varphi_0-\varphi_r)
\end{aligned} \tag{4-11-3}
$$

上式表示的是一组明暗相间的干涉条纹,不是确切的物像,其中前两项分别是物光和参考光的光强分布,与物光相位无关,而第三项是以参考光的相位 φ_r 为标准,将物光的相位 φ_0 以光强分布的形式记录下来,因此干涉条纹中带有物光的相位信息.

　　曝光后的全息干板经显影、定影处理后得到全息图,它的复振幅透射率正比于曝光时的光强分布

$$t(x,y) = \alpha + \beta I(x,y) \tag{4-11-4}$$

　　如果再用原参考光照射全息图,则透射光的复振幅为

$$T(x,y) = t(x,y)R(x,y)$$
$$= [\alpha + \beta(O_0^2 + R_0^2)]R(x,y) + \beta R_0^2 O(x,y) + \beta R_0^2 e^{i2\varphi_r(x,y)}O^*(x,y)$$
$$= T_1 + T_2 + T_3 \tag{4-11-5}$$

其中，T_1 表示透过全息干板衰减后的参考光，即零级衍射光；T_2 为 +1 级衍射光，为再现物光的复振幅，它与原物光具有相同的振幅和相位分布，形成虚像；T_3 为 −1 级衍射光，它包含物光的共轭复振幅，是一个畸变的物体实像，位于原物体的共轭位置上，可见，通过参考光照射全息图可以再现出物体的立体像.

2. 全息照相的特点

① 全息照片再现出的被拍摄物体像具有完全逼真的三维立体感. 当人们用眼睛从不同角度观察时，就好像面对原物一样，可以看到它的不同侧面. 它和观察实物完全一样，具有相同的视觉效应. 当从某个角度观察时，一物被另一物遮住，需要把头偏移一下，就可以绕过障碍物，看到被遮挡的物体.

② 由于全息照片的任一小区域都以不同的物光倾角记录了来自整个物体各点的光的信息，因此，一块打碎的全息照片，任取一小碎块，就能再现出完整的被摄物体立体像.

③ 同一张全息感光板可以进行多次重复曝光. 在全息拍摄曝光后，只要稍微改变感光板的方位（如转动一小角度），或改变参考光的入射方向，就可以在同一感光板上重叠记录信息，并能互不干扰地再现各自的图像. 如果全息记录过程光路各部件都严格保持不动，只是使被拍摄物体在外力作用下发生微小位移或形变，在发生形变前后使感光板重复曝光，则再现时，物体形变前、后两次记录的物波将同时再现，并形成反映物体形态变化特征的干涉条纹，这就是全息干涉计量的基础.

④ 若用不同波长的激光照射全息照片，可以得到放大或缩小的再现图像. 再现光的波长大于原参考光时，再现图像被放大，反之缩小.

⑤ 全息照片再现出的物光波是再现光束的一部分，因此，再现光束越强，再现出的物像越亮. 实验表明，亮暗的调节可达 10^3 倍.

⑥ 保密性和防伪性.

【实验器材】

全息防震平台、He-Ne 激光光源、分光镜、全反射镜、扩束镜、定时曝光装置（快门）、被摄物、全息干板、显影和定影设备. 为了实现物光波的全息记录，静态全息照相必须具备下列3 个基本实验条件.

1. 相干性好的光源

He-Ne 激光器具有较好的相干性，它输出激光束的波长为 $\lambda = 6328$ Å，谱线宽度 $\Delta\lambda = 0.02$ Å，相干长度 $L_m = \dfrac{\lambda^2}{\Delta\lambda} = 20$ cm.

2. 高分辨率的记录介质

感光板记录的干涉条纹一般都是非常密集的，而普通照相感光底片的分辨率仅约为每毫米 100 条,因此全息照相需要采用高分辨率的记录介质——全息感光片,分辨率可大于每毫米 1000 条,但感光灵敏度不高,所需曝光时间比普通照相感光底片要长,而且它只对红光敏感,因此全息照相的全部操作过程都可在暗绿色灯光下进行.

3. 稳定的实验系统

密集的干涉条纹,要求曝光记录时必须有一个非常稳定的环境条件,轻微的震动或其他扰动,只要使光程差发生波长数量级的变化,干涉条纹即会模糊不清.因此,全息实验室一般都选在远离震源的地方.全息照相光路各元件全部布置在一种特殊的防震平台上,被拍摄物体、各光学元件和全息感光片都严格固定在防震平台上,同时,拍摄时还需防止实验室内有过大的气流流动.

【实验内容与要求】

1. 拍摄静态物体的全息照片

1）元件布置与光路安排

按图 4-11-1 在全息防震平台上布置元件和安排光路,使其符合下列要求:
① 物光和参考光的光路大致等光程.为了便于调整元件和光路,扩束镜 L_1 和 L_2 可暂不放入光路,感光板可暂用毛玻璃代替.
② 放入扩束镜 L_1 和 L_2(应尽量充分利用激光光能,尤其是物光),使被摄物和感光板位置分别受到物光束及参考光束均匀的照明.严格防止扩束后的物光从背面直接照射感光板.
③ 物光与参考光的光强比应在合适的范围内,一般选取在(1∶2)~(1∶6).为此,需要选分光比合适的分光板 S.光强可用光强测定仪在底片位置处检测,或在底片位置处目测估计.
④ 物光与参考光束间的夹角通常小于 45°(在 30°~45°),因为夹角越大,干涉条纹间距越小,条纹越密,对感光材料分辨率的要求也越高.

2）曝光

① 根据光强情况选定曝光时间.用光功率计分别测量物光和参考光光强及总光强,由于曝光量等于总光强乘以曝光时间,因此可根据实验室给出的曝光要求,确定曝光时间.
② 挡住激光束,装感光片(感光片的乳胶面向着激光束).
③ 静置数分钟,然后曝光.曝光过程应严格防止震动和扰动.除暗绿灯光外,无其他杂散光干扰.

3）显影和定影

显影采用 D-19 显影液,定影采用 F-5 定影液.处理过程与普通照相感光片相同,但仍可在暗绿灯光下进行.感光片经冲洗、甩干后,即得全息照片,可观察再现物像.

2. 观察全息照片与再现物像

① 取与原参考光方向尽量一致的再现光照射全息照片,观察再现虚像,体会再现像的

立体感,比较再现虚像的大小、位置与原物的状况.

② 观察再现实像.

3. 二次曝光全息照片的拍摄和观察(选做)

保持全息防震平台上的各种光学元件和光路不变,将被拍摄物或感光板微微转动一小角度,拍摄二次曝光全息照片.

【注意事项】

① 绝对不能用眼睛直视未扩束的激光束,否则会造成视网膜的严重损伤.

② 激光器电源开启后,不要随便触摸,以免发生触电危险.

③ 各种光学元件的光学表面及全息干板的乳胶面不可用手帕或纸片擦拭,更不能用手直接触摸.

④ 由于需要在黑暗中进行操作,动作要小心谨慎,严格遵守操作程序.

【思考与讨论】

① 通过本实验的观察和操作,总结全息照相的整个过程和全息照相的特点.

② 如何调好全息照相的光路?

【附录 4.11.1】

显影液和定影液配方

1) D-19 高反差强力显影液配方

蒸馏水(约 50℃)	500 ml	米吐尔	2 g
无水亚硫酸钠	90 g	对苯二酚	8 g
无水碳酸钠	48 g	溴化钾	5 g

溶解后加蒸馏水至 1000 ml;显影温度 20℃;显影时间 3～5 min.

2) F-5 酸性坚膜定影液配方

蒸馏水(约 50℃)	600 ml	硫代硫酸钠	240 g
无水亚硫酸钠	15 g	冰醋酸	13.5 ml
硼酸(结晶体)	7.5 g	钾矾	15 g

溶解后加蒸馏水至 1000 ml;定影温度 20℃;定影时间 5 min;清水冲洗 5 min.

注:配制药液,须按规定的温度、分量和次序依次溶解,前一种药品完全溶解后,再加后一种.

伽 博 简 介

D. 伽博(D. Gabor,1900～1979),匈牙利裔的英国物理学家,享有 100 多项专利,发表了 80 多篇的论著,其中包括瞬变示波器、气体放电与等离子体、电子光学与电子显微镜、通讯理论与通讯技术(电视)以及物理光学的衍射和干涉显微镜等.

1956 年他发明了正交全息照相法,运用传统的过滤光源,创立全息照相的基本技术. 1960 年有了激光后,全息照相成为实用技术. 制成了平面阴极射线管,提出形成光学描述的矩阵理论,通信技术中的分析信号理论、脉冲压缩原理,信息论中的伽博-申农理论.

由于他在全息照相术上取得的成就,伽博获得了 1971 年度的诺贝尔物理学奖.

图 4-11-4　伽博

实验 4.12　阿贝成像原理与空间滤波

波动光学的一个重要发展就是逐步形成了一个新的光学分支——傅里叶光学,傅里叶光学是光学与电子学和通信理论相结合的新学科,是现代光学的核心.作为傅里叶光学实际应用的全息术和光学信息处理,发展极为迅速.近年来,傅里叶光学也与计算机技术、数字多媒体技术、光电技术和精密微细加工技术相结合,出现了许多新的研究热点,如数字全息术、数字化信息处理、光学 CT、光信息存储、傅里叶成像光谱技术等.傅里叶光学的奠基人是德国物理学家阿贝,他所提出的显微镜成像原理以及随后的阿贝-波特实验在傅里叶光学早期发展历史上具有重要的地位.这些实验简单而且漂亮,对相干光成像的机理、对频谱的分析和综合的原理做出了深刻的解释.同时,这种用简单模板做滤波的方法,直到今天,在图像处理中仍然有广泛的应用价值.

阿贝成像原理的意义在于它以一种新的频谱语言来描述信息,启发了人们用改造频谱的方法来改造信息.通过本实验可以把透镜成像与干涉、衍射联系起来,初步了解透镜的傅里叶变换性质,从而有助于对现代光学信息处理中的空间频谱和空间滤波等概念的理解.

【预习提示】

① 什么是空间频率? 频谱的分布与空间频率有什么关系?
② 什么是空间滤波? 空间滤波器应放在什么位置?

【实验目的】

① 通过实验了解空间频率、空间频谱的概念以及傅里叶光学的基本思想.
② 了解透镜孔径对透镜成像分辨率的影响,理解透镜成像的物理过程.
③ 了解如何通过空间滤波的方法,实现对图像的改造.

【实验原理】

1. 光学傅里叶变换

在信息光学中,常用傅里叶变换来表达和处理光的成像过程.设一物体光场的复振幅二维空间分布函数为 $g(x,y)$,可以将该空间分布展开为无限个复指数基元函数 $\exp[\mathrm{j}2\pi(f_x x + f_y y)]$ 的线性叠加,即

$$g(x,y) = \iint_{\infty} G(f_x, f_y)\exp[\mathrm{j}2\pi(f_x x + f_y y)]\mathrm{d}f_x\mathrm{d}f_y \tag{4-12-1}$$

式中 f_x、f_y 分别为 x、y 方向的空间频率,$G(f_x, f_y)$ 是相应于空间频率为 f_x、f_y 的基元函数的权重,或称为物光场 $g(x,y)$ 的空间频谱.$G(f_x, f_y)$ 可由 $g(x,y)$ 的傅里叶变换求得,即

$$G(f_x, f_y) = F[g(x,y)] = \iint_{\infty} g(x,y)\exp[-\mathrm{j}2\pi(f_x x + f_y y)]\mathrm{d}x\mathrm{d}y \tag{4-12-2}$$

$g(x,y)$ 和 $G(f_x, f_y)$ 实质上是对同一光场的两种等效描述.

2. 空间频率

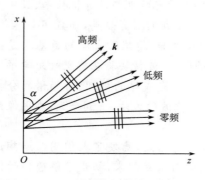

图 4-12-1　空间频率与传播方向的关系

波动力学中的频率概念我们已很熟悉,它表示单位时间内振动的次数.而对于空间函数来说,空间频率与其完全不同,其量纲是长度单位的倒数,为 L^{-1},通常取 cm^{-1} 或 mm^{-1}.空间频率与平面波有一定的联系,对于一列平面波而言,空间频率是一个常数,其大小由平面波的传播方向决定,即与位于 xz 平面内的波矢量 k 和 x 轴间的夹角 α 密切相关,因此空间频率也称为"角频率",α 越小,空间频率越大,如图 4-12-1 所示.当 $\alpha=90°$,空间频率 $f=0$,称为"零频",当 $\alpha=0$ 时,$f=\dfrac{1}{\lambda}$,称为"极限高频",λ 为光波波长.

空间频率还有其他引申意义.当平面波垂直入射到平面光栅上时便可产生多级平面衍射波,其传播方向不同,各自对应的空间频率也不相同.例如空间频率为 f_0、光栅常数为 d $\left(f_0 = \dfrac{1}{d}\right)$ 的一维透射光栅,其透射光振幅分布可展开成傅里叶级数

$$g(x) = \sum_{-\infty}^{\infty} G_n\exp[\mathrm{j}2\pi nf_0 x] \tag{4-12-3}$$

式中 $n=0,\pm1,\pm2,\cdots$,不同的各项相应的空间频率 $f=0,f_0,2f_0\cdots$.

3. 透镜的傅里叶变换性质

理论上可以证明,对在焦距为 f 的会聚透镜的前焦面上放一振幅透过率为 $g(x,y)$ 的图像作为物,并用波长为 λ 的单色平面波垂直照射,则在透镜后焦面 (x',y') 上的复振幅分布就是 $g(x,y)$ 的傅里叶变换 $G(f_x,f_y)$,其中空间频率 f_x、f_y 与坐标 x'、y' 的关系为

$$\begin{cases} f_x = \dfrac{x'}{\lambda f} \\[2mm] f_y = \dfrac{y'}{\lambda f} \end{cases} \tag{4-12-4}$$

故 (x',y') 面称为频谱面(或傅氏面).由此可见,复杂的二维傅里叶变换可以用一透镜来实现,称为光学傅里叶变换,频谱面上的光强分布,也就是物的夫琅禾费衍射图.

4. 阿贝成像原理

阿贝在 1873 年提出了相干光照明下显微镜的成像原理.他认为,在相干光照明下,显微镜的成像可分为两个步骤:第一步是通过物的衍射光在物镜的后焦面上形成一个衍射图;第二步是物镜后焦面上的衍射图复合为(中间)像,这个像可以通过目镜观察到.

成像的这两个步骤本质上就是两次傅里叶变换.第一步把物面光场的空间分布 $g(x,y)$ 变为频谱面上空间频率分布 $G(f_x,f_y)$,第二步则是再作一次变换,又将 $G(f_x,f_y)$ 还原到空间分布 $g(x,y)$.

图 4-12-2 显示了成像的两个步骤,第一步"分频";第二步"合成".我们假设物是一个一维光栅,单色平行光垂直照在光栅上,经衍射分解成为不同方向的很多束平行光(每一束平行光相应于一定的空间频率),经过物镜分别聚焦在后焦面上形成点阵.然后代表不同空间频率的光束又重新在像面上干涉合成图像.

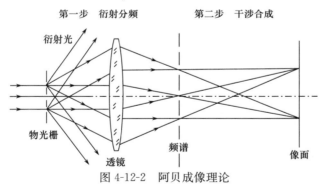

图 4-12-2 阿贝成像理论

如果这两次变换完全是理想的,即信息没有任何损失,则像和物应完全相似(可能有放大或缩小),但一般说来像和物不可能完全相同,这是由于透镜的孔径是有限的,总有一部分衍射角度较大的高次成分(高频信息)不能进入到物镜而损失掉了,所以像的信息总是比物的信息要少一些.高频信息主要反映了物的细节,如果高频信息受到了孔径的限制而不能到达像平面,则无论显微镜有多大的放大倍数,也不可能在像平面上显示出这些高频信息所反映的细节,这是显微镜分辨率受到限制的根本原因.特别是当物的结构非常精细(如很密的光栅)或物镜孔径非常小时,有可能只有 0 级衍射(空间频率为 0)能通过,则在像平面上完全不能形成像.

5. 空间滤波

根据上面讨论,透镜成像过程可看作是两次傅里叶变换,即从空间函数 $g(x,y)$ 变为频谱函数 $G(f_x,f_y)$,再变回到空间函数 $g(x,y)$(忽略放大率). 显然,如果在频谱面(即透镜的后焦面)上放一些不同结构的光阑,以提取(或摒弃)某些频段的物信息,则必然使像面上的图像发生相应的变化,这样的图像处理称为空间滤波,频谱面上这种光阑称为滤波器. 滤波器使频谱面上一个或一部分频率分量通过,而挡住其他频率分量,从而改变了像面上图像的频率成分. 例如,光轴上的圆孔光阑可以作为一个低通滤波器,而圆屏就可以用作为高通滤波器.

【实验器材及光路】

实验器材包括光学平台、氦氖激光器、透镜、作为物的光栅、滤波器、白屏等.

实验光路如图 4-12-3 所示,扩束镜 L_0 与准直透镜 L_c($f=110$ mm)共焦,使 L_c 输出平行光束. 依次放上物(20 条/mm 的一维光栅)和焦距为 f(190 mm)的透镜 L,调共轴. 调节透镜位置,使光栅清晰的成像在 4m 以外的白屏上,此时物的位置接近于透镜 L 的前焦平面.

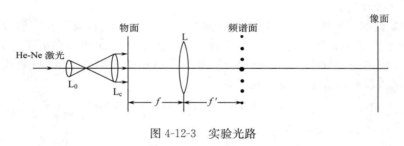

图 4-12-3 实验光路

【实验内容与要求】

1. 观测一维光栅的频谱

(1) 在透镜 L 后缓慢移动白屏,寻找光束会聚点,即透镜 L 的后焦平面(频谱面),可看到 0 级、±1 级、±2 级、±3 级……一排清晰的衍射光点. 衍射角越大,衍射级次越高,空间频率也越高.

(2) 将白纸放在频谱面上,观察频谱,并用针尖分别扎透 0 级、±1 级、±2 级、±3 级衍射点的中心. 然后,测出各级衍射点与零级衍射点的距离 $\pm x_1'$、$\pm x_2'$、$\pm x_3'$,求出相应的空间频率 f_x,并由基频 f_0($f_0=1/d$,d 为光栅常数)求出光栅常数 d.

2. 阿贝成像实验(选做)

频谱面上的衍射点如图 4-12-4(a)所示. 在频谱面上放上可调狭缝或滤波模板,使通过的衍射点如图 4-12-4 所示:(a)全部;(b)零级;(c)零和±1 级;(d)零和±2 级;(e)除零级外.

分别记录像面特点和条纹间距,并做出定性解释.

3. 阿贝-波特实验(方向滤波)

① 光路不变,将一维光栅的物换成二维正交光栅,在频谱面上可以观察到二维分立的光点阵(频谱),像面上可以看到放大了的正交光栅像.

② 在频谱面放上可旋转狭缝光阑(方向滤波器),在下述情况:

(a)只让光轴上水平的一行频谱分量通过;

(b)只让光轴上垂直的一行频谱分量通过;

(c)只让光轴上45°的一行频谱分量通过,记录像面上的图像变化、像面上条纹间距,将所观测的现象、数据填入表 4-12-1 中,并做出适当的解释.

方向滤波可去除某些方向的频谱或仅让某些方向的频谱通过,以突出图像的某些特征.

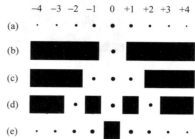

图 4-12-4　一维光栅频谱与滤波器

表 4-12-1　阿贝-波特实验记录表

二维光栅	频谱	空间滤波器	通过的频谱	滤波图像	条纹间距	说明

4. 高低通滤波

图 4-12-5 中,(a)为低通滤波器,(b)为高通滤波器,(c)为带通滤波器.低通滤波器的作用是滤掉高频成分,仅让靠近零级的低频成分通过.它可以用来滤掉高频噪声,例如滤去有网格照片中的网状结构.高通滤波器是一个中心部分不透光的小光屏,它能滤去低频成分而允许高频成分通过,可用于突出像的精细部分或者实现像的衬度反转.带通滤波器可以让某些需要的频谱分量通过,其余的被滤掉,可用于消除噪声.

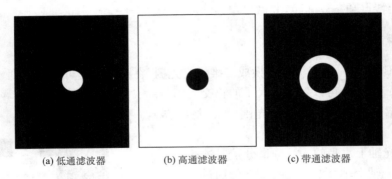

(a) 低通滤波器　　　　　(b) 高通滤波器　　　　(c) 带通滤波器

图 4-12-5　低通、高通与带通滤波器

1) 低通滤波

将正交光栅与一个透明的"光"字重叠放在物平面上,光栅为 12~15 条/mm,而字的笔画粗细为毫米数量级,放大像如图 4-12-6(a)所示.通过透镜 L 成像在像平面上.由于网格为一周期性的空间函数,它的频谱是有规律排列的分立点阵,而字是一个非周期性的低频信号,它的频谱是连续的.

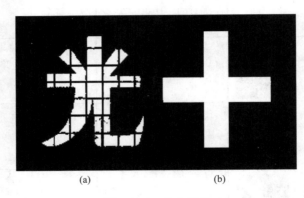

(a)　　　　　　　　(b)

图 4-12-6　放大图像

将一个可变圆孔光阑放在频谱面上,逐步缩小光阑,直到像上不再有网格,但字迹仍然保留下来.

2) 高通滤波(选做)

将一漏光"＋"字板作为物,可在像面上观察到物的像,见图 4-12-6(b).在频谱面上放一圆屏光阑挡住谱面的中心部分,观察并记录像面上的图像变化.

【数据记录与处理】

① 记录透射光栅频谱各级衍射点间距,计算相应空间频率大小及透射光栅的光栅常数.

② 观察并记录正交光栅方向滤波实验的现象.

③ 观察并记录网格字的低通滤波现象.

【注意事项】

① 眼睛不要直视激光束,以免损伤眼睛.
② 所有的透镜及光栅不要用手触摸其表面.
③ 光具座的机械部分要轻轻旋动.
④ 滤波器不要夹得过紧.

【思考与讨论】

① 透镜前焦面上是 50 条/mm 的一维光栅,其频谱面上的空间频率各是多少? 相邻两衍射点间距离是多少? 已知 $f = 5.0\mathrm{cm}, \lambda = 632.8\mathrm{nm}$.
② 在低通滤波中,如果想滤掉字而保留光栅,应怎么办?

【附录 4. 12. 1】

阿 贝 简 介

E. K. 阿贝(E. K. Abbe,1840～1905),德国物理学家、光学家,傅里叶光学的奠基人,1861 年在耶拿大学获博士学位.并在该校任数学、物理学和天文学讲师.1866 年与 C. 蔡司合作研制光学仪器,促进了德国光学工业的发展.以显微镜为中心,他的两项重要贡献为:①几何光学中的正弦条件,确定了可见光波段上显微镜分辨本领的极限,为迄今光学设计的基本依据之一;②波动光学中的两步成像理论——阿贝成像原理.A. B. 波特 1906 年以实验证明了这个理论,是近年以激光为实验条件的光学变换基本理论之一.1867 年阿贝制成测焦计,1869 年制成阿贝折射计及分光仪.1870 年后又制成数值孔径计、高度计和比长仪等.1879 年与 O. 肖托合作,研制成可用于整个可见光区的复消色差镜头.此外,他还改进了不少天文观察仪器.

图 4-12-7 阿贝

实验 4.13 半导体材料热电效应研究

1821 年后相继发现的三个效应,即塞贝克(Seebeek)效应、珀尔帖(Peltier)效应和汤姆逊(Thomson)效应,奠定了热电理论的发展基础.利用这三个效应可以制成具有不同用途的热电器件,它们在一定条件下既可以把热能转换成电能(发电器),也可以把电能转换成热能(热泵或致冷器).

然而,在发现这些效应以后的一个多世纪里,温差发电和温差电致冷都因其转换效率低而得不到满意的实际应用效果.随着固体理论和半导体材料制备技术等领域的不断发展,以及军事应用的需要,20 世纪 50 年代末,热电材料的研究取得了重大进展,以碲化铋(Bi$_2$Te$_3$)和碲化锑(Sb$_2$Te$_3$)为基的室温热电材料为热电技术的实用化提供了物质基础,使它不仅在军事和高技术中得到重要应用,而且在经济建设的众多领域也得到广泛应用,甚至已进入家庭,成为一门具有广泛应用前景和极大潜在市场的新技术.

本实验将重点研究半导体热电材料的塞贝克效应和珀尔帖效应,研究其热电转换效率及其影响因素,并依此进一步弄清热力学系统的正、逆循环过程的工作原理.

【预习提示】

① 弄清热机、热泵的工作原理及热效率定义.
② 什么是泽贝克效应和佩尔捷效应? 半导体器件的热电特性怎样?
③ 如何测量半导体热电器件的热效率? 为什么要进行修正? 如何修正?
④ 热机效率与负载有无关系?

【实验目的】

① 学习循环过程,弄清热机和热泵的工作原理及其效率.
② 了解半导体热电器件的基本结构和工作原理,学会测量热电转换效率.

【实验原理】

1. 循环过程及其效率

热力学中,如果系统由某一状态出发,经过任意的一系列过程,最后又回到原来的状态,这样的过程称之为循环过程. 循环过程分正循环和逆循环过程两种.

正循环过程中,系统将从高温热源吸收的热量,一部分用来对外做功,另一部分在低温热源处放出. 正循环过程是热机工作的理论基础,如图 4-13-1 所示.

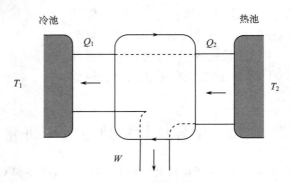

图 4-13-1　热系统正循环工作原理

用 Q_1 和 Q_2 分别表示低温热源(冷池)的热量和高温热源(热池)的热量,W 表示功. 根据热力学第一定律,有

$$Q_2 = W + Q_1 \tag{4-13-1}$$

反映热机效能的重要标志之一是它的效率,其定义为

$$\eta = \frac{W}{Q_2} = \frac{Q_2 - Q_1}{Q_2} \tag{4-13-2}$$

如果所有的热量全部都转化为有用功,那么热机的效率等于1,实际中热机效率总是小于1.

如果循环过程为卡诺循环,则热机效率为

$$\eta = 1 - \frac{T_1}{T_2} \tag{4-13-3}$$

该效率又称卡诺效率.

逆循环过程中,通过外界对系统做功,使得一部分热量从低温热源转移到高温热源.该循环过程是制冷机或热泵工作的理论基础,如图 4-13-2 所示.如果是对冷端的应用,则是制冷;如果是对热端的应用,则是制热.

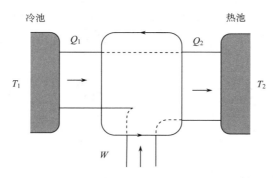

图 4-13-2　热系统逆循环工作原理

根据热力学第一定律,有

$$W + Q_1 = Q_2 \tag{4-13-4}$$

对于制冷机或热泵,也存在一个描述工作效率的性能系数,其定义为

$$\varepsilon = \frac{Q_1}{W} = \frac{Q_1}{Q_2 - Q_1} \tag{4-13-5}$$

如果循环过程为卡诺循环,则

$$\varepsilon = \frac{T_1}{T_2 - T_1} \tag{4-13-6}$$

研究表明,卡诺循环的热机效率和性能系数是最大的.

2. 热电效应与半导体热电器件的效率测量

所谓热电效应是指热能与电能相互转换的效应.1821 年德国物理学家泽贝克发现,两种不同的金属所组成的闭合回路中,当两个接点的温度不同时,回路中将产生电动势和电流,该效应称作泽贝克效应,又称热电第一效应.1834 年法国业余物理学家佩尔捷发现,当两种不同的金属所组成的闭合回路存在直流电流时,则两个接点将存在吸热和放热现象,该效应称作佩尔捷效应.半导体器件同样具有这两种效应,而且在热能与电能的转换上,可以有更高的效率.因此,在温差发电、温差制冷方面获得了应用.本实验将采用半导体热电转换

器件作为研究对象,研究有关热效率问题.

1) 半导体热电器件简介

半导体热电器件主要是通过 PN 结实现泽贝克效应,其结构如图 4-13-3 所示.假设半导体器件左边的温度维持比右边的温度高.在器件左边的接点附近产生的空穴漂移穿过接点进入 P 区,而电子则漂移穿过接点进入 N 区;在器件右边的冷端,发生相同的过程,但是与热端比较,空穴与电子的漂移速度较慢,所以 N 区电子从热端(左边)流向冷端(右边),即电流从冷端(右边)流向热端(左边).

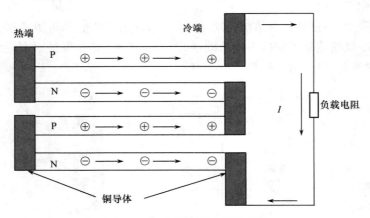

图 4-13-3 半导体热电器件结构

2) 温差发电("热机")工作效率测量

测量线路图如图 4-13-4 所示.半导体器件的两端分别与高、低温热源相接触.为维持高温热源的温度,通过电加热方式向其提供热量,低温热源温度可采用冰水混合或水循环维持稳定.这时,在半导体器件两端出现泽贝克效应,即产生电动势.通过测量负载电阻 R 上的电压 U_w,即可得到对外输出的电功率 P_w;通过测量加热电压 U_2 及其电流 I_2,可得到 $P_2 = U_2 I_2$.如果用功率来表示,则工作效率为

$$\eta = \frac{P_w}{P_2} \tag{4-13-7}$$

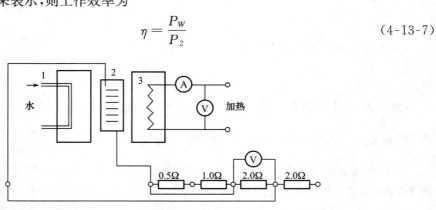

图 4-13-4 泽贝克效应与工作效率实验结构图

1. 低温热源(冷池);2. 半导体器件;3. 高温热源(热池)

3) 热泵工作性能测量

测量线路图如图 4-13-5 所示. 在外加电源的作用下, 半导体器件发生佩尔捷效应, 使得热量不断从低温热源向高温热源转移. 外加电源单位时间内所做的功 P_W 可以通过测量电压 U 和电流 I 得到, $P_W = UI$. 单位时间从冷端热源泵取的热量等于单位时间输入高温热源的热量与单位时间做功之差, 可采用以下方式获得.

当高温热源保持热平衡状态时, 输入的热量等于热辐射和热传导的热量. 如图 4-13-4 所示, 来自高温热源热量的一部分被热机用来做功, 而另一部分热量通过热辐射和热传导旁路热机, 不管半导体器件是否连接负载和热机是否做功, 这部分热量以相同的方式转换. 当热机不接负载(开路)时, 由于热机没有做功, 在热池保持平衡温度的条件下, 通过热辐射和热传导旁路的热量与高温热源获得的加热热量相等. 这样, 通过测量无负载时单位时间输入高温热源的热量 $P_{2\text{开路}}$, 就可以按 $P_1 = P_{2\text{开路}} - P_W$ 确定热辐射和热传导的热量. 从而可按下式计算性能系数

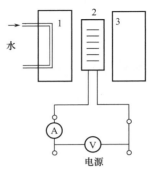

图 4-13-5 佩尔捷效应与制冷
热泵性能测量结构图
1. 低温热源(冷池); 2. 半导体器件;
3. 高温热源(热池)

$$\varepsilon = \frac{P_{2\text{开路}} - P_W}{P_W} \tag{4-13-8}$$

4) 效率及性能系数的修正

如果系统没有任何能量损失, 实际热机效率和制冷系数与卡诺循环的热机效率和制冷系数一致. 但由于热传导、热辐射和器件内阻焦耳加热等引起的能量损失, 测量出的热机效率和制冷系数往往会偏小. 如果将能量损失加以修正, 实际热机效率和制冷系数将趋于卡诺循环的热机效率和制冷系数.

首先, 上述仅仅考虑了消耗在负载电阻上的功率 $\dfrac{U_W^2}{R}$, 没有考虑消耗在器件上的部分功率, 总的输出功率 P'_W 还应该包括内部电阻 r 上消耗的功率. 因而, 总的功率应为

$$P'_W = P_W + I_W^2 r \tag{4-13-9}$$

其中 $I_W = \dfrac{U_W}{R}$.

其次, 热端的热量分两个部分, 一部分被热机用来做功, 另一部分通过热辐射和热传导旁路热机而损失. 不管器件有无负载, 损失的热量都是相同的. 因此, 实际用于有效做功的热量应为

$$P'_2 = P_2 - P_{2\text{开路}} \tag{4-13-10}$$

式中, P_2 为有负载时单位时间内输入热端的热量, $P_{2\text{开路}}$ 是器件无负载时单位时间内输入热端的热量. 当然, P_2 和 $P_{2\text{开路}}$ 的测量条件是: 保持热、冷端温度在接负载和不接负载时完全一致.

综上所述, 修正后的热机效率是

$$\eta' = \frac{P'_W}{P'_2} = \frac{P_W + I_W^2 r}{P_2 - P_{2\text{开路}}} \tag{4-13-11}$$

内阻 r 可通过测量半导体器件开路和有负载时的输出电压 U_S 和 U_W,按下式计算

$$r = \left(\frac{U_S - U_W}{U_W}\right)R \tag{4-13-12}$$

同样,考虑到外加电源在半导体内阻上的损耗,制冷系数的修正公式为

$$\varepsilon' = \frac{P_{2\text{开路}} - P_W}{P_W - I_r^2 r} \tag{4-13-13}$$

5) 负载的最佳选择

半导体热电效应等效电路如图 4-13-6 所示,R 是负载电阻,U_S 是热电动势,r 是内部电阻.

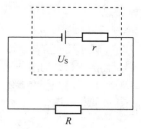

图 4-13-6　半导体热电效应等效电路

在负载电阻 R 上输出功率为

$$P = I^2 R \tag{4-13-14}$$

式中 I 是流过负载电阻的电流.

$$I = \frac{U_S}{R + r} \tag{4-13-15}$$

根据式(4-13-14)和式(4-13-15)可知,当负载电阻 $R_0 = r$,热机有最大的输出功率,即

$$P_{\max} = \left(\frac{U_S}{R_0 + r}\right)^2 R_0 \tag{4-13-16}$$

【实验器材】

热效应实验仪(HE-1 型),循环水泵,电压表,水浴桶,温度计等.

热效应实验仪包括热机和热泵两部分,可以完成热机和热泵两类实验.当作为热机时,来自热端的热量被用来做功,有电流流过负载电阻,由此可以测得热机的实际效率和理论最大效率.当作为热泵时,将热量从冷端传到热端,可以测得热泵实际性能系数和理论最大系数.热效应实验仪的基本元件是半导体热电转换器.为了模拟无限大热池和无限大冷池的理想热机,通过水循环(或加冰)保持低端(冷池)温度不变,利用电阻加热器加热保持热端(热池)温度稳定.实验仪面板结构如图 4-13-7 所示.

【实验内容与要求】

接好水循环,启动循环水泵电源,保持低温热源(冷池)温度稳定.

1. 测量高温热源在不同温度时的"热机"效率和卡诺效率

按图 4-13-4 连接线路,其中负载电阻选择 $2.0\,\Omega$.将"切换"开关切换到"热机"."温度选定"开关依次放在"1"、"2"、"3"、"4"、"5"各挡,调节"温度微调",使温度分别为 $30\,^{\circ}\mathrm{C}$、$40\,^{\circ}\mathrm{C}$、$50\,^{\circ}\mathrm{C}$、$60\,^{\circ}\mathrm{C}$、$70\,^{\circ}\mathrm{C}$,待系统温度分别保持稳定后,依次记录加热电压 U_2、加热电流 I_2、负载电阻上的电压 U_W、高温热源温度 T_2 和低温热源温度 T_1.

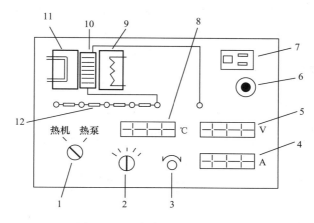

图 4-13-7　热效应实验仪面板图

1. 切换开关；2. 温度选定开关；3. 温度微调旋钮；4. 加热电流表；
5. 加热电压表；6. 电源开关；7. 电源插孔；8. 热端温度测量表；9. 热
端热源；10. 半导体热电转换器件；11. 冷端热源；12. 负载电阻

注：根据不同季节的环境温度，"温度选定"可选择为 1～4 挡（30～60℃），或者 2～5 挡（40～70℃）.

2. 热机效率修正的测量

热机实验装置需要在两种不同模式下进行实验. 负载模式确定半导体器件的实际效率，开路模式确定由于热传导和热辐射引起的热量损失.

1）负载模式

在图 4-13-4 线路中，选择 2.0Ω 的负载电阻，"温度选定"开关置于"4"（设定温度约为 60℃），待系统温度达到平衡后，记录加热电压 U_2、加热电流 I_2、负载电阻上的电压 U_w、高温热源温度 T_2 和低温热源温度 T_1.

2）开路模式

在图 4-13-4 线路中，切断连接负载电阻上的导线，并把电压表接在半导体器件的输出端上. 调节"温度微调"，使热端温度与负载模式中设定的温度相同，并且稳定后，记录加热电压 U_2、加热电流 I_2 及半导体器件输出电压 U_S.

3. 不同负载电阻下热机效率测量

按图 4-13-4 连接线路. 将"切换"开关切换到"热机"."温度选定"开关置于"3"（设定温度约为 50℃），使系统温度达到平衡，热端和冷端温度保持恒定. 负载电阻选择依次选择 0.5Ω，1.0Ω，1.5Ω，…，5.5Ω，分别记录相应的加热电压 U_2、加热电流 I_2、负载电阻上的电压 U_w.

4. 热泵性能系数测量

按图 4-13-5 连接线路. 将"切换"开关切换到"热泵". 调节"温度微调"使高温热源的温

度与实验内容 2 中设定的高温热源温度相同. 待系统稳定时, 分别记录加在半导体热电器件上的加热电压 U、加热电流 I、高温热源温度 T_2 和低温热源温度 T_1.

【数据记录与处理】

1. 高温热源在不同温度时的热机效率和卡诺效率

根据测量数据, 列表计算加热功率 P_2 和负载电阻的电功率 P_w, 并按式 (4-13-7) 和 (4-13-3) 分别计算实际热机效率和卡诺效率 η.

计算时, 可用公式 $T=273.15+\theta$, 将摄氏温度 θ 换算成热力学温度 T.

2. 修正的热机效率

计算出有、无负载时的电阻丝加热功率 P_2 和 $P_{2开路}$ 以及负载电阻的电功率 P_w; 按 (4-13-12) 式计算出半导体器件的内阻 r; 然后分别算出实际热机效率和修正后热机效率, 与卡诺效率比较, 计算百分误差.

3. 计算不同负载电阻下的实际热机效率, 作图分析负载电阻对热机效率的影响

4. 计算热泵性能系数

按式 (4-13-6) 计算热泵的最大性能系数; 按式 (4-13-8) 和式 (4-13-13) 分别计算出热泵的实际性能系数和修正后性能系数, 并与最大性能系数比较, 计算其百分误差.

【注意事项】

① 实验开始时, 应该先打开循环水泵, 再打开实验仪开关; 实验结束时应先断开实验仪开关, 再断开循环水泵开关.

② 为了保持冷端水温恒定, 水浴桶中水应多一些.

③ 每次测量应尽量使系统达到平衡时间长些.

【思考与讨论】

① 随着热端和冷端的温差减少, 最大效率是增大还是减少? 最大性能系数是增大还是减少?

② 通过计算发现热机的实际效率是非常低的, 如何提高效率?

③ 通过实验的测量和计算, 分析说明如何选择负载电阻, 才能使热机工作效率最佳?

④ 修正热机效率时, 都做了哪些考虑?

瓦 特 简 介

J. 瓦特(J. Watt, 1736~1819), 1736 年 1 月 19 日诞生于苏格兰的格里诺克, 英国著名的发明家、工程师, 工业革命时期的重要人物, 英国皇家学会会员和法兰西科学院外籍院士. 1768 年, 瓦特制成了一台单动作蒸汽机, 大大降低了蒸汽消耗量, 耗煤量只有纽科曼机的 1/4. 1776 年这种机器开始在厂矿使用; 1782 年他发明了大动力的"双动作蒸汽机"并获得专利. 这些发明提高了蒸汽机的热效率和运行可靠性, 对当时社会生产力的发展作出了杰出贡献; 另外, 瓦特还发明了气压表、汽动锤. 后人为了纪念他, 将功率的计量单位称为"瓦特", 常用符号"W"表示. 瓦特于 1819 年 8 月 25 日逝世, 享年 83 岁.

图 4-13-8　瓦特

实验 4.14　动态法测量固体材料的杨氏模量

物体受外力作用时要发生形变, 只要外力不超过一定限度, 则作用力和相应形变之间将遵循胡克定律. 这一限度内的作用力常称为弹性力, 此时的形变称为弹性形变. 弹性形变产生时, 物体内部会出现一种使物体恢复原状的力, 通常称之为内应力.

弹性模量包括杨氏模量和切变模量, 是表征固体材料弹性性质的重要力学参数, 反映了固体材料抵抗外力产生形变的能力. 弹性模量也是进行热应力计算、防热与隔热层计算、选用机械构件材料的主要依据之一. 精确测量弹性模量对理论研究和工程技术都具有重要意义.

杨氏模量是表征固体材料弹性形变范围内正应力与相应正应变的比值、描述固体材料抵抗形变能力的重要物理量, 其数值的大小与材料的结构、化学成分及加工制作工艺等因素有关.

杨氏模量的测量是物理学的基本测量之一, 属于力学范畴. 测量杨氏模量有多种方法, 可分为静态法、动态法和波传播法三类. 静态法(包括拉伸法、扭转法和弯曲法)通常适用于在大形变及常温下测量金属试样. 静态法测量载荷大、加载速度慢并且伴有弛豫过程, 对脆性材料(如石墨、玻璃、陶瓷等)不适用, 也不能在高温状态下测量. 波传播法(包括连续波法和脉冲波法)所用设备复杂、换能器转变温度低且价格昂贵, 普遍应用受到限制. 动态法(又称共振法或声频法)包括弯曲(横向)共振法、纵向共振法和扭转共振法, 其中弯曲共振法所用设备精确易得, 理论同实验吻合度好, 适用于各种金属及非金属(脆性)材料的测量, 测定的温度范围较广, 可从液氮温度至 3000℃ 左右. 由于在测量上的优越性, 动态法在实际应用中已经被广泛采用.动力学法测量杨氏模量是用国家标准(GB/T2105—91)推荐使用的测量杨氏弹性模量的一种方法,即将棒状试样悬挂或支撑起来,用声学的方法测出其作弯曲振动时的共振频率,从而确定材料的杨氏模量.本实验采用横振动声学共振法测量常温条件下固体材料的杨氏模量.

【预习提示】

① 掌握固有频率和共振频率的概念,了解用示波器观察共振现象的基本方法.
② 了解外延测量法及其适用条件.
③ 了解动态法测量杨氏模量的基本原理.
④ 了解动态法测量杨氏模量的基本过程及其注意事项.

【实验目的】

① 理解动态法测量杨氏模量的基本原理.
② 掌握动态法测量杨氏模量的基本方法,学会用动态法测量杨氏模量.
③ 了解压电陶瓷换能器的功能,熟悉信号源和示波器的使用.
④ 培养综合运用知识和使用常用实验仪器的能力.

【实验原理】

1. 细长棒的弯曲振动

如图 4-14-1 所示,一根细长棒,其长度 L 远远大于直径 $d(L \gg d)$,作微小横振动(弯曲振动)时满足下列动力学方程(横振动方程)

$$\frac{\partial^4 y}{\partial x^4} + \frac{\rho S}{EJ}\frac{\partial^2 y}{\partial t^2} = 0 \tag{4-14-1}$$

该长棒的轴线沿 x 方向,式中 y 为棒上距左端 x 处截面的 y 方向位移,E 为杨氏模量,单位为 Pa 或 N·m^{-2};ρ 为材料密度;S 为棒的截面积;J 为某一截面惯性矩,$J = \iint\limits_{s} y^2 \mathrm{d}s$.

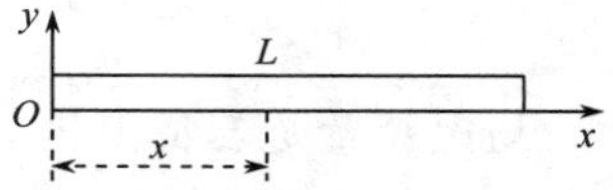

图 4-14-1　细长棒的弯曲振动

横振动方程的边界条件为:棒的两端($x=0$、L)是自由端,端点既不受正应力也不受切向力.用分离变量法求解方程(4-14-1),令 $y(x,t)=X(x)T(t)$,则有

$$\frac{1}{X}\frac{\mathrm{d}^4 X}{\mathrm{d}x^4} = -\frac{\rho S}{EJ} \cdot \frac{1}{T}\frac{\mathrm{d}^2 T}{\mathrm{d}t^2} \tag{4-14-2}$$

由于等式两边分别是两个变量 x 和 t 的函数,所以只有当等式两边都等于同一个常数时等式才成立.假设此常数为 K^4,则可得到下列两个方程

$$\frac{\mathrm{d}^4 X}{\mathrm{d}x^4} - K^4 X = 0 \tag{4-14-3}$$

$$\frac{\mathrm{d}^2 T}{\mathrm{d}t^2} + \frac{K^4 EJ}{\rho S} T = 0 \tag{4-14-4}$$

如果棒中每点都作简谐振动,则上述两方程的通解分别为

$$\begin{cases} X(x) = a_1 \mathrm{ch}Kx + a_2 \mathrm{sh}Kx + a_3 \cos Kx + a_4 \sin Kx \\ T(t) = b\cos(\omega t + \varphi) \end{cases} \tag{4-14-5}$$

于是可以得出

$$y(x,t) = (a_1 \mathrm{ch}Kx + a_2 \mathrm{sh}Kx + a_3 \cos Kx + a_4 \sin Kx) \cdot b\cos(\omega t + \varphi) \tag{4-14-6}$$

式中

$$\omega = \left[\frac{K^4 EJ}{\rho S}\right]^{\frac{1}{2}} \tag{4-14-7}$$

式(4-14-7)称为频率公式,适用于不同边界条件任意形状截面的试样. 如果试样的悬挂点(或支撑点)在试样的节点,则根据边界条件可以得到

$$\cos KL \cdot \mathrm{ch}KL = 1 \tag{4-14-8}$$

采用数值解法可以得出本征值 K 和棒长 L 应满足如下关系

$$K_n L = 0, 4.730, 7.853, 10.996, 14.137, \cdots \tag{4-14-9}$$

其中第一个根 $K_0 L = 0$ 对应试样静止状态;第二个根记为 $K_1 L = 4.730$,所对应的试样振动频率称为基振频率(基频)或称固有频率,此时的振动状态如图 4-14-2(a)所示;第三个根 $K_2 L = 7.853$ 所对应的振动状态如图 4-14-2(b)所示,称为一次谐波. 由此可知,试样在作基频振动时存在两个节点,它们的位置分别距端面 $0.224L$ 和 $0.776L$. 将基频对应的 K_1 值代入频率公式,可得到杨氏模量为

$$E = 1.9978 \times 10^{-3} \frac{\rho L^4 S}{J} \omega^2 = 7.8870 \times 10^{-2} \frac{L^3 m}{J} f^2 \tag{4-14-10}$$

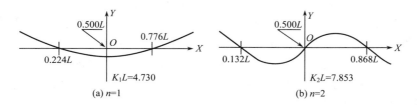

图 4-14-2 两端自由的棒作基频振动波形和一次谐波振动波形

对于直径为 d 的圆棒($d \ll L$),则 $J = \frac{\pi d^4}{64}$,所以式(4-14-10)可改写为

$$E = 1.6067 \frac{L^3 m}{d^4} f^2 \tag{4-14-11}$$

同样,对于矩形棒试样,$J = \frac{bh^3}{12}$,则有

$$E_{矩} = 0.9464 \frac{L^3 m}{bh^3} f^2 \tag{4-14-12}$$

式中 m 为棒的质量,f 为基频振动的固有频率,d 为圆棒直径,b 和 h 分别为矩形棒的宽度和高度.

如果圆棒试样不能满足 $d \ll L$ 时,式(4-14-11)应乘上一个修正系数 T_1,即

$$E = 1.6067 \frac{L^3 m}{d^4} f^2 T_1 \qquad (4\text{-}14\text{-}13)$$

上式中的修正系数 T_1 可以根据径长比 d/L 的泊松比查表 4-14-1 得到.

表 4-14-1   径长比与修正系数的对应关系

径长比 d/L	0.01	0.02	0.03	0.04	0.05	0.06	0.08	0.10
修正系数 T_1	1.001	1.002	1.005	1.008	1.014	1.019	1.033	1.055

由式(4-14-11)～(4-14-13)可知,对于圆棒或矩形棒试样只要测出固有频率就可以计算试样的动态杨氏模量,所以整个实验的主要任务就是测量试样的基频振动的固有频率.

本实验只能测出试样的共振频率,物体固有频率 $f_固$ 和共振频率 $f_共$ 是相关的两个不同概念,二者之间的关系为

$$f_固 = f_共 \sqrt{1 + \frac{1}{4Q^2}} \qquad (4\text{-}14\text{-}14)$$

上式中 Q 为试样的机械品质因数. 一般 Q 值远大于 50,共振频率和固有频率相比只偏低 0.005%,二者相差很小,通常忽略二者的差别,用共振频率代替固有频率.

2. 杨氏模量的测量

动态法测量杨氏模量的实验装置如图 4-14-3 所示. 由信号源 1 输出的等幅正弦波信号加在发射换能器(激振器)2 上,将信号发生器产生的电信号(正弦波信号)转换为机械振动,再由试样一端的悬丝或支撑点将机械振动传给试样 3,试样受迫振动,机械振动沿试样以及另一端的悬丝或支撑点传送给接收换能器(拾振器)4,接收换能器 4 将机械振动又转换成电信号,该信号经放大处理后再送给示波器 5,从示波器上就可以看到正弦波信号. 当信号发生器的输出信号频率不等于试样的固有频率时,试样不发生共振,示波器上几乎没有电信号波形或波形很小,而当信号发生器的输出频率与试样的固有频率一致时,试样发生共振,示波器上的电信号突然增大,这时通过频率计读出信号发生器的频率即为试样的共振频率. 测出共振频率,由上述相应的公式可以计算出材料的杨氏模量. 这一实验装置还可以测量不同温度下材料的杨氏模量,通过可控温加热炉可以改变试样的温度.

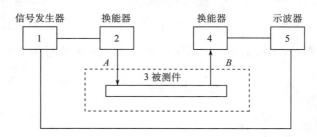

图 4-14-3   动态法测量杨氏模量实验原理图

3. 李萨如图法观测共振频率

实验时也可采用李萨如图法测量共振频率. 激振器和拾振器的信号分别输入示波器的

X 和 Y 通道,示波器处于观察李萨如图形状态,从小到大调节信号发生器的频率,直到出现稳定的正椭圆时,即达到共振状态. 这是因为,拾振器和激振器的振动频率虽然相同,但是当激振器的振动频率不是被测样品的固有频率时,试样的振动振幅很小,拾振器的振幅也很小甚至检测不到振动,在示波器上无法合成李萨如图形(正椭圆),只能看到激振器的振动波形;只有当激振器的振动频率调节到试样的固有频率达到共振时,拾振器的振幅突然很大,输入示波器的两路信号才能合成李萨如图形.

4. 外延法精确测量基频共振频率

理论上试样在基频下共振有两个节点,要测出试样的基频共振频率,只能将试样悬挂或支撑在 $0.224L$ 和 $0.776L$ 的两个节点处. 但是在这种情况下,两个节点处振动振幅几乎为零,悬挂或支撑在节点处的试样难以被激振和拾振. 欲激发棒的振动,悬挂点或支撑点必须离开节点位置.

实验时由于悬丝或支撑架对试样的阻尼作用,所以检测到的共振频率是随悬挂点或支撑点的位置变化而变化的. 偏离节点越远(距离棒的端点越近),可检测的共振信号越强,但试样所受到的阻尼作用也越大,离试样两端自由这一定解条件的要求相差越大,产生的系统误差就越大. 由于压电陶瓷换能器拾取的是悬挂点或支撑点的加速度共振信号,而不是振幅共振信号,因此所检测到的共振频率随悬挂点或支撑点到节点的距离增大而变大. 为了消除这一系统误差,测出试样的基频共振频率,可在节点两侧选取不同的点对称悬挂或支撑,用外延测量法找出节点处的共振频率,即测量节点周围点的振动频率.

所谓外延法,就是所需要的数据在测量数据范围之外,一般很难直接测量,利用已测得的数据绘制出曲线,再将曲线按原规律延长到待求范围,在延长线部分求出所需的值(即采用作图外推求值的方法求出所需要的数值). 外延法的适用条件是在所研究的范围内没有突变,否则不能使用.

本实验中就是以悬挂点或支撑点的位置为横坐标、以相对应的共振频率为纵坐标做出关系曲线,求出曲线最低点(即节点)所对应的共振频率即为试样的基频共振频率.

5. 基频共振的判断(鉴频)

实验测量中,激发换能器、接收换能器、悬丝、支架等部件都有自身的共振频率,可能以其本身的基频或高次谐波频率发生共振. 另外,根据实验原理可知,试样本身也不只在一个频率处发生共振现象,会出现几个共振峰,以致在实验中难以确认哪个是基频共振峰,但是上述计算杨氏模量的公式(4-14-11)~(4-14-13)只适用于基频共振的情况. 因此,正确判断示波器上显示出的共振信号是否为试样真正共振信号并且是否为基频共振成为关键. 为此,可以采用下述方法来判断和解决.

① 实验前先根据试样的材质、尺寸、质量等参数通过理论公式估算出基频共振频率的数值,在估算频率附近寻找.

② 换能器或悬丝发生共振时可通过对上述部件施加负荷(例如用力夹紧),可使此共振信号变化或消失.

③ 试样发生共振需要一个孕育过程,共振峰有一定的宽度,信号亦较强,切断信号源后信号亦会逐渐衰减. 因此,发生共振时,迅速切断信号源,除试样共振会逐渐衰减外,其余假共振会很快消失.

④ 试样共振时,可用一小细杆沿纵向轻碰试样的不同部位,观察共振波振幅.波节处波的振幅不变,波腹处波的振幅减小.波形符合图 4-14-2(a)的规律即为基频共振.

⑤ 用听诊器沿试样纵向移动,能明显听出波腹处声大,波节处声小,并符合图 4-14-2(a)的规律.对一些细长棒状(或片状)试样,有时能直接听到波腹和波节.

⑥ 当输入某个频率在显示屏出现共振时,即使用手将试样托起,示波器显示的波形仍然很少变化,说明这个共振频率不属于试样.悬丝共振时可明显看见悬丝上形成驻波.

⑦ 试样振动时,观察各振动波形的幅度,波幅最大的共振是基频共振;出现几个共振频率时,基频共振频率最低.

【实验器材】

功率函数信号发生器,动态弹性模量测定仪(激振器——激发换能器、拾振器——接收换能器、测试架、悬丝、支撑架),待测试样,示波器,医用听诊器,螺旋测微器器,游标卡尺,电子天平,鉴频用小细杆等.

【实验内容与要求】

1. 动态支撑法测量不同试样的杨氏模量

① 测量和安装试样棒.选择一种试样棒,分别测量试样的质量 m、长度 L 和直径 d,要求进行多次测量,测量次数不少于 5 次.小心地将试样放在支撑支架上,要求试样棒横向水平,支撑点到试样棒端点的距离相同.

② 连接测量仪器.如图 4-14-3 所示,动态弹性模量测定仪激振信号输出端接激振器的输入端,拾振信号的输入端接拾振器的输出端,拾振信号的输出端接示波器 Y 通道.如果采用李萨如图形测量法,同时还要将示波器的 X 通道接激振信号的输出端.

③ 开机调试.开启仪器的电源,调节示波器处于正常工作状态,信号发生器的频率置于适当挡位(例如 2.5 kHz 挡),连续调节输出频率,此时激发换能器应发出相应声响.轻敲桌面,示波器 Y 轴信号大小立即变动并与敲击强度有关,这说明整套实验装置已处于工作状态.

④ 鉴频与测量.由低到高调节信号发生器的输出频率,正确找出试样棒的基频共振状态,从频率计上读出共振频率.继续升高频率大约在 2.74 倍基频处看是否能测出一次谐波共振频率.

⑤ 外延法测量.在两个节点位置两侧各取几个测试点,各点间隔 5.0 mm 左右.从外向内依次同时移动两个支撑点的位置,每次移动 5.0 mm,分别测出不同位置处相应的基频共振频率.

⑥ 换用其他材质或形状试样,重复上述步骤进行测量.

2. 动态悬挂法测量不同试样的杨氏模量(选做)

选择一种试样棒,小心地将试样悬挂于两悬丝之上,要求试样棒横向水平,悬丝与试样棒轴向垂直,两悬丝点到试样棒端点的距离相同,并处于静止状态.基频共振频率测量方法与支撑法类似.

3. 设计用动态法测量固体材料切变模量的实验方案(选做)

设计要求:①阐述基本实验原理和实验方法;②说明基本实验步骤;③进行实际实验测量;④说明数据处理方法,给出实验结果;⑤评价测量结果.

【数据记录与处理】

① 列表记录和处理数据.测量试样基本参数数据记录和外延法测量基频共振频率数据记录可参考表 4-14-2 和表 4-14-3.

② 外延法求基频共振频率.以支撑点或悬挂点的位置为横坐标,以相对应位置的共振频率为纵坐标,在计算机上用 Excel 或手工作图法作出位置与共振频率的关系曲线,用外推法求出节点的基频共振频率.

③ 计算杨氏模量.计算出试样的质量 m、直径 d、长度 L 和共振基频 f 的平均值,并估算相应的不确定度,求出试样的杨氏模量 E,并利用不确定度传播公式估算其不确定度,表示杨氏模量完整的测量结果.

表 4-14-2　试样基本参数数据记录表

试样					
截面直径 $d/10^{-3}$m					
长度 L/m					
质量 m/kg					
基频共振频率					

表 4-14-3　外延法测量基频共振频率数据记录表

支撑法	支撑点距端点位置 x/mm	5.0	10.0	15.0	20.0	25.0	30.0	35.0	40.0	45.0
	基频共振频率 f/Hz									
悬挂法	悬挂点距端点位置 x/mm	5.0	10.0	15.0	20.0	25.0	30.0	35.0	40.0	45.0
	基频共振频率 f/Hz									

【注意事项】

① 悬挂试样棒时应轻拿轻放,切勿用力拉扯悬丝,否则会损坏膜片或换能器.

② 换能器由厚度约为 $0.1\sim0.3$ mm 的压电晶体用胶黏接在 0.1 mm 左右的黄铜片上构成,极其脆弱.测量时一定要轻拿轻放,不能用力,切勿敲打.

③ 试样棒不能随处乱放,要保持清洁;拿放时应特别小心,避免弄断悬丝摔坏试样棒;安装试样棒时,应先移动支架到既定位置后再悬挂试样棒.

④ 实验时,悬丝必须捆紧,不能松动,且在通过试样轴线的同一截面上,一定要等试样稳定之后才可正式测量.

⑤ 尽可能采用较小的信号激发,激振器所加正弦信号的峰-峰值幅度限制在 6V 内,这时发生虚假信号的可能性较小.

⑥ 信号源、换能器、放大器、示波器等测试仪器均应共"地".

⑦ 如试样材质不均匀或截面呈椭圆形,就会有多个共振频率出现,这时只能通过更换合格试样来解决.

【思考与讨论】

① 在实验中是否发现假共振峰?是何原因?如何消除?是否有新的判据?

② 悬挂时捆绑的松紧,悬丝的长短、粗细、材质、钢性都对实验结果有影响,是何原因?可否消除?

③ 如何用外延法算出试样棒真正的节点基频共振频率?

④ 试样的固有频率和共振频率有何不同?有何关系?可否不测量质量而引入材料密度 ρ?这时杨氏模量计算公式应作何变动?

⑤ 实验时发现用悬挂方式很难测出一次谐波频率,而用支撑法测却较易测量;同时发现悬挂和支撑的位置和基频关系密切,但用支撑法测出的一次谐波频率和支撑位置关系不大,试分析其中原因.

⑥ 在实验过程中如何判别是否有假共振信号的出现?

⑦ 如果试样不满足 $d\ll L$ 条件,则对测量结果应如何修正?

托马斯·杨简介

托马斯·杨(Thomas Young,1773～1829),英国科学家、医生,光的波动说的奠基人之一.英国皇家学会会员,法国巴黎科学院院士.1801年进行了著名的杨氏双缝干涉实验,为光的波动说的复兴奠定了基础.该实验被评为"物理最美实验"之一.20世纪初物理学家将托马斯·杨的双缝实验和爱因斯坦的光量子假说结合起来,提出了光的波粒二象性,后来被德布罗意利用量子力学引申到所有粒子上.托马斯·杨第一个测出7种颜色的波长,从医学角度对人眼感知颜色进行了研究,建立了三色原理;对弹性力学的研究,特别是对胡克定律和弹性模量的研究作出了重要的贡献.后人为了纪念托马斯·杨的贡献,把纵向弹性模量(即正应力与线应变之比)称为杨氏模量.

图 4-14-4 托马斯·杨

实验 4.15 太阳能电池的基本特性研究

太阳能是一种辐射能,清洁、无污染,对太阳能的充分利用可以解决人类日趋增长的能源需求问题.目前,太阳能的利用主要集中在热能和发电两方面.利用太阳能发电目前有两种方法,一是利用热能产生蒸汽驱动发电机发电,二是太阳能电池.太阳能能量巨大,因此,世界各国都十分重视对太阳能电池的研究和利用.

太阳能电池又称光电池或光生伏特电池,是一种能够将光能直接转换成电能的器件.按照结构,太阳能电池可分为同质结、异质结及肖特基结三类;按照材料,现主要分为硅、硫化镉、砷化镓三类半导体材料的太阳能电池.其中最受重视,应用最广泛的是硅光电池.太阳能电池应用广泛,除了用于人造卫星和航空航天领域之外,还已应用于许多民用领域,如太阳能电站、太阳能电话通讯系统、太阳能卫星地面接收站、太阳能微波中继站、太阳能汽车、太阳能游艇、太阳能收音机、太阳能手表、太阳能手机、太阳能计算机等.本实验主要探讨太阳能电池的结构、工作原理及其电学和光学方面的基本特性.

【预习提示】

① 什么是光生伏特效应?什么是光伏器件?什么是太阳能电池?
② 太阳能电池的基本工作原理是什么?
③ 太阳能电池的基本特性和主要参数有哪些?
④ 实验中为什么要改变负载电阻?

【实验目的】

① 了解太阳能电池的基本结构和基本原理.

② 理解太阳能电池的基本特性和主要参数,掌握测量太阳能电池的基本特性和主要参数的基本原理和基本方法.

③ 测定太阳能电池的开路电压、短路电流、最佳负载电阻、填充因子等主要基本参数,分析太阳能电池的伏安特性、光照特性、负载特性.

【实验原理】

1. 太阳能电池的基本结构与工作原理

太阳能电池工作原理的基础是半导体 PN 结的光生伏特效应. 所谓光生伏特效应,简言之,就是当物体受到光照时,物体内的电荷分布状态发生变化而产生电动势和电流的一种效应. 当太阳光或其他光照射半导体 PN 结时,会在 PN 结两端产生电压,称为光生电动势. 在各种半导体光电池中,硅光电池具有光谱响应范围宽、性能稳定、线性响应好、使用寿命长、转换效率较高、耐高温辐射、光谱灵敏度与人眼灵敏度相近等优点,在光电技术、自动控制、计量检测、光能利用等许多领域都被广泛应用.

我们知道,物质的原子是由原子核和电子所组成的. 原子核带正电,电子带负电,电子按照一定的轨道绕原子核旋转,每个原子的外层电子都有固定的位置,并受原子核的约束,当它们在外来能量的激发下,如受到太阳光辐射时,就会摆脱原子核的束缚而成为自由电子,同时在它原来的地方留出一个空位,即半导体学中所谓的"空穴". 由于电子带负电,按照电中性原理,这个空穴就表现为带正电. 电子和空穴就是单晶硅中可以运动的电荷,即所谓的"载流子". 如果在硅晶体中掺入能够俘获电子的三价杂质元素,就构成了空穴型半导体,简称 P 型半导体. 如果掺入能够释放电子的五价杂质元素,就构成了电子型半导体,简称 N 型半导体. 把这两种半导体结合在一起,由于电子和空穴的扩散,在交界面处便会形成 PN 结,并在结的两边形成内电场. 硅光电池的基本原理结构如图 4-15-1

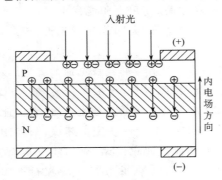

图 4-15-1　硅太阳能电池的基本原理结构

所示.

当太阳光或其他光照射 PN 结时,如果照射光子能量大于材料的禁带宽度——导带(晶体中没有被电子占满的能带)和价带(完全被电子占据的能带)之间的空隙,那么在半导体内的原子由于获得光能会释放电子,同时产生电子-空穴对,即光生电子和光生空穴,并扩散到 PN 结中. 由于 PN 结本身存在内电场,方向从 N 区指向 P 区,扩散的光生电子会被电场加速而驱向 N 区,而光生空穴扩散到 PN 结中后,会被电场驱向 P 区. 于是,就在 PN 结的附近形成了与内电场方向相反的光生电场. 光生电场一部分抵消内电场,其余部分使 P 型区带正电,N 型区带负电,于是,在 PN 结的两端就出现一个稳定的电势差. 这种电势差就是光生电动势,这种效应就称为光生伏特效应. 为防止表面反射光,提高转换效率,通常在器件受光面上进行氧化,形成二氧化硅保护膜.

如果 PN 结与外电路连接,在光照射下,就形成了一个能够持续提供电能的电源——光电池.这就是太阳能电池发电的基本原理.若把多个太阳能电池单体串联、并联起来,组成太阳能电池组件,在光的照射下,可获得输出功率相当可观的电能.光电池的电路符号、等效电路和负载电路如图 4-15-2 所示,产生的光电流 I_p 从光电池的负极经 PN 结流向正极;当光电池与负载电阻 R 联成回路时,光电流便分流为结电流 I_j 和负载电流 I.

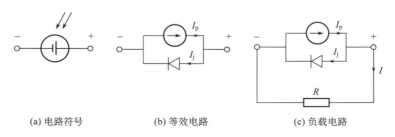

(a) 电路符号   (b) 等效电路   (c) 负载电路

图 4-15-2 光电池的电路符号与等效电路

2. 太阳能电池的基本特性与主要参数

在没有光照时太阳能电池可视为一个理想二极管,测量太阳能电池伏安特性的电路原理图如图 4-15-3 所示,其正向伏安特性即正向偏压 U 与通过电流 I 的关系式为

$$I_j = I_o(e^{\beta U} - 1) \qquad (4\text{-}15\text{-}1)$$

式(4-15-1)表示了无光照(全暗)时光电池的伏安特性,其中 I_o 和 β 是常量,$\beta = \dfrac{k_B T}{e} = 1.38 \times 10^{-23} \times 300/1.602 \times 10^{-19} = 2.6 \times 10^{-2} \, \text{V}^{-1}$.

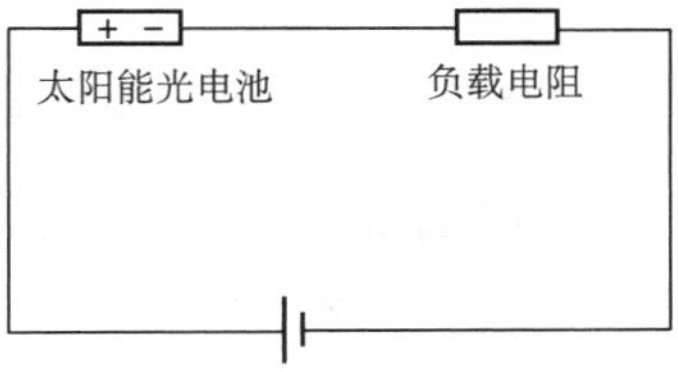

图 4-15-3 无光照测量的电路原理图

在一定的光照下太阳能电池的光电流为 I_p,如图 4-15-2(c)所示,与光照强度 J 有关;流过负载电阻 R 的外电流为 I,在负载电阻上产生的电压降为 U;该电压为 PN 结二极管的正向偏压,在电压 U 的作用下产生结电流 I_j,所以流过负载电阻的外电流为

$$I = I_p - I_j = I_p - I_o(e^{\beta U} - 1) \qquad (4\text{-}15\text{-}2)$$

式(4-15-2)表示了一定光照时光电池的输出电压与输出电流的关系,即伏安特性,其中 $U = IR$.

短路电流和开路电压是太阳能电池的两个非常重要的工作状态.

1) 短路电流

当负载短路时,即 $R = 0$、$U = 0$ 时,输出外电流为短路电流 I_{SC},即

$$I_{SC} = I_p = SJ \qquad (4\text{-}15\text{-}3)$$

式中 S 为光电流灵敏度.因此,短路电流 I_{SC} 与光照强度 J 成正比,如图 4-15-4 所示.

2) 开路电压

当负载开路时,即 $R = \infty$、$I = 0$ 时,输出的端电压为开路电压 U_{OC}.这时,光电流与结电

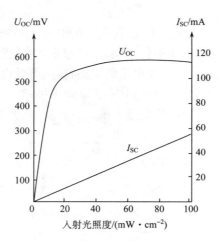

图 4-15-4　短路电流、开路电压与光照强度的关系

流处在动态平衡状态,由式(4-15-2)有

$$I_p = I_o(e^{\beta U_{OC}} - 1) \tag{4-15-4}$$

所以,开路电压为

$$U_{OC} = \frac{1}{\beta} \ln\left(1 + \frac{I_P}{I_o}\right) \tag{4-15-5}$$

即

$$U_{OC} = \frac{1}{\beta} \ln\left(1 + \frac{I_{SC}}{I_o}\right) \tag{4-15-6}$$

式(4-15-6)表示了太阳能电池的开路电压和短路电流之间的关系. 当光照强度增加到很大时,开路电压几乎与光照强度无关,如图 4-15-4 所示.

3) 光电池的内阻

从理论上可以推导出光电池的内阻 R_s 等于开路电压除以短路电流,即

$$R_s = \frac{U_{OC}}{I_{SC}} \tag{4-15-7}$$

根据图 4-15-4 可知,开路电压和短路电流随光照强度不同而不同,因此,光电池的内阻随光照强度的变化而变化.

4) 最佳负载电阻与最大输出功率

当输出端接一负载电阻时,则有对应的端电压、负载电流和输出功率;负载电阻不同,对应的端电压、负载电流和输出功率也不同. 只有当 R 为某一定值时,输出功率最大,这就是最佳负载电阻 R_{opt},此时能量转换效率最高. 在一些应用中,必须考虑最佳负载电阻的选取. 最佳负载电阻取决于光电池的内阻,用测定最大输出功率所对应的最佳负载电阻可得到光电池的内阻值,此值一般只有几十欧姆. 最佳负载电阻的大小和光照面积及入射光强有关. 输出电压、输出电流、输出功率与负载电阻的关系如图 4-15-5 所示.

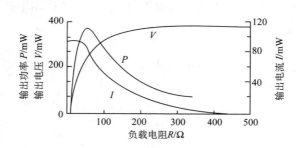

图 4-15-5　输出电压、电流、功率与负载电阻的关系

根据图 4-15-5 可知:当 $R < R_{opt}$ 时,二极管的结电流可以忽略不计,负载电流近似等于短路电流(光电流),光电池可视为恒流源;当 $R > R_{opt}$ 时,二极管的结电流按指数函数形式增加,负载电流近似地指数形式减小;当 $R = R_{opt}$ 时,最大输出功率最大. 最大输出功率 P_{max}、最佳负载电阻 R_{opt} 与对应的输出电压 U_m 和输出电流 I_m 之间的关系为

$$R_{opt} = \frac{U_m}{I_m} \qquad (4\text{-}15\text{-}8)$$

$$P_{max} = U_m I_m \qquad (4\text{-}15\text{-}9)$$

在一定光照条件下,不同负载电阻时光电池的伏安特性曲线,在电流轴上的截距就是短路电流,在电压轴上的截距就是开路电压,如图 4-15-6 所示.

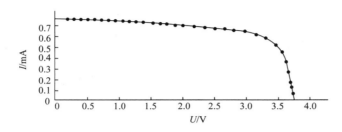

图 4-15-6　一定光照条件下光电池的伏安特性曲线

5) 填充因子

太阳能电池的主要技术参数除了短路电流、开路电压、最大输出功率和最佳负载电阻之外,还有填充因子.填充因子 F_f 定义为

$$F_f = \frac{P_{max}}{I_{SC} U_{OC}} \qquad (4\text{-}15\text{-}10)$$

根据式(4-15-10)可知,填充因子表示了在一定光照条件下太阳能电池的最大输出效率,是代表太阳能电池性能优劣的一个重要参数. F_f 值越大,说明太阳能电池对光的利用率越高.填充因子一般在 0.5~0.8.

【实验器材】

LB-SC 太阳能电池实验仪,包括太阳能电池实验主机、太阳能实验机箱、单晶硅太阳能电池、多晶硅太阳能电池各 2 块、导线、60 W 白炽灯、遮光板等.光源光强 5 挡可调;太阳能电池开路电压最大 5 V,短路电流最大 80 mA,负载电阻 10 KΩ 可调,加载电压 0~5 V 可调;太阳能电池板俯仰角可调,以模拟阳光在不同角度照射下对太阳能电池板吸收功率的影响.

【实验内容与要求】

1. 测量光照状态下太阳能电池的短路电流 I_{SC}、开路电压 U_{OC}、最大输出功率 P_{max},最佳负载及填充因子 F_f

打开电机箱,接通光源用电装置的电源.打开白炽灯的电源开关,并把调光器调到最小.将太阳能电池的插头用线连到机箱上相同颜色的插头(注意连接插头时要连接同一块板的两个插头),将拨动开关拨到明状态,加载电压调到 0,负载电阻逆时针调到最小,此时电流表上有电流显示,这是外界光产生的光电流.此时将灯源调到最强,调节机箱上负载电阻,由最小调到最大,可以看见光电流及负载电压的变化,每调一次电阻值,都要记录下负载的电压和电流,直到电压在相邻两次到三次调电阻时都保持不变化为止(保持稳定),这说明太阳能电池已经达到其开路状态.

2. 测量太阳能电池无光照的伏安特性

在没有光照(全暗)的条件下,测量太阳能电池正向偏压与电流的关系,即 I-U 特性.关闭白炽灯,封闭太阳能电池的入射孔,使太阳能电池处于全暗状态,并把可调电阻调到最大(阻值根据明状态的计算结果得到),此时负载电压 U_2 显示负载电阻两端电压,太阳能电池两端电压 U 等于加载电压 U_1 减去负载电压 U_2.此时太阳能电池如同一二极管在工作,给它加正向偏压,由 0V 到 4V,并记录下太阳能电池负载电阻以及太阳能电池的正向偏压的变化.

3. 测量太阳能电池的短路电流 I_{SC}、开路电压 U_{OC} 与相对光强的关系,求出近似函数关系并对比开路电压和短路电流的关系

把可调电阻调到最小,逐步调低白炽灯光强度(旋转调光旋钮)每调节一次,把负载电阻调到最大,记录下此时的开路电压,把负载电阻调到零,记录下此时的短路电流,重复操作几次,直到光强很弱,光电流小到可以近似为零为止.

4. 测量不同角度光照下的太阳能电池板的开路电压、短路电流

将灯源亮度旋到最亮,调节太阳能电池板的俯仰,每调节一次记录太阳能电池板的开路电压及短路电流.

5. 测量太阳能电池板的串联并联特性

1)串联实验

将两个太阳能电池对应的红黑插座用插线串联起来(用插线将左边的太阳能电池的黑插座连到右边太阳能电池的红插座上,并将剩余的两个插座与机箱上对应颜色的插座连接起来),此时重复光照状态下的测试实验,观察在最大照明状态下单个太阳能电池板的开路电压、短路电流与串联时的区别.注意串联光电池是同一种类.

2)并联实验

每个太阳能电池对应的红黑插座用插线并联起来(用插线将左边的太阳能电池的插座连到右边太阳能电池相同颜色的插座上,将太阳能板上的插座与机箱上对应颜色的插座连接起来),此时重复光照状态下的测试实验,观察在最大照明状态下单个太阳能电池板的开路电压、短路电流与并联时的区别.注意并联光电池是同一种类.

【数据记录与处理】

① 根据不同负载下,太阳能电池负载的电流和电压,计算出功率和电阻的数值,并绘制关系图,找出功率的最大值,利用式(4-15-10)计算出太阳能电池的填充因子 F_f.

② 根据测量的正向偏压时 I-U 关系数据,画出 I-U 曲线,分析无光照时伏安特性曲线的特点,并通过拟合 I-U 曲线求出常数 I_0 的值,建立电压和电流关系的经验公式.

③ 根据在不同光照下测出的 I_{SC} 和 U_{OC} 数据,做出短路电流 I_{SC} 和开路电压 U_{OC} 之间的关系曲线,分析曲线特点和变化规律,拟合 I_{SC} 与 U_{OC} 之间近似函数关系,并与理论关系式(4-15-6)进行比较分析.

④ 比较分析不同角度照射对太阳能电池板输出的影响,太阳能电池输出可根据开路电压、短路电流及填充因子计算得到.

⑤ 根据表 4-15-1 所测数据,分析实际开路电压,短路电流与理论上的不同之处.

表 4-15-1　太阳能电池板的串联并联特性

	1号多晶	2号多晶	3号单晶	4号单晶	多晶串联	多晶并联	单晶串联	单晶并联
开路电压/V								
短路电流/mA								

【注意事项】

① 红黑线的串并联过程中,需要将红线或黑线插入需要连接的线头中间的插孔.

② 白炽灯带高压,拆卸时需将电源关闭,不要带电拔插电源机箱后方航空插头.

【思考与讨论】

① 太阳能电池的短路电流受哪些因素影响?

② 测量的短路电流与光照强度不能完全成正比的原因是什么?

③ 太阳能电池在使用时正负极能否短路?普通电池在使用时正负极能否短路?为什么?

④ 填充因子的物理意义是什么?如何通过实验方法测量填充因子?

⑤ 负载电阻对太阳能电池的输出特性有何影响?什么是最佳负载电阻?

实验 4.16　声速的测量

声波是一种在弹性介质中传播的机械波.频率在 20Hz~20kHz 的声波可以被人听到,称为可闻声波;频率低于 20Hz 的声波称为次声波;频率在 20kHz 以上的声波称为超声波.次声波和超声波人耳不能听到.声波的波长、强度、声速、频率、相位等参量是表征声波性质的重要特征物理量,特别是声速,与弹性介质的特性和状态相关,许多物理量均可与声速之间建立某种关系.通过介质中声速的测量,可以了解介质的特性和状态变化.例如,材料成分分析、固体弹性模量测量、液体密度测量、输油管中不同油品的分界面确定等.因此,测量声速具有重要的理论意义和实用价值.

在一定条件下,不同频率的声波在介质中的传播速度是相等的.由于超声波的波长短、定向性强且无噪音等优点,在超声波段测量声速比较方便,所以实验室常用超声波来测量声速.超声波在科学研究、生产和生活中应用非常广泛,如无损检测、测距和定位、显示、液体流速测量等.本实验中利用压电陶瓷的电声可逆效应来发射和接收超声波,并借助于示波器来测量不同介质(固体、液体和气体)中的声速,测量中采用压电换能器实现声能(声压)和电能(电压)之间的相互转换,应用容栅测量系统和数显技术实现长度的数显测量,这些都是非电量电测方法.

【预习提示】

① 了解共振干涉法、相位比较法和时差法测量声速的基本原理和方法.

② 为什么要在谐振频率条件下进行声速测量?如何调节和判断测量系统是否处于谐振状态?

③ 为了在示波器上看到李萨如图形,应如何调节?

④ 为什么发射换能器的发射面与接收换能器的接收面要尽量保持互相平行?

⑤ 逐差法处理数据的适用条件和优点各是什么?

【实验目的】

① 了解压电换能器和数显尺的基本结构与功能.

② 熟悉信号源、数显尺和数字示波器的基本使用方法.

③ 掌握共振干涉法、相位比较法及时差法测量声速的原理和方法,加深对振动合成和波动干涉理论的理解.

④ 学会用逐差法和差值法处理数据.

【实验原理】

1. 测量声速的基本原理

声速是描述声波在介质中传播特性的一个基本物理量.测量声速的方法可以分为两类,第一类方法是利用声速与传播距离和传播时间的关系测量;第二类方法是利用声速与波长和频率的关系测量.

声波传播的距离 L、传播的时间 t 与传播速度 v 之间存在下列关系

$$L = vt \tag{4-16-1}$$

根据上式可知,只要测出 L 和 t 就可测出声波传播的速度 v,这就是时差法测量声速的原理.在波动过程中波速 v、波长 λ 和频率 f 之间存在着下列关系

$$v = f\lambda \tag{4-16-2}$$

实验中可通过测定声波的波长 λ 和频率 f 来求得声速 v.常用的方法有共振干涉法与相位比较法.

2. 声波的发射和接收

声波的发射和接收可以利用压电换能器实现,压电换能器的基本结构如图 4-16-1 所示.

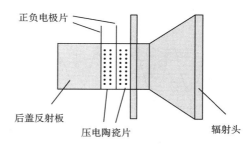

图 4-16-1　压电换能器的基本结构

压电陶瓷片是压电换能器的核心,具有可逆压电效应.利用逆压电效应发射声波,当输给一个电信号时,压电陶瓷片按电信号的频率产生机械振动,从而推动空气分子振动产生声波;利用压电效应接收声波,当压电陶瓷片受到机械振动后,又将机械振动转换为相同频率的电信号.

压电换能器有一谐振频率 f_0.当输入电信号频率等于 f_0 时,压电换能器产生机械谐振,发射的声波振幅最大,作为发生器,其辐射功率最强.当外加迫力的频率等于 f_0 时,压电换能器产生机械谐振,转换出的电信号最强,作为接收器,此时灵敏度最高.

3. 共振干涉法(驻波法)

从声源发出的一定频率的平面声波,经过空气沿一定方向传播到达接收器.如果发射面与接收面相互平行,则在接收面处入射波垂直反射.在接收面与发射面之间的空气中入射波和反射波相干叠加,当接收面与发射面之间的距离 $l = n\dfrac{\lambda}{2}(n=1,2,3,\cdots)$ 时,形成稳定的驻波,当 $l \neq n\dfrac{\lambda}{2}$ 时,则不能形成驻波.在一系列特定的位置上,接收面上的声压可达极大或极小,可以证明,相邻两极大值或极小值之间的距离为半波长 $\dfrac{\lambda}{2}$.

如图 4-16-2 所示实验装置,为了测出驻波相邻波腹或波节之间的半波长距离,可用示波器观察接收器接收的信号,信号的强弱反映着作用在接收器上声压变化的大小.通过比较发现,声场中空气质点为波腹的地方,声压为波节;而空气质点位移为波节的地方,声压为波腹.当形成稳定的驻波时,S_2 端面为波节,该处空气质点的振动速度虽为零,但两侧空气质

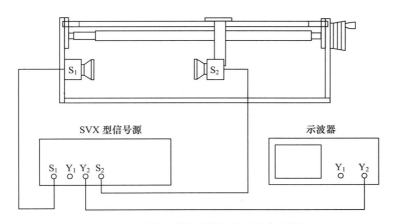

图 4-16-2　共振干涉法测量声速的实验装置

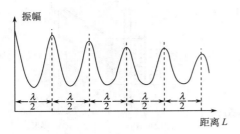

图 4-16-3　接收器表面声压
随距离的变化波形

点的位移反向,因而声压最大,即 S_2 端面为声压的波腹. 所以,如果示波器显示的信号最强,则表明接收面处于声压变化最大处,亦即驻波波节所在的位置. 移动接收器的位置,改变接收面与发射面之间的距离时,如图 4-16-3 所示,可以看到示波器上显示的信号幅度发生周期性的大小变化;而幅度每一次周期性的变化,就相当于接收面与发射面之间的距离改变了半个波长 $\dfrac{\lambda}{2}$. 另外,由于声波在传播过程中有散射和损耗,示波器上信号最大值会越来越小. 如果能够测出相邻两次接收信号达到极大时接收面的位置变化量 Δl,即可得到波长

$$\lambda = 2\Delta l \tag{4-16-3}$$

根据式(4-16-2)可以计算声波在空气中的传播速度

$$v = 2\Delta l \cdot f \tag{4-16-4}$$

4. 相 位 比 较 法

波的传播是波源振动状态的传播,而振动状态是由相位这一物理量来决定的,因而波的传播也就是相位的传播. 在波传播方向上的任一个状态点的振动相位是随时间而变化的,但是两个状态点之间的相位差不随时间变化. 在波传播方向上的两个状态点之间的相位差与两点的距离 L 及波长 λ 之间有如下关系

$$\Delta\varphi = \frac{2\pi}{\lambda}L \tag{4-16-5}$$

当两个状态点之间的相位差 $\Delta\varphi = \pi$ 即 $L = \lambda/2$ 时,这两点的振动状态相反,称为反相;当 $\Delta\varphi = 2\pi$ 即 $L = \lambda$ 时,这两点的振动状态相同,称为同相. 这就是相位法测量波长的理论基础.

相位比较法的实验装置如图 4-16-4 所示,发射换能器 S_1 发出声波,接收换能器 S_2 的端面垂直于声波的传播方向,沿传播方向移动接收器,总可以找到一个位置使接收到的声波信号与发射器的激励信号同相. 继续移动接收器,直到接收的信号与发射器的激励信号反相或

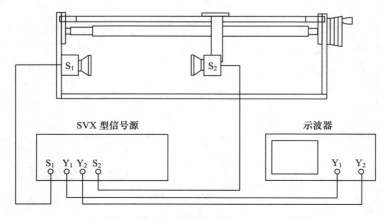

图 4-16-4　相位比较法测量声速的实验装置

再次同相时,可以断定接收器移动的距离 L 等于声波的半个波长 $\lambda/2$ 或一个波长 λ. 这样,通过判断相位的变化就可以确定波长. 判断相位的变化(同相或反相),可以通过李萨如图形法或双曲线比较法.

1) 李萨如图形法

发射换能器 S_1 和接收换能器 S_2 的信号分别输入到示波器的 Y_1($CH1$)通道和 Y_2($CH2$)通道,通过示波器观察两个相互垂直的振动所合成的李萨如图形. 由于两信号的频率相同,所以图形一般为椭圆,当相位差为 0、π 和 2π 时,李萨如图形退化为左斜直线或右斜直线,如图 4-16-5 所示. 通过观察左斜直线或右斜直线来进行相位差的分析与判断最为敏锐和准确. 实验中选择图形呈左斜直线或右斜直线时作为测量起点,当 S_1 和 S_2 的距离 L 改变半个波长 $\lambda/2$ 时,会出现右斜直线或左斜直线,测出一系列 L 值,求出波长 λ,即可计算出声速 v.

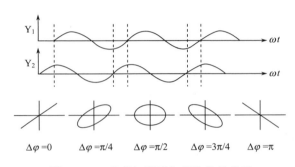

图 4-16-5　李萨如图形与相位差的关系

2) 双曲线比较法

发射换能器 S_1 和接收换能器 S_2 的信号分别输入到示波器的 Y_1 通道和 Y_2 通道,通过示波器直接观察两信号的波形,进行反相或同相的判断.

5. 时差法

时差法是一种较精确测量声速的方法,在工程中应用非常广泛. 如图 4-16-6 所示,连续波经脉冲调制后的电信号加到发射换能器上,发射脉冲声波在介质中传播,经过 t 时间后,到达 L 距离处的接收换能器. 根据运动定律可知,声波在介质中传播的速度 v 为

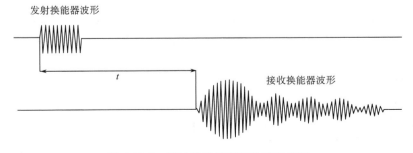

图 4-16-6　脉冲发射波和接收波的波形

$$v = \frac{L}{t} \qquad\qquad (4\text{-}16\text{-}6)$$

发射换能器发出脉冲调制超声波时,计时电路开始计时,同时接收器的控制电路也开始检测是否收到超声波信号,收到信号时计时电路停止计时,从而测出超声波传播时间 t. 这样,测量出脉冲调制超声波在介质中传播 L 距离所用的时间 t,就可以根据式(4-16-6)计算出声速.

【实验器材】

声速测定仪,SVX 型声速测定仪信号源,双踪数字示波器,待测介质(气体、液体和固体)等.

【实验内容与要求】

1. 测量谐振频率

信号源输出的正弦信号频率调节到换能器的谐振频率时,才能较好地进行声能与电能的相互转换,发射换能器能发射出较强的超声波,接收器才能有一定幅度的电信号输出. 谐振频率的具体调节方法如下:

① 将信号源的发射端"波形"接口接至示波器 Y_1(CH1)端,调节示波器,可按示波器"自动设置"按钮,清楚地观察到同步的正弦波信号.

② 调节信号源的上"连续波强度"旋钮,使输出电压在"20Vp-p"左右(示波器探头衰减默认设置为 $10\times$ 档),然后将换能器的接收信号接至示波器 Y_2(CH2)端,调整信号源的输出频率(25kHz~45kHz),观察接收信号的电压幅度变化,在某一频率点处(34.5kHz~39.53kHz 之间,因不同的换能器或介质而异)电压幅度最大,这一频率即为压电换能器 S_1、S_2 相匹配频率点,记录此频率值.

③ 改变 S_1、S_2 的距离,使示波器上的正弦波振幅最大,再次调节正弦信号频率,直至示波器显示的正弦波振幅达到最大值. 共测 5 次取平均频率作为谐振频率 f.

2. 共振干涉法(驻波法)测量空气中的声速

① 信号源的测试方法设置到连续方式,确定出最佳工作频率即谐振频率,如实验内容 1.

② 转动距离调节鼓轮使接收器 S_2 靠近发射器 S_1,但两换能器的端面不能接触,如示波器上接收波形有畸变,可调节信号源上的"接收增盖"旋钮. 开启数显尺的开关,起始点清零. 数显尺的使用说明请参见附录 4-16-1.

③ 转动距离调节鼓轮使接收器 S_2 远离发射器 S_1,观察示波器,找到接收波形的最大值,由数显尺上直接读出距离即 S_2 位置 L_0. 然后,向着同方向转动距离调节鼓轮,这时波形的幅度会发生变化(同时在示波器上可以观察到来自接收换能器的振动曲线波形发生相移),依次记下振幅最大的 L_1,L_2,…,L_{15} 共 15 个点.

④ 记录测量介质的温度 T(室温,下同).

3. 相位比较法测量空气中的声速

① 信号源的测试方法设置到连续方式,确定出最佳工作频率即谐振频率,如实验内容 1.

② 转动距离调节鼓轮使接收器 S_2 靠近发射器 S_1,但两换能器的端面不能接触. 开启数显尺的开关,起始点清零.

③ 采用李萨如图形法或双曲线比较法判断相位差的变化. 转动距离调节鼓轮使接收器 S_2 远离发射器 S_1,观察示波器,找到相位相同或相反的波形,由数显尺上直接读出距离即 S_2 位置 L_0. 然后,向着同方向转动距离调节鼓轮,依次记下同相或反相波形时 S_2 的位置 L_1,L_2,$\cdots$,L_{15} 共 15 个点.

④ 记录测量介质的温度 T.

4. 时差法测量固体(铝、有机玻璃)中声速

测量固体中声速的实验装置如图 4-16-7 所示,发射换能器的发射端面朝上竖立放置在托盘上,在换能器端面和固体棒端面上涂上适量的耦合剂,再安放固体棒于发射端面上,接收换能器的接收端面放置在固体棒上,固体棒与发射器及接收器端面要紧密接触并且对准. 这时计时器的读数为 t_i(时间由信号源时间显示窗口直接读出或由示波器调出),固体棒的长度为 l_i. 实验中改变固体棒长度三次依次为 l_0、l_1、l_2,相应计时器读数依次为 t_0、t_1、t_2. 记下测量介质的温度 T.

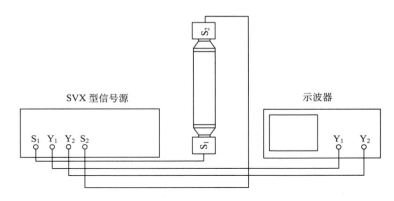

图 4-16-7　时差法测量固体中声速的实验装置

【数据记录与处理】

① 自行设计适合实验内容的数据表格,列表记录和处理数据.

② 共振干涉法和相位比较法测量声速采用逐差法处理数据(参考表格 4-16-1),并估算不确定度,表示声速测量结果. 相关计算可参看附录 4-16-2.

③ 时差法测量声速采用差值法处理数据.

④ 比较声速实验值与理论值,计算相对百分误差.

表 4-16-1 共振干涉法测量空气中声速的数据记录与处理

序号	L_i/mm	$\Delta L_i = L_{i+8} - L_i$/mm	
0			
1			
2			
3			
4			
5			
6			
7			
8	f/Hz		
9	T/℃		
10	$\overline{\Delta L}$/mm	$\overline{\Delta L} = \sum \Delta L_i / 8$	
11	$\bar{\lambda}$/mm	$\bar{\lambda} = \overline{\Delta L}/4$	
12	$v_{测}$/m·s^{-1}	$v_{测} = f\lambda$	
13	$v_{理}$/m·s^{-1}	$v_{理} = 331.45 + 0.59T$	
14	E	$E = \dfrac{\mid v_{测} - v_{理} \mid}{v_{理}} \times 100\%$	
15			

【注意事项】

① 严禁将声速测试仪信号源的功率输出端短路,避免损坏仪器.

② 超声换能器的发射面和接收面应始终保持平行.

③ 实验中为了高效地实现电能与声能之间的相互转换,应使超声换能器在谐振频率下工作.

④ 数显尺对环境和使用要求相对较高,如需防潮、防磕碰等,使用时要注意爱护.测量完毕后,将数显尺电源关掉.

⑤ 在测量过程中,测微鼓轮应始终向一个方向旋转读数,避免回程螺距引起的误差.

⑥ 时差法测量固体中声速时,接收增益须调到最大;被测固体棒两端应对准换能器发射面和接收面的中心,用手适当加力夹紧,使计时器读数稳定.

⑦ 时差法测量声速时,要根据计时器读数显示情况和两换能器之间距离的大小合理调节"接收增益"旋钮,使计时器读数显示正常且稳定.当两换能器之间的距离增大时,如果计时器读数有跳字,应顺时针调节"接收增益"旋钮,增大接收增益;距离减小时出现跳字,应逆时针调节,减小接收增益.

⑧ 时差法测量声速时,如果数字示波器显示的波形不稳定,出现时断时续现象,可通过调节示波器的"触发电平"和"信源"使波形稳定.最简单的调节方法是,按"设为 50%"按钮,或直接按"自动设置"按钮.

⑨ 测量液体中声速时,应避免超声换能器的发射面和接收面上出现气泡,否则会产生较大的误差.避免液体溢出和侵蚀其他部件(特别是数显尺),测量完成后应立即用干燥清洁

的抹布擦拭干净测试架和换能器. 用驻波法和相位法测量液体声速时可能会有较大的误差, 所以建议采用时差法测量.

【思考与讨论】

① 不同方法测量声速时应怎样正确连接示波器?

② 用驻波法测量声速时, 为什么测量驻波波节之间的距离而不测波腹之间的距离?

③ 用李萨如图形法判断相位变化时, 为什么选择直线图形作为测量基准? 从正斜率的直线变为负斜率的直线过程中相位改变了多少?

④ 实验中采用逐差法处理数据有什么好处? 怎样用作图法和最小二乘法处理数据?

⑤ 超声波在液体中传播时, 声速与介质的浓度、酸碱度、黏度、温度等有关; 在气体中传播时, 声速与气体的含量、温度等有关. 请提出一种利用测量声速方法解决实际问题的方案或设想.

【附录 4.16.1】

容栅数显尺的使用和维护方法

数显尺是随着传感器技术和大规模集成电路技术的发展而出现的一种数字式长度测量器具, 由容栅测量系统和数字显示两部分组成. 与普通量具尺相比, 数显尺具有精度高、功能多、测量效率高、可实现相对测量等优点, 可以作为标准计量器具使用, 声速测试仪上两换能器之间移动的距离就是采用容栅数显尺测量, 但是, 数显尺对环境和使用要求相对较高, 如需防潮、防摔碰等, 使用时要注意爱护, 数显表头的使用和维护方法如下.

① "inch/mm"按钮用于英/公制转换用, 测量声速时用"mm".

② "OFF/ON"按钮为数显表头电源开关.

③ "ZERO"按钮用于表头数字回零.

④ 数显表头在标尺范围内, 接收换能器处于任意位置都可设置"0"位. 摇动丝杆, 接收换能器移动的与"0"位之间的距离为数显表头显示的数字.

⑤ 数显表头右下方有"▼"处为打开更换表头内扣式电池处.

⑥ 使用时, 严禁将液体淋到数显表头上, 如不慎将液体淋入, 可用电吹风吹干(电吹风用低挡, 并保持一定距离使温度不超过 70℃).

⑦ 数显表头与数显杆尺的配合极其精确, 应避免剧烈的冲击和重压.

⑧ 仪器使用完毕后, 应关掉数显表头的电源, 以免不必要的电池消耗.

【附录 4.16.2】

不同介质声速测量的参考数据(供参考)

1. 空气

标准大气压下传播介质空气中的声速:

①理论公式,$v = v_0 \sqrt{\dfrac{T}{T_0}}$,$v_0 = 331.45\text{m/s}$ 为 $T_0 = 273.15\text{K}$ 时的声速;

②经验公式,$v = (331.45 + 0.59T)\text{m/s}$,$T$ 为介质温度(℃).

2. 液体

① 淡水(普通水)	1497m/s,25.0℃
② 甘油	1920m/s,25.0℃
③ 变压器油	1425m/s,32.5℃
④ 蓖麻油	1540m/s,25.0℃
⑤ 菜籽油	1450m/s,30.8℃
⑥ 海水	1510～1550m/s,17.0℃

3. 固体

① 有机玻璃	1800～2250m/s
② 尼龙	1800～2200m/s
③ 聚氨脂	1600～1850m/s
④ 黄铜	3100～3650m/s
⑤ 金	2030m/s
⑥ 银	2670m/s
⑦ 铝	5150m/s
⑧ 钢	5050m/s
⑨ 玻璃	5200m/s

注:固体材料由于其材质、密度、测试的方法不同各有差异,故测量数据仅供参考.

实验 4.17 光强分布的测量

光的干涉和衍射现象有力地说明了光具有波动性.特别是衍射现象的存在,不仅为光的本性研究提供了重要的实验依据,还反映了光子(或电子等其他量子力学中微观粒子)的运动是受不确定关系制约的.衍射使光强在空间重新分布,对光的衍射现象的研究,不仅有助于加深对光的波动性的理解,也是学习近代光学技术(如光谱分析、晶体分析、全息技术、光学信息处理等)的实验基础.

光强分布的测量技术是现代高新技术中的重要测量技术之一.在实际测量中,常采用间接测量的方法,将光信号转换为电信号,通过对电信号的测量,来了解光信号的情况.利用光电器件测量和探测光强在空间的分布变化情况,是近代测量技术中常用的光强测量方法之一.

【预习提示】

① 什么是光的衍射现象?

② 夫琅禾费衍射的条件是什么? 实验中是怎样实现这些条件的?

③ 实验中是怎样利用硅光电池实现光电转换来测量光强的?

【实验目的】

① 观察单缝、多缝、矩孔、双孔、双缝、光栅和正交光栅等的衍射现象,加深对光的衍射理论的理解.

② 掌握利用光电器件测量相对光强分布的基本原理和方法.

③ 测量单缝衍射、双缝干涉相对光强分布.

【实验原理】

1. 单缝衍射的光强

当光在传播过程中经过障碍物,如不透明物体的边缘、小孔、细线、狭缝等时,一部分光会传播到几何阴影中去,产生衍射现象. 如果障碍物的尺寸与波长相近,那么,这样的衍射现象就比较容易观察到.

根据光源及观察衍射图样的屏幕(衍射屏)到产生衍射的障碍物的距离不同,光的衍射现象分为菲涅耳衍射和夫琅禾费衍射两类. 菲涅耳衍射是光源和衍射屏到衍射物的距离为有限远时的衍射,即所谓近场衍射;夫琅禾费衍射是光源和衍射屏到衍射物的距离为无限远或相当于无限远时的衍射,即所谓远场衍射.

夫琅禾费衍射属于平行光的衍射,要求入射光和衍射光都为平行光且衍射屏应放到无限远处,在实验中可用两个透镜来实现. 单缝夫琅禾费衍射的实验光路和衍射图样如图 4-17-1 所示,根据惠更斯-菲涅耳原理,单缝上每一点都可看成是向各个方向发射球面子波的新波源,子波迭加的结果,在屏上可以得到一组平行于单缝的明暗相间的条纹. 与狭缝 E 垂直的衍射光束会聚于屏上 P_0 处,是中央明纹的中心,光强最大,设为 I_0,与光轴方向成 ϕ 角的某衍射光束会聚于屏上 P_A 处,P_A 的光强由理论计算可得

$$I = I_0 \frac{\sin^2\beta}{\beta^2}; \quad \beta = \frac{\pi a \sin\phi}{\lambda} \tag{4-17-1}$$

式中,a 为狭缝的宽度,λ 为单色光的波长,ϕ 为衍射角.

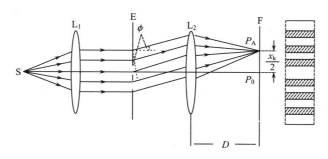

图 4-17-1　单缝夫琅禾费衍射光路图

1) 中央主极大

根据式(4-17-1),当 $\phi=0$ 时,$I=I_0$,这就是平行于光轴的衍射光汇聚处,即中央亮条纹中心点的光强,衍射图样中光强的极大值,称为中央主极大.主极大的强度决定于入射光的强度和缝的宽度.

2) 光强极小值

根据式(4-17-1),当 $\beta=k\pi$,即 $\sin\phi=k\dfrac{\lambda}{a}$,$(k=\pm1,\pm2,\pm3\cdots)$ 时,$I=0$,衍射光强有一系列极小值,在屏上出现暗条纹,与极小值衍射角对应的位置为暗条纹的中心.

实验中采用半导体激光器作光源,由于激光束的方向性好,能量集中,且狭缝的宽度 a 一般很小,透镜 L_1 可以不用;若观察屏或接收器距离狭缝也较远即 D 远大于 a,透镜 L_2 也可以不用.这样,采用激光光源的夫琅禾费单缝衍射装置就可简化,如图4-17-2所示.这时,由于实际上 ϕ 值很小,则有

$$\sin\phi \approx \tan\phi \approx \phi = \frac{x}{D} = k\frac{\lambda}{a} \tag{4-17-2}$$

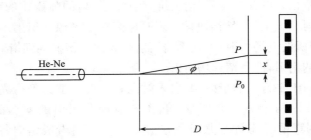

图 4-17-2 夫琅禾费单缝衍射的简化装置

由式(4-17-2)可知,衍射角 ϕ 与缝宽 a 成反比关系,缝宽加宽时,衍射角减小,各级条纹向中央收缩.当缝宽 a 足够大时($a\gg\lambda$),衍射现象就不显著了,以致可以忽略,从而可以认为光沿直线传播.第 k 级暗条纹中心位置 x 与缝宽 a 的关系为

$$a = k\lambda\frac{D}{x} \tag{4-17-3}$$

根据式(4-17-3)可以测量狭缝的宽度 a.

3) 光强次极大

除了主极大之外,两相邻暗纹之间都有一个次极大.对式(4-17-1)求导数并令其为零,可得出对应次极大的位置出现在 $\beta=\pm1.43\pi,\pm2.46\pi,\pm3.47\pi,\cdots$ 处,次极大的相对光强 I/I_0 依次为 $0.047,0.017,0.008,\cdots$. 夫琅禾费单缝衍射的相对光强分布如图4-17-3所示.

4) 条纹的角宽度

中央亮条纹的宽度由 $k=\pm1$ 的两个暗条纹的衍射角所确定,根据式(4-17-2),中央主极大两侧暗纹之间的角距离即中央亮条纹的角宽度为

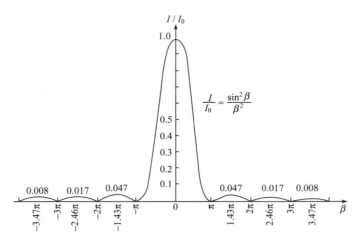

图 4-17-3　夫琅禾费单缝衍射的光强分布

$$\Delta\phi = \frac{2\lambda}{a} \tag{4-17-4}$$

其他相邻两暗条纹之间的角宽度为

$$\Delta\phi = \frac{\lambda}{a} \tag{4-17-5}$$

即暗条纹是以 P_0 点为中心等间隔、左右对称分布的,中央亮纹的宽度是其他亮纹宽度的两倍.

2. 双缝干涉的光强

将图 4-17-1 中的单缝换成双缝,双缝的宽度均为 a,两缝之间不透明部分的宽度为 b,则双缝的间距为 $d=a+b$,由理论计算可得观察屏上 P_A 处的光强分布为

$$I = 4I_0 \frac{\sin^2\beta}{\beta^2} \cdot \cos^2\gamma \tag{4-17-6}$$

式中 $\beta = \frac{\pi \cdot a \cdot \sin\phi}{\lambda}$,$\gamma = \frac{\pi \cdot d \cdot \sin\phi}{\lambda}$,式中的 $I_0\dfrac{\sin^2\beta}{\beta^2}$ 是宽度为 a 的夫琅禾费单缝衍射的光强分布式.与单缝衍射的区别在于增加了因子 $\cos^2\gamma$,这是光强度相等、相位差为 2γ 的双光束干涉的光强度分布式.因此,双缝衍射可看成是单缝衍射调制下的双缝干涉.式(4-17-6)中若有一个因子为零,则双缝干涉光强就为零.对于因子 $\dfrac{\sin^2\beta}{\beta^2}$ 而言,$\beta = \dfrac{\pi \cdot a \cdot \sin\phi}{\lambda} = k\pi (k = \pm1, \pm2, \pm3, \cdots)$ 即 $a \cdot \sin\phi = k \cdot \lambda$ 时光强为零;对于因子 $\cos^2\gamma$ 来说,当 $\gamma = \pm\dfrac{\pi}{2}$,$\pm\dfrac{3\pi}{2}\cdots$ 时,光强为零.出现双缝干涉光强极大值的条件为

$$\gamma = \frac{\pi \cdot d \cdot \sin\phi}{\lambda} = k\pi \quad \rightarrow \quad d \cdot \sin\phi = k\lambda \quad (k = \pm1, \pm2, \pm3, \cdots)$$

并从计算可知 β 与 γ 存在下列关系

$$\frac{\gamma}{\beta} = \frac{a+b}{a} = \frac{d}{a} \qquad (4\text{-}17\text{-}7)$$

因为 $d = a + b > a$，所以 $\gamma > \beta$，这就意味着 γ 变化比 β 变化要快. 当衍射光强最小值处恰恰与干涉最强处重合时，出现暗条纹，干涉条纹消失，即发生干涉条纹缺级现象. 例如，若 $d = 3a$，干涉缺级应发生在 $\frac{\gamma}{\beta} = 3$ 以及 3 的整数倍处，即缺级出现在 $\pm 3, \pm 6, \pm 9, \cdots$ 各级位置上.

1) 各级干涉条纹的位置

由干涉条件可以推导出第 k 级明条纹(暗条纹)的坐标位置

$$x = \pm k\lambda \frac{D}{d} \quad (k = 0, 1, 2\cdots)(\text{明条纹}) \qquad (4\text{-}17\text{-}8)$$

$$x = \pm (2k-1)\frac{\lambda}{2}\frac{D}{d} \quad (k = 1, 2\cdots) \quad (\text{暗条纹}) \qquad (4\text{-}17\text{-}9)$$

2) 条纹间距

由式(4-17-8)和式(4-17-9)不难求出相邻两明条纹或暗条纹的间距为

$$\Delta x = \frac{D}{d}\lambda \qquad (4\text{-}17\text{-}10)$$

依据式(4-17-10)就可以实现 d 或 λ 的测量. 历史上正是通过杨氏双缝实验第一次测量出了可见光的波长.

3. 光强分布的测量

在光学特别是光度学中，发光强度(简称光强)是一个重要物理量. 在近代光强测量技术中，一般采用光电元件将光信号转换为电信号来间接测量. 常用的光电信号转换元件有光电池、光电二极管、电荷耦合器件(CCD)等.

实验中，采用硅光电池作为光电转换元件，光电转换后的光电流值与照射到硅光电池上的光强成正比，由数字式检流计测量光电流值，检流计光电流的相对强度 i/i_0 代表了衍射光的相对强度 I/I_0. 光强测量元件安装在二维调节架上，可以测量一维光强分布. 为了实现光强分布的逐点测量，在光电池表面处装一狭缝光阑，用以控制光电池的受光面积，硅光电池和光阑安装在可以沿屏方向移动的测量装置上，位置可由测量装置准确读出. 单缝衍射，双缝干涉等光强分布测量实验装置如图 4-17-4 所示.

【实验器材】

WGZ-II 型光强分布测试仪，包含激光器座、半导体激光器、导轨、二维调节架、一维光强测试装置、分划板(规格分别见图 4-17-5 和图 4-17-6，单位为 mm.)、可调狭缝(0~1mm 连续可调)、平行光管、光电探头、小孔屏、数字式检流计、专用测量线等.

若在小孔屏位置处放上光电探头和一维光强读数装置，与数字式检流计相连的光电探头可沿衍射展开方向移动，那么数字检流计所显示的光电流的大小就与落在光电探头上的光强成正比.

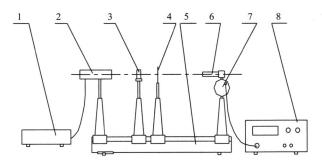

图 4-17-4 一维光强分布的测量装置

1. 激光电源；2. 激光器；3. 二维调节架；4. 小孔屏；5. 导轨；6. 光电
探头；7. 一维光强测量装置；8. 数字检流计

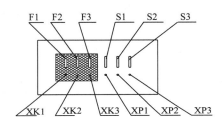

图 4-17-5 小孔狭缝板

单缝：F1-a=0.1，F2-a=0.2，F3-a=0.3；

单丝：S1-a=0.1，S2-a=0.2，S3-a=0.3；

小孔：XK1-ϕ=0.2，XK2-ϕ=0.3，XK3-ϕ=0.4；

小屏：XP1-ϕ=0.2，XP2-ϕ=0.3，XP3-ϕ=0.4

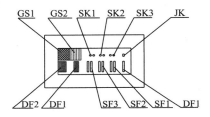

图 4-17-6 光栅板结构图

正交光栅：GS1，纵横均为 50 条/mm；

光栅：GS2，50 条/mm；

双孔：ϕ=0.2，SK1，d=0.25；SK2，d=0.32；SK3，d=0.40；

矩孔：JK，a=0.12，b=0.2；

单缝：DF1，a=0.08；

双缝：SF1，a=0.08，d=0.16；SF2，a= 0.08，d=0.20；SF3，
a=0.06，d=0.10；

多缝：DF1，4 缝，a=0.06，d=0.1×4；DF2，9 缝，a=0.06，
d=0.1×9

由于光电探头的受光面积较大，而实际要求测出各个点位置处的光强，所以在光电探头
前装有一个细缝光阑(0.5 mm)，用以控制受光面积，并把光电探头装在带有螺旋测微装置
的底座上，可沿横方向(x 轴)移动，这就相当于改变了衍射角.

【实验内容与要求】

1. WJF 型数字式检流计的调节

WJF 型数字式检流计用于微电流的测量，其正面面板结构如图 4-17-7 所示，测量范围
为 $1\times10^{-10}\sim1.999\times10^{-4}$ A，测量误差为 ±1 个字，分为四挡. 第 1 挡：0.001～1.999(×
10^{-7}A)，内阻<10Ω；第 2 挡：0.01～19.99(×10^{-7}A)，内阻<1Ω；第 3 挡：0.1～199.9(×
10^{-7}A)，内阻<0.1Ω；第 4 挡：1～1999(×10^{-7}A)，内阻<0.01Ω. 调节使用方法如下：

① 接上电源(要求交流稳压 220V±11V，频率 50Hz 输出)，开机预热 15 分钟.

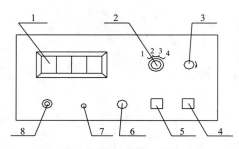

图 4-17-7　WJF 型数字式检流计

1. 数字显示窗；2. 量程选择；3. 衰减旋钮；4. 电源开关；
5. 保持开关；6. 调零旋钮；7. 模拟输出孔；8. 信号输入口

② 量程选择开关置于"1"挡，衰减旋钮置于校准位置（即顺时针转到头，置于灵敏度最高位置），调节调零旋钮，使数据显示为"—.000"（负号闪烁）．

③ 选择适当量程，接上测量线（线芯接负端，屏蔽层接正端，若接反会显示"—"），即可测量微电流．

④ 如果被测信号大于该挡量程，仪器会有超量程指示，即数码管显示"]"或"E"，其他三位均显示"9"，此时可调高一挡量程（当信号大于最高量程，即 $2×10^{-4}$ A 时，应换用其他仪表测量）．

⑤ 当数字显示小于 190，小数点不在第一位时，一般应将量程减小一挡，以充分利用仪器的分辨率．

⑥ 衰减旋钮用于测量相对值，只有在旋钮置于校准位置（顺时针到底）时，数显窗才指示标准电流值．

⑦ 测量过程中，需要将某数值保留下来时，可开保持开关（指示灯亮），此时，无论被测信号如何变化，前一数值保持不变．

2. 单缝衍射一维光强分布的测量

① 激光管装入仪器的激光器座上，并接好电源，按图 4-17-4 结构顺序安装好各实验装置．

② 打开激光器，用小孔屏调整光路，使出射的激光束与导轨平行．

③ 打开检流计电源，预热及调零，连接好输入孔与光电探头的测量线．

④ 调节二维调节架，选择所需要的单缝，对准激光束中心，使之在小孔屏上形成良好的衍射光斑．

⑤ 移去小孔屏，调整一维光强测量装置，使光电探头中心与激光束高低一致，移动方向与激光束垂直，起始位置适当（光电探头与小孔狭缝板或光栅板之间距离应在 85.00 厘米左右）．

⑥ 开始测量，转动手轮，使光电探头沿衍射图样展开方向（x 轴）单向平移，以等间隔的位移（如 0.5mm 或 1mm 等）对衍射图样的光强进行逐点测量（实验数据尽量多一些），记录位置坐标 x 和对应的检流计（置适当量程）所指示的光电流值读数 I，要特别注意衍射光强的极大值和极小值处的测量．

⑦ 测量单缝到光电池的距离 D，用卷尺测取相应移动座间的距离即可．

3. 双缝干涉一维光强分布的测量

依照单缝衍射一维光强分布测量的方法和实验步骤，通过调节二维调节架将激光器光点打在 SF1 上，精确测量双缝干涉光强分布．

4. 观察其他衍射现象

按照上述单缝衍射实验的步骤做好实验准备,调节好光路,通过调换仪器所配的两块分划板,在小孔屏上演示出小孔、小屏、矩孔、双孔、光栅及正交光栅等不同器件产生的衍射现象,观察并记录衍射特征.

5. 设计利用衍射法测量细丝直径的实验方案(选做)

设计要求:①阐述基本实验原理和实验方法;②说明基本实验步骤;③进行实际实验测量;④说明数据处理方法,给出实验结果.

【数据记录与处理】

本实验使用的半导体红光激光器波长为:$\lambda = 635.0 \text{nm}$.

① 自拟数据表格,列表记录和处理数据.

② 根据单缝衍射光强分布测量数据,绘制单缝衍射相对光强分布曲线,分析光强分布规律和特点.

选取中央主极大中心处为 x 轴坐标原点,对所测光电流数据进行归一化处理,即所测数据 i 对其中最大值 i_0 取相对比值 i/i_0,用光电流的相对强度 i/i_0 表示衍射光的相对强度 I/I_0,作相对强度 I/I_0 与位置坐标 x 的关系曲线,即相对光强分布曲线.

③ 计算单缝宽度.

从相对光强分布曲线上读出(注意有效数字取位正确)各级暗条纹中心到中央明条纹中心的距离 x_k,求出同级距离 x_k 的平均值 $\bar{x}_k$,将 $\bar{x}_k$ 和 D 值代入式(4-17-3)计算出相应的单缝宽度 a_k,用不同级数求得的 a_k 计算平均值,并与实际值相比较,分析产生误差的原因.

④ 根据双缝干涉光强分布测量的数据,绘制双缝干涉光强分布曲线,分析光强分布规律及特点.

⑤ 分析矩孔、双孔、光栅和正交光栅等的衍射现象,归纳总结衍射现象的规律和特征.

【注意事项】

① 激光管是强度很高的光源,严禁用眼睛直接观看激光光源,或使激光束直接照射眼睛,以免伤害视网膜(严重者可致盲).

② 光学器件极易损坏,在使用过程中要做到轻拿轻放,以免损坏.

③ 禁止触摸光学器件的表面,避免受污、受损或划伤光学表面涂层;严禁在白色光屏上做任何标记.

④ 数字式检流计使用前需预热15分钟后进行调零;测量时合理选择"衰减"(量程),使读数的有效数字位数最多.

⑤ 尽量避免环境附加光强,实验应处于暗环境操作,否则应对测量数据加以修正.

⑥ 导轨、导轨移动座以及二维光学调节架和一维光强测量装置均为精密部件,使用时要固定牢靠;调节时要用力适当,防止损坏.

⑦ 转动螺旋测微装置读取位置过程中,防止引入空程误差对测量结果造成影响.

【思考与讨论】

① 什么是夫琅禾费衍射？实验中怎样实现夫琅禾费衍射？

② 在单缝夫琅禾费衍射实验中，缝宽的变化对衍射图样的光强和条纹宽度有什么影响？

③ 用单色光照射时，双缝间距 d 与干涉条纹疏密有何关系？

④ 光电探头前的狭缝光阑的宽度对实验结果有什么影响？

⑤ 用白光光源观察单缝的夫琅禾费衍射，衍射图样将如何？

【附录 4.17.1】

菲涅耳和夫琅禾费简介

图 4-17-8 菲涅耳

A. J. 菲涅耳（A. J. Fresnel，1788～1827），法国物理学家. 1788 年 5 月 10 日出生于法国布罗利耶，1823 年当选法国科学院院士，1825 年当选英国皇家学会会员.

菲涅耳的科学成就主要有两个方面. 一方面是关于衍射的研究，他以惠更斯原理和干涉原理为基础，用新的定量形式建立了惠更斯-菲涅耳原理，完善了光的衍射理论. 另一方面是关于偏振的研究，他与 D. F. J. 阿拉果一起研究了偏振光的干涉，确定了光是横波（1821 年）；发现了光的圆偏振和椭圆偏振现象（1823 年），用波动说解释了偏振面的旋转；推出了反射定律和折射定律的定量规律，即菲涅耳公式；解释了马吕斯的反射光偏振双折射现象，奠定了晶体光学基础. 菲涅耳由于在物理光学研究中的重大成就，被誉为"物理光学的缔造者".

J. V. 夫琅禾费（J. v. Fraunhofer，1787～1826），德国物理学家，出生于斯特劳宾. 1823 年担任慕尼黑科学院物理陈列馆馆长和慕尼黑大学教授，慕尼黑科学院院士. 夫琅禾费自学成才，一生勤奋刻苦，集工艺家和理论家才干于一身，把理论与丰富的实践经验结合起来，对光学和光谱学作出了重要贡献. 1814 年他用自己改进的分光系统，发现并研究了太阳光谱中的暗线（现称为夫琅禾费谱线），利用衍射原理测出了它们的波长. 设计和制造了消色差透镜，首创用牛顿环方法检查光学表面加工精度及透镜形状，对应用光学的发展起了重要影响. 他所制造的大型折射望远镜等光学仪器久负盛名，发表了平行光单缝衍射及多缝衍射的研究成果（后人称之为夫琅禾费衍射），做了光谱分辨率的实验，第一个定量研究了衍射光栅，用其测量了光的波长，后来又给出了光栅方程.

图 4-17-9 夫琅禾费

实验 4.18　光的偏振特性研究

　　光的干涉衍射现象揭示了光的波动性,但不能说明光波是纵波还是横波.而光的偏振现象清楚地显示其振动方向与传播方向垂直,说明光是横波.1808 年法国物理学家马吕斯(Malus)研究双折射时发现折射的两束光在两个互相垂直的平面上偏振.此后又有布儒斯特(Brewster)定律和色偏振等一些新发现.

　　光的偏振有别于光的其他性质,人的感觉器官不能感觉偏振的存在.光的偏振使人们对光的传播规律(反射、折射、吸收和散射)有了新的认识.本实验通过对偏振光的观察、分析和测量,加深对光的偏振基本规律的认识和理解.

　　偏振光的应用很广泛,从立体电影、晶体性质研究到光学计量、光弹、薄膜、光通信、实验应力分析等技术领域都有巧妙的应用.

【预习提示】

　　① 了解 WZP-1 型偏振光实验仪的基本结构和使用方法.
　　② 怎样测布儒斯特角? 掌握布儒斯特定律和马吕斯定律的内容.
　　③ 怎样鉴别一束光是线偏振光?
　　④ 怎样区分自然光和圆偏振光;部分偏振光和椭圆偏振光?
　　⑤ 如何由自然光获得线偏振光和椭圆偏振光?

【实验目的】

　　① 观察光的偏振现象,了解偏振光的产生方法和检验方法.
　　② 了解波片的作用和用 1/4 波片产生椭圆和圆偏振光及其检验方法.
　　③ 通过布儒斯特角的测定,测量玻璃的折射率.
　　④ 研究偏振光强分布规律,用实验研究马吕斯定律.

【实验原理】

1. 自然光和偏振光

　　光是一种电磁波,电磁波中的电矢量 E 就是光波的振动矢量,称作光矢量.通常,光源发出的光波,其电矢量的振动在垂直于光的传播方向上作无规则的取向.在与传播方向垂直的平面内,光矢量可能有各种各样的振动状态,被称为光的偏振态.光的振动方向和传播方向所组成的平面称为振动面.按照光矢量振动的不同状态,通常把光波分为自然光、部分偏振光、线偏振光(平面偏振光)、圆偏振光和椭圆偏振光五种形式.

　　如果光矢量的方向是任意的,且在各方向上光矢量大小的时间平均值是相等的,这种光称为自然光.自然光通过介质的反射、折射、吸收和散射后,光波的电矢量振动在某个方向具有相对优势,而使其分布对传播方向不再对称.具有这种取向特征的光,统称为偏振光.

　　偏振光可分为部分偏振光、线偏振光(平面偏振光)、圆偏振光和椭圆偏振光. 如果光矢量不同方向的振幅不同,在某一方向振动的振幅最强,而与该方向垂直的方向振动最弱,这种光为部分偏振光.如果光矢量的振动限于某一固定方向,则这种光称为线偏振光或平面偏振光.如果光矢量的大小和方向随时间作有规律的变化,且光矢量的末端在垂直于传播方向平面内的轨迹是椭圆,则称为椭圆偏振光;如果是圆则称为圆偏振光.

将自然光变成偏振光的过程称为起偏,用于起偏的装置称为起偏器;鉴别光的偏振状态的过程称为检偏,它所使用的装置称为检偏器.本实验所用的起偏器和检偏器均为分子型薄膜偏振片.

2. 线偏振光的产生

产生线偏振光的方法有反射产生偏振、多次折射产生偏振、双折射产生偏振和选择性吸收产生偏振等.

1)反射产生偏振与布儒斯特定律

当自然光入射到各向同性的两种介质(如空气和玻璃)分界面时,反射光和透射(折射)光一般为部分偏振光.若改变入射角,则反射光的偏振程度也随之改变.设两介质的折射率分别为 n_1 和 n_2,可以证明,当入射角为某一特定值 ψ_p

$$\tan\psi_p = \frac{n_2}{n_1} \tag{4-18-1}$$

时,反射光变为线偏振光,其振动面垂直于入射面,平行于入射面振动的光反射率为零,而透射光为部分偏振光,如图 4-18-1 所示,其中"。"表示振动面垂直于入射面的线偏振光,短线"—"表示振动面平行于入射面的线偏振光,圆圈和短线的数量表示偏振程度.式(4-18-1)称为布儒斯特定律,ψ_p 为布儒斯特角,或称起偏振角.根据光反射的这一特性,就可以用调节入射角的方法获得线偏振光,也可以通过测量 ψ_p 来计算折射率 n_2.

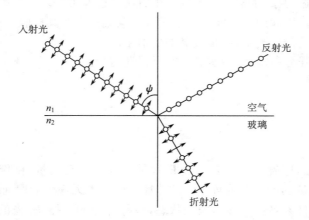

图 4-18-1　用玻璃片产生反射全偏振光

2)透射产生偏振

当光波的入射角为布儒斯特角时,虽然反射光为线偏振光,但反射率很低(如空气和玻璃界面,反射光强约为入射光强的 8%).对折射光而言,平行于入射面的振动分量全部透过界面,而垂直于入射面的振动分量仅一小部分被反射,大部分也透过了界面,所以透射光只是偏振化程度不高的部分偏振光. 如果自然光以 ψ_p 入射到重叠的互相平行的玻璃片堆上, 则经过多次折射, 最后从玻璃片堆透射出来的光一般是部分偏振光. 如果玻璃片数目足够多时, 则透射光也变为线偏振光, 其振动面平行于入射面.

3)晶体双折射产生偏振

当一束光射入各向异性的晶体时, 产生折射率不同的两束光的现象称为双折射现象. 当光垂直于晶体表面入射而产生双折射现象时, 如果将晶体绕光的入射方向慢慢转动, 按原入射方向传播的那一束光方向不变, 这一束折射光的方向满足折射定律, 称为寻常光(o 光), 它在介质中传播时, 各个方向的速度相同. 另一束折射光线随着晶体的转动绕前一束光旋转, 不满足折射定律, 它在各向异性介质内的速度随方向而变, 称为非寻常光(e 光). 在一些双折射晶体中, 有一个或几个方向, o 光和 e 光的传播速度相同, 这个方向称为晶体的光轴. 光轴和光线构成的平面称为主平面. o 光和 e 光都是线偏振光, 但其振动方向不同, o 光和 e 光电矢量互相垂直.

利用晶体的双折射现象, 可以做成复合棱镜, 使其中一束折射光偏离原来的传播方向而得到线偏振光. 实验中采用格兰棱镜做成的偏振器, 用以产生或检验线偏振光.

4)二向色性产生偏振与偏振片

有些晶体材料对自然光在其内部产生的偏振分量具有选择吸收作用, 即对一种振动方向的线偏振光吸收强烈, 而对与这一振动方向垂直的线偏振光吸收较少, 这种现象称作二向色性. 例如, 电气石天然晶体(铝硼硅酸盐)仅需约 1mm 的厚度, 就能将寻常光完全吸收, 只透过非寻常光, 即获得线偏振光.

偏振片是人工制造的具有二向色性的膜片. 每个偏振片的最易透过电场分量的方向叫做透振方向, 也称偏振化方向. 即当光波穿过它时, 平行于透振方向振动的光容易透过, 垂直于透振方向振动的光则被吸收, 从而获得线偏振光. 因此, 自然光通过偏振片后, 透射光基本上成为电矢量的振动方向与偏振化方向平行的线偏振光. 实验室常用偏振片得到偏振光. 偏振片既可以用作起偏器又可以作为检偏器.

3. 马吕斯定律

如果自然光通过起偏器后变成强度为 I_0 的线偏振光, 再通过一个理想检偏器后, 成为强度为 I 的线偏振光, 在不考虑吸收和反射的情况下, 其透射光的强度为

$$I = I_0 \cos^2\theta \tag{4-18-2}$$

此式称为**马吕斯定律**. 其中 θ 为起偏器与检偏器两个透振方向之间的夹角, 改变 θ 角可以改变透过检偏器的光强. 根据马吕斯定律, 线偏振光透过检偏器的光强随偏振面和检偏器的偏振化方向之间夹角 θ 将发生周期性变化. 当 θ 为 0 或 π 时, 透射光强度最大; 而当 θ 为 $\frac{\pi}{2}$ 或 $\frac{3\pi}{2}$ 时, 透射光强度为零, 即当检偏器转动一周会出现两次消光现象. 如用普通偏振片做检偏器, 则需引入透射系数 k, 则式(4-18-2)可改为

$$I = kI_0 \cos^2\theta \tag{4-18-3}$$

显然, 当以光的传播方向为轴旋转检偏器时, 每转 90° 透射光强将交替出现极大和消光

位置. 如果部分偏振光或椭圆偏振光通过检偏器, 当旋转检偏器时, 虽然透射光强每隔 $90°$ 也从极大变为极小, 再由极小变为极大, 但无消光位置. 而圆偏振光通过检偏器, 当旋转检偏器时, 透射光强则无变化.

4. 椭圆偏振光和圆偏振光的产生

若使线偏振光垂直射入厚度为 d 的晶体中, 发生双折射现象. 设晶体对 o 光和 e 光的折射率分别为 n_o 和 n_e, 则通过晶体后两束光的光程差为

$$\delta = (n_o - n_e)d \tag{4-18-4}$$

经过晶体后, 其相位差为

$$\Delta\varphi = \frac{2\pi}{\lambda}(n_o - n_e)d \tag{4-18-5}$$

其中 λ 是光在真空中的波长.

如果以平行光轴方向为 x 坐标, 垂直方向为 y 坐标, 由晶片出射后的 o 光和 e 光的振动可以用两个互相垂直、同频率、有固定位相差的简谐振动方程式表示为

$$x = A_e \sin\omega t \tag{4-18-6}$$
$$y = A_o \sin(\omega t + \Delta\varphi) \tag{4-18-7}$$

两式联立消去 t, 可得合振动方程

$$\frac{x^2}{A_e^2} + \frac{y^2}{A_o^2} - \frac{2xy}{A_e A_o}\cos(\Delta\varphi) = \sin^2(\Delta\varphi) \tag{4-18-8}$$

一般来说, 此式为椭圆方程, 合振动矢量的端点轨迹, 一般是椭圆, 因此称为椭圆偏振光. 决定椭圆形的因素是入射光的振动方向与光轴的夹角 α 和晶片的厚度 d. 但是, 当

$$\Delta\varphi = 2k\pi \ (k = 1,2,3,\cdots) \ 或 \ \Delta\varphi = (2k+1)\pi \ (k = 0,1,2,\cdots) \tag{4-18-9}$$

时, 式 (4-18-8) 变为直线方程

$$x = \frac{A_e}{A_o}y \ 或 \ x = -\frac{A_e}{A_o}y \tag{4-18-10}$$

代表两个不同方向振动的线偏振光. 而当

$$\Delta\varphi = (2k+1)\frac{\pi}{2} \quad (k = 0,1,2,\cdots) \tag{4-18-11}$$

时, 光程差

$$\delta = (n_o - n_e)d = (2k+1)\frac{\lambda}{4} \tag{4-18-12}$$

式 (4-18-8) 成为正椭圆方程. 当 $\alpha = 45°$ 时, $A_e = A_o$. 合振动就是圆偏振光.

把双折射晶体沿光轴切割成平行平板, 平板表面平行于光轴, 这就是晶片. 能使振动互相垂直的两束线偏振光产生一定位相差的晶片叫做波片. 选定晶体后, 对于某一波长的单色光, $\Delta\varphi$ 只取决于波片的厚度. 波片是从单轴双折射晶体上平行于光轴方向截下的薄片, 它可以改变偏振光的偏振态.

(1) 当 $\Delta\varphi = 2k\pi(k=1,2,3,\cdots)$ 时, 光程差 $\delta = (n_o - n_e)d = k\lambda$ 或 $d = \frac{k\lambda}{n_o - n_e}$, 即这样的晶片能使 o 光和 e 光产生 $k\lambda$ 的光程差, 称为全波片 (或 λ 波片). 此时由式 (4-18-8) 可得直线方程, 表示合振动为线偏振光 (与入射线偏振光方向平行).

（2）当 $\Delta\varphi=(2k+1)\pi(k=0,1,2,\cdots)$ 时,则光程差 $\delta=(n_o-n_e)d=(2k+1)\lambda/2$. 此时晶片的厚度可使 o 光和 e 光产生 $(2k+1)\lambda/2$ 光程差,称为二分之一波片(或 $\lambda/2$ 波片). 由式(4-18-8)可得到直线方程,表示合振动仍为线偏振光.

（3）当 $\Delta\varphi=(2k+1)\pi/2(k=0,1,2,\cdots)$ 时,则光程差 $\delta=(n_o-n_e)d=(2k+1)\lambda/4$,此时晶片的厚度可使 o 光和 e 光产生 $(2k+1)\lambda/4$ 光程差,称为四分之一波片(或 $\lambda/4$ 波片)由式(4-18-8)得到正椭圆方程. 表示合振动为正椭圆偏振光. $\lambda/4$ 波片主要用于产生或检验椭圆偏振光和圆偏振光. 对于线偏振光垂直射入 $\lambda/4$ 波片时,且振动方向与波片光轴成 α 角时,合成的光偏振状态还有以下几种情况:

① 当 $\alpha=0$ 时,$A_o=0$ 可得到振动方向平行于光轴的线偏振光.

② 当 $\alpha=\dfrac{\pi}{2}$ 时,$A_e=0$ 可得到振动方向垂直于光轴的线偏振光.

③ 当 $\alpha=\dfrac{\pi}{4}$ 时,$A_o=A_e$ 可得到圆偏振光.

④ 当 α 为其他值时,$A_o\neq A_e$ 经 $\dfrac{\lambda}{4}$ 波片透出的光为椭圆偏振光.

【实验器材】

WZP-1 型偏振光实验仪及其配件等.

1. 仪器简介

WZP-1 型偏振光实验仪由导轨平台、磁力滑座、光源、偏振部件、光电接收单元和聚光镜及白屏(观察实验现象)组成,图 4-18-2 为其结构示意图. 导轨带有导向凸台并附有标尺,实验时根据需要选择部件并将磁力滑座的基准面靠入导轨凸台,旋转磁力滑座可进行升降调节使系统达到同轴.

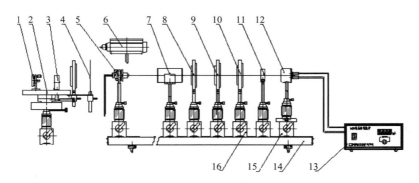

图 4-18-2 偏振光实验仪结构示意图

1. 涂黑反射镜;2. 旋转载物台;3. 玻璃堆;4. 白屏;5. 半导体激光器及调整架;6. 白炽灯;7. 旋光管;8. 偏振片组;9. 半波片;10.1/4 波片;11. 聚光镜;12. 光电接收器;13. 检流计数显箱;14. 导轨平台;15. 二维磁力滑座;16. 一维磁力滑座

2. 使用方法

在导轨平台上靠近两端各放置光源及光电接收器,检流计数显箱后面板有两排插孔,上面两孔接插硅光电池,旁边的换挡开关向上拨到光电池挡.先对激光器调焦:把接收器换成白屏,轻旋激光器上调焦镜,观察白屏上光斑最小(约 2~3mm)即可.撤掉白屏换上接收器,如图 4-18-3 所示.利用激光器调整架调节光束发射角度,与二维磁力滑座联调使光信号进入接收器,二维滑座为光电接收器专用.在光路中放置一偏振片,调到 0°,轻旋半导体激光头使检流计数值较大(半导体激光在水平和垂直两个方向上发散角的差值较大,这两方向的光能量也有差别).若用白炽灯作光源,可用聚光镜来准直.

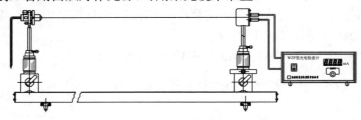

图 4-18-3 实验装置图

【实验内容与要求】

1. 起偏和检偏

如图 4-18-4 所示,在光源和接收器之间放置偏振片,此为起偏器,放置另一偏振片为检偏器,旋转检偏器观察到光强发生变化.由偏振片转盘刻度值可知,当起偏器、检偏器的偏振化方向平行时,光最强,偏振化方向垂直时,光最暗.将检偏器旋转一周,光强变化四次,两明两暗.固定检偏器,旋转起偏器可产生同样的现象.

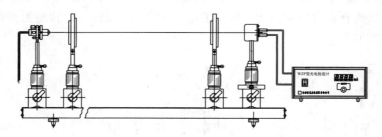

图 4-18-4 光的起偏和检偏装置示意图

2. 偏振光强分布规律的研究

依照实验 1 的方法安置仪器,使起偏器和检偏器正交,记录光电接收器的示值 I,然后将检偏器间隔 $10°\sim15°$ 转动一次并记录一次,直至转动 $90°$ 为止,利用所得实验数据分析偏振光强分布规律,用实验研究马吕斯定律.

3. 根据布儒斯特角测定介质的折射率

① 依图 4-18-5 配置,在光路中放置载物台、玻璃堆、偏振片、光电池及白屏.观察白屏,对激光器进行调焦,按照载物台以上约三分之二玻璃堆高度调整入射光,如图 4-18-6 所示.

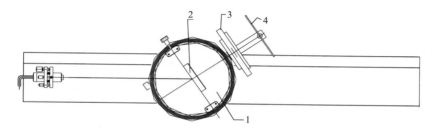

图 4-18-5　反射光的偏振

1. 载物台；2. 玻璃堆；3. 偏振片；4. 白屏

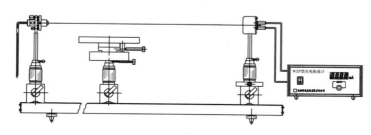

图 4-18-6　布儒斯特角测定实验装置图

② 玻璃堆置于载物台上，使玻璃堆垂直光轴，此时入射光通过玻璃堆的法线射向光电池. 放入偏振片、白屏. 旋转内盘使入射光以 $50°\sim60°$ 角度射入玻璃堆，反射光射到白屏上并使偏振片、白屏与反射光垂直. 旋转偏振片，观察到光的亮度有强、弱变化，说明玻璃堆起到了起偏器的作用. 旋转偏振片使光斑处于较暗的位置，如图 4-18-7 所示.

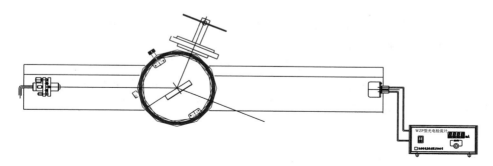

图 4-18-7　布儒斯特角测定实验装置图

③ 转动内盘，通过白屏观察反射光亮度的改变，如果亮度渐渐变弱，则再旋转偏振片使亮度更弱. 反复调整直至亮度最弱，接近全暗. 这时再转偏振片，如果反射光的亮度由黑变亮，再变黑，说明此时反射光已是线偏振光. 记下反射光强度几乎为零时，度盘的两个读数 φ_1 和 $\varphi_1{}'$.

④ 继续转动内盘，使入射光与玻璃堆的法线同轴并使玻璃堆反射光或射入激光器出射孔，记录此时度盘的两个读数 φ_2 和 $\varphi_2{}'$.

于是，布儒斯特角 $\psi_p = \dfrac{1}{2}(\,|\,\varphi_1-\varphi_2\,| + |\,\varphi_1'-\varphi_2'\,|)$. 重复测量 3～5 次，计算平均值 $\overline{\psi_p}$，代入式(4-18-1)计算玻璃的折射率 n_2，并估算出折射率 n_2 的不确定度.

4. 椭圆偏振光和圆偏振光的观测

由物理光学可知,平面偏振光通过 1/4 波片后,透射光一般是椭圆偏振光,当 $\alpha = \pi/4$ 时(α 为平面偏振光的振动方向与波片光轴的夹角),则为圆偏振光;但当 $\alpha = 0$ 和 $\pi/2$ 时,椭圆偏振光退化为平面偏振光. 也就是说,1/4 波片可将平面偏振光变成椭圆偏振光或圆偏振光;也可将椭圆偏振光或圆偏振光变成平面偏振光.

如果平面偏振光的振动方向与 1/2 波片光轴的夹角为 α,则通过 1/2 波片后的光仍为平面偏振光,但其振动面相对于入射光的振动面转过 2α 角.

如图 4-18-8 所示,在光源前放入两偏振片,将 1/4 波片放入两偏振片之间,并使 1/4 波片的光轴与起偏器的偏振化方向成 45°角,透过 1/4 波片的光就是圆偏振光. 因为人眼不能分辨圆、椭圆偏振光,所以借助检偏器来检验,旋转检偏器可在白屏看到在各个方向上光强保持均匀.

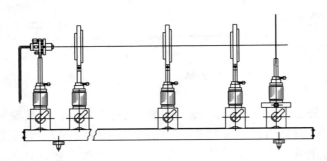

图 4-18-8   圆、椭圆偏振光的产生与检测

如果 1/4 波片的光轴与起偏器的偏振化方向不成 45°角,则由波片出来的光为椭圆偏振光,旋转检偏器可看到光强在各个方向上有强弱变化.

取下 1/4 波片,使两偏振片正交,视场最暗. 将 1/2 波片(波片的指标线对至 0°)放入两偏振片之间,使 1/2 波片的光轴与起偏器的偏振化方向成 α 角,视场变亮. 旋转检偏器使视场最暗,此时检偏器的转盘刻度相对于起偏器转动了 2α 角. 说明线偏振光经 1/2 波片后仍为线偏振光,但振动面旋转了 2α 角.

5. 旋光现象的观察(选做)

在光源前放入两偏振片使其正交,将装有蔗糖溶液的旋光管放入两偏振片之间. 由于蔗糖糖溶液的旋光作用,视场由暗变亮,将偏振片旋转某一角度后,视场由亮变暗. 说明偏振光透过旋光物质后仍是偏振光,但其振动面旋转了一个角度.

【数据记录与处理】

① 根据实验内容与要求自拟表格,记录所测量数据. 其中偏振光强分布规律的研究实验数据表可参考表 4-18-1.

表 4-18-1　马吕斯定律的实验研究数据表

θ	90°						0°
I							
$\cos^2\theta$	0						1
$I_0\cos^2\theta$	0						

② 采用合适的数据处理方法,求出对应实验结果,并写出完整的结果表示.

③ 作图观察总结实验规律、分析线偏振光、椭圆偏振光、圆偏振光的特点.

【注意事项】

① 激光器发光强度的起伏对实验会有影响,应配置稳压电源,并预热半小时.

② 仪器应保持清洁,光学件表面灰尘用皮老虎吹掉,或用脱脂棉轻轻擦拭,切勿用手触摸表面;导轨面可涂少许润滑剂.

③ 眼睛不要正视激光束,以免造成视网膜的伤害.

④ 正确调节激光器的方位,使激光束照射到硅光电池上. 正确使用激光器的强度调节旋钮和光电检流计的衰减旋钮,使检流计读数较大而又不超过最大量程. 在测量光强度时,通过调整衰减器,以抵消外部光线的影响.

⑤ 光学仪器(偏振片、波片、反射镜等)要轻拿轻放,特别是本实验所用的偏振片和波片的支架较重,而波片本身又易碎,需要格外爱护.

⑥ 进行光的起偏和检偏时,起偏器和检偏器的放置方向要一致;进行反射光的偏振实验时,要仔细旋转内盘和偏振片,以准确测出反射光是线偏振光时的入射角.

⑦ 在轨道上移动元件时,磁锁打开,其余时间一定使之处于锁定状态,以免掉落在地面而损坏.

【思考与讨论】

① 在测定布儒斯特角过程中,需要改变几个参量? 采用怎样的步骤能最快地找到全偏振的反射光?

② 若测得 I 与 $\cos^2\theta$ 的函数图形不是直线,而是一扁椭圆,试分析原因?

③ 在两正交偏振片之间再插入一偏振片,并转动一周,会有什么现象? 如何解释?

④ 假如有自然光、圆偏振光、自然光与圆偏振光的混合光 3 种光分别从 3 个洞口射出,怎样识别每个口射出来的是什么光?

⑤ 用什么简易方法能够大致判断无标志偏振片的透振方向?

【附录 4.18.1】

马吕斯简介

E. L. 马吕斯(E. L. Malus 1775～1812),法国物理学家及军事工程师. 1775 年出生于巴黎,1796 年毕业于巴黎工艺学院,1810 年当选为巴黎科学院院士,曾获得过伦敦皇家学会奖章.马吕斯主要从事光学方面的研究,1808 年发现反射时光的偏振,确定了偏振光强度变化的规律(现称为马吕斯定律).他研究了光在晶体中的双折射现象,1811 年他与 J. 毕奥各自独立地发现折射时光的偏振,提出了确定晶体光轴的方法,研制成一系列偏振仪器.

图 4-18-9　马吕斯

参 考 文 献

[1] 陈群宇. 大学物理实验. 北京:电子工业出版社,2003.

[2] 成正维. 大学物理实验. 北京:高等教育出版社,2002.

[3] 丁慎训,张连芳. 物理实验教程. 北京:清华大学出版社,2003.

[4] 何忠蛟,汪建章. 修正 F-H 实验中的氩原子第一激发电位. 大学物理实验,2004,17(2).

[5] 胡华强. 低温等离子体化学及其应用. 北京:科学出版社,2001.

[6] 贾瑞皋. 大学物理教程. 北京:科学出版社,2009.

[7] 江影,安文玉,王国荣等. 普通物理实验. 哈尔滨:哈尔滨工业大学出版社,2002.

[8] 李高清,张广平,李本印. 物理实验. 兰州:甘肃科学技术出版社,2003.

[9] 李书光,王殿生. 物理实验教程. 东营:中国石油大学出版社,2006.

[10] 李相银. 大学物理实验. 北京:高等教育出版社,2004.

[11] 李旭. 光电检测技术. 北京:科学出版社,2005.

[12] 陆基廷,胡德敬,陈铭南. 物理实验教程. 上海:同济大学出版社,2000.

[13] 陆申龙. 半导体 PN 结电流电压关系曲线拟合以及 e/k 的测定. 物理实验(1),1992.

[14] 缪兴中,大学物理实验教程. 北京:科学出版社,2006.

[15] 祈贤. 半导体物理与器件. 北京:北京大学出版社,1996.

[16] 钱锋,潘人培. 大学物理实验(修订版). 北京:高等教育出版社,2005.

[17] 秦允豪. 热学. 北京:高等教育出版社,2004.

[18] 任隆良,谷晋骐. 物理实验. 天津:天津大学出版社,2003.

[19] 上海上大电子设备有限公司. HE-1 热效应实验仪使用说明书.

[20] 沈元华,陆申龙. 基础物理实验. 北京:高等教育出版社,2004.

[21] 孙大坤,高学奎. 氟里昂灌注量影响电冰箱制冷效率的实验研究及其结果的初步应用. 制冷学报, 1990,3.

[22] 孙晶华. 操纵物理仪器,获取实验方法——物理实验教程. 北京:国防工业出版社,2009.

[23] 陶孟仙. 等离子体特性的静电探针测量技术. 佛山科学技术学报(自然科学版),2009,18(3).

[24] 汪建章,潘洪明. 大学物理实验. 杭州:浙江大学出版社,2004.

[25] 王家晔,李长健等. 半导体器件物理. 北京:科学出版社,1983.

[26] 王臻. 激光基础. 北京:科学出版社,2005.

［27］吴业正,韩宝琦. 制冷原理与设备. 西安:西安交通大学出版社,1987.

［28］吴咏华,沙振舜,孙大明等. 近代物理实验. 合肥:安徽教育出版社,1987.

［29］辛仁轩. 等离子体发射光谱分析. 北京:化学工业出版社,2004.

［30］许根慧,姜恩永,盛京等. 等离子体技术与应用. 北京:化学工业出版社,2006.

［31］袁长坤. 物理量测量. 北京:科学出版社,2004.

［32］曾树荣. 半导体器件物理基础. 北京:北京大学出版社,1996.

［33］詹卫伸,丁建华. 物理实验教程. 大连:大连理工大学出版社,2004.

［34］张欣,陆申龙. 用数字式毫特计测量铁磁材料的磁滞回线和磁化曲线. 实验室研究与探索,2001,20(5):48-51.

［35］张训生. 大学物理实验. 杭州:浙江大学出版社,2004.

［36］赵凯华,陈熙谋. 电磁学. 北京:人民教育出版社,1978.

［37］赵青生. 大学物理实验(修订版). 合肥:安徽大学出版社,2004.

［38］郑发农. 物理实验教程. 合肥:中国科学技术大学出版社,2004.

［39］周殿清. 大学物理实验教程. 武汉:武汉大学出版社,2005.

第5章 设计与研究性实验

设计与研究性实验是在具有一定实验知识和技能的基础上开设的较高层次的实验,它要求学生应用所学的物理学原理和实验技能,根据实验题目、任务和要求自行设计实验方案,自选实验仪器,自拟实验操作程序,在规定的时间内完成实验,并写出完整的实验报告.通过设计性与研究性实验的训练,可以使学生积极主动地学习和思考,激发学生的开拓创新精神,培养学生综合运用理论知识和实验技能的能力、分析问题和解决问题的能力、独立开展科学研究工作的能力.

设计与研究性实验主要包括以下几个环节:

一、实验方法的选择

根据课题所要研究的对象,在自己已有知识的基础上,通过查阅相关的文献和资料,尽量收集各种与课题有关的实验方法,画出必要的原理图,推导有关的公式,或者依据物理原理,提出新的方法,推导新的公式.然后,从各种方法所能达到的准确度、适用条件、实验实施的可行性等方面进行比较,依据题目所提出的要求和现有条件全面考查,最后确定出能满足课题要求的最佳实验方法.例如,对重力加速度的测量实验,可以有单摆法、复摆法、自由落体法、气轨法等多种,这些方法各有优缺点,要进行综合的分析与比较,最终确定出合理可行的方法完成实验.

二、测量方法的选择

实验方法确定后,为使各物理量,尤其是关键物理量的测量误差最小,需要进行误差的来源分析、误差的估算,并结合提供的仪器条件,确定合适的测量方法.从不同的需要出发,依据不同的对象和条件,可能选用不同的测量方法,总的原则是"准确、高效、经济".

1. 简单性原则

直接比较测量法具有简单、直观的特点,人们常常追求现象描述的简单性、物理规律形式的简单性和物理思想的简单性,在测量方法的选择上,也应借鉴这一原则.比如在单摆法测量重力加速度的实验中,使用最普通的计时仪器——秒表,再利用累积放大法,即可以比较准确地测量单摆的周期.测量方法并非越复杂越好,复杂的方法往往会引入某些新的参量,这些新参量可能使结果的不确定度增大,甚至成为其主要分量.要克服"方法越复杂、仪器越高级、结果越准确"的片面看法.

2. 系统误差最小化原则

减小和消除系统误差是提高测量精度的关键措施,系统误差最小化往往是测量方法选择时所要考虑的要点之一.

3. 经济性原则

经济性既包括仪器设备,也包括测量效率对工程或技术整体的经济性贡献,即经济性不能只看测量仪器价格,如果测量时间过长,也是不经济的.因此,充分利用已有的仪器设备条件,选用合适的测量方法,也是经济性的内涵之一.

三、测量仪器的选择、配套及正确使用

进行设计与研究性实验的一个重要内容是测量仪器的选择与配套,实验情况往往非常复杂,必须具体问题具体分析.测量仪器的选择包括仪器的类型、仪器的精度(分度值或准确度等级)和测量范围(量程)等方面,要从被测对象的特性、仪器的特性、测量环境、操作技术水平、经济条件、设备及人身安全等因素全面考虑.在满足精度要求的前提下,尽量选用级别低的仪器,这就是"可粗不精"的原则.因为高精度的仪器仪表不但价格昂贵,而且调整和操作也比较麻烦,实验条件的要求相应比较苛刻.但是,如果所进行的设计与研究性实验没有严格给出测量要求及测量条件,则仪器的选择应在经济方便的前提下,尽量选择测量精度较高的.仪器类型的选择,要从环境条件、被测对象和仪器特性等方面综合考虑;仪器精度的选择就是根据测量任务对测量精度的要求,利用"误差等作用"分配原则选择合适的分度或准确度等级及测量范围.

"误差等作用"分配原则是一种一般的处理方法,但对于不同的测量来讲,不一定都合理.因为有些物理量进行精密测量比较容易实现,而有些物理量要进行精密测量却很难实现.因此,在进行设计实验时,应根据实验室现有仪器、实验条件及技术水平等因素来考虑误差的合理分配,对那些难以精密测量的物理量分配较大的误差,对那些比较容易测得精密结果的物理量分配较小的误差.

完成一项实验工作,往往要使用几种仪器,有的仪器又由几个部件构成,各仪器间以及仪器各部件之间要配套.所谓配套,就是要在电源选择、精度配合、灵敏度选择、阻抗匹配等方面进行认真分析,使仪器或各部件的特性能得到充分发挥,在操作上不会造成困难,又不会造成经济上的浪费.

按照说明书规定正确使用仪器,可以充分发挥仪器的特性,也可以保证仪器和人身的安全.

① 校准仪器.仪器应按照有关标准进行定期校准,检查它的主要技术指标是否符合出厂时的技术指标,特别是准确度等级,如果不符合应降级使用.

② 满足仪器工作的标准条件.仪器的技术指标都是在特定的工作条件下检定出厂的,使用时应满足这些条件.当使用条件偏离标准条件时,仪器除了基本误差外,还会有附加误差.

③ 注意仪器的测量范围.有的仪器测量范围很多,而每个测量范围的准确度等级可能是不一样的.在使用仪器时,一定要弄清楚.

④ 按照说明书规定的操作步骤使用.

⑤ 了解仪器使用的注意事项.仪器使用的注意事项直接关系到仪器的测量精度、仪器及人身的安全,在使用前应仔细阅读.

⑥ 注意消除仪器读数时的系统误差.仪器读数时出现系统误差常见的情况有:零点误

差、螺距误差、滞后效应产生的误差、视差等,读数时一定要注意.

⑦ 正确读出测量值.有些仪器面板上有许多条刻度线,或者一条刻度线在不同量程时代表不同的分度值,一定要弄清楚每条刻度线或每分度所代表的物理量及其数值.

四、测量条件的选择

在实验方法、测量方法、测量仪器选定后,还应明确在怎样的条件下测量才能达到要求.这主要依靠对不确定度的来源进行恰如其分的分析.确定测量的有利条件,要考虑很多方面的问题.下面以举例的形式进行简单的介绍.

1. 确定仪器使用的安全条件

例如,电压表或电流表的使用就会碰到这样的问题.通常为了保证它们的安全,同时照顾测量的精度,要求待测量的电压或电流要小于并接近于所选择的电表的量程.

2. 确定被测对象的安全条件

例如,在用伏安法测量电阻时,为了避免电阻击穿或烧毁,首先要根据被测电阻的大约阻值和额定功率,计算其最大耐压与可承受的最大电流,然后,调节工作电压与电流,使其小于计算值.

3. 确定使系统最快达到测量状态的方法

在稳态法测量不良导体的导热系数实验中,合理调节加热电源电压,使系统最快达到热平衡的要求就属于这一范畴.做这一工作,不仅要有相应的理论基础,而且要有一定的实验经验.

4. 确定使测量误差最小的方法

例如,在电热法测量液体比热容实验中,要根据牛顿散热定律,合理选择起始和终止的温度,只有当它们相对于室温对称时,才能使热交换带来的误差最小.再如,在滑线电桥实验中,应使比率臂约等于1,即滑动头两端电阻丝的长度近似相等时,测量的误差才最小.

五、数据处理方法的选择

不同的数据处理方法对应不同的物理模型或不同的近似化程度,对同一组实验数据用不同的数学方法可能得出不同的实验结论,因此,选择合理的数据处理方法也是实验设计的一个重要环节.通过合理的数据处理,可以进一步分析物理规律,评定准确度并给出完整的测量结果,还可以为实验改进提供依据.应选择既能充分利用测量数据,又符合客观实际的数据处理方法.合理地选择数据处理方法,还可以测出不能直接测量或不易测准的物理量.

六、撰写实验设计与研究报告

设计与研究性实验报告主要包括以下内容:

① 实验课题:是实验目的和对整个实验报告全貌的概括介绍,语言文字要求言简意赅.

② 实验内容摘要.在理解的基础上,用简短的文字扼要阐述实验内容.

③ 关键词:实验报告中涉及的主要概念、定律、方法等的名称.

④ 实验原理:简明扼要地写出设计思想、理论依据和相关计算公式.

⑤ 根据课题设计要求和误差要求选择仪器设备,设计实验装置图或线路图,实验步骤等.

⑥ 实验操作要点:主要介绍实验过程中遇到的技术问题及解决方法.

⑦ 数据记录与处理:对测量误差与不确定度尽可能做较为全面地分析.

⑧ 实验结果及讨论:这是从实验数据或实验现象直接得到的结论,结论必须顺理成章,讨论可以是实验体会或对实验方法改进的建议等,除此之外也可以提出今后工作的方向,预言下一步研究的可能结果.

⑨ 相关参考资料.

实验 5.1 弹簧振子振动规律的研究

在振动过程中,物理量随时间作余弦式(或正弦式)变化的振动称为简谐振动(简称谐振动).简谐振动是最简单、最基本也是最特殊的机械振动,任何复杂的周期性振动都可视为是若干个简谐振动的叠加,所以简谐振动是研究复杂振动的基础,它可以作为表征其他周期运动一些主要特征的理想模型.

弹簧振子(spring oscillator)是研究简谐振动的理想模型,弹簧振子在作简谐振动时,尽管位移、速度、加速度、回复力均发生变化,但机械能的总量保持不变,因为振子水平振动时只有弹力做功,满足机械能守恒条件.本实验以低阻尼下弹簧振子的运动为研究对象,研究简谐振动的特征,如周期与振幅的关系、周期与系统质量的关系等.通过实验研究,学习如何对一个运动规律进行观察、分析、测量,再经过数据处理找出实验公式的研究方法.

【预习提示】

① 选择阅读本章参考文献[9]、[14]、[15]、[19]、[20]、[24]、[27]、[28]中相关内容,并自行查阅与本实验项目相关的研究论文 2~3 篇.

② 认真阅读实验 3.17 中有关介绍气垫导轨的内容,了解气垫导轨的水平调节以及操作注意事项,仔细阅读本实验附录,对光电计时系统的使用有一个初步的了解.

③ 弹簧振子在低阻尼状态下的振动为什么可以看作简谐振动?

④ 测量弹簧振子的振动周期时,采用什么测量方法可以达到提高测量精度的目的?

⑤ 如何通过实验研究,建立弹簧振子的振动周期与质量,振幅随时间变化的实验公式?

【实验目的】

① 观察简谐振动的规律及特征,学习建立实验公式的基本方法.

② 通过实验研究,建立简谐振动弹簧振子的周期与质量的实验公式.

③ 研究弹簧振子的机械能总量的变化规律.

④ 通过实验探索研究,建立在低阻尼情况下弹簧振子的振幅随振动时间变化的实验公式.

【实验器材】

气垫导轨、滑块,附加砝码、弹簧、光电计时系统等.

实验装置如图 5-1-1 所示,在水平气垫导轨上的滑块两端,连接两根质量可以忽略的弹簧,这两根弹簧同时和气轨两端连接起来,滑块在气垫导轨上做往复运动.利用光电门配合电脑通用计数器即可测量滑块的振动周期.在弹性限度内轻轻地拉动滑块,然后释放,挡光板连同滑块经过光电门往复运动(振动).当挡光板第一次遮光时光电计时器开始计时,第二次遮光时光电计时器停止计时.因此,无论滑块先从右边通过光电门,还是先从左边通过光电门,都可以记录下滑块的振动周期.

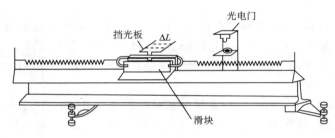

图 5-1-1 实验装置图

【实验内容与要求】

按照气垫导轨和光电计时系统的使用方法和要求,将气垫导轨调节水平、将光电计时系统调整到正常工作状态(参阅实验 3.17 和本实验附录中相关内容).

① 考察研究弹簧振子的振动周期与振幅的关系

滑块振动的振幅 A 分别取 10.00,15.00,20.00,25.00,30.00(cm)时,测量其相应周期.注意测量时,不加配重.

② 研究弹簧振子振动周期 T 与质量 m 的关系

分别测量滑块上未增加附加质量及滑块上依次增加 50g 附加质量时的振动周期,每种情况分别进行多次测量.注意:(a)把光电门放在滑块的平衡位置处,使滑块上的条形(或单)挡光板正对光电门.(b)测量周期采用累积放大法,放大倍数 n 取 10～20;(c)振幅不宜过大,取 15.00～30.00 cm 即可.

③ 研究弹簧振子的振幅 A 与振动时间的关系,即测量 Δt 与 nT 的关系

滑块不增加附加质量,采用 U 形(或双)挡光板,将光电门置于平衡位置处,使滑块初始振幅为 30.00 cm,待滑块运行平稳后,每间隔 10 个周期测一次 Δt,分别测出 $n=10,20,30,40,50,60$ 时对应的 Δt.

④ 研究振动系统的机械能变化(选做).

【数据记录与处理】

(1) 自拟数据表格,记录和处理数据.

(2) 根据测量数据,分析和讨论弹簧振子振动周期与振幅之间的关系,得出实验结论.

(3) 建立振动周期 T 与质量 m 的实验公式.

① 列表处理振动周期 T 与质量 m 之间的测量数据;

② 做出振动周期 T 与质量 m 的关系曲线,判断其函数关系(质量 m 与振动周期 T 近似成二次曲线关系);

③ 建立函数模型:$T^2=C_2 m$(C_2 为常数),将曲线改直,做出 T^2 与 m 之间的关系曲线,用图解法求解 C_2 值.

(4) 建立振幅 A 与振动时间 t 的实验公式.

① 列表记录每间隔 10 个振动周期所测得的 Δt;

② 做出 n-Δt 关系曲线,判断该曲线的数学类型;

做出 n-$\ln\Delta t$ 关系曲线,可发现其近似为一直线,可按直线来对它进行处理.设该直线方程为 $\ln\Delta t=nCT+D$,用图解法可求得直线斜率 CT,从而求出 C. 故所得实验公式可表示为 $A=A_0\mathrm{e}^{-\alpha}$ 的形式(本实验中 $\Delta x,m,k,D$ 均为常数,故可将其合并为常数 A_0).

【实验原理提示】

如图 5-1-2 所示,在水平气垫导轨上质量为 m_1 的滑块两端,连接倔强系数分别为 k_1、k_2 的两根弹簧,两弹簧的另一端分别固定在气垫导轨的两个端点.在弹性限度内,给其施加一个外力,使它偏离平衡位置后释放,滑块就在两弹簧的弹性回复力作用下在气垫导轨上做往复运动,这种系统称为弹簧振子或谐振子.滑块在气垫导轨上滑动时,与气轨之间的摩擦力可忽略,但仍受空气阻力和黏滞力的作用,振幅将逐渐减小.由于阻力很小,可认为弹簧振子处在低阻尼状态,振动周期与无阻尼时的振动周期相同.

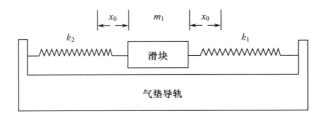

图 5-1-2 弹簧振子的振动

设质量为 m_1 的滑块处于平衡位置时,每个弹簧的伸长量为 x_0,当 m_1 距平衡位置为 x 时,m_1 只受弹性力 $-k_1(x+x_0)$ 与 $-k_2(x-x_0)$ 的作用. 根据牛顿第二定律,其运动方程为

$$-k_1(x+x_0)-k_2(x-x_0)=m\ddot{x} \qquad (5\text{-}1\text{-}1)$$

令 $\omega^2=(k_1+k_2)/m$,则方程(5-1-1)变为

$$\frac{\mathrm{d}^2x}{\mathrm{d}t^2}+\omega^2x=0 \qquad (5\text{-}1\text{-}2)$$

这个二阶微分方程的解为

$$x=A\sin(\omega t+\varphi) \qquad (5\text{-}1\text{-}3)$$

上式表明,滑块的位置按正弦函数随时间而改变. 所以,滑块的运动是简谐振动. 式中 A 为振幅,表示滑块运动的最大位移;φ 为初位相;ω 为振动系统的固有圆频率;m 为振动系统的有效质量(当弹簧的质量可以忽略时,$m=m_1$).

简谐振动的周期为

$$T=\frac{2\pi}{\omega}=2\pi\sqrt{\frac{m}{k_1+k_2}}=2\pi\sqrt{\frac{m_1+m_0}{k_1+k_2}} \qquad (5\text{-}1\text{-}4)$$

式中 m_0 为弹簧的等效质量. 当两弹簧倔强系数相同,即 $k_1=k_2=k/2$ 时,简谐振动的周期为

$$T=2\pi\sqrt{\frac{m_1+m_0}{k}} \qquad (5\text{-}1\text{-}5)$$

若在滑块上放置质量为 m_i 的砝码,则弹簧振子的有效质量变为 $m=m_1+m_0+m_i$,简谐振动的周期为

$$T=2\pi\sqrt{\frac{m_1+m_0+m_i}{k}} \qquad (5\text{-}1\text{-}6)$$

根据实验测量数据寻求物理量间的相互关系,确定物理量间的经验公式. 一般遵循以下程序:

① 通过实验确定物理量间的相关性,确定所研究的物理量与哪些因素有关;

② 根据已经掌握的相关知识和经验,对物理量间的相关关系建立一个数学模型,该模型中含有若干个待定参数;

③ 对所研究的物理量在一定条件下进行测量;

④ 运用适当的数学方法对实验数据进行处理,确定数学模型中的待定参数,从而获得反映物理量间数值关系的经验公式.

本实验研究弹簧振子的振动规律,首先要对弹簧振子的振动现象进行细致的观察,确定弹簧振子的振动周期与哪些物理量有关;要研究低阻尼下弹簧振子的振幅 A 随时间的变化规律,就需要测量出弹簧振子在不同振动时间下的振幅.

我们已经知道气垫导轨上弹簧振子(滑块)的振动周期 T 与振动系统弹簧的倔强系数 k 和振动系统的有效质量 m 的大小有关. 为了找出它们之间的关系,从量纲入手,可以假设它们之间满足关系式

$$T=Ck^\alpha m^\beta \qquad (5\text{-}1\text{-}7)$$

式(5-1-7)中 α、β 和 C 均为待定系数,可以通过实验来确定.

当振动系统弹簧的倔强系数 k 保持不变时,式(5-1-7)可写成

$$T=C'm^\beta \qquad (5\text{-}1\text{-}8)$$

其中 $C' = Ck^a =$ 常数.

这样,对于不同的 m 值,就有不同的 T 值. 要建立简谐振动弹簧振子振动周期与质量的关系式,只需测出在不同质量 m_i 下弹簧振子对应的周期 T_i 即可.

由式(5-1-8)可知,只要 β 不等于 1,T 与 m 之间就不是直线关系. 为了便于图解,可将式(5-1-8)两边取对数,将曲线改直得到

$$\ln T = \ln C' + \beta \ln m \tag{5-1-9}$$

可以看出,通过图示和图解的方法,可以求出常数,再将它们分别代入式(5-1-8)中就可以确定出弹簧振子振动规律的实验公式.

通过以上分析,当振动系统弹簧的倔强系数 k 保持不变时,要建立弹簧振子振动周期的经验公式,可通过以下方法进行:

① 保持振子质量一定,在不同振幅下,测量其振动周期,研究振动周期与振幅的关系(注意振幅不能过大,不能超过 30.0 cm,以免把弹簧拉坏).

② 保持振幅一定(不能超过 30.00 cm),改变振子的质量(在振子上增加不同的配重),测量其振动周期,研究振动周期与振子质量的关系.

本实验中,由于忽略空气阻力和滑块与气轨间的摩擦力,因此可以近似认为滑块在运动过程中只受弹性回复力的作用. 任意时刻振动系统的总机械能为

$$E = E_k + E_p = \frac{1}{2}mv^2 + \frac{1}{2}kx^2$$

研究系统的总机械能变化,可以通过测量不同位置 x 处滑块的速度 $v\left(v = \dfrac{\Delta x}{\Delta t}\right)$,求得 E_k 及 E_p,研究二者之间的相互转换和系统总机械能的变化规律.

要建立低阻尼下弹簧振子振幅 A 随时间的变化关系式,需测出弹簧振子在不同振动时间下的振幅. 但是由于振幅 A 和对应时间 t 在气轨上不易用简单方式同时直接测量,因此可从如下几方面进行考虑:

① 由于是低阻尼,振动时间可由完成 n 个全振动周期个数来确定,即设 $t = nT$.

② 振幅 A 可由滑块经过平衡位置时的最大速率 v_{max} 来确定. 即由 $\dfrac{1}{2}mv_{max}^2 = \dfrac{1}{2}kA^2$ 及 $v_{max} = \dfrac{\Delta x}{\Delta t}$($\Delta x$ 为常数,速率 v_{max} 的测量参见实验 3.17 中相关内容),可得 $A = \sqrt{\dfrac{m}{k}\dfrac{\Delta x}{\Delta t}}$.

③ 要研究振幅 A 和振动时间 t 的关系,只需通过测量获取 Δt 和 t(即 nT)的关系,便可解决.

【注意事项】

① 选择两个相同(或接近)的弹簧,弹簧切勿用手随意拉伸,以免超过其弹性限度而无法恢复原状.

② 测量完毕,先取下滑块、弹簧等,再关闭气源,切断电源,整理好仪器.

【思考与讨论】

① 仔细观察,可以发现滑块振幅是不断减小的,那么为什么还可以认为滑块是做简谐

振动? 实验中如何尽量保证滑块做简谐振动?

② 本实验的弹簧倔强系数 $k_1 \approx k_2$,若 k_1、k_2 相差较大,对本实验有何影响?

③ 本实验中若气轨没有被调节水平,对测量结果有何影响?

④ 若考虑弹簧的质量,则弹簧振子的周期 $T = 2\pi \sqrt{\dfrac{m_1 + m_0}{k}}$(其中 m_0 为弹簧的有效质量,k 为系统的倔强系数). 试问:通过本实验能否测出弹簧的有效质量和系统的倔强系数? 如何测量?

【附录 5. 1. 1】

光电计时系统使用说明

光电计时系统是由光电门和数字毫秒计或电脑通用计数器组成. 光电门由聚光灯泡和光敏三极管组成,利用光敏三极管受光照射或不受光照射时输出电流的不同,可将光信号转换成电信号,控制计数器"计时"或"停止",实现时间间隔的测量. 光电门架可以安装在导轨的任一位置.

1. 数字毫秒计

四位数字毫秒计是一种比较精密的测时仪器,其精度为 0.1 ms,即万分之一秒,最大量程为 99.99 s.

JSJ-3 型数字毫秒计使用说明如下:

① 打开电源开关(要求电压 220±20 V、50 Hz)预热 3~5min,然后方可测量.

② 将旋钮分别拨到"光控"和"B".

③ 选用双遮光片测量速度.

④ 如果选用手动,要注意必须手按复位数码管才能复零,如果选用自动,则数码管显示一定时间后会自动复零. 在选用手动时,如果不按手动复位,则通过第二个光电门后显示的时间为通过两个光电门的总时间.

⑤ 量程选择有 3 挡:0.1 ms、1 ms、10 ms. 0.1 ms 挡测量范围为 0.0001~0.9999 s,1 ms 挡测量范围为 0.001~9.999 s,10 ms 挡测量范围为 0.01~99.99 s,测量速度时,应选用 0.1 ms 挡.

2. 电脑通用计数器

电脑通用计数器是以 MCS-51 单片机为核心的智能化、数字化测量仪表,有多种功能,在此只把本实验所用到的功能简单介绍如下:

1) 计时

按下键 $\boxed{\Delta t}$,装好带有遮光片的滑块在已通气的气轨上运动,遮光片通过光电门挡光. 通过第一个光电门时记数,当通过第二个光电门时先清除第一个光电门的记数,并同时记录通过第二个光电门所记的数.

2) 加速度的测量

① 按动键 $\boxed{a_0^7}$，显示屏显示"—4".

② 按动键 $\boxed{\circ}$，再向主机输送光电门个数(如在气轨上装了 3 个光电门则按动键 $\boxed{T^3}$，屏上显示"—3"即可开始实验.

例如:以装 3 个光电门为例，挡光片计时距离为 L，3 个计时值分别为 t_1、t_2、t_3. 用公式 $v = \dfrac{L}{t}$，可算出 v_1、v_2、v_3，$\Delta v_A = v_2 - v_1$，$\Delta v_B = v_3 - v_2$，第 1、第 2 光电门间计时为 Δt_A，第 2、第 3 为 Δt_B，那么 $a_A = \dfrac{\Delta v_A}{\Delta t_A}$，$a_B = \dfrac{\Delta v_B}{\Delta t_B}$.

3) 测一个简谐运动的周期

① 安装好气轨上的弹簧振子，装好光电门.

② 按动键 $\boxed{T_2^9}$，显示屏上显示 10.

③ 按动键 $\boxed{\text{shift}}$.

④ 输入待测周期数，如 65 个周期，按动 $\boxed{T_1^6}$，再按动键 $\boxed{\Delta t_1^5}$，显示屏显示 65.

⑤ 再按动键 $\boxed{\text{shift}}$.

⑥ 使简谐运动开始.

⑦ 待运动平稳后再次按动键 $\boxed{T_2^9}$，即开始测量. 在测量过程中，简谐运动每完成一个周期，显示屏示数自动减 1，待 65 个周期全部完成，即自动显示 65 个周期的总时间值.

实验 5.2　热敏电阻温度特性研究及数字温度计的设计

热敏电阻是一种阻值随温度改变发生显著变化的敏感电子元件. 在工作温度范围内，阻值随温度升高而增加的称为正温度系数(positive temperature coefficient 简称 PTC)热敏电阻，反之称为负温度系数(negative temperature coefficient 简称 NTC)热敏电阻. 第三类热敏电阻为临界温度系数热敏电阻(critical temperature coefficient 简称 CTR). 在温度测量领域应用较多的是 NTC 型热敏电阻. 热敏电阻的共同特点是体积小、响应快、灵敏度高、重复性好、工艺性强，适于大批量生产、成本较低、使用方便等. 热敏电阻被广泛用于室温范围的测温或控温，可以把温度及其变化转换成电学量或电学量的变化加以测量. 所以，热敏电阻在温度测控、现代电子仪器及家用电器(比如电视机的消磁电路、电子驱蚊器等)中有着广泛应用.

直流电桥是一种精密的电学测量仪器，可分为平衡电桥和非平衡电桥两类. 平衡电桥是通过调节电桥平衡，将待测电阻与标准电阻进行比较得到待测电阻的大小，如惠斯通电桥、开尔文电桥等都是平衡式直流电桥. 由于需要调节平衡，因此平衡电桥只能用于测量具有相对稳定状态的物理量. 随着测量技术的发展，电桥的应用不再局限于平衡电桥的范围，非平衡电桥在非电量的测量中已得到广泛应用. 实际工程和科学实验中，待测量往往是连续变化的,只要能把待测量同电阻值的变化联系起来,便可采用非平衡电桥来测量.将各种电阻型传感器接入电桥回路,桥路的非平衡电压就能反映出桥臂电阻的微小变化,因此,通过测量非平衡电桥的输出电压就可以检测出待测量的变化信息,如温度、压力、湿度等.由于各类传感器技术及应用飞速发展,非平衡电桥的应用也越来越广泛.

【预习提示】

① 选择阅读本章参考文献[3]、[13]、[14]中相关内容,并自行查阅与本实验项目相关的研究论文 2～3 篇.
② 热敏电阻的分类和特点是什么?
③ 与平衡电桥相比,非平衡电桥有什么特点?
④ 利用非平衡电桥和热敏电阻制作数字温度计的过程是怎样的?

【实验目的】

① 了解非平衡电桥的工作原理和工作特性.
② 掌握应用非平衡电桥测量热敏电阻温度特性的方法.
③ 学习用热敏电阻结合非平衡电桥制作数字温度计.
④ 初步掌握非平衡电桥中几种不同的桥路形式,并会根据不同的被测对象灵活选择桥路.

【实验器材】

旋转式电阻箱、标准电阻(1 kΩ 左右)、热敏电阻、恒温控制系统、开关、插线板、导线若干等.

【实验内容与要求】

1. 热敏电阻温度特性研究

自拟测量热敏电阻温度特性的实验方案和步骤(温度变化范围可以自定,但不能太小或太大),写出测量方法(由于存在温度滞后效应现象,测量方法建议用升温和降温各测一次).

2. 数字温度计的设计

① 依据图 5-2-1 自行搭建电桥,根据电桥平衡原理,测量 R_T 在室温时的阻值.
② 设计测量范围在室温～90.0℃之间任意温度变化范围的数字式温度计,在温度变化的下限、上限两点定标.利用非平衡电桥的输出电压 U_0 指示值间接反映出被测温度的数值.
③ 给出定标及校准的方法.

【数据记录与处理】

① 作出热敏电阻的温度特性曲线,并根据测量数据得出电阻与温度的关系式.

② 在直角坐标纸上作 R_T-t 关系曲线,计算所用热敏电阻的材料常数 β 和电阻温度系数 α,并判断其类型.

③ 在直角坐标纸上作出 U_0-t 关系曲线.

④ 总结实验结果,得出实验结论.

【实验原理提示】

1. 热敏电阻的温度特性

对于 NTC 型热敏电阻,其电阻率与温度的关系类似于纯半导体,可近似表示为

$$\rho = \rho_\infty e^{\frac{\Delta E}{2kT}} \tag{5-2-1}$$

式中 ρ_∞ 为 $T \to \infty$ 时的电阻率,k 为玻尔兹曼常数.设 $\Delta E/2k = \beta$,改写上式可得到热敏电阻的电阻温度关系

$$R_T = R_0 e^{\beta\left(\frac{1}{T} - \frac{1}{T_0}\right)} \tag{5-2-2}$$

$$\beta = \frac{T_0 T}{T_0 - T} \ln \frac{R_T}{R_0} \tag{5-2-3}$$

式中 R_T 是温度为 T(采用热力学温标单位为 K)时的热敏电阻阻值,R_0 是初始温度 T_0(采用热力学温标单位为 K)时的热敏电阻阻值,β 为热敏电阻的材料常数.热敏电阻的材料常数 β 是由热敏电阻的组成成分和热处理方法所决定的,它是每一个热敏电阻固有的特性,在一定温度范围内可认为是一常数.

对式(5-2-2)等式两边取自然对数,可以得到

$$\ln R_T = \ln R_0 + \beta\left(\frac{1}{T} - \frac{1}{T_0}\right)$$

由此可以看出,$\ln R_T$ 与 $\frac{1}{T}$ 之间满足线性关系.改变温度,测量不同温度下热敏电阻的阻值,然后以 $\frac{1}{T}$ 为横轴,$\ln R_T$ 为纵轴作图,便能获取一条直线,此直线的斜率即为常数 β.

由于热敏电阻的阻值与温度成非线性关系,定义其电阻温度系数为

$$\alpha = \frac{dR/R}{dT} = \frac{1}{R} \frac{dR}{dT} = -\frac{\beta}{T^2} \tag{5-2-4}$$

由此可以看出,α 与温度 T^2 成反比的关系.α 的意义是温度变化 1℃时热敏电阻阻值的相对变化率.对于一定材料的热敏电阻,α 仅是温度的函数.通过 β 或 α 可以判断一个热敏电阻是正温度系数(PTC)型,还是负温度系数(NTC)型热敏电阻.一般的数据表或产品介绍中所给的都是热敏电阻在 20℃(293K)时的 α 值.

2. 非平衡电桥的原理

在如图 5-2-1 所示的电桥电路中,R_1、R_2、R_3 和 R_3' 是精密的可调电阻箱,R_T 为热敏电

阻. 在某一温度下, 当 K_2 掷向位置 2 时, 调节电阻 R_1 使电桥达到平衡, 再将 K_2 掷向位置 1, 保持其他电阻不变, 调节电阻 R_2 使电桥重新达到平衡, 则 $R_T = R_2 = \dfrac{R_3'}{R_3} R_1$, 即替代法测量出热敏电阻某一温度下的电阻. 如果温度发生改变, 则 R_T 随之发生变化, 电桥就处于非平衡状态. 根据分压原理, 非平衡电桥的输出电压 U_0 为

$$U_0 = U_{BC} - U_{DC} = \frac{R_T R_3 - R_1 R_3'}{(R_1 + R_3)(R_T + R_3')} U_{AC} \tag{5-2-5}$$

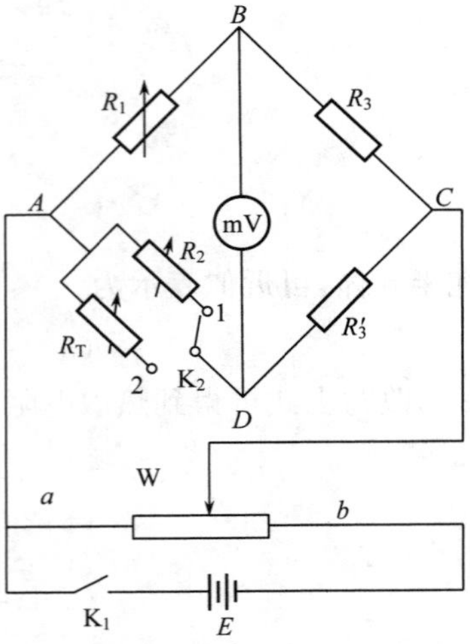

可见 U_0 随着热敏电阻 R_T 的改变而改变, 因此, 可通过检测 U_0 的变化而测得 R_T, 从而确定温度值.

在图 5-2-1 中, 当温度一定(例如室温或其他温度值)时, 调节电位器 W 改变电桥端电压 U_{AC} 使数字毫伏表的示数 U_0 达到指定数值(例如 80.0 mV 或 100.0 mV 或其他数值等). 当温度改变时, U_0 只与 R_T 或温度 t 有关, 不同温度时 R_T 有不同的数值, 电桥的输出电压 U_0 也会有相应的变化. 实验中只要设法使得 U_0 的毫伏数与 R_T 所处的温度值相同或乘以一个定值的比例系数值相同, 这样桥上显示的 U_0 值即为温度值或者是温度值乘以一个定值比例系数的值. 这就构成了数字式电阻温度计. 实验过程中, 若测得该状态下的 U_0-t 曲线, 可以根据 U_0 与温度 t 的函数关系, 经定标后, 即可用 U_0 来测量温度 t, 这就是热敏电阻非平衡电桥测量温度的原理.

图 5-2-1 非平衡电桥原理图

但是, 这里 U_0 与温度 t 的关系是非线性的, 使用起来就不是很方便, 这就需要进行线性化处理. 常用的方法有:①串联法. 通过选取一个合适低温度系数的电阻与热敏电阻串联, 就可以使温度与电阻的倒数成线性关系, 再利用恒压源构成测量电源, 就可使测量电流与温度成线性关系. ②串并联法. 在热敏电阻两端串并联电阻, 总电阻是温度的函数, 在选定的温度点进行级数展开, 并令展开式的二次项为 0, 忽略高次项, 从而求得串并联电阻的阻值, 这样就可以使总电阻与温度成正比. ③用运算放大器结合电阻网络进行转换, 可使电桥输出与温度在一定范围内成近似的线性关系. ④非平衡电桥法. 通过选择合适的电桥参数(R_1、R_3、R_3'和 E 值), 使非平衡电桥的输出电压与温度在一定温度范围内成近似的线性关系. 本实验中使用了这种方法, 较为合适的线性化电桥参数约为 $R_3 = R_3' = 1000\Omega$ 左右.

3. 制作数字温度计的原理

当温度变化使热敏电阻 R_T 的阻值变化时, U_0 随之发生变化. 一定的温度 t 对应于一定的 R_T 值, 而一定的 R_T 值又对应于一定的 U_0, 所以利用热敏电阻可以制作数字温度计.

(1) 下限温度和上限温度的确定.

确定上限温度和下限温度是制作数字温度计的重要内容. 图 5-2-1 中 R_1 用来确定温度计的下限温度 t_0, 即调节 R_1 使 $U_0 = 0.0$ mV. 电位器 W 用来调节 U_{AC}, 由此可以调节在上限温度时的 U_0 值(500.0 mV 或 800.0 mV 或其他数值), 即当热敏电阻 R_T 置于上限温度(80.0℃或 85.0℃或其他数值)时, 调节电位器 W, 使 U_0 恰好等于 500.0 mV 或 800.0 mV 等, 称为确定温度计的上限温度.

（2）$U_0 \sim t$ 关系曲线及热敏电阻温度特性的测量.

R_2 可用来测量热敏电阻 R_T 处于某一温度时的电阻值 R_T. 如当 R_T 置于上限温度时，调节 U_{AC} 使 U_0 达到一定值（500.0 mV 或 800.0 mV 或确定的其他数值）后，再将 K_2 掷向 1，调节 R_2 使 U_0 再度达到 500.0 mV 或 800.0 mV 或确定的其他数值. 根据替代法原理，此时 R_2 等于 R_T 在上限温度时的阻值，即 $R_2 = R_T$. 据此可以测量热敏电阻在不同温度时电阻的大小及对应温度的 $U_0 T$ 值.

【注意事项】

① 热敏电阻只能在规定的温度变化范围内工作，否则会损坏元件，导致其性能不稳定；测量时，流过热敏电阻的电流必须很小.

② 使用电桥时，应避免将 R_1、R_2、R_3 同时调到零值附近，因为如果 R_1、R_2、R_3 阻值较小可能会出现较大的工作电流，测量精度也会下降.

③ 制作数字温度计时一定是先确定下限温度，后确定上限温度，二者次序不可颠倒.

【思考与讨论】

① 怎样测定热敏电阻的温度特性？β 和 α 的物理意义是什么？如何确定它们？

② 如何确定热敏电阻温度计的测量上、下限温度？

③ 实验过程中怎样检查 U_{AC} 是否变化？变化后怎么办？

实验 5.3　电表的改装与校准

电表在电学测量中有着广泛的应用，如何了解电表和使用电表就显得尤为重要. 电流计由于结构的原因，一般磁电系电流计的可动线圈允许通过的电流很小，这种测量结构通常称为"表头"，表头只适合测量微安级（低等级的也有毫安级）的电流，而数字显示式（简称数显式）表头只能测量毫伏级的电压，即只能测量较小的电压或电流. 如果要用来测量较大的电流或电压，就需要将表头改装，以扩大其量程. 直流电流表、交流电流表、直流电压表、交流电压表、欧姆表、万用表等都是由微安表头配以不同的电路和元件后改装而成的. 任何一种仪器（尤其是自行组装的仪器）在使用前都应进行校准，校准是一项非常重要的实验技术. 本实验就是对此展开思维，自行设计并实践这种应用技能.

【预习提示】

① 选择阅读本章参考文献[5]、[8]、[10]、[14]、[24]中相关内容，并自行查阅与本实验项目相关的研究论文 2～3 篇.

② "表头"的含义是什么？

③ 为什么要对改装的电表进行校准？如何校准？

④ 在某一个电流（或电压）量程下，改装的电流表（或电压表）内阻与表头内阻和量程的关系是怎样的？表头内阻和量程大些好还是小些好？

【实验目的】

① 掌握电表的基本原理和设计方法,测量所给表头的参数——内阻和量程.
② 掌握将表头改装成电流表、电压表和欧姆表的原理和方法.
③ 学会电流表、电压表、欧姆表的校正方法,并利用校正曲线对改装电表进行修正.
④ 了解数显式电表的改装方法,学习设计数显式电表改装电路的方法.

【实验器材】

用于改装的指针式和数显式表头、标准的电流表、标准的电压表、电阻箱、滑线变阻器、直流稳压电源等.

【实验内容与要求】

① 测量所给表头的参数
设计并画出测量电路图,制定测量步骤,测量出表头的内阻和量程(要求表头内阻用中值法或替代法测量).
② 将表头改装成电流表
设计并画出测量电路图,计算所需并联分流电阻的理论值,制定测量步骤,将表头改装成量程为 $I=100.0$ mA(或 50.0 mA、150.0 mA、200 mA 或自定量程)的电流表,并校准.
③ 将表头改装成电压表
设计并画出测量电路图,计算所需串联分压电阻的理论值,制定测量步骤,将表头改装成量程为 5.00 V(或 3.00 V,10.00 V 或自定量程)的电压表,并校准.
④ 把表头改装成欧姆表,画出刻度盘,并用自己改装的欧姆表对电阻箱的电阻进行初步测量.(选做)
⑤ 将数显式表头改装成量程为 100.0 mA、200.0 mA 或其他量程的电流表并校准. 要求自己设计电路,并选用合适的电路对改装表进行校准.(选做)
⑥ 将数显式表头改装成量程为 2.000 V、4.000 V 或其他任意量程的电压表并校准. 要求自己设计电路,并选用合适的电路对改装的电表进行校准.(选做)

【数据记录与处理】

① 列表记录有关测量数据.
② 作出电流表与电压表的校准曲线,并根据校准曲线确定电流表和电压表的准确度等级.
③ 总结各种电表改装的方法和关键点.

【实验原理提示】

1. 常用磁电式电表

　　实验室常用的电表大部分是指针式电表,其结构属于磁电式,尽管各种电表的内部组成不同,但原理都是利用通电线圈在永久磁铁的磁场中受到电磁力矩的作用而发生偏转.其结构由表头和附加电路组成.

　　磁电式电表的结构如图 5-3-1 所示,在永久磁铁的两个磁掌 2 和圆柱形铁芯 3 之间的空隙磁场中有一个可转动的线圈 4.当线圈中有被测电流通过时,线圈在磁场作用下发生偏转,直到和游丝 6 的反作用力矩相平衡为止.偏转角的大小与通过线圈的电流成正比,并由指针 5 指示出来.磁电式电表表头指针偏转满度时的电流很小,只适于测量微安级或毫安级电流.

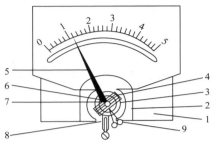

图 5-3-1　磁电式电表结构

1. 永久磁铁;2. 磁掌;3. 圆柱形铁芯;4. 线圈;
5. 指针;6. 游丝;7. 半轴;8. 调零螺杆;9. 平衡锤

2. 测量表头的量程 I_g、内阻 R_g

　　用于改装的电流计习惯上称为"表头".表头允许通过的最大电流称为表头的量程,用 I_g 表示,这个电流越小,表头的灵敏度越高.表头线圈的电阻,用 R_g 表示,称为表头的内阻. I_g 与 R_g 是表示电流计(表头)特性的重要参数.测量 R_g 常用的方法有中值法和替代法.

1) 中值法(也称半电流法)

　　当被测电流计接在电路中时,使电流计满偏,再用十进位电阻箱与电流计并联作为分流电阻,改变分流电阻值即改变分流程度.当电流计指针指示到中间值,且回路总电流强度仍保持不变,此时的分流电阻值就等于电流计内阻.

2) 替代法

　　当被测电流计接在电路中时,用十进位电阻箱替代它,且改变电阻箱的电阻值.当电路中的电压不变时,且电路中的电流亦保持不变,则电阻箱的电阻值即为被测电流计的内阻.替代法是一种运用很广的测量方法,具有较高的测量准确度.

3. 把表头改装成大量程电流表

　　根据电阻并联规律,如果在表头两端并联上一个阻值适当的分流电阻 R_s,如图 5-3-2 所示,可使表头不能承受的大部分电流从 R_s 上分流通过,而表头仍保持原来允许通过的最大电流 I_g.这种由表头和并联分流电阻 R_s 组成的整体(图 5-3-2 中虚线框住的部分)就是改装后的电流表.

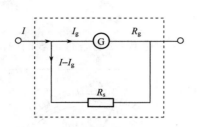

图 5-3-2　并联分流电阻改装成电流表

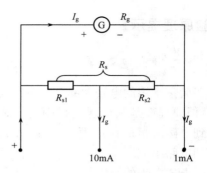

图 5-3-3　两个量程的电流表

设表头改装后的量程为 I，根据欧姆定律得到表头 G 满度时，R_s 的大小如下：

$$(I - I_g)R_s = I_g R_g$$

$$R_s = \frac{I_g R_g}{I - I_g} \tag{5-3-1}$$

若 $I = n I_g$，则

$$R_s = \frac{R_g}{n - 1} \tag{5-3-2}$$

用电流表测量电流时，电流表应串联在被测电路中，所以要求电流表应具有较小的内阻.在表头上并联阻值不同的分流电阻，便可制成多量程的电流表.由于实际的多量程电流表往往是在表头上同时串联、并联几个低值电阻，因而各个电阻的计算也略有不同.图 5-3-3 是将 $I_g = 100\ \mu A$、$R_g = 1000\Omega$ 的表头改装成具有两个量程($I_1 = 1\ mA$、$I_2 = 10\ mA$)的电流表的实际线路.其分流电阻 R_{s1}、R_{s2} 的计算值分别为 11.1Ω 和 100Ω.

4. 把表头改装成大量程电压表

表头虽然也可以用来测量较低的电压，但是一般不能满足实际需要.为了测量较大的电压，可按图 5-3-4 所示，给表头串联一个阻值适当的分压电阻 R_p，使表头上不能承受的大部分电压降落在分压电阻 R_p 上，而表头上电压降较小，仍能保持最大压降为 $I_g R_g$.这种由表头和串联分压电阻 R_p 组成的整体就是大量程的电压表，串联的分压电阻 R_p 叫做扩程电阻.

设表头量程为 I_g、内阻为 R_g，要把它改装成量程为 U 的电压表，由图 5-3-4 可得扩程电阻值为

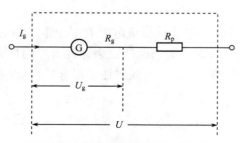

图 5-3-4　串联分压电阻改装成电压表

$$R_p = \frac{U}{I_g} - R_g \tag{5-3-3}$$

可见，要将表头改装为量程为 U 的电压表，只需在表头上串联一个阻值为 $\dfrac{U}{I_g} - R_g$ 的扩程电阻即可.

在表头上串联不同阻值的分压电阻 R_p，可以得到如图 5-3-5 所示多个不同量程的电压表，

图 5-3-5(a)中的 R_{p1} 两个量程共用,图 5-3-5(b)为单独配用分压电阻的电路.

用电压表测量电压时,总是将其并联在被测电路上,为了不致因为并联电压表而改变电路中的工作状态,要求电压表应该有较高的内阻.

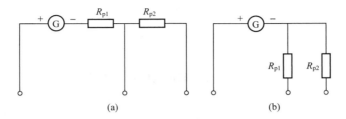

图 5-3-5　两个量程的电压表电路

5. 把表头改装成欧姆表

欧姆表是测量电阻的仪表.万用电表的电阻测量部分实际上就是一个多量程的欧姆表.

图 5-3-6 是欧姆表测量电阻的原理图.设有一表头电流量程为 I_g、内阻为 R_g,R_0 为可调电阻,E 为欧姆表所用电池的电动势,a、b 两点为测量电阻所用的表笔接点.欧姆表使用前应进行调"零".当 a、b 两点短路时,若忽略电池内阻,根据闭合电路欧姆定律可列出方程

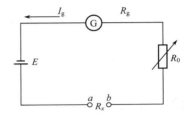

图 5-3-6　欧姆表原理

$$I = \frac{E}{R_g + R_0} \qquad (5\text{-}3\text{-}4)$$

适当调节 R_0,可得 $I = I_g$,即电流表指针达到满偏位置,称为欧姆表的调"零".可见,欧姆表的零点就在表头标度尺的满刻度处,与电流表和电压表的零点正好相反.如果在 a、b 两点接上一个未知电阻 R_x,则上式可写为

$$I = \frac{E}{R_g + R_0 + R_x} \qquad (5\text{-}3\text{-}5)$$

这时电流表指针偏转某一角度.当 a、b 两点断开时指针不动,$I = 0$,即指针在表头的机械零位,表示被测电阻为无限大.当电流减小一半时,即

$$R_x = R_中 = R_g + R_0$$

$$I = \frac{1}{2} I_g$$

此时指针指在表头的中间位置,对应的阻值 $R_中$ 为中值电阻.当中值电阻确定后,欧姆表的刻度也就确定了.欧姆表的中值电阻 $R_中$ 就等于 a、b 两点短路时电路的总电阻.$R_x = \infty$(相当于开路)时,$I = 0$,此时表头指针在电流刻度的零点.

所以欧姆表的标度尺为反向刻度,并且刻度是不均匀的(如图 5-3-7 所示).R_x 越大,电流 I 越小,刻度间隔越密.如果表头的标度尺预先按照已知电阻值刻度,就可以用电流表来直接测量电阻了.欧姆表在使用过程中电池的路端电压会有所改变,而表头的内阻 R_g 为常量,故要求 R_0 要随着 E 的变化而改变,以满足调"零"的要求.

表 5-3-7　欧姆表的刻度盘

表 5-3-1　欧姆表电流与电阻的关系

R_x 值	I 值	电表指针位置
$R_x=0$	$I=I_g$	电表满偏
$R_x=R_中$	$I=I_g/2$	指针指中间刻度
$R_x=2(R_g+R_0)$	$I=I_g/3$	在满刻度值的 1/3
$R_x=3(R_g+R_0)$	$I=I_g/4$	在满刻度值的 1/4

根据 a、b 两点所接不同阻值可列表 5-3-1. 从表 5-3-1 可以看出,电流随外电阻 R_x 的改变呈非线性关系,这一结果严重影响测量范围,也就是说当被测电阻比 $R_中$ 大得太多或小得太多时,就测不准确. 为了解决这个矛盾,欧姆表一般采用多个量程,即采用一个刻度盘,以基准挡 R 为基础,采用 10 的整倍数来扩大量程,如 $R\times1$、$R\times10$、$R\times100$、$R\times1K$ 等.

需要注意的是,当电池长期使用后或者刚更换新电池后,往往 a、b 两点短路而指针不能恰好满偏. 为了解决这一问题,在万用表上安装了一个零欧姆校正电位器.

在使用万用电表测量电阻时,应预先将 a、b 两点短路进行零点校正,使指针正好指在欧姆挡零点处,然后才能进行电阻的测量.

6. 数显式电压表的改装

数显式电压表是将模拟电压转换成数字量,再由数字显示器(数码管或液晶)显示出被测电压值的仪表,其结构如图 5-3-8 所示.

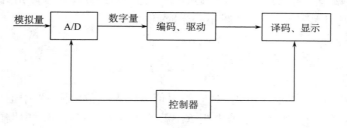

图 5-3-8　数显式电压表框图

数显式电压表与指针式电压表相比有一些不同的特点,参见表 5-3-2.

目前常用的 $3\frac{1}{2}$ 位(即 3 位半)数显式电压表有两种:

① 以 7106 型 A/D 转换芯片为核心,配少许外围元件构成. 使用液晶显示器,具有成本低、功耗小的特点,可以由仪表电池供电,便于携带.

② 以 7107 型 A/D 转换芯片为主,结合少量外围元件,使用数码管显示,具有亮度高的特点,但整机功耗较大,一般适用于交流供电的场合.

表 5-3-2　数显式电压表与指针式电压表的比较

指针式电压表	数显式电压表
指针显示,读数不便	数字显示,读数方便
抗过载能力差,易损坏	抗过载能力强,不易损坏
测量速度慢,抗干扰性差	测量速度快,抗干扰性强
能反映低频信号的连续变化	不能反映被测量信号的连续变化
价格低	价格稍高

数显式被改装的表头为数字毫伏表,数字毫伏表可直接测量低电压,作为平衡指零仪,测弱电流,也可改装成较大量程的电压表或电流表. 由于毫伏表的输入阻抗极高,因此改装方便. 对电流表的改装需要并联一只附加电阻,而电压表则需要串联一只附加电阻. 通常使用的数字毫伏表(或称为数字表头)一般只有一个基本量程 200 mV,为了测量较大和较小的电压、电流、电阻等,需要采取措施进行改装. 如为了减小量程,提高测量精度,需要增加前置放大电路;增加分压器,可以增加电压的测量范围;使用分流器,可以测量电流;使用 R-U 转换器,将电阻值转化为线性变化的电压,则可以测量电阻.

图 5-3-9 为改装数显式电压表的线路图,R_1、R_2、R_3 组成一个分压器,与数字表头组成了三个量程的数显式电压表. 注意数字表头的输入阻抗一般为 10MΩ 左右,所以分压电阻一般阻值也较大. 又由于表头是与分压电阻并联的,在计算分压比例时,可以不考虑表头内阻的分流作用.

当待测电压 U_x 加在 AB 两端后,在分压电路中有

$$U_{AB1} = \frac{R_1}{R_1 + R_2 + R_3} U_x = \frac{1}{100} U_x$$

$$U_{AB2} = \frac{R_1 + R_2}{R_1 + R_2 + R_3} U_x = \frac{1}{10} U_x$$

$$U_{AB3} = U_x$$

改装后的表以 AB 为电压的输入端,通过量程开关 S 选择表头输入电压的大小,达到改变量程的目的.

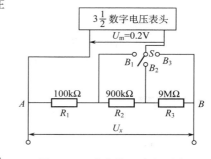

图 5-3-9　改装数显式电压表

7. 改装电表的校准与准确度等级的确定

经过改装的电表在使用前都应进行校准,也就是将改装电表与一准确度较高的标准电表进行比较,分别校准改装表的量程和刻度. 校准的方法是:

① 先校准改装电表及标准电表的机械零点,使电表的指针指向零点.

② 校准量程. 将电表接入相应的校准电路,使待校准电表与标准电表测量同一物理量(比如电压、电流、电阻等);然后调节改变待测物理量的大小,使标准电表的读数恰好等于待校准电表的满刻度值,若待校准电表不能指满度,则应调节分流电阻(对电流表)或分压电阻(对电压表),直到待校准电表指针指到满刻度.

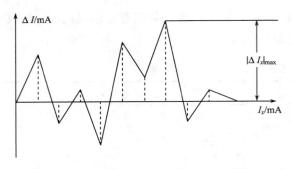

图 5-3-10　校准曲线

③ 校准刻度值. 用标准电表测出改装电表各个刻度值(改装表取整刻度)所对应的实际读数,分别记为 I_{xi} 和 I_{si} (或 U_{xi} 和 U_{si}),用正确的有效数字位数分别将其记录下来. 从而得到各个刻度的修正值 $\Delta I_i = I_{si} - I_{xi}$ (或 $\Delta U_i = U_{si} - U_{xi}$). 将改装电表的各个刻度都校准一遍,以被校准电表的指示值 I_x (或 U_x) 为横坐标,以修正值 ΔI (或 ΔU) 为纵坐标作出校准曲线.

在一般情况下,把两个相邻的校准点之间近似当做线性关系,即相邻两个校准点之间用直线连接,根据校正数据作出呈折线状的校准曲线(不能画成平滑曲线),如图 5-3-10 所示. 校准点间隔越小,其可靠程度就越高. 校准曲线将随被校电表一起使用,被校准仪表指示某一值,从校准曲线上就可以查出它的实际数值为 $I_x + \Delta I_x$. 在以后使用这个电表时,根据校准曲线可以修正电表的读数,从而获得较高的准确度.

④ 改装电表准确度等级的确定.

设标准表所用量程的极限误差为 $\Delta_{标}$,$\Delta_{标} =$ 量程 $\times$ 级别$/100$,自制表与标准表读数的最大绝对误差为 Δ_{max},则自制表的极限误差为

$$\Delta = \sqrt{\Delta_{max}^2 + \Delta_{标}^2} \tag{5-3-6}$$

由于电表的极限误差 $\Delta =$ 量程 $\times$ 级别$/100$,则自制表的级别 a 为

$$a = 100 \times \frac{\Delta}{量程} \tag{5-3-7}$$

注意:电表的精度等级一般为 0.1、0.2、0.5、1.0、1.5、2.5、5.0 等七级,电表准确度等级应按 a 的大小,若 a 在两级之间,则应归属准确度等级较低(级别数较大)的较近的那个级别. 例如若计算得级别 a 值为 1.2 或 1.3,则该表应定为 1.5 级.

【注意事项】

① 接通电源前一定要检查滑线变阻器的滑动端是否处在安全的位置,滑线变阻器作限流使用时,开始应置于电阻最大位置;滑线变阻器作分压使用时,注意滑动端初始安全位置的调整. 电阻箱的初始值不能为零,操作过程中避免电阻盘从 9~0 的突然减小而烧坏电表.

② 改装表量程校准后,在校准其他刻度值的过程中,分流电阻(或分压电阻)的阻值不能改变.

③ 电表的校准曲线是折线,而不是光滑的曲线.

④ 使用电表多为多量程电表,一定要事先选好量程,避免因误选过载而烧毁电表.

【思考与讨论】

① 校准电流表时,如果发现改装表的读数相对于标准表的读数偏高,试问要达到标准表的读数,此时改装表的分流电阻 R_s 应调大还是调小? 校准电压表时,如果发现改装表读

数相对于偏低,试问要达到标准表的数值,此时改装表的分压电阻 R_p 的阻值应调大还是调小?

② 在校准电表时,选择测量点,是取改装表为确定值还是标准表为确定值?为什么?

③ 改装电流表时,实用的分流电阻较小,若使用电阻箱(R_s)怎么调节也无法使两个电流表都恰好指 100.0 mA,你能否想出一个办法来使两个电流表都恰好指在 100.0 mA?

④ 替代法测量电阻可以消除仪表精度、测量方法等造成的误差,在实验中应注意哪些问题?

⑤ 改装电表的量程校准后,在校准刻度值的过程中,分流电阻(或分压电阻)能否改变?为什么?

⑥ 若需要测量 0.5 A 的电流,下列哪个安培表测量误差最小?

(a) 量程 $I_m = 3$ A,等级 $K = 1.0$ 级.

(b) 量程 $I_m = 1.5$ A,等级 $K = 1.5$ 级.

(c) 量程 $I_m = 1$ A,等级 $K = 2.5$ 级.

从结果比较中可以得出什么结论?

⑦ 图 5-3-9 中的分压电阻 R_1、R_2、R_3 分别改用 100Ω、900Ω、9kΩ 的电阻是否可以?(分压比例并没有变化)为什么?

实验 5.4　交流电桥的使用与研究

交流电桥是一种比较式仪器,在电子测量技术中占有重要地位,用途非常广泛.不但可以测量交流电阻、电感、电容;还可以测量材料的介电常数、电容器的介质损耗、线圈间的互感系数和耦合系数、磁性材料的磁导率和液体的电导率等.

交流电桥的平衡与电桥交流电源的频率有关,可以做成各种滤波网络或者测量交流电频率,交流电桥电路在无线电仪器设备中以及自动控制电路中也有广泛的应用.

交流电桥的桥路虽然和直流电桥具有相同的结构形式,但由于它的四个桥臂是阻抗,工作电源采用交流电,因此它的平衡条件、线路的组成以及实现平衡的调节过程都比直流电桥复杂.

本实验通过几种常用交流电桥电路来测量电阻、电感、电容等参数,加深了解交流电桥的结构特点和平衡原理,掌握调节交流电桥平衡的方法.

【预习提示】

① 选择阅读本章参考文献[7]、[17]、[18]、[21]、[22]、[26]、[28]、[29]中相关内容,并自行查阅与本实验项目相关的研究论文 2～3 篇.

② 交流电桥与惠斯通直流电桥有什么异同之处?

③ 电容电桥和电感电桥平衡条件是什么?弄清不同形式桥路的特点和适合测量的对象.

④ 弄清电容的介质损耗和电感的品质因数定义及其计算方法.

⑤ 为了调节电桥平衡,电容器和电阻箱为什么要反复调节?如何确定的?

【实验目的】

① 了解交流电桥的基本结构与功能,掌握交流电桥的基本原理和平衡条件.
② 学会设计常用的交流电桥,掌握调节交流电桥平衡的基本方法.
③ 学会用交流电桥测量电阻、电容及其损耗因数、电感及其品质因数.

【实验器材】

DH4505 型交流电路综合实验仪.

【实验内容与要求】

1. 交流电桥测量电阻

用交流电桥测量不同类型和阻值的电阻,并与直流电桥的测量结果相比较.

2. 交流电桥测量电容

根据实验原理设计合适的桥路测量两个电容的电容量及其损耗电阻.其中一个为低损耗的电容,另一个为有一定损耗的电容.

3. 交流电桥测量电感

选择某一频率的工作电源,根据实验原理设计合适的桥路测量两个电感的电感量及其损耗电阻.其中一个为低 Q 值的空心电感,另一个为高 Q 值的铁心电感.

4. 研究性内容(选做)

① 研究分析串联和并联电容电桥的灵敏度;
② 研究分析海氏电桥和麦克斯韦-维恩电桥的灵敏度;改变电源的工作频率,测量电感的电感量及其损耗电阻,研究分析电源的工作频率对测量结果的影响.

5. 设计性内容(选做)

① 自己设计其他形式的交流桥路测量电容或电感.
② 设计实验方案,测量电阻、电感、电容串联电路的谐振频率.

【数据记录与处理】

① 列表记录电阻的测量数据.计算被测电阻的测量结果及其不确定度.
② 列表记录电容的测量数据.计算被测电容器的电容、损耗电阻和损耗因数;估算不确定度,表示测量结果.
③ 列表记录电感的测量数据.计算被测电感器的电感、损耗电阻和品质因数;估算不确定度,表示测量结果.

【实验原理提示】

1. 交流电桥的基本原理和平衡条件

在交流电桥中,四个桥臂一般是由电阻、电感、电容等阻抗元件组成. 电桥的电源通常是正弦交流电源. 交流电桥的结构形式与直流单臂电桥相似,如图 5-4-1 所示. 平衡指示仪种类很多,适用于不同频率范围. 频率为 200 Hz 以下时可采用谐振式检流计;音频范围内可采用耳机作为平衡指示器;音频或更高的频率时也可采用电子指零仪器;也有用电子示波器或交流毫伏表作为平衡指示器. 本实验采用高灵敏度的电子放大式指零仪,有足够的灵敏度. 指示器指零时,电桥达到平衡.

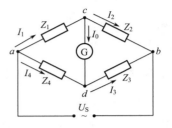

图 5-4-1　交流电桥原理

1) 交流电桥的平衡条件

在交流电桥中,四个桥臂由阻抗元件组成. 在电桥的一条对角线 cd 上接入交流指零仪,另一对角线 ab 上接入交流电源. 下面在正弦稳态的条件下讨论交流电桥的基本原理. 当调节电桥参数,使交流指零仪中无电流通过时(即 $I_0 = 0$),说明 cd 两点的电位相等,电桥达到平衡,这时有

$$Z_1 Z_3 = Z_2 Z_4 \tag{5-4-1}$$

式(5-4-1)就是交流电桥的平衡条件.

若第一桥臂 Z_1 由被测阻抗 Z_x 构成,则

$$Z_x = \frac{Z_2}{Z_3} Z_4 \tag{5-4-2}$$

根据式(5-4-2),当其他桥臂的参数已知时,就可求出被测阻抗 Z_x 的值.

2) 交流电桥的平衡分析

在正弦交流情况下,把各桥臂阻抗写成复数的形式

$$Z = R + jX = |Z| \, e^{j\varphi} \tag{5-4-3}$$

若将电桥的平衡条件用复数的指数形式表示,则可得

$$|Z_1| \, e^{j\varphi_1} |Z_3| \, e^{j\varphi_3} = |Z_2| \, e^{j\varphi_2} |Z_4| \, e^{j\varphi_4} \tag{5-4-4}$$

即

$$|Z_1||Z_3| \, e^{j(\varphi_1 + \varphi_3)} = |Z_2||Z_4| \, e^{j(\varphi_2 + \varphi_4)} \tag{5-4-5}$$

根据复数相等的条件,等式两端的幅模和幅角必须分别相等,故有

$$\begin{cases} |Z_1||Z_3| = |Z_2||Z_4| \\ \varphi_1 + \varphi_3 = \varphi_2 + \varphi_4 \end{cases} \tag{5-4-6}$$

式(5-4-6)是交流电桥平衡条件的另一种表现形式. 可见交流电桥的平衡必须满足两个条件:一是相对桥臂上阻抗模的乘积相等;二是相对桥臂上阻抗幅角之和相等. 根据交流电桥的平衡条件,如果已知三个桥臂的模和幅角,就可求出第四个桥臂的模和幅角,即可同时测得模和幅角两个未知量.

2. 交流电桥的桥路设计

要设计一个好的实用的交流电桥应注意以下几个方面：

1）桥臂中的标准元件尽量不采用电感

由于制造工艺上的原因，标准电容的准确度要高于标准电感，并且标准电容不易受外磁场的影响．所以，常用的交流电桥，不论是测电感还是测电容，除了被测臂之外，其他三个臂都采用电容和电阻．

2）尽量使平衡条件与电源频率无关

为发挥电桥的优点，使被测量只决定于桥臂参数，而不受电源的电压或频率的影响．否则，桥路的平衡条件与频率有关，电源的频率将直接影响测量的准确性．

3）合理配置桥臂阻抗，增强交流电桥的收敛性

通常将电桥趋于平衡的快慢程度称为交流电桥的收敛性．收敛性越好，电桥趋向平衡越快；收敛性越差，则电桥不易平衡或者说平衡过程时间要很长．电桥的收敛性取决于桥臂阻抗的性质以及调节参数的选择．

根据交流电桥的平衡条件可知，交流电桥必须按照一定的方式来配置桥臂阻抗，才能使电桥平衡．如果用任意不同性质的四个阻抗组成一个电桥，不一定能够调节到平衡．因此，必须按交流电桥的两个平衡条件适当配合电桥各元件的性质，精心设计桥路．

在很多交流电桥中，为了使电桥结构简单和调节方便，通常将交流电桥中的两个桥臂设计为纯电阻．

（1）相邻两桥臂为纯电阻

如果相邻两桥臂接入纯电阻，由式（5-4-6）的平衡条件可知，另外相邻两桥臂也必须接入相同性质的阻抗，否则不可能调节交流电桥平衡．

在图 5-4-1 所示电路中，设被测对象 Z_x 在第一桥臂，两相邻臂 Z_2 和 Z_3 为纯电阻，即 $\varphi_2 = \varphi_3 = 0$，则由（5-4-6）式可得 $\varphi_4 = \varphi_x$．若被测对象 Z_x 是电容，则相邻桥臂 Z_4 也必须是电容；若 Z_x 是电感，则 Z_4 也必须是电感．

（2）相对两桥臂为纯电阻

如果相对两桥臂接入纯电阻，则另外相对两桥臂必须为异性阻抗，否则不可能调节交流电桥平衡．在图 5-4-1 所示电路中，设相对两桥臂 Z_2 和 Z_4 为纯电阻，即 $\varphi_2 = \varphi_4 = 0$，则由式（5-4-6）可知 $\varphi_4 = -\varphi_x$．若被测对象 Z_x 为电容，则相对桥臂 Z_3 必须是电感；若 Z_x 是电感，则 Z_3 必须是电容．

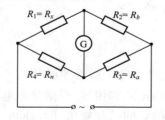

图 5-4-2　交流电桥测量电阻

3. 常用的交流电桥

1）电阻电桥

测量电阻时采用惠斯通电桥如图 5-4-2 所示，桥路形式与直流单臂电桥相同，只是电源采用交流电源，平衡指示器用交流指零仪．

当桥路平衡时,有

$$R_x = \frac{R_b}{R_a} R_n \qquad (5\text{-}4\text{-}7)$$

已知 R_n、R_a 和 R_b,即可测出 R_x.

由于采用交流电源,所以测量一些残余电抗较大的电阻时不易平衡,这时可改用直流电桥进行测量.

2) 电容电桥

电容电桥主要用来测量电容器的电容量及损耗角,利用已知电容测量未知电容.

(1) 电容器的损耗因数

实际电容器并非理想元件,存在着介质损耗,所以通过电容器 C 的电流和两端电压的相位差并不是 $90°$,要比 $90°$ 小一个 δ 角,称为介质损耗角. 具有损耗的电容可以用两种形式的等效电路表示,一种是理想电容和一个电阻相串联的等效电路,如图 5-4-3(a)所示;一种是理想电容与一个电阻相并联的等效电路,如图 5-4-4(a)所示. 在等效电路中,理想电容表示实际电容器的等效电容,而串联(或并联)等效电阻则表示实际电容器的发热损耗.

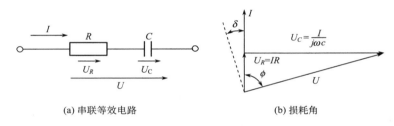

(a) 串联等效电路   (b) 损耗角

图 5-4-3 实际电容器的串联等效电路与损耗角

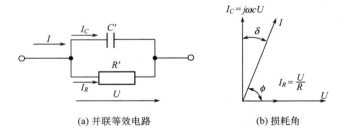

(a) 并联等效电路   (b) 损耗角

图 5-4-4 实际电容器的并联等效电路与损耗角

图 5-4-3(b)及图 5-4-4(b)分别画出了相应电压、电流的相量图. 必须注意,等效串联电路中的 C 和 R 与等效并联电路中的 C'、R' 是不相等的. 在一般情况下,当电容器介质损耗不大时,应当有 $C \approx C', R \ll R'$. 所以,如果用 R 或 R' 来表示实际电容器的损耗时,还必须说明它对于哪一种等效电路而言. 因此为了表示方便起见,通常用电容器的损耗角 δ 的正切 $\tan\delta$ 来表示它的介质损耗特性,并用符号 D 表示,通常称它为损耗因数.

在串联等效电路中,损耗因数表示为

$$D = \tan\delta = \frac{U_R}{U_C} = \frac{IR}{I/\omega C} = \omega CR \qquad (5\text{-}4\text{-}8)$$

在等效的并联电路中,损耗因数表示为

$$D = \tan\delta = \frac{I_R}{I_C} = \frac{U/R'}{\omega C'U} = \frac{1}{\omega C'R'} \qquad (5\text{-}4\text{-}9)$$

应当指出,在图 5-4-3(b)和图 5-4-4(b)中,$\delta = 90° - \phi$ 对两种等效电路都是适合的,所以不管用哪种等效电路,求出的损耗因数是一致的.

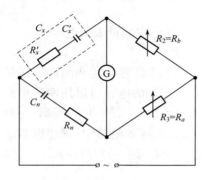

图 5-4-5　串联电阻式电容电桥

(2) 测量小损耗电容的电容电桥(串联电容电桥)

图 5-4-5 所示电容电桥适合用来测量损耗小的电容,被测电容 C_x 接到电桥的第一臂,等效为电容 C'_x 和串联电阻 R'_x,其中 R'_x 表示它的损耗;与被测电容相比较的标准电容 C_n 接入相邻的第四臂,同时与 C_n 串联一个可变电阻 R_n,桥的另外两臂为纯电阻 R_b 及 R_a.

当电桥调到平衡时,有

$$\left(R'_x + \frac{1}{j\omega C'_x}\right)R_a = \left(R_n + \frac{1}{j\omega C_n}\right)R_b \quad (5\text{-}4\text{-}10)$$

式(5-4-10)的实数部分和虚数部分分别相等,可得

$$R'_x = \frac{R_b}{R_a}R_n \qquad (5\text{-}4\text{-}11)$$

$$C'_x = \frac{R_a}{R_b}C_n \qquad (5\text{-}4\text{-}12)$$

由此可知,要使电桥达到平衡,必须同时满足式(5-4-11)、式(5-4-12)两个条件,因此至少调节两个参数.如果改变 R_n 和 C_n,便可以单独调节互不影响地使电容电桥达到平衡.通常标准电容都是做成固定的,因此 C_n 不能连续可变,这时可以调节 R_a/R_b 比值使式(5-4-12)得到满足,但调节 R_a/R_b 的比值时又影响到式(5-4-11)的平衡.因此要使电桥同时满足两个平衡条件,必须对 R_n 和 R_a/R_b 等参数反复调节才能实现,因此使用交流电桥时,必须通过实际操作取得经验,才能迅速获得电桥的平衡.电桥达到平衡后,C'_x 和 R'_x 值可分别由式(5-4-11)和式(5-4-12)计算出.则被测电容的损耗因数 D 为

$$D = \tan\delta = \omega C'_x R'_x = \omega C_n R_n \qquad (5\text{-}4\text{-}13)$$

(3) 测量大损耗电容的电容电桥(并联电容电桥)

假如被测电容的损耗大,则用上述电桥测量时,与标准电容相串联的电阻 R_n 必须很大,这将会降低电桥的灵敏度.因此,当被测电容的损耗大时,宜采用图 5-4-6 所示的另一种电容电桥来进行测量,该电桥又称西林电桥,它的特点是标准电容 C_n 与电阻 R_n 是彼此并联的.则根据电桥的平衡条件,有

$$R_a\left(\frac{1}{R_n} + j\omega C_n\right) = R_b\left(\frac{1}{R'_x} + j\omega C'_x\right) \quad (5\text{-}4\text{-}14)$$

整理后可得

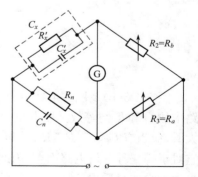

图 5-4-6　并联电阻式电容电桥

$$R'_x = \frac{R_b}{R_a}R_n \tag{5-4-15}$$

$$C'_x = \frac{R_a}{R_b}C_n \tag{5-4-16}$$

由式(5-4-9)可知,被测电容的损耗因数 D 为

$$D = \tan\delta = \frac{1}{\omega C'_x R'_x} = \frac{1}{\omega C_n R_n} \tag{5-4-17}$$

除了以上两种形式的电容电桥,交流电桥测量电容根据需要还有一些其他形式,可参考有关的书籍.

3) 电感电桥

电感电桥是用已知电感或电容来测量未知电感的电桥. 电感电桥有多种线路,通常采用标准电容作为与被测电感相比较的标准元件. 从前面的分析可知,这时标准电容一定要安置在与被测电感相对的桥臂中. 根据实际的需要,也可采用标准电感作为标准元件,这时标准电感一定要安置在与被测电感相邻的桥臂中,这里不作介绍.

（1）电感器的品质因数

一般实际的电感线圈都不是纯电感,除了电抗 $X_L = \omega L$ 外,还有有效电阻 R,两者之比称为电感线圈的品质因数 Q,即

$$Q = \frac{\omega L}{R} \tag{5-4-18}$$

（2）测量高 Q 值电感的电感电桥

测量高 Q 值的电感电桥的原理线路如图 5-4-7 所示,该电桥电路又称为海氏电桥. 电桥平衡时,可得

$$\left(R_x + j\omega L_x\right)\left(R_n + \frac{1}{j\omega C_n}\right) = R_a R_b \tag{5-4-19}$$

简化和整理后可得

$$L_x = \frac{R_a R_b C_n}{1 + (\omega R_n C_n)^2} \tag{5-4-20}$$

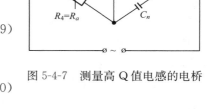

图 5-4-7　测量高 Q 值电感的电桥

$$R_x = \frac{R_a R_b R_n (\omega C_n)^2}{1 + (\omega R_n C_n)^2} \tag{5-4-21}$$

由式(5-4-20)和式(5-4-21)可知,海氏电桥的平衡条件与频率有关. 因此,在应用成品电桥时,若改用外接电源供电,必须注意要使电源的频率与该电桥说明书上规定的电源频率相符,而且电源波形必须是正弦波,否则,谐波频率就会影响测量的精度.

用海氏电桥测量时,被测电感的品质因数 Q 值为

$$Q = \frac{\omega L_x}{R_x} = \frac{1}{\omega C_n R_n} \tag{5-4-22}$$

由式(5-4-22)可知,被测电感 Q 值越小,则要求标准电容 C_n 的值越大,但一般标准电容的容量都不能做得太大. 此外,若被测电感的 Q 值过小,则海氏电桥的标准电容的桥臂中所串的 R_n 也必须很大,但当电桥中某个桥臂阻抗数值过大时,将会影响电桥的灵敏度. 因此,海氏电桥电路是宜于测 Q 值较大的电感参数的,而在测量 $Q < 10$ 的电感元件的参数时则需用另一种电桥电路,下面介绍这种适用于测量低 Q 值电感的电桥电路.

（3）测量低 Q 值电感的电感电桥

测量低 Q 值电感的电桥原理线路如图 5-4-8 所示，该电桥电路又称为麦克斯韦-维恩电

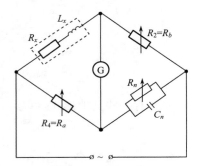

图 5-4-8　测量低 Q 值电感的电桥

桥．这种电桥与测量高 Q 值电感的海氏电桥所不同的是，标准电容 C_n 和可变电阻 R_n 是并联的．在电桥平衡时，有

$$(R_x + j\omega L_x)\left(\cfrac{1}{\cfrac{1}{R_n} + j\omega C_n}\right) = R_a R_b \quad (5\text{-}4\text{-}23)$$

简化和整理后可得

$$L_x = R_a R_b C_n \quad\quad\quad (5\text{-}4\text{-}24)$$

$$R_x = R_a R_b \frac{1}{R_n} \quad\quad (5\text{-}4\text{-}25)$$

被测电感的品质因数 Q 为

$$Q = \frac{\omega L_x}{R_x} = \omega C_n R_n \quad\quad (5\text{-}4\text{-}26)$$

麦克斯韦-维恩电桥的平衡条件式（5-4-24）和式（5-4-25）表明，它的平衡是与频率无关的，即在电源为任何频率或非正弦的情况下，电桥都能平衡，且其实际可测量的 Q 值范围也较大，所以这一电桥的应用范围较广．但是实际上，由于电桥内各元件间的相互影响，所以交流电桥的测量频率对测量精度仍有一定的影响．

4）交流电桥平衡的调节

通过上述分析可知，所有交流电桥有两个平衡条件需要同时满足．因此，调节交流电桥平衡时，至少有两个可调参量，只有调节这两个参量使他们同时达到平衡的数值，指零仪才指零．但是，实际调节时总是一个参量一个参量地调节．因此，调节交流电桥的平衡应采取分步调节和反复调节的方法．这种调节方法的基本思想是：先固定某一个参量，调节第二个参量，直到指零仪的指示最小；然后固定第二个参量，调节第一个参量，再使指零仪的指示最小；如此反复调节，直到指零仪的指示逼近于"0"．

在调节交流电桥平衡的过程中，有时指零仪的指针不能完全回到零位，这对于交流电桥是完全可能的，一般来说有以下原因：

① 测量电阻时，被测电阻的分布电容或电感太大．

② 测量电容和电感时，损耗平衡（R_n）的调节细度受到限制，尤其是低 Q 值的电感或高损耗的电容测量时更为明显．另外，电感线圈极易感应外界的干扰，也会影响电桥的平衡，这时可以试着变换电感的位置来减小这种影响．

③ 用不合适的桥路形式测量，也可能使指针不能完全回到零位．

④ 由于桥臂元件并非理想的电抗元件，所选择的测量量程不当；另外，被测元件的电抗值太小或太大，也会造成电桥难以平衡．

⑤ 在保证精度的情况下，灵敏度不要调得太高，灵敏度太高也会引入一定的干扰．

【注意事项】

① 实验前应充分掌握实验原理，接线前应明确桥路的形式，错误的桥路可能会有较大

的测量误差,甚至无法测量.

② 正确使用专用连接线,注意接线的正确性.要对各仪器和元件进行合理布局,连接导线尽量短,避免交叉连线,以减小分布电容的影响;正确连接各仪器和元件之间的接地端,以减小导线连接和人体感应引起的杂散信号的影响.

③ 实验初期,指零仪的灵敏度应先调到较低位置,待基本平衡时再调高灵敏度,重新调节桥路,直至最终平衡.

④ 仪器使用前应预热 5~10 分钟,并避免周围有强磁场源或磁性物质,使用完毕后应关闭电源.

【思考与讨论】

① 交流电桥的桥臂是否可以任意选择不同性质的阻抗元件组成? 应如何选择?

② 为什么在交流电桥中至少需要选择两个可调参数? 怎样调节才能使电桥趋于平衡?

③ 交流电桥对使用的电源有何要求? 交流电源对测量结果有无影响?

④ 交流电桥任意两个桥臂的阻抗能否同时为零? 为什么?

⑤ 电桥平衡时,若把交流信号源在电路中的位置与指零仪的位置互换,电桥是否仍然平衡? 这时相应的计算公式是否仍成立?

参 考 文 献

[1] 蔡永明,王新生. 大学物理实验. 北京:化学工业出版社,2009.

[2] 陈国杰,谢嘉宁,黄义清. 大学物理实验. 北京:国防工业出版社,2009.

[3] 陈均钧,陈红雨. 大学物理实验教程. 北京:科学出版社,2008.

[4] 丁红旗,张忠厚,公衍梅. 大学物理实验. 杭州:浙江大学出版社,2008.

[5] 董有尔. 大学物理实验. 合肥:中国科学技术大学出版社,2006.

[6] 方利广. 大学物理实验. 上海:同济大学出版社,2006.

[7] 何焰蓝,杨俊才. 大学物理实验. 2 版. 北京:机械工业出版社,2009.

[8] 胡湘岳. 大学物理实验教程. 北京:清华大学出版社,2008.

[9] 贾瑞皋. 大学物理实验教程. 北京:科学出版社,2008.

[10] 李长真. 大学物理实验教程. 北京:科学出版社,2009.

[11] 李恩普. 大学物理实验. 北京:国防工业出版社,2004.

[12] 李高清,张广平,李本印. 物理实验. 兰州:甘肃科学技术出版社,2003.

[13] 李蓉. 基础物理实验教程. 北京:北京师范大学出版社,2008.

[14] 李书光,王殿生. 物理实验教程——大学物理实验. 东营:中国石油大学出版社,2006.

[15] 卢民强,许丽敏. 力学. 北京:高等教育出版社,2002.

[16] 陆廷济. 物理实验教程. 上海:同济大学出版社,2000.

[17] 吕斯骅. 基础物理实验. 北京:北京大学出版社,2002.

[18] 倪新蕾. 大学物理实验. 广州:华南理工大学出版社,2005.

[19] 钱锋,潘人培. 大学物理实验. 北京:高等教育出版社,2005.

[20] 任隆良,谷晋骐等. 物理实验. 天津:天津大学出版社,2009.

[21] 沈文华,陆申龙. 基础物理实验. 北京:高等教育出版社,2004.

[22] 万纯娣. 普通物理实验. 南京:南京大学出版社,2000.

[23] 王云才. 大学物理实验教程. 北京:科学出版社,2008.

［24］杨广武,金玉玲等. 大学物理实验. 天津:天津大学出版社,2009.

［25］原所佳. 物理实验教程. 北京:国防工业出版社,2009.

［26］詹卫伸,丁建华. 物理实验教程. 大连:大连理工大学出版社,2004.

［27］张宏. 大学物理实验. 合肥. 中国科学技术大学出版社,2009.

［28］周殿清. 大学物理实验教程. 武汉:武汉大学出版社,2005.

［29］朱伯申. 大学物理实验. 北京:北京理工大学出版社,2005.

附　　录

附录 A　中华人民共和国法定计量单位

我国的法定计量单位(简称法定单位)包括:国际单位制中的基本单位、国际单位制的辅助单位、国际单位制中具有专门名称的导出单位、国家选定的非国际单位制单位、由以上单位构成的组合形式单位、由词头和以上单位所构成的十进倍数和分数单位. 具体如下:

表 A-1　国际单位制的基本单位

量的名称	单位名称	单位符号	量的名称	单位名称	单位符号
长度	米	m	热力学温度	开[尔文]	K
质量	千克	kg	物质的量	摩[尔]	mol
时间	秒	s	发光强度	坎[德拉]	cd
电流	安[培]	A			

表 A-2　国际单位制的辅助单位

量的名称	单位名称	单位符号
平面角	弧度	rad
立体角	球面度	sr

表 A-3　国际单位制中具有专门名称的导出单位

量的名称	单位名称	单位符号	用 SI 基本单位的表示式	其他表示式
频率	赫[兹]	Hz	s^{-1}	
力,重力	牛[顿]	N	$m \cdot kg \cdot s^{-2}$	
压力,压强,应力	帕[斯卡]	Pa	$m^{-1} \cdot kg \cdot s^{-2}$	N/m^2
能[量],功,热量	焦[耳]	J	$m^2 \cdot kg \cdot s^{-2}$	$N \cdot m$
功率,辐[射能]通量	瓦[特]	W	$m^2 \cdot kg \cdot s^{-3}$	J/s
电荷[量]	库[仑]	C	$s \cdot A$	
电位,电压,电动势,(电势)	伏[特]	V	$m^2 \cdot kg \cdot s^{-3} \cdot A^{-1}$	W/A
电容	法[拉]	F	$m^{-2} \cdot kg^{-1} \cdot s^4 \cdot A^2$	C/V
电阻	欧[姆]	Ω	$m^2 \cdot kg \cdot s^{-3} \cdot A^{-2}$	V/A
电导	西[门子]	S	$m^{-2} \cdot kg^{-1} \cdot s^3 \cdot A^2$	A/V
磁[通量]	韦[伯]	Wb	$m^2 \cdot kg \cdot s^{-2} \cdot A^{-1}$	$V \cdot s$
磁[通量]密度,磁感应强度	特[斯拉]	T	$kg \cdot s^{-2} \cdot A^{-1}$	Wb/m^2
电感	亨[利]	H	$m^2 \cdot kg \cdot s^{-2} \cdot A^{-2}$	Wb/A
摄氏温度	摄氏度	℃	K	
光通量	流[明]	lm	$cd \cdot sr$	
[光]强度	勒[克斯]	lx	$m^{-2} \cdot cd \cdot sr$	lm/m^2
[放射性]活度	贝克[勒尔]	Bq	s^{-1}	
吸收剂量	戈[瑞]	Gy	$m^2 \cdot s^{-2}$	J/kg
剂量当量	希[沃特]	Sv	$m^2 \cdot s^{-2}$	J/kg

表 A-4　国家选定的非国际单位制单位

量的名称	单位名称	单位符号	换算关系和说明
	分	min	1 min＝60 s
时间	［小时］	h	1 h＝60 min＝3 600 s
	天,(日)	d	1 d＝24 h＝86 400s
	［角］秒	(″)	1″＝(π/648 000)rad(π 为圆周率)
［平面］角	［角］分	(′)	1′＝60″＝(π/10 800)rad
	度	(°)	1°＝60′＝(π/180)rad
旋转速度	转每分	r/min	1r/min＝(1/60)s^{-1}
长度	海里	n mile	1 n mile＝1 852 m(只用于航程)
速度	节	kn	1 kn＝1 n mile/h＝(1 852/3 600)m/s(只用于航行)
质量	吨	t	1t＝10^3 kg
	原子质量单位	u	1u≈1.660 565 5×10^{-27} kg
体积,容积	升	L,(l)	1 L＝dm^3＝10^{-3} m^3
能	电子伏	eV	1 eV≈1.602 189×10^{-19} J
级差	分贝	dB	
线密度	特［克斯］	tex	1 tex＝10^{-6} kg/m

表 A-5　用于构成十进倍数和分数单位的词头

所表示的因数	词头名称	词头符号	所表示的因数	词头名称	词头符号
10^{24}	尧［它］	Y	10^{-1}	分	d
10^{21}	泽［它］	Z	10^{-2}	厘	c
10^{18}	艾［可萨］	E	10^{-3}	毫	m
10^{15}	拍［它］	P	10^{-6}	微	μ
10^{12}	太［拉］	T	10^{-9}	纳［诺］	n
10^9	吉［咖］	G	10^{-12}	皮［可］	p
10^6	兆	M	10^{-15}	飞［母托］	f
10^3	千	k	10^{-18}	阿［托］	a
10^2	百	h	10^{-21}	仄［普托］	z
10^1	十	da	10^{-24}	幺［科托］	y

注:1. 周、月、年(年的符号为 a),为一般常用时间单位.

2. ［］内的字,是在不致混淆的情况下,可以省略的字.

3. ()内的字为前者的同义语.

4. 平面角单位度、分、秒的符号,在组合单位中应采用(°)、(′)、(″)的形式. 例如,不用°/s 而用(°)/s.

5. 升的两个符号属同等地位,可任意选用.

6. r 为"转"的符号.

7. 人民生活和贸易中,质量习惯称为重量.

8. 公里为千米的俗称,符号为 km.

9. 10^4 称为万,10^8 称为亿,10^{12} 称为万亿,这类数词的使用不受词头名称的影响,但不应与词头混淆.

附录 B 常用物理数据

表 B-1 基本物理常量

名　　　称	符号、数值和单位
真空中的光速	$c=2.997\ 924\ 58\times10^8$ m/s
电子的电荷	$e=1.602\ 189\ 2\times10^{-19}$ C
普朗克常量	$h=6.626\ 176\times10^{-34}$ J·s
阿伏伽德罗常量	$N_0=6.022\ 045\times10^{23}$ mol^{-1}
原子质量单位	$u=1.660\ 565\ 5\times10^{-27}$ kg
电子的静止质量	$m_e=9.109\ 534\times10^{-31}$ kg
电子的荷质比	$e/m_e=1.758\ 8047\times10^{11}$ C/kg
法拉第常量	$F=9.648\ 456\times10^4$ C/mol
氢原子的里德伯常量	$R_H=1.096\ 776\times10^7$ m^{-1}
摩尔气体常量	$R=8.314\ 41$ J/(mol·K)
玻尔兹曼常量	$k=1.380\ 622\times10^{-23}$ J/K
洛施密特常量	$n=2.687\ 19\times10^{25}$ m^{-3}
万有引力常量	$G=6.672\ 0\times10^{-11}$ N·m^2/kg^2
标准大气压	$P_0=101\ 325$ Pa
冰点的绝对温度	$T_0=273.15$ K
声音在空气中的速度(标准状态下)	$v=331.46$ m/s
干燥空气的密度(标准状态下)	$\rho_{空气}=1.293$ kg/m^3
水银的密度(标准状态下)	$\rho_{水银}=13\ 595.04$ kg/m^3
理想气体的摩尔体积(标准状态下)	$V_m=22.413\ 83\times10^{-3}$ m^3/mol
真空中介电常量(电容率)	$\varepsilon_0=8.854\ 188\times10^{-12}$ F/m
真空中磁导率	$\mu_0=12.566\ 371\times10^{-7}$ H/m
钠光谱中黄线的波长	$D=589.3\times10^{-9}$ m
镉光谱中红线的波长(15℃,101 325 Pa)	$\lambda_{cd}=643.846\ 96\times10^{-9}$ m

表 B-2 在 20℃ 时固体和液体的密度

物质	密度 ρ(kg/m^3)	物质	密度 ρ(kg/m^3)
铝	2 698.9	石英	2 500~2 800
铜	8 960	水晶玻璃	2 900~3 000
铁	7 874	冰(0℃)	880~920
银	10 500	乙醇	789.4
金	19 320	乙醚	714
钨	19 300	汽车用汽油	710~720
铂	21 450	弗利昂-12 (氟氯烷-12)	1 329
铅	11 350		
锡	7 298	变压器油	840~890
水银	13 546.2	甘油	1 260
钢	7 600~7 900		

表 B-3　在标准大气压下不同温度时水的密度

温度 t(℃)	密度 ρ(kg/m³)	温度 t(℃)	密度 ρ(kg/m³)	温度 t(℃)	密度 ρ(kg/m³)
0	999.841	16	998.943	32	995.025
1	999.900	17	998.774	33	994.702
2	999.941	18	998.595	34	994.371
3	999.965	19	998.405	35	994.031
4	999.973	20	998.203	36	993.68
5	999.965	21	997.992	37	993.33
6	999.941	22	997.770	38	992.96
7	999.902	23	997.538	39	992.59
8	999.849	24	997.296	40	992.21
9	999.781	25	997.044	50	988.04
10	999.700	26	996.783	60	983.21
11	999.605	27	996.512	70	977.78
12	999.498	28	996.232	80	971.80
13	999.377	29	995.944	90	965.31
14	999.244	30	995.646	100	958.35
15	999.099	31	995.340		

表 B-4　在海平面上不同纬度处的重力加速度 *

纬度 φ(°)	g(m/s²)	纬度 φ(°)	g(m/s²)
0	9.780 49	50	9.810 79
5	9.780 88	55	9.815 15
10	9.782 04	60	9.819 24
15	9.783 94	65	9.822 94
20	9.786 52	70	9.826 14
25	9.789 69	75	9.828 73
30	9.793 38	80	9.830 65
35	9.797 46	85	9.831 82
40	9.801 80	90	9.832 21
45	9.806 29		

* 表中所列数值是根据公式 $g=9.780\ 49(1+0.005\ 288\sin^2\varphi-0.000\ 006\sin^2\varphi)$ 算出的,其中 φ 为纬度,采用弧度.

表 B-5　固体的线膨胀系数

物　　质	温度或温度范围(℃)	$\alpha(\times10^{-6}℃^{-1})$
铝	0～100	23.8
铜	0～100	17.1
铁	0～100	12.2
金	0～100	14.3
银	0～100	19.6

物　　质	温度或温度范围(℃)	$\alpha(\times 10^{-6}℃^{-1})$
钢(0.05％碳)	0～100	12.0
康铜	0～100	15.2
铅	0～100	29.2
锌	0～100	32
铂	0～100	9.1
钨	0～100	4.5
石英玻璃	20～200	0.56
窗玻璃	20～200	9.5
花岗石	20	6～9
瓷器	20～700	3.4～4.1

表 B-6　在 20℃ 时某些金属的弹性模量(杨氏模量)[*]

金　　属	杨氏模量 E	
	(GPa)	(kgf/mm²)
铝	69～70	7 000～7 100
钨	407	41 500
铁	186～206	19 000～21 000
铜	103～127	10 500～13 000
金	77	7 900
银	69～80	7 000～8 200
锌	78	8 000
镍	203	20 500
铬	235～245	24 000～25 000
合金钢	206～216	21 000～22 000
碳钢	196～206	20 000～21 000
康铜	160	16 300

[*] 杨氏弹性模量的值与材料的结构、化学成分及其加工制造方法有关. 因此, 在某些情况下, E 的值可能与表中所列的平均值不同.

表 B-7-1　在 20℃ 时与空气接触的液体的表面张力系数

液体	$\alpha(\times 10^{-3}N/m)$	液体	$\alpha(\times 10^{-3}N/m)$
石油	30	甘油	63
煤油	24	水银	513
松节油	28.8	蓖麻	36.4
水	72.75	乙醇	22.0
肥皂溶液	40	乙醇(在 60℃时)	18.4
弗利昂-12	9.0	乙醇(在 0℃时)	24.1

表 B-7-2 在不同温度下与空气接触的水的表面张力系数

温度(℃)	$\alpha(\times10^{-3}\mathrm{N/m})$	温度(℃)	$\alpha(\times10^{-3}\mathrm{N/m})$	温度(℃)	$\alpha(\times10^{-3}\mathrm{N/m})$
0	75.62	16	73.34	30	71.15
5	74.90	17	73.20	40	69.55
6	74.76	18	73.05	50	67.90
8	74.48	19	72.89	60	66.17
10	74.20	20	72.75	70	64.41
11	74.07	21	72.60	80	62.60
12	73.92	22	72.44	90	60.74
13	73.78	23	72.28	100	58.84
14	73.64	24	72.12		
15	73.48	25	71.96		

表 B-8-1 不同温度时水的黏滞系数

温度(℃)	黏滞系数 η		温度(℃)	黏滞系数 η	
	$(\mu\mathrm{Pa}\cdot\mathrm{s})$	$(\times10^{-6}\mathrm{kgf}\cdot\mathrm{s/mm^2})$		$(\mu\mathrm{Pa}\cdot\mathrm{s})$	$(\times10^{-6}\mathrm{kgf}\cdot\mathrm{s/mm^2})$
0	1787.8	182.3	60	469.7	47.9
10	1305.3	133.1	70	406.0	41.4
20	1004.2	102.4	80	355.0	36.2
30	801.2	81.7	90	314.8	32.1
40	653.1	66.6	100	282.5	28.8
50	549.2	56.0			

表 B-8-2 某些液体的黏滞系数

液体	温度(℃)	$\eta(\mu\mathrm{Pa}\cdot\mathrm{s})$	液体	温度(℃)	$\eta(\mu\mathrm{Pa}\cdot\mathrm{s})$
汽油	0	1 788	甘油	-20	134×10^6
	18	530		0	121×10^5
甲醇	0	817		20	$1\,499\times10^3$
	20	584		100	12 945
乙醇	-20	2 780	蜂蜜	20	650×10^4
	0	1 780		80	100×10^3
	20	1 190	鱼肝油	20	45 600
乙醚	0	296		80	4 600
	20	243	水银	-20	1 855
变压器油	20	19 800		0	1 685
蓖麻油	10	242×10^4		20	1 554
葵花子油	20	50 000		100	1 224

温度(℃)	0	1	2	3	4	5	6	7	8	9
60	366.05	366.60	367.14	367.69	368.24	368.78	369.33	369.87	370.42	370.96
50	360.51	361.07	361.62	362.18	362.74	363.29	363.84	364.39	364.95	365.50
40	354.89	355.46	356.02	356.58	357.15	357.71	358.27	358.83	359.39	359.95
30	349.18	349.75	350.33	350.90	351.47	352.04	352.62	353.19	353.75	354.32
20	343.37	343.95	344.54	345.12	345.70	346.29	346.87	347.44	348.02	348.60
10	337.46	338.06	338.65	339.25	339.84	340.43	341.02	341.61	342.20	342.58
0	331.45	332.06	332.66	333.27	333.87	334.47	335.07	335.67	336.27	336.87
−10	325.33	324.71	324.09	323.47	322.84	322.22	321.60	320.97	320.34	319.52
−20	319.09	318.45	317.82	317.19	316.55	315.92	315.28	314.64	314.00	313.36
−30	312.72	312.08	311.43	310.78	310.14	309.49	308.84	308.19	307.53	306.88
−40	306.22	305.56	304.91	304.25	303.58	302.92	302.26	301.59	300.92	300.25
−50	299.58	298.91	298.24	397.56	296.89	296.21	295.53	294.85	294.16	293.48
−60	292.79	292.11	291.42	290.73	290.03	289.34	288.64	287.95	287.25	286.55
−70	285.84	285.14	284.43	283.73	283.02	282.30	281.59	280.88	280.16	279.44
−80	287.72	278.00	277.27	276.55	275.82	275.09	274.36	273.62	272.89	272.15
−90	271.41	270.67	269.92	269.18	268.43	267.68	266.93	266.17	265.42	264.66

物质	温度(K)	λ(×10²W/m·K)	物质	温度(K)	λ(×10²W/m·K)
银	273	4.18	康铜	273	0.22
铝	273	2.38	不锈钢	273	0.14
金	273	3.11	镍铬合金	273	0.11
铜	273	4.0	软木	273	0.3×10⁻³
铁	273	0.82	橡胶	298	1.6×10⁻³
黄铜	273	1.2	玻璃纤维	323	0.4×10⁻³

固体	比热容(J·kg⁻¹·K⁻¹)	固体	比热容(J·kg⁻¹·K⁻¹)
铝	908	铁	460
黄铜	389	钢	450
铜	385	玻璃	670
康铜	420	冰	2090

液体	比热容(J·kg⁻¹·K⁻¹)	温度(℃)	液体	比热容(J·kg⁻¹·K⁻¹)	温度(℃)
乙醇	2300	0	水银	146.5	0
	2470	20		139.3	20

表 B-11-3　不同温度时水的比热容

温度(℃)	0	5	10	15	20	25	30	40	50	60	70	80	90	99
比热容 ($J \cdot kg^{-1} \cdot K^{-1}$)	4217	4202	4192	4186	4182	4179	4178	4178	4180	4184	4189	4196	4205	4215

表 B-12　某些金属和合金的电阻率及其温度系数*

金属或合金	电阻率 ($\times10^{-6}\Omega \cdot m$)	温度系数 ($℃^{-1}$)	金属或合金	电阻率 ($\times10^{-6}\Omega \cdot m$)	温度系数 ($℃^{-1}$)
铝	0.028	42×10^{-4}	锌	0.059	42×10^{-4}
铜	0.0172	43×10^{-4}	锡	0.12	44×10^{-4}
银	0.016	40×10^{-4}	水银	0.958	10×10^{-4}
金	0.024	40×10^{-4}	武德合金	0.52	37×10^{-4}
铁	0.098	60×10^{-4}	钢(0.10%～0.15%碳)	0.10～0.14	6×10^{-3}
铅	0.205	37×10^{-4}	康铜	0.47～0.51	$(-0.04\sim0.01)\times10^{-3}$
铂	0.105	39×10^{-4}	铜锰镍合金	0.34～1.00	$(-0.03\sim0.02)\times10^{-3}$
钨	0.055	48×10^{-4}	镍铬合金	0.98～1.10	$(0.03\sim0.4)\times10^{-3}$

*电阻率与金属中的杂质有关,因此表中列出的只是 20℃时电阻率的平均值

表 B-13　在常温下某些物质相对于空气的光的折射率

物　质	H_α 线(656.3nm)	D 线(589.3nm)	H_β 线(486.1nm)
水(18℃)	1.3314	1.3332	1.3373
乙醇(18℃)	1.3609	1.3625	1.3665
二硫化碳(18℃)	1.6199	1.6291	1.6541
冕玻璃(轻)	1.5127	1.5153	1.5214
冕玻璃(重)	1.6126	1.6152	1.6213
燧石玻璃(轻)	1.6038	1.6085	1.6200
燧石玻璃(重)	1.7434	1.7515	1.7723
方解石(寻常光)	1.6545	1.6585	1.6679
方解石(非常光)	1.4846	1.4864	1.4908
水晶(寻常光)	1.5418	1.5442	1.5496
水晶(非常光)	1.5509	1.5533	1.5589

表 B-14　常用光源的谱线波长表(单位:nm)

H(氢)	He(氦)	Ne(氖)	Na(钠)	Hg(汞)	He-Ne 激光
656.28 红	706.52 红	650.65 红	589.592(D_1)黄	623.44 橙	632.8 橙
486.13 绿蓝	667.82 红	640.23 橙	588.995(D_2)黄	579.07 黄	
434.05 蓝	587.56(D_3)黄	638.30 橙		576.96 黄	
410.17 蓝紫	501.57 绿	626.25 橙		546.07 绿	
397.01 蓝紫	492.19 绿蓝	621.73 橙		491.60 绿蓝	
	471.31 蓝	614.31 橙		435.83 蓝	
	447.15 蓝	588.19 黄		407.78 蓝紫	
	402.62 蓝紫	585.25 黄		404.66 蓝紫	
	388.87 蓝紫				

附录 C 常用电气测量指示仪表和附件的符号

C-1 测量单位及功率因数的符号

名　称	符　号	名　称	符　号
千安	kA	兆欧	MΩ
安培	A	千欧	kΩ
毫安	mA	欧姆	Ω
微安	μA	毫欧	mΩ
千伏	kV	微欧	μΩ
伏特	V	相位角	ψ
毫伏	mV	功率因数	cosψ
微伏	μV	无功功率因数	sinψ
兆瓦	MW	库仑	C
千瓦	kW	毫韦伯	mWb
瓦特	W	毫特斯拉	mT
兆乏	Mvar	微法	μF
千乏	kvar	皮法	pF
乏	var	亨利	H
兆赫	MHz	毫亨	mH
千赫	kHz	微亨	μH
赫兹	Hz	摄氏度	℃
太欧	TΩ		

C-2 仪表工作原理的图形符号

名　称	符　号	名　称	符　号
磁电系仪表		电动系比率表	
磁电系比率表		铁磁电动系仪表	

C-2 仪表工作原理的图形符号		C-3 电流种类的符号	
名　称	符　号	名　称	符　号
电磁系仪表		直流	
		交流(单相)	
电磁系比率表		直流和交流	
电动系仪表		具有单元件的三相平衡负载交流	
整流系仪表(带半导体整流器和磁电系测量机构)		**C-4 准确度等级的符号**	
		名　称	符　号
		以标度尺量限百分数表示的准确度等级，例如1.5级	1.5
热电系仪表(带接触式热变换器和磁电系测量机构)		以标度尺长度百分数表示的准确度等级，例如1.5级	1.5
		以指示值的百分数表示的准确度等级,例如1.5级	1.5
铁磁电动系比率表		**C-5 工作位置的符号**	
		名　称	符　号
感应系仪表		标度尺位置为垂直的	
		标度尺位置为水平的	
静电系仪表		标度尺位置与水平面倾斜成一角度例如60°	∠60°

C-6 绝缘强度的符号		C-7 端钮、调零器的符号	
名　称	符　号	名　称	符　号
不进行绝缘强度试验	☆0	与屏蔽相连接的端钮	(虚线圆)
绝缘强度试验电压为 2kV	☆2	调零器	(弧形箭头)

C-7 端钮、调零器的符号		C-8 按外界条件分组的符号	
名　称	符　号	名　称	符　号
负端钮	—	Ⅰ级防外磁场(例如磁电系)	(图形符号)
正端钮	+		
公共端钮(多量限仪表和复用电表)	✕	Ⅰ级防外电场(例如静电系)	(图形符号)
接地用的端钮(螺钉或螺杆)	⏚	Ⅱ级防外磁场及电场	Ⅱ　　Ⅱ
与外壳相连接的端钮	(接外壳符号)	Ⅲ级防外磁场及电场	Ⅲ　　Ⅲ
		Ⅳ级防外磁场及电场	Ⅳ　　Ⅳ